대멸종

페름기 말을 뒤흔든 진화사 최대의 도전

국립중앙도서관 출판시도서목록(CIP)

⋯⋯

대멸종 : 페름기 말을 뒤흔든 진화사 최대의 도전 / 마이클 J. 벤턴 지음 ; 류운
옮김. ─서울 : 뿌리와이파리, 2007
   p. ;   cm. ─(뿌리와이파리 오파비니아 ; 03)

원서명 : When Life Nearly Died
원저자명 : Benton, Michael J.
참고문헌과 색인 수록
ISBN 978-89-90024-70-1 03450 : ₩28000

476.7-KDC4
576.84-DDC21   CIP2007001815

When Life Nearly Died—The Greatest Mass Extinction of All Time

대멸종

페 름 기 말 을 뒤 흔 든 진 화 사 최 대 의 도 전

마이클 벤턴 지음 | 류운 옮김

뿌리와
이파리

변함없이 나를 지켜봐주고 영감을 불어넣어준
메리, 필리파, 도널드에게 이 책을 바친다.

차례

감사의 말

이 책을 써볼 것을 권하고, 매번 제대로 시작하지 못할 때마다 사려 깊게 나를 이끌어준 템스 & 허드슨의 콜린 리들러에게 깊은 감사의 말을 전한다. 리들러와 그 편집팀은 이 책이 출간될 때까지 성심을 다했다. 브리스틀대학의 폴 피어슨과 리처드 트위체트, 옥스퍼드대학의 제임스 러브록, 리즈대학의 폴 위그널은 원고를 처음부터 끝까지 읽어주었다. 일부러 시간 내서 초고를 읽어주고, 문체나 내용에 대해 조언을 해주고, 특히 일부 눈에 거슬리는 오해와 오류를 지적해준 그들에게 심심한 감사를 표한다. 런던지질학회도서관, 대영도서관, 자연사박물관의 기록보관인과 사서들의 노고도 잊을 수 없다. 그들은 머치슨과 오언 등이 남긴 오래된 편지와 공책을 찾아주었다. 마지막으로 이 책의 모양새를 크게 높여준 삽화작가에게도 고마움을 표한다. 바스 출신의 존 시빅은 고대 동물들에 대한 실제 지식을 바탕으로 뛰어난 그림을 그려주었다.

자연과학이든 인문학이든 어떤 학문 분야에 대해 가장 손쉽고 재미있게 다가설 수 있는 방법 중 하나는 바로 그 분야의 전문가가 기술한 이야기식 역사서를 읽어보는 게 아닐까. 이제 우리는 어릴 적 영원한 호기심의 대상이었던 공룡, 그리고 그 선후배들의 삶과 죽음에 대한 기억을 『대멸종 ― 페름기 말을 뒤흔든 진화사 최대의 도전』(이하 『대멸종』)이라는 의미 있는 책을 통해 체계적으로 회고해보고 통찰력 있는 지식으로 완성할 수 있는 기회를 갖게 되었다. 마이클 벤턴의 『대멸종』은 과거 6억 년 동안의 지질학적 시간에 일어났던 생명의 역사가 고생물학을 통해 어떻게 복원되어왔는지를 1800년대 초반 이후 지질학적 패러다임의 변천과정 속에서 생생하게 그려내고 있다. 특히 "모든 멸종의 어머니"로 소개되는 고생대 말의 멸종사건은 〈범죄의 재구성〉이나 〈CSI 과학수사대〉에서 느낄 수 있는 현장성과 긴박감을 띠고 흥미진진하게 묘사된다.

이야기식 과학역사서는 단순한 지식의 전달을 목적으로 하는 전공서적과는 차원이 다르다. 이 책은 가설과 이론 정립의 주체였던 과학자들 개개인의 주관과 그들 사이의 대립과 경쟁, 사회적 분위기와 정치적 압박 속에서 취해야 했던 여러 타협과 수정을 인간적인 관점에서 조망함으로써 자칫 무미건조하기 쉬운 전공서적의 한계를 행간 읽기의 즐거움으로 뛰어넘었다.

당시의 기독교적 세계관에서는 멸종이라는 개념 자체도 "신의 계획에 대한 실수"를 지적하는 것으로 받아들여졌으며, 설혹 멸종이 있었다손 치더라도 성서의 대홍수와 연관지어졌다. 동일과정설이 지질학계의 새로운 유행으로 자리잡고 격변론이 이단으로 치부되던 시기에, 격변론에 관한 논문은 편집자 선에서 거절되기 쉬운 상황이었다. 따라서 격변론을 주장하는 지질학자들은 겨우 학회지 구석면의 만평을 통해 동일과정론을 비판할 수밖에 없었다. 한편 공교롭게도 고생대 말 페름기를 규정할 수 있는 후보지역은 문화혁명 시기의 중국이나 정치적 분쟁지대 내에 위치한 경우가 많아, 검증이나 확인을 위한 절차는 정세가 변하기만을 기다려야 하는 상황이었다.

『대멸종』에는 선배 지질학자들이 겪어야 했던 이러한 저간의 사정이 잘 소개되어 있다. 뿐만 아니라 동위원소 연대측정법과 그에 기초하여 1980년대 초에 등장한 공룡멸종에 대한 충격적인 외계요인가설은 물리학이 던진 전통적인 고생물학에 대한 도전장이었음과, 이후 멸종이론의 각축장에 그동안 출전이 금지되었던 '제3세계' 선수들이 돌아오게 하는 기폭제로 작용했음을 엿볼 수 있게 해준다. 또한 멸종과 관련된 다양한 가설들이 대부분 그 나름의 논리와 근거를 가지고 평가의 무대에 등장했다 사라지는 정상적인 학문의 발달과정에 대한 소개와 함께, 자신의 가설에 자아도취되어 '인위적인 실수'를 저지르거나 '보고 싶은 것만 보는' 우를 범했던 경우들도 잘 소개되어 있다.

이 책의 주된 관심인 페름기 말의 멸종에 대해서는 다양한 비유와 함께 문제의 심각성과 복잡성, 그리고 그것이 시사하는 바 등이 조심스럽게 다루어진다. 독자들은 책의 후반부에서 대멸종의 모습이 마치 연주자들이 하나씩 무대를 떠나 끝에 가서 아무도 남지 않는 하이든의 '고별 교향곡'과 유사한 상황이었다거나, 페름기 말 멸종사건을 애거서 크리스티의 『오리엔트 특급열차 살인」과 비교하는 더그 어윈의 주장을 접하며, 이 논의의 결과를 흥미롭게 지켜보게 될 것이다.

더불어 지은이 자신이 어려서부터 궁금하게 여겼던 대멸종을 해석하기 위해 평생을 바친 열정이 숨 가쁜 지질답사의 과정 속에서 생생하게 들려오는 듯한 느낌을 주는 것도 이 책이 선사하는 묘미 중 하나이다. 현재까지 알려진 유력한 대멸종의 주된 원인들은 책의 마지막에 가서야 소개되는데, 이는 부제에 잘 드러나 있듯 생명계가 처한 "진화사 최대의 도전"이었던 페름기 말 대멸종의 의미를 현재 우리의 삶과 미래로까지 연관지으려는 지은이의 의도로 해석된다. "역설적이게도 우리는 오늘날 닥친 위기보다는 먼 과거에 있었던 멸종을 더 잘 이해하고 있"는 것이다.

『대멸종』은 유엔이 정한 '지구의 해'를 맞이하여 지구의 역사와 지구환경을 되돌아봐야 하는 적절한 시점에 출간되어 한층 그 의의가 빛나는 책이다. 우리말로 공들여 번역된 목적 있는 대중교양서이자 고생물학도와 생명의 진화를 연구하는 생명학도의 훌륭한 입문서이기도 하다. 과거의 지질학은 이제 지구시스템과학으로 새로이 인식되고 있다. 이는 이 책에서도 그리고 있듯이 지구환경의 변화과정은 생물계를 포함한 다양한 시스템이 복합적으로 얽혀서 이루어지는 작용이며, 단순한 모델과 예측이 쉽지 않음을 의미한다. 현재 분명히 진행되고 있는 인류에 의한 지구환경의 변화는 과거 지구의 역사에서 일어나지 않았던 사건이며, 이것이 앞으로 어떤 모습으로 우리에게 돌아오게 될지는 단순한 호기심 차원의 문제만은 아닐 것이다. 그렇기에 이 책이 시사하는 바가 더욱 크다고 본다. 부디 많은 독자들이 이 흥미로운 지적 여행에 동참하여, 과거를 돌아봄으로써 현재를 더욱 잘 이해하고, 나아가 급변하는 지구환경을 어떻게 바라보고 대처해나가야 하는지에 대한 깊이 있는 통찰을 얻게 되기 바란다.

이용재(연세대학교 지구시스템과학과 교수)

1970년대 후반 대학에서 고생물학을 공부하고 있을 때, 몇 가지 이상한 관점의 차이들 때문에 혼란스러워했던 기억이 난다. 이 차이들은 지엽적인 불일치가 아니었다. 그런 것들이야 충분히 흔한 일이고, 문제를 해결할 만한 새로운 증거가 발견되면 결국 잠잠해지기 마련이다. 그런데 그때의 논쟁은 모든 시대를 통틀어 가장 큰 규모의 대멸종에 관한 것이었다. 어떤 고생물학자들은 약 2억 5,000만 년 전에 지구상의 모든 생명이 거의 절멸될 지경에까지 이르렀다고 생각했던 반면, 또 다른 무리의 고생물학자들은 아무 일도 일어나지 않았다고 주장했다. 그토록 기본적인 물음을 두고 어떻게 그렇게까지 의견 차이가 날 수 있었을까? 생명의 역사를 보여주는 화석기록이 제아무리 엉성하고 결함투성이라 해도, 그 정도 규모의 사건이라면 확연하게 드러나야 하지 않을까? 어쨌든 그 사건은 일어났거나, 일어나지 않았다.

이 문제를 깊이 파고들어갈수록, 나는 약 2억 5,000만 년 전 페름기 말에 정말로 엄청난 규모의 대멸종이 있었음을 확신하게 되었다. 그런데 왜 이를 부인하는 고생물학자들이 있었을까? 대멸종 반대론자들은 창조론자들도 아니었고, 진실을 무시하는 사람들도 아니었으며, 어디 다른 비주류에 속한 이들도 아니었다. 오히려 모두 화석에 정통한 사람들이었다. 그런데도 그들은 페름기 말이 지극히 사소한 결손만을 남겼을 뿐 그냥 흘러가 버린 것으로 화석기록을 읽었던 것이다. 그들 눈에는 그 결손이란 것이 아주 미미한 교란에 불과했으며, 관심을 둘 만한 것이 전혀 아닌 것으로 비쳤다.

이런 상황은 지금도 여전하다. 1970년대는 말할 것도 없고 1990년대에 조차 뚜렷하게 부각되지는 않았으나, 지금은 페름기 말 대멸종을 설명하기 위해 두 가지 대격변모델이 열띠게 논의되고 있다. 하나는 페름기 말 대멸종을 대규모 화산활동과 연관시킨다. 곧, 수천 세제곱킬로미터에 이르는 용암이 분출되면서 대기가 오염되었다는 것이다. 다른 하나는 운석충돌과 결부된다. 2001년에 발표된 극적인 새 증거에 따르면, 거대한 운석이 지구와 충돌해서 대규모 파괴를 일으켰다고 한다. 25년 전 나를 가르쳤던 지질학 교수들은 아마 그런 식으로 외계와 연루시키는 주장을 조잡한 뜬소리 정도로 치부했을 테지만, 오늘날에 와서는 진지하게 논의된다.

페름기 말 대멸종은 대단히 활발하게 논의되는 주제이다. 그러나 화석과 생명의 역사를 연구하는 고생물학자들과 청소년 공룡광들의 관심만 끄는 문제는 아니다. 또 기껏해야 역사적이거나 철학적인 통찰 몇 가지 정도만 끄집어낼 수 있는 난해한 논쟁도 아니다. 바로 오늘날과도 직접적으로 관련되어 있는 문제이다. 우리가 사는 지금 현재 대멸종이 진행 중이라는 주장을 심심찮게 들을 수 있다. 여기서 그 파괴의 주범은 인간의 활동이다. 현재 닥친 생태위기의 원인과 결과가 무엇이든 간에, 우리가 실제적인 잣대로 삼을 수 있는 유일한 비교대상은 화석기록상에 나타난 과거의 멸종사건들이다. 미래에 일어날 수도 있는 일, 또는 일어나지 않을 수도 있는 일을 보여주는 것이 바로 그 사건들인 것이다.

공룡의 최후

1970년대 후반, 6,500만 년 전 백악기 말에 일어난 공룡 대멸종에 관한 책들이 홍수처럼 쏟아져 나왔다. 그런데 정작 집중적으로 연구된 이 사건의 경우에도 의견이 크게 엇갈렸다. 대략 500만 년에 걸쳐서 서서히 공룡들이 쇠퇴하다가 멸종하게 됐다고 보는 것이 일반적인 관점이었다. 그러나 가끔가다 아주 엉뚱한 의견들이 제기되기도 했다. 이를테면 대규모 태양플레어가 있었다느니, 거대한 운석충돌이 있었다느니, 외계에서 온 다른 재앙이 있었다느니 하는 것들이었다. 하지만 당시 이런 견해들은 모두 터무니없는 것으로 여겨졌다.

1970년대의 지질학자들은 지구를 묶어두는 거대한 힘들이 느린 속도로 대륙들을 이동시킨다는 사실을 알고 있었다. 그렇다면 대규모 운석충돌에 대해서는 어땠을까? 아마 몰랐을 것이다. 그러다가 1980년에 내 생애에서 가장 놀랄 만한 논문이 한 편 발표되었다. 물리학자들과 지질학자들로 구성된 캘리포니아의 한 연구팀이, 지구가 6,500만 년 전에 정말로 거대한 운석과 충돌했으며, 그 결과 공룡을 비롯한 생명체의 상당 부분을 쓸어버렸다는 증거를 내놓았다. 대부분의 지질학자들과 고생물학자들은 대번 그들의 생각을 비웃고 흉보았지만, 오늘날에는 널리 받아들여지는 이론이다.

최근 몇십 년 동안 과학계의 크나큰 의견의 추이를 보여준 것 중 하나가 바로 이것이다. 천덕꾸러기 취급을 받던 **격변론자들**, 다시 말해 과거 지질시대에 비정상적인 위기들이 있었음을 지적하는 지질학자들이 적어도 과거에 일어났던 생명의 멸종문제에 있어서는 옳았던 것이다. 이제 와서 되돌아보면, 주류 지질학자들이 왜 그토록 오랫동안 격변의 실재를 거부했는지 이상하게만 보인다. 그런 입장의 시초는 1830년대로 거슬러 올라간다. 그때는 지질학의 초기 논쟁들에서 승기를 잡은 쪽이 **동일과정론자들**이었는데, 과거에 일어났던 모든 일들은 현재 점진적으로 진행되는 과정을 기준으로 설명될 수 있다고 주장한 과학자들이었다. 그래서 오늘날과는 달리 당시에는 대멸종 운운하면 미친놈 취급을 받았기에, 논의 자체가 아예 어림도 없던 시절이었다.

지금은 과거에 급격한 멸종이 일어났다고 얘기해도 얼마든지 수용된다. 특히 백악기 말의 대멸종은 다른 어떤 멸종보다 더 면밀하게 연구되어왔다. 해마다 그 주제를 다룬 과학출판물만 수십 권에 이르고, 나아가 아동도서, 뉴스, 인터넷에서도 갖가지 방식으로 다룬다. 공룡이 풍기는 매력이 큰 몫을 하기 때문이다. 공룡의 멸종을 궁금해 하지 않을 사람이 어디 있겠는가? 그러나 그뿐만은 아니다. 백악기 말의 대멸종은 여러 차례 있었던 대멸종 가운데 맨 마지막에 일어났던 사건이며, 따라서 연구하기가 더 쉽기 때문이다. 시간을 거슬러 올라갈수록 정보의 질이 떨어진다는 게 지질학과 고생물학의 일반적인 원리이다. 2억 5,100만 년 전에 일어났던 사건에 비해 6,500만 년 전에 있었던 사건이 정확한 연대를 추정하기가 더 쉽고 관련 화석들도 더 풍부한 것이다.

절멸 위기

페름기 말 대멸종은 백악기 말 대멸종보다 덜 알려져 있지만, 전 시대를 통틀어 단연 가장 큰 규모의 멸종이었다. 페름기 말을 견뎌낸 종은 10퍼센트 정도에 불과했던 것으로 추정된다. 반면 백악기 말을 견뎌낸 종은 전체의 50퍼센트였다. 50퍼센트의 멸종도 충분히 대단한 수치이며, 파국적인 환경 대이변과 관련되었다. 6,500만 년 전 참상을 살펴보면 끔찍하다. 카리브 해에 떨어진 거대한 운석, 인도의 화산활동, 대대적인 환경파괴, 먼지구름, 차단된 햇빛, 혹독한 추위, 산성비, 사방에서 공룡들이 멸종해가는 모습이 보인다. 그러나 백악기 말의 50퍼센트 생존율과 페름기 말의 10퍼센트 생존율 사이에는 크나큰 차이가 있다.

50퍼센트 생존율과 10퍼센트 생존율을 가르는 결정적인 차이는 바로 격변 이후에 생명이 다시 번성할 기반이 될 종자생물들이 얼마나 다양한지에 있다. 전체 종의 50퍼센트 정도면 대멸종 이전 생명의 범위를 충분히 아우를 수 있기 때문에, 육상과 해양 생태계가 충분히 균형 잡힌 계로 회복될 가능성이 있다. 그러나 전체 종의 10퍼센트 생존은 주요 식물군, 동물군, 미생물군의 많은 부분이 영원히 사라져버렸음을 뜻한다.

생명을 큰 나무로 비유해보면 가장 이해하기 쉬울 것이다. 수십억 년 전 단일종자에서 싹튼 그 나무는 새로운 종이 부상할 때마다 쉬지 않고 가지 뻗기를 하면서 키를 돋운다. 종이 없어질 때마다 곳곳의 잔가지들이 죽어나가지만, 늘 키를 돋우는 나무의 전체적인 꼴에는 변함이 없다. 그런데 대멸종이 일어나면, 상당 부분의 가지둥치들이 싹둑싹둑 잘려나간다. 마치 도끼를 마구 휘두르는 미치광이의 공격을 받은 것처럼, 큰 가지들과 잔가지들이 무자비하게 잘려나가 버린다. 그래도 시간이 지나면 너덜너덜해진 나머지 부분들이 다시 스스로 꼴을 갖춰나가면서 원래의 풍성한 모습을 되찾는다. 그런데 페름기 말기에 생명의 나무에 가해진 도끼질은 너무도 처참했고 지속적이었다. 그 다양했던 가지들이 몽땅 잘려나갔고 난도질당했다. 위기가 가신 뒤, 남아 있는 가지는 겨우 100개에서 10개 정도에 불과했다. 그나마 남아 있는 가지도 초라하기 그지없었다. 과연 그런 상태로 얼마나 오래 살아남을지 전혀 장담할 수 없는 지경이었다. 그토록 처참한 공격을 받은 위대한 생명의 나무는 30억 년이 넘는 생명의 역사를 묻어둔 채 시들어가다 결국 완전히 죽고 말 수도 있었다.

말할 나위 없이 여러분이 이 책을 읽고 있다는 사실 자체가 바로 이런 일이 일어나지 않았다는 증거이다. 페름기 말 위기 이후에 살아남은 10퍼센트의 종만으로도 생명의 다양성을 회복하기에 충분했음이 분명하다. 그러나 회복과정은 끔찍하게도 더뎠다. 우리가 아는 과거의 다른 어떤 대멸종의 회복단계보다도 훨씬 오래 걸렸다.

대체 얼마나 대단한 환경의 위기라야 그 정도의 대참사를 일으킬 수 있는 것일까? 여기서 명심해야 할 것이 있다. 고생물학자들이 염두에 두고 있는 위기란, 과거의 도도나 호랑이, 판다처럼 단순히 소수의 덩치 큰 동물들이나 생태경계에 있는 페름기의 동물들이 죽어나간 정도의 과정이 아니다. 그들이 살피는 멸종의 과정들—또는 과정들의 연합—은 바로 육지와 해양에 살았던 식물과 동물 종의 90퍼센트뿐만 아니라, 모든 서식지의 미생물 유기체들의 90퍼센트까지 멸종시켜버린 것으로 추정되는 과정들이다.

운석충돌

2001년 2월 23일자 「뉴욕타임스」에 "공룡시대 이전의 멸종원인은 운석충돌이었다"라는 기사가 실렸다. 같은 날 런던의 「더 타임스」는 "소행성충돌로 세상은 거의 불모의 땅이 되었다"고 보도했다. 「데일리 메일」의 보도는 한 발 더 나아갔다. "엄청난 죽음. 지구의 가장 커다란 수수께끼의 하나가 이번 주에 풀렸다. 2억 5,000만 년 전 지구상의 모든 생명체를 쓸어버리고 공룡의 시대를 도래케 한 사건이 무엇이었을까?" 워싱턴대학, NASA, 기타 다른 연구소의 과학자들로 꾸려진 연구팀이 페름기 말 대멸종이 운석충돌 때문이었다는 명백한 증거를 발견했다고 주장했던 것이다. 하지만 그것으로 문제가 정말 해결된 걸까?

확실히 그 신문보도들에는 충분한 확신이 실려 있었다. 연구자들은 지름이 6~12킬로미터 정도 되는 거대한 운석이 지구를 강타한 결과, 일련의 환경파괴가 일어났고, 그 뒤 육상과 해양 생명체의 대멸종이 일어났다고 추정했다. 연구팀의 대표인 루앤 베커Luann Becker는 이렇게 말했다. "생명체 전체의 90퍼센트를 때려눕히려면 여러 각도에서 두들겨야 할 것이다."

이 사건의 중요성은 여러 웹사이트에서 조명을 받았다. 그 가운데 한 곳에서는 운석충돌 후에 벌어진 일들을 다음과 같이 조목조목 그려냈다.

지진과 화산이 지축을 뒤흔들었을 것이다……. 엄청난 양의 용암이 쏟아져 나왔다. 지구를 3미터 두께로 뒤덮을 정도였다. 바다는 250미터나 푹 꺼졌다. 충돌 시 운석이 증발하면서 나타난 연쇄효과들이 상황을 더욱 악화시켰다. 사방에서 화산이 폭발하면서 바다의 남은 것들이 모두 오염되었고, 화산재와 치명적인 기체가 대기를 가득 채웠다. 여러 달 동안 햇빛은 구경도 할 수 없었을 것이다.

연구자들에 따르면, 비록 이전에도 화산활동이 계속되고 있었을 테지만, 운석충돌로 인해 기름을 부은 듯 기세가 더해졌다고 한다. 아마 원투 펀치만으로도 충분히 최악의 멸종사태를 촉발시킬 수 있었을 것으로 보인다. 포레다 [이 연구에 이바지한 과학자의 한 사람]는 그 전체 시나리오를 '2연발 산탄총 발사'라고 불렀다.[1]

2001년 2월 당시, 페름기 말 대멸종의 모습은 이렇게 분명하게 그려지는 듯했다. 곧, 전 시대를 통틀어 가장 큰 규모의 멸종이었던 페름기 말 대멸종은 상상할 수 없이 무시무시한 사건들이 잇달으면서 벌어진 것이었고, 그 촉매가 되었던 것은 외계에서 날아온 운석과의 충돌이었다는 것이다. 그러나 그걸로 얘기가 끝난 것은 아니었다.

이런 시나리오에 의거해 나사의 한 과학자는 이렇게 말했다. "이 점은 지구상의 생명 진화가 우리를 둘러싼 우주환경과 밀접하게 결부되어 있음을 시사해준다." 그 사람은 이렇게 생각했다. "약 1억 년마다 정기적으로 지구의 생물권이 거대한 운석충돌로 붕괴된다면, 인류의 시대도 언젠가는 끝장날 것이다." 그렇다면 다음번 멸종은 언제 일어날까?

운석충돌로 인류가 멸종할 날이 멀지 않았다고 두려움에 떨며 하늘을 살피는 사람들은 단순히 무모한 괴짜들이 아니다. 실제로 현재 여러 나라의 정치가들과 과학자문단들이 만일의 경우를 대비할 계획을 세우고 있다. 정부에서는 천문학자들에게 지구에 접근할 가능성이 있는 소행성들을 수색

할 자금을 지원하고, 정치가들은 위험성 있는 소행성을 폭파시킬 기술을 개발해야 한다고 경고한다. 그러나 다행히도 앞서 NASA 과학자의 말을 들으면 안심이 될 것이다. "두려움에 떨 필요는 없다. 다시 말해 생명체를 끝장낼 가능성이 있는 운석충돌에 대비해 지구를 방어하느라 지금 당장 돈을 들일 필요는 없다." 그는 계속해서, 만일 1억 년마다 한 번씩 큰 충돌이 일어난다면, 우리는 별다른 큰 문제없이 앞으로 몇십 년, 아니 몇백 년은 더 생존해나갈 것이라고 말한다.

2001년과 2002년 동안 많은—아마 대부분일 것이다—연구자들은 운석충돌이론을 거세게 거부했다. 그들은 50만 년 이상 지속되었던 대규모 용암분출이 재앙적인 환경파괴를 초래했다는 대안모델을 내세우며 강하게 맞섰다. 다시 말해 대규모 용암분출로 유독가스, 온난화, 냉각화, 육지의 토양과 식물의 유실, 심해에 얼어붙은 채로 있던 기체의 방출, 대규모 산소부족현상 따위가 일어났다는 것이다. 또한 정상적인 되먹임(feedback) 과정이 불가능해졌을 때, 생태계의 교란이 초래했을 상승효과도 검토 중이다. 현재 우리는 바다에서 일어난 메탄트림과 급격한 온실효과를 고려하고 있다. 1990년대를 거치면서 화산분출모델은 차츰 개선되었고, 지지세력도 점차 늘어났다. 대체 어느 쪽이 옳은 것일까? 사상 최대 규모의 대멸종은 과연 화산활동 때문일까, 운석충돌 때문일까? 이 책은 바로 그 답을 찾기 위한 것이다.

옛날에 일어난 대멸종의 파급효과는 지금까지도 길게 이어지고 있다. 학창시절 지질학 교수들에게서 배웠던 것과는 달리, 지구 역사에서 페름기 말의 격변은 더는 변두리에 자리하는 것이 아니다. 아마 전혀 공룡의 멸종만큼 친숙하지는 않겠지만, 중요성은 지극히 높다. 2억 5,100만 년 전에 있었던 사건을 연구한 과학적 성과는 우리가 오늘날 맞닥뜨린 멸종의 위협을 똑바로 이해할 만한 정보를 제공해줄 수 있다.

거의 모든 생명체가 죽었을 때

나는 개인적으로 페름기 말 대멸종연구에 관여하게 되면서 1990년대에 여러 차례 러시아를 방문했다. 글라스노스트와 페레스트로이카 직후였던 그 시기에 우리는 유럽과 아시아의 경계인 우랄 산맥을 등정할 기회를 가졌다. 거기서 훌륭한 페름기 암석층을 몇 군데 볼 수 있었다. 고대 환경을 비롯해서 육지의 양서류와 파충류의 진화가 기록된 암석층서를 살펴보았던 우리는 어떤 면에서 보면 역사를 재구성하고 있는 것이기도 했다. 1841년, 역마살이 낀 한 영국인이 우랄 산맥의 서쪽 가장자리에 있는 페름 시의 이름을 따서 페름계를 명명했다. 당시 가장 뛰어난 지질학자의 한 사람이었던 로더릭 임페이 머치슨 경Sir Roderick Impey Murchison은 험난한 러시아 탐사여행을 바쁘게 수행하다가 고전 페름계를 처음 연구하게 되었다. 이 책에서는 지질학사의 초기에 머치슨이 이룩했던 성과가 결정적인 몫을 담당한다.

이 책에서 우리는 여러 주제를 탐구하게 된다. 우선 1장에서는 리처드 오언 경Sir Richard Owen을 비롯하여 빅토리아 시대의 명사들을 만나게 될 것이다. 그들은 공룡을 위시하여 과거에 살았던 파충류 화석들을 처음으로 조사했던 사람들이다. 고생물학의 초창기였던 이때는 세계 각지에서 새로운 발견들이 이어지면서, 오늘날의 도마뱀이나 악어보다 훨씬 큰, 대홍수 이전의 거대한 파충류라는 놀라운 개념과 씨름해야만 했다. 같은 시기, 지질학자들은 암석의 층서를 풀어내고 있었다. 오늘날 지질시대와 연대에 대한 이해의 기초를 놓은 사람들이 바로 그들이다. 1830년대 말의 런던신사클럽, 1840년과 1841년 머치슨의 당당한 러시아 여행, 마침내 머치슨이 페름계를 명명할 증거를 얻기까지 긴 여정이 2장에서 소개된다.

3장에서는, 비록 대부분은 아니라 해도 많은 수의 지질학자들과 고생물학자들이 페름기 말에 큰 위기가 실제로 닥쳤다는 사실을 왜 거부했는지 여러 흔적들을 더듬어가며 알아본다. 이와 더불어 공룡의 최후를 이해하는 문제를 비롯해 다른 멸종사건에 대해서도 왜 이와 같은 거부가 있었는지를 추적해본다. 1970년대까지 별의별 기상천외한 생각들이 등장했다.

페름기 말 대멸종을 부인하는 목소리가 잠잠해진 것은 비교적 최근에 와서이다. 4장과 5장에서는 이런 의견의 추이를 이끌어냈던 두 가지 주요 진전에 대해 살펴본다. 다시 말해, 격변론이 재발견되고(신격변론), 과거 지구에 예상치 못한 거대한 지각변동이 있었음을 받아들이게 된 사정을 살필 것이다. 1980년, 거대한 운석충돌로 공룡이 절멸했다는 튼튼한 증거를 제시했던 한 놀라운 논문에서 그 의견의 변화가 극적으로 구체화되었다. 1950년경부터 1990년까지 적응기를 거치는 동안 진행상황은 더디기만 했다. 지구 역사가 그처럼 거칠고 비상식적으로 전개되었다는 생각을 도저히 받아들이기 힘들어했던 지질학자들이 많았던 것이다.

6장에서는 생명의 역사를 탐구한다. 단일종에서 어떻게 오늘날 수백만에서 수억에 이르는 종으로 분화되었는지를 살펴본다. 생명의 역사가 진행되면서 여러 차례의 대멸종과 수많은 소멸종들이 생명의 진화에 쉼표를 찍었다. 과연 멸종의 구실은 무엇이었을까? 혹 일반적이거나 예측 가능한 패턴이 있는 것은 아닐까?

그다음에 우리는 페름기 말 대멸종을 자세하게 들여다볼 것이다. 그러기 위해서 우리는 최근에 지질학자들이 중국, 러시아, 파키스탄, 이탈리아, 그린란드 등 세계 각지에서 증거를 추적하며, 멸종사건의 정확한 연대를 짚어내려는 그들의 수고를 뒤따라가 볼 것이다(7장). 그들의 연구 덕분에 페름기 말 대멸종의 이전, 도중, 이후에 일어난 환경변화의 정확한 순서를 보여주는 놀라운 증거들도 새롭게 밝혀졌다. 바다에서 벌인 가장 최근의 대멸종연구(8장)는 그 사건의 규모, 멸종한 군은 무엇이고, 생존한 군은 무엇인지, 생태적인 면에서 멸종은 과연 선택적이었는지 여부, 열대지방과 극지방에서 동시에 일어났던 것인지 아닌지를 대단히 상세하게 밝혀냈다.

극적으로 이루어진 새로운 발견들은 페름기 말 육지의 상황에 대해서도 많은 것을 알려주었다. 고古토양, 강모래, 호수의 진흙을 초정밀 연구한 결과, 식물의 변화와 식물을 먹이로 삼았던 양서류와 파충류의 변화, 서로를 잡아먹었던 양서류와 파충류의 변화가 드러났다(9장). 그뿐만 아니라 종말 이후의 풍경도 보여주었다. 대량멸종이 일어난 뒤의 지구는 춥고 음울한 곳이었다. 얼마 안 되는 생존동식물이 마주친 세상은 텅 비어 있는 괴상한 세상이었다. 육지생물의 멸종, 특히 대형 파충류의 멸종에 대한 새로운 증거를 확보하는 데 우리가 러시아에서 벌였던 연구가 도움이 되었다(10장).

다음으로, 암석에서 읽어낸 고古환경의 흔적, 암석의 화학성분들에서 읽어낸 대규모 기후변화의 흔적, 육지와 바다의 미생물, 식물, 동물의 등장과 퇴장에 대한 상세한 기록 등 이 모든 실마리들을 한데 모아 페름기 말에 일어났던 사건의 진상을 탄탄한 그림으로 그려볼 것이다(11장). 운석충돌과 화산활동을 두고 벌어지는 논쟁은 여전히 격렬하다. 나는 각 이론들의 장단점을 조명해볼 것이다. 마지막에 가면 멸종사건의 순서를 설득력 있게 보여주는 모델을 제공하는 뚜렷한 승자가 누가 될지가 보일 것으로 생각한다. 그 모델은 30년 전까지만 해도 아무도 알 수 없었고, 아무도 믿기 어려웠을 법한 것이다. 사실 말이지, 불과 5년 전까지만 해도 제기되지 않았던 모델이다. 그러나 이 모델은 새로운 증거를 계속 검토해나갈수록 더욱 지구과학자들의 인정을 받아가고 있다.

그런데 이 모든 게 오늘날 인류에게 무슨 의미가 있을까? 막대한 의미가 담겨 있다. 특히 온실효과를 비롯하여 현재 생물다양성에 가해지는 위협을 이해하는 데에 말이다. 과거 대멸종에 대한 고생물학 연구와 지질학 연구, 현재의 지구 생태위기에 대한 연구가 서로 결부되어 이루어지는 현황을 마지막 장에서 살펴볼 것이다. 과학자들, 자연보호주의자들, 정치가들은 과거에서 얻은 증거에 점점 면밀히 시선을 기울인다. 미래를 계획하는 기초가 될 최고의 증거는 아마 과거에서 얻을 수 있으리라.

멸종이 무슨 대수인가?

오늘날의 생태적 상황에 대해서는 극단적인 관점을 취하기 쉽다. 한편으로 종말론자들은, 세상만물은 사라지기 마련이며 생명 역시 몇백 년 안에 완전히 멸종할 것이라고 주장한다. 그들의 계산에 따르면, 우리는 날마다 2,000종을 잃고 있으며, 문명이 진보할 때마다 참담한 결과를 피할 수 없다고 한다. 따라서 인류는 당장 인구를 줄여야 하며, 석기시대의 자급자족 생활방식으로 돌아가야 한다는 것이다.

정반대의 견해를 가진 사람들은 과거 인구증가의 역사와 농경의 발전을 살피면서, 실제로 잘못된 것은 아무것도 없다는 태평한 생각을 갖고 있다. 이상하게 생긴 도도나 판다, 코끼리를 정말로 걱정하는 사람이 누가 있을까? 어떤 면에서 보면, 호모 사피엔스 같은 고등한 종이 세계의 지배권을 넘겨받아, 커다란 뇌를 이용해서 식량을 생산하고 질병을 치료할 좀더 효과적인 방법을 찾아내는 것이 자연스럽게 비칠 것이다.

대부분 사람들 생각에 그런 관점들은 모두 지나치게 극단적이다. 인구는 산업시대 이전 수준으로 돌아갈 수 없고, 미개한 오두막에서 현미나 씹어대면서 살기로 선택할 사람도 많지 않을 것은 분명하다. 마찬가지로 세계는 오로지 인간을 위해서만 창조된 것이 아니다. 이런 생각은 마치 말의 등이 휘어진 것은 사람이 그 위에 편리하게 올라탈 수 있기 위해서라고 생각하는 창조론자들의 관점과 다소 비슷하다. 한정된 농경지에서 점점 더 많은 식량을 뽑아낼 수 있다고 안이하게 생각하는 것은 어리석기 짝이 없다. 인구증가와 농업기술의 발전은 매일같이 광대한 서식지를 파괴하고 있다. 그렇다고는 하지만 종말론자와 성장지상주의자들 사이에 확실하게 선을 그을 수 있는 사람이 누가 있겠는가?

과거를 돌아보자. 멸종사건들이 일어났고, 그때마다 다른 방식으로 생명은 회복되었다. 오늘날의 위기를 고대의 역사가 기록된 표본들과 비교해보면, 적어도 과학자들과 정책입안자들이 실제 사실에 입각해서 판단하게끔

해줄 것이다. 이런 물음들을 던져보자. "전 세계 종의 10퍼센트가 절멸한다면, 어떤 일이 벌어질까?", "한 대륙의 종의 절반이 파괴된다면, 과연 그 지역에서 살아남은 종들이 다시 번식하게 될까, 아니면 다른 대륙 종들의 침입을 받게 될까?", "생명의 절반이 사라진다면, 회복국면은 얼마나 오래 걸릴까?" 고대의 대멸종사건들을 차근차근 분석해가다 보면, 몇 개의 답이 나올 것이다.

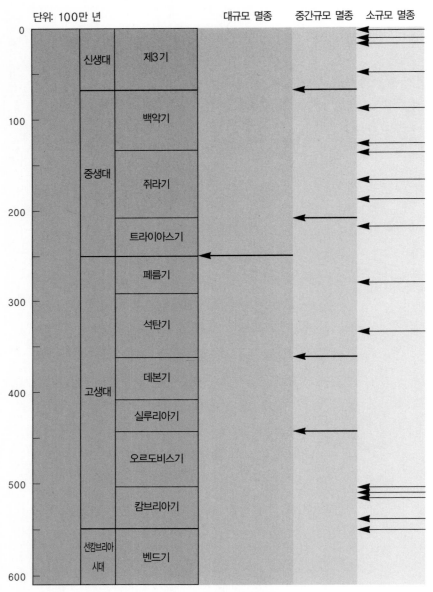

지질연대표 대멸종과 그보다 규모가 작은 멸종들이 화살표로 표시되어 있다. 굵은 화살표는 '5대 멸종'을 표시한다.

01

대홍수 이전의 도마뱀들

요점은 대멸종에서 생존을 판가름하는 한 요인이 행운일 수도 있다는 얘기이다. 특수하게 적응한 동물들에 비해 생존동물들에게 더 운이 따른다는 것이다. 가장 고등하고 지능적이고 빠르게 번식하는 동물종들은, 입때껏 한 번도 만나보지 못했던 도전들로 내몰릴 멸종의 재앙이 닥치면 절멸해버릴 수 있다. 보통 진화는 가뭄, 홍수, 포식자, 질병과 같은 평범한 문제들과 마주치면서 유기체들이 세세하게 적응력을 다듬어가는 식으로 이루어진다. 그러나 수백만 년에 한 번 있을까 말까 한 사건들은 그냥은 감당해낼 수 없다.

1845년 3월 5일, 리처드 오언 교수는 1840년과 1841년에 로더릭 임페이 머치슨 경이 오랜 러시아 탐사여행 끝에 세상의 빛을 보게 한 고대 파충류의 뼈 몇 점에 관한 보고서를 썼다. 오언은 등뼈의 한 부위를 다음과 같이 규정했다.

두 개의 교착된 엉치뼈 측면으로 나온 강하고 짧은 갈비뼈형 돌기들로 보건대 사우리아 중 악어류에 속한다. 이는 키가 큰 도마뱀이 이따금 마른땅을 걸을 때 뒷다리를 튼튼하게 '지탱하기' 위해 도입된······ 변이이다.[2]

그리고 나서 오언은 전달받은 나머지 뼈들을 계속 기술해나간다. 그가 비교대상으로 삼은 것은 오늘날의 악어와 1836년 잉글랜드 남서부 브리스틀의 트라이아스기 암석에서 발굴된 테코돈토사우루스*Thecodonto saurus*라는 이름의 파충류였다.

위의 인용이 뜻하는 것이 무엇일까? 사실 오언이 말하는 것은 엉치뼈— 등뼈를 이루는 성분들로 엉덩이 부위에 자리한 뼈—측면에 튼튼한 갈비뼈들이 있어서 볼기뼈들과 접합될 수 있었음을 보여준다는 얘기였다. 오늘날 그 정도의 튼튼한 접합은 악어를 비롯하여 육상에서 걷기에 잘 적응한 파충류들에게서 볼 수 있다. 그렇다면 그 뼈들은 대부분의 시간을 물속에서 보낸 동물도, 따라서 다리를 지탱하기 위한 튼튼한 골격구조가 필요 없었을 어떤 원시적인 종류의 동물도 아님을 보여준다고 오언이 강조하는 것이다. 러시아악어 같은 고등 파충류는 트라이아스기나 그 이후의 암석에서 나왔음을 암시한다.

러시아 파충류에 대한 오언의 규정—그가 구사한 언어만큼이나 난해하기는 하지만—은 로더릭 머치슨이 러시아의 페름기 암석계를 해석할 때 활용한 결정적인 증거였다. 그때 머치슨은 마침 우랄 산맥 서쪽 페름 시 주변의 화석함유 퇴적물을 '페름계'로 명명하여, 그와 똑같은 연대에 해당하는 세계 각지의 모든 암석을 지칭하는 이름으로 삼은 터였다. 나아가 오언의 입장에서 보았을 때, 이 표본들은 파충류의 초기 역사를 좀더 완벽하게 이해할 수 있게끔 해주는 정보를 제공하는 것이었다.

　오언의 관점을 시대의 맥락 속에서 살피고, 그 배경을 검토하는 것이 중요하다. 적절한 표본들도 없었고, 오늘날 각각 페름기와 트라이아스기로 알고 있는 시기의 암석에서 출토된 화석동물들을 구분하는 기준이 전반적으로 미미했기 때문에, 초기 빅토리아 시대의 학자들이 페름기 말의 대대적인 멸종사건을 알아채지 못했다고 해도 그리 놀랄 일은 아니다. 따라서 오늘날 알려진 양서류와 파충류의 진화를 간략하게 살펴본 다음, 1845년에 오언이 알고 있었던 바를 맞춰보도록 하자.

네발동물: 양서류와 파충류

오늘날의 양서류와 파충류는 구분하기 쉽다.[3] 개구리나 도롱뇽 같은 양서류는 대개 물속에 알을 낳고, 알에서는 올챙이가 부화한다. 사실상 어류라고 할 수 있는 올챙이는 완전한 수생생물로 성장한다. 성체로 변태한 뒤에는 물속과 육지 모두에서 생활한다. 양서류兩棲類(amphibian)라는 이름 자체가 '양쪽에서 사는 생물'(어원적으로 그리스어의 amphi는 '양쪽'을 뜻하고, bios는 '생명'을 뜻한다), 다시 말해서 물과 땅에서 모두 사는 생물을 가리킨다.

　오늘날의 파충류, 특히 도마뱀과 뱀은 땅에서만 살아가며, 각질의 방수성 비늘을 몸에 두른 형태로 건조한 조건에 적응했다. 파충류의 알 껍질은 달걀처럼 흰 석회질이거나 가죽질 점막인데 모두 방수성이며, 새끼 파충류는 알 속에서 안전하게 자란 뒤 부화되어 곧바로 육지생활을 하게 된다.

　자연사학자들은 오래전부터 양서류가 어류와 파충류의 중간형임을 알고 있었다. 당연히 오늘날에는 동물군 진화의 한 단계를 표현하는 것으로 본다. 쉽게 말해 처음에 어류가 나오고, 그다음에 어류 중 일부가 처음으로 육상에서 조마조마한 걸음마를 떼면서 양서류가 진화했으며, 수중생활과 완전히 결별함으로써 마침내 양서류에서 파충류가 진화해 나온 것이다. 비록 동물형태상에 순서가 있음을 부인하지 않았지만, 알다시피 오언은 진화론자가 아니었다. 뒷날 찰스 다윈을 가장 격렬하게 비판한 사람 중 하나가 바로 그였다.

그러나 1840년대에는 발견된 화석이 드물었다. 양서류 화석과 파충류 화석을 구분하는 일도 힘들었다. 오언을 비롯하여 당시의 학자들은 일반적으로 초기의 네발동물들을 모두 렙틸리아Reptilia에 속하는 것으로 여겼다. 그중 연대가 좀더 오래된 양서류형의 네발동물들은 바트라키아Batrachia, 또는 바트라키안 렙틸리아Batrachian Reptilia라고 부르기도 했으며, 오늘날의 도마뱀이나 악어와 더 가깝게 비교될 수 있는 것들은 사우리아Sauria라고 부르기도 했다(당시 알렉상드르 브롱냐르Alexandre Brongniart와 같은 자연사학자들이 이용한 파충류 분류명에 따른 것으로, 오늘날과는 약간의 차이가 있어 원어 그대로 표기했다. 여기서 '렙틸리아'는 오늘날의 '파충강', '바트라키아'는 '양서강', '사우리아'는 '도마뱀류'에 해당한다: 옮긴이).

석탄 숲과 페름기 사막의 네발동물들

우리가 지금 아는 바에 따르면, 최초의 네발동물들은 약 3억 7,000만 년 전 데본기 후기에 육지에 상륙했으며, 뒤이은 석탄기에 이 초기형 네발동물들―양서류―이 다양한 형태로 퍼져나갔다. 석탄기의 양서류에는 네 개의 강인한 사지를 갖추고 육지생활에 적응한 것도 있었고, 대부분의 시간을 물속에서 생활하는 종들도 많았다. 이 수생종 가운데에는 노처럼 생긴 사지로 물속을 헤엄치는 것은 말할 것도 없고, 아예 사지를 다 없애버린 종도 있었다. 크기로 보면 몇 센티미터에 불과한 것에서부터 3~4미터에 이르는 괴물들까지 다양했다.

석탄기는 석탄 숲으로 유명하다. 당시 전 유럽과 북아메리카에 걸쳐 나타났던 열대조건에서 광범위하게 혼합된 다량의 초목들이 풍성하게 자라고 있었다(석탄기에 이 두 대륙은 적도에 걸쳐 있었다). 키 작은 초목들 사이로는 노래기, 지네, 거미 따위가 기어 다녔고, 키 큰 나무들에는 곤충들이 있었는데 작은 갈매기만큼이나 커다란 잠자리가 있을 정도로 아주 큰 것들도 있었다. 그리고 양서류가 번성했다.

석탄기의 양서류 가운데에는 훨씬 더 육서화된 형태들, 곧 방수성 피부를 갖추고 껍질 있는 알을 낳는 동물이 더러 있었다. 그러나 이 초기형 파충류는 그리 대단한 위치를 점하지 못했다. 먹이뿐 아니라 습한 서식지가 도처에 널린 양서류가 번성하고 있었기 때문이다. 그런데 석탄기 말기를 거치고 페름기에 접어들면서 유럽과 북아메리카의 광활한 열대림이 점차 말라죽기 시작했다. 대부분의 양서류가 죽었고, 줄어든 물줄기에는 몇몇 작은 수생양서류만이 살아남았을 뿐이었다.

이제 초기형 파충류가 번성할 차례였다. 페름기, 특히 페름기 후기에는 단궁류單弓類(synapsid)―포유류형 파충류―라고 불리는 군이 주도권을 쥐어나갔다. 생태계는 점차 복잡해져갔고, 식물을 먹이로 하거나, 곤충 같은 무척추동물을 먹거나, 서로서로를 잡아먹는 다양한 형태와 크기의 단궁류가 번성했다. 페름기 말이 되자 오늘날만큼이나 복잡한 생태계도 생겨났다. 가장 고등한 동물들이 진화했다. 코뿔소 크기의 육중한 초식동물, 이런 거대한 초식동물의 두꺼운 가죽을 꿰뚫을 수 있는 칼이빨을 가진 육식동물이 나타났다. 단궁류 외에도 덩치가 작은 파충류 가운데에는 거북이, 악어, 도마뱀의 먼 조상뻘 되는 동물 등 여러 동물군의 대표동물이 있었다.

그런데 이 동물들이 홀연히 사라져버렸다. 수수께끼인 페름기 말 위기를 맞아 절멸해버렸던 것이다. 복잡했던 생태계들은 붕괴됐고, 페름기 후기 생명의 다양성도 죄다 파괴되어버렸다. 그다음에 도래했던 시기는 지구 역사상 가장 괴상한 시대의 하나였다.

돼지들이 지구를 지배했을 때

몇 년 전, 나는 런던 근처의 한 소규모 독립영화 제작소를 도와주는 연구자로부터 애걸조의 전화를 받은 적이 있었다. 페름기 말 대멸종에 관한 한 시간짜리 다큐멘터리를 완성했는데, 프로그램을 의뢰했던 방송국에서 거부당한 처지라는 것이었다. 나는 그 까닭을 물었다. 대답인즉슨 여우원숭이를 지나치게 많이 다룬 탓이라고 했다. 나는 깜짝 놀랐다. 페름기 말 대멸종과 여우원숭이는 아무런 상관이 없었기 때문이다. 최초의 여우원숭이 화석의 연대는 겨우 100만 년 정도일 뿐이고, 그들의 먼 친척인 최초의 영장류 중 일부는 오래라고 해봤자 6,000만 년 전에야 나타났기 때문이다.

사정을 알아보니 영화제작자들은 마다가스카르로 날아가서 희귀한 여우원숭이를 비롯하여 그 섬에 있는 다른 원시영장류들을 필름에 담느라 예산을 몽땅 써버렸다. 나는 그들에게, 러시아와 남아프리카의 페름기−트라이아스기 암석을 얼마나 많이 담았느냐고 물었다. 두 시기의 지질경계에 걸쳐 있고, 그 사건의 원인을 짚어낼 단서가 담겨진 층서가 바로 거기에 있었기 때문이다. 대답을 듣고 막막하기만 했다. 그 영화는 틀림없는 실패작이었다. 그들은 몹시 당황한 나머지 이런 생각까지 했다. "공룡으로 한 시간을 채울 수 없다면, 원숭이라도 찾으러 갈 수밖에." 하지만 그들이 가지고 있는 것은 디키노돈트 구동모형들뿐이었다.

디키노돈트는 페름기 후기를 널리 점했던 핵심적인 단궁류군의 하나였다. 극지방에서 적도지방까지 널리 퍼졌던 디키노돈트는 주요 초식동물이었고, 몸집이 하마 정도까지 이른 것도 있었다. 페름기 말 대멸종 때 절멸했음은 잘 알려진 사실이었다. 그런데 유일하게 단 한 가지 형태만이 살아남았다. 리스트로사우루스*Lystrosaurus*라고 불리는 중간 크기의 디키노돈트가 바로 그것이다. 트라이아스기에는 그 리스트로사우루스를 시초로 해서 디키노돈트가 다시 번성하여 예전의 다양성 수준을 회복했다.

그나마 영화제작자들은 페름기 말의 격변을 견디고 살아남았던 기이한 파충류 리스트로사우루스라는 이름 정도는 알고 있었다. 운석충돌, 화산활동, 추위, 오염 같은 갖가지 격변적 사건들도 리스트로사우루스를 꺾지 못했다. 오히려 단순히 생존하는 데서 그치지 않고 남극에서 중국까지, 아르헨티나에서 러시아까지 지구 구석구석을 다시 차지했던 것이다. 그런데 과연 리스트로사우루스는 당시 친구들과 친척들에게는 없었던 초능력을 가진 독창적인 생체를 지녔던 것일까?

그 영화를 구제하고 싶은 생각에, 나는 런던의 구동모형제작 스튜디오에서 인터뷰를 가졌다. 내 옆에선 리스트로사우루스 모형이 입을 벌리고 눈알을 굴리고 있었다. 나는 그 동물이 실은 대단히 평범한 동물이었음을 설명하려고 애썼다. 다른 동물에게는 없었던 어떤 특별한 생존능력을 가진 것이 아니었다. 그냥 운이 좋았을 뿐이다. 그들은 계속 이렇게 물었다. "왜 리스트로사우루스만 살아남고, 다른 건 그러지 못했을까요?" 납득할 만한 설명이 필요하다는 것이었다. 나는 리스트로사우루스가 대단찮은 생존자였다고 설명했다. 특별히 빠르지도, 위압적이거나 영리하지도 않았다. 정말이지 외모가 트라이아스기의 돼지처럼 생겼다. 심지어 습성조차도 그랬다. 식성이나 생활조건, 운동방식이 지극히 무난한 잡식성 동물로 생각된다.

요점은 대멸종에서 생존을 판가름하는 한 요인이 행운일 수도 있다는 얘기이다. 특수하게 적응한 동물들에 비해 생존동물들에게 더 운이 따른다는 것이다. 가장 고등하고 지능적이고 빠르게 번식하는 동물종들은, 입때껏 한 번도 만나보지 못했던 도전들로 내몰릴 멸종의 재앙이 닥치면 절멸해버릴 수 있다. 보통 진화는 가뭄, 홍수, 포식자, 질병과 같은 평범한 문제들과 마주치면서 유기체들이 세세하게 적응력을 다듬어가는 식으로 이루어진다. 그러나 수백만 년에 한 번 있을까 말까 한 사건들은 그냥은 감당해낼수 없다. 고생물학자 데이비드 라우프David Raup는 이 현상을 기막힌 말로 묘사했다. "나쁜 유전자 때문이 아니라 나쁜 운 때문이다"라고.

리스트로사우루스는 특별히 강인한 생존자도 아니었고, 시련들을 견뎌

그림 1 페름기 말 대멸종의 생존동물, 리스트로사우루스.

내 새로운 왕국을 건립할 정도로 완벽한 동물도 아니었다. 오히려 뚱보처럼 둔한 몸피에 어딘지 모자란 느낌이 든다 싶을 정도의 뒷몸을 가진, 몸길이 1.5미터 정도의 별 특징도 없는 동물이었다(그림 1). 다리는 짧았고, 머리는 무거웠다. 작은 코, 뿔처럼 뾰족한 턱, 송곳니 외에 다른 이빨은 없었다. 리스트로사우루스는 질긴 줄기를 잘라서 순환성 앞뒤 회전 턱 운동으로 잘게 바수어 먹는 초식동물이 분명하다. 구동모형은 이 모든 행태를 잘 표현했다. 기술자가 적당한 소리를 입력하면, 리스트로사우루스 모형이 킁킁거리거나 짖게도 할 수 있었다.

몇 주 뒤 영화편집이 끝나고 나자 제목은 〈돼지들이 지구를 지배했을 때〉로 바뀌었다. 방송안내문과 유인물마다 모두 이 제목으로 소개됐다. 「선데이 타임스」는 선명한 컬러삽화들을 넣어서, 어떻게 트라이아스기에 돼지들이 대대적인 성공을 거두었는지, 나중에 그 돼지들이 어떻게 오늘날 우리가 알고 좋아하는 다른 포유동물로 진화되었는지를 전면기사로 다루었다. 다큐멘터리가 방영된 다음 날 동료들과 학생들은 한결같이 내게 따가운 동정의 시선을 보냈다. 어쨌든 적어도 리스트로사우루스를 알게 된 사람들은 많아진 셈이었다.

트라이아스기에 부흥한 파충류

사실 트라이아스기 맨 초기는 황량한 불모의 시기였다. 페름기 후기의 특화된 초식동물과 육식동물은 사라져버렸고, 남은 것은 전부 해야 말 그대로 리스트로사우루스를 비롯하여 한두 종의 네발동물들뿐이었다. 이들이 서서히 지구를 채워갔고, 마침내 제2의 파충류 전성시대를 꽃피웠다. 그러나 옛 시절은 다시 찾을 수 없었다. 공룡을 비롯한 새로운 동물들이 무대에 등장했다. 트라이아스기 초기의 얼마 동안 일부 단궁류가 다시 퍼져나가 상당한 정도로 다양해졌다. 그러나 생태계는 수백만 년 동안 페름기 후기에 이룩된 복잡성 수준까지는 이르지 못했다. 그리고 단궁류 역시 오랫동안 예전의 기세를 되찾지 못했다.

페름기 말 대멸종은 진화의 춤을 추게 한 셈이었다. 단궁류는 크게 움츠러들었고, 대신 이궁류二弓類(diapsid)('두 개의 아치'라는 뜻으로, 이궁류의 눈구멍 뒤 두 개의 광대뼈를 가리킨다)—오늘날 악어, 도마뱀, 뱀, 새 따위가 이궁류의 예이다—라고 불리는 파충류군이 그 자리를 차지했다. 그들은 멀리 석탄기의 조상들에서 유래한 것들이다.

석탄기와 페름기의 대부분의 동물상에서 이궁류는 하위 구성원이었다. 작은 도마뱀형 생물들만 드문드문 있었을 뿐 덩치도 전혀 크지 않았고, 전체 동물의 2~3퍼센트 이상 차지하는 경우는 드물었다. 알려진 바에 따르면, 일부 이궁류가 페름기 맨 마지막까지 남아 있었지만, 주요 군이라고 하기는 힘들었다. 트라이아스기 초기에는 일부 이궁류, 특히 아르코사우르 archosaurs('지배 파충류'라는 뜻)라고 불리는 동물군이 육식동물의 생태자리 (niche)를 넘겨받아, 다시 새롭게 진화하던 단궁류 초식동물을 먹이로 삼았다. 트라이아스기의 처음 2,000만 년 동안 초기형 아르코사우르가 서서히 분화했고, 마침내 거대한 포식자들—어떤 것들은 몸길이가 5미터에 육박했다—도 나타나게 되었다. 그러다가 트라이아스기 후기에 큰 변화가 일어났다. 최초의 공룡들이 등장했던 것이다. 처음에는 몸집도 아주 작은 두

발보행의 형태였으나, 빠르게 분화하여 금방 커다란 몸집을 가지게 되었다. 공룡시대 내내, 옛 시대의 지배자였던 단궁류의 자투리 후예들이었던 포유류도 주변에 있었다. 그러나 6,500만 년 전에 멸종하기 전까지 무려 1억 6,500만 년 동안 지구를 지배한 것은 공룡이었다. 공룡이 멸종한 뒤, 오랫동안 무대 뒤에 숨어서 기다리던, 단궁류의 후예 포유류가 마침내 전면에 재등장하여 지구를 지배하게 되면서, 페름기 후기에 누렸던 옛 영광을 되찾았다. 단궁류−이궁류−단궁류의 순환고리가 완전히 한 바퀴 돌았던 것이다.

이상이 현재 우리가 이해하고 있는 바이다. 이는 1840년대 이후 세계 도처에서 광범위하게 수집하고 조사한 표본들을 토대로 한 것이다. 그러나 이 가운데서 리처드 오언이 알았을 만한 것은 극히 적다. 그가 가진 정보라고는 드문드문 흩어져 있는 화석유물에서 얻은 것에 불과했고, 당시 연구의 원리들 중에는 이제 갓 정립된 것들이 많았다. 특히 러시아 도마뱀 화석들을 조사할 당시, 오언의 특기였던 비교해부학이라는 새로운 학문은 겨우 20년 정도의 역사밖에 되지 않은 터였다. 따라서 그를 비롯하여 당시의 어느 누구도 그때 막 기록해가기 시작했던 대멸종사건의 규모가 어느 정도였는지 전혀 낌새를 채지 못했다 해도 놀랄 일이 아니다.

화석의 정체

나는 여덟 살 때 처음으로 화석을 수집했다. 나는 스코틀랜드 북동부의 도시 애버딘에서 자랐는데, 그곳의 오래된 건물들은 모두 은색의 천연화강암으로 지어졌다. 일종의 탄성암인 화강암은 100~200년이 지난 지금 보아도 갓 잘라낸 것처럼 보인다. 화강암은 지각 깊숙한 곳에서 녹은 마그마에서 형성된 화성암인데, 거기서 화석을 발견할 가능성은 전혀 없었다.

그런데 요크셔에서 가족들과 휴가를 보내던 중, 나는 화석이 풍부한 암석, 특히 솔트번, 스테이즈, 휘트비 주변 해안의 해성海性 쥐라기 암석을 탐사할 기회가 있었다. 거기서는 화석을 쉽게 찾아낼 수 있다. 백합, 완족동물, 감긴 모양의 암모나이트, 진기한 산호, 심지어는 낱개로 떨어져 있는 해양파충류와 어류의 뼈까지 찾을 수 있다. 제일 찾기 쉬웠던 것은 그리파이아Gryphaea 화석이었는데, 옛날에는 거대한 용의 뿔 모양 발톱이 딱딱하게 굳은 것처럼 생겼다고 해서 '악마의 발톱'으로 불리기도 했다. 그리파이아 화석의 크기는 어린애 손바닥에 쏘옥 들어올 정도이다. 마치 도넛 반쪽처럼 조가비가 크게 굽어 있는데, 윗부분은 평평한 조가비가 덮고 있다. 굴의 일종인 그리파이아는 굽은 아래 조가비를 해저의 진흙 속에 반쯤 묻어놓고 살았으며, 윗부분의 평평한 조가비를 부엌의 쓰레기통 뚜껑처럼 탁탁 여닫을 수 있었다. 나는 첫 화석사냥에서 이런 조가비를 160개나 모았고, 하나도 빠트리지 않고 호텔로 가져간 다음 기차로 애버딘의 집까지 가져가겠다고 떼를 썼다.

당시 내 눈에는 이 화석들이 옛날에 살았던 동물들의 유해임이 분명했다. 당연히 오늘날 우리는 화석을 다룬 책을 통해 그 사실을 알고 있고, 공룡에 관심 있는 아이들이라면 누구나 암석에 묻혀 있는 조가비, 뼈, 흔적화석이 고생물학자들 덕에 다시 생명을 얻을 수 있음을 알 것이다. 그러나 언제나 화석의 정체가 이렇게 자명했던 것은 아니었다.

중세시대의 학자들은 화석의 정체에 대해 오랫동안 심각하게 논의했다. 그들은 이탈리아나 프랑스의 높은 언덕에서 발견한 조가비가 진짜 바다생물의 유해일 리는 없다고 생각했다. 바다가 멀리 떨어져 있지 않은가? 그들 말대로 그중 일부는 로마병사들이 가져왔을 수도 있겠지만, 모든 화석들이 그럴 리는 없었다. 그런데 레오나르도 다 빈치는 늘 그랬던 것처럼 이번에도 올바른 답을 갖고 있었다. 그는 만일 어느 모로 보나 그 화석이 오늘날의 조가비나 뼈와 다름없어 보인다면, 오늘날 그 생물들과 관련된 고대의 어떤 유기체가 남긴 유해여야만 한다고 생각했다. 조가비 화석이 높은 언덕에서 발견되는 까닭은, 한때 바다가 그 언덕을 뒤덮었거나, 아니면 암석이 퇴적된 뒤 언덕이 위로 솟아 오늘날 우리가 보는 산을 형성했기 때문이라는 것이다.

화석의 정체에 관한 논쟁은 17세기 내내 활발하게 계속되었다. 영국과 프랑스의 대학자들은 양편으로 나뉘어 각각 비중 있는 논변들을 내놓았다. 어떤 학자들은 조가비 화석, 성게, 상어이빨, 매머드 뼈 등 자신들이 발견한 화석들이 실제로 고대 유기체들의 유해라고 주장했다. 다른 학자들은 그건 불가능하다고 주장했다. 이른바 화석이라는 것은 전능하신 신께서 우리의 믿음을 시험하기 위해 암석 속에다 갖다놓은 것이라는 얘기였다. 어류와 연체동물은 당연히 바위 속에서 살 수 없기 때문에, 화석은 무생물적인 산물, 곧 지구 내부 깊은 곳의 조형력이 작용한 결과로 만들어졌다는 것이다. 화석이 고대 동식물의 유해라는 생각을 반대하는 학자들은 종종 '조형력'을 뜻하는 '*vis plastica*'라는 용어를 써서 자기네들 주장에 학적인 무게를 실어냈다. 아마 라틴어로 부르는 것이 좀더 권위적으로 들렸을 것이다.

그러나 화석들이 축적되어갈수록, 이런 초자연적인 관점은 거부될 수밖에 없었다. 하지만 모든 화석들이 오래전에 살았던 동식물을 나타내는 것이라면, 두 가지 어려운 물음에 봉착할 수밖에 없었다. 이 동식물들은 어디로 사라져버린 것인가? 그 동식물들은 얼마나 오래전에 살았는가?

요크셔 악어와 오하이오 인코그니툼

1750년에 이르자 대부분의 자연사학자들이 화석이 생물체의 흔적임을 인정했지만, 멸종의 가능성은 여전히 부인했다. 역설적으로 보이는 입장이긴 하지만, 당시 기독교인이라면 누구나 선뜻 멸종의 관념을 받아들일 수는 없었다. 하나 이상의 종이 사라진다는 멸종이 있었다면, 신의 계획에 모종의 실수가 있었음을 암시할 것이기 때문이었다. 그럼 그것들이 멸종되지 않았다면, 화석으로만 나타날 뿐 어디에서도 찾아볼 수 없는 과거의 그 괴상한 동식물들은 지금 어디 있는 것일까?

그 딜레마에서 빠져나올 수 있는 한 가지 방도는, 화석 생물체들이 성서의 대홍수 이전에 살았다고 생각하거나, 아직 탐사되지 않은 세계의 몇몇 지역들, 이를테면 북아메리카나 호주, 인도 등의 아주 외진 곳, 또는 그 당시 막 유럽인들이 탐사하던 곳들 어딘가에 그 화석 생물체들이 여태껏 존재한다고 생각하는 것이었다.

1758년, 휘트비 근처 요크셔 해안의 한 절벽기슭에서 아름다운 악어 화석이 발견되었다는 보고가 있었다. 공교롭게도 그곳은 어린 시절 내가 화석사냥을 나섰던 곳과 가까웠다. 그 악어 골격은 뒷날 쥐라기 암석층의 일부로 식별된 리아스석회암(Lias limestones) 속에 묻혀 있었는데, 검은 화석 뼈들이 모두 아귀가 딱딱 맞은 채로 늘어서 있었다. 윌리엄 채프먼William Chapman과 울러 씨Mr. Wooler(이 사람의 이름은 역사 속으로 사라져버렸다)가 그 표본을 『런던 왕립학회 철학회보』에 각각 따로 보고했다. 울러는 그 화석이 '어느 모로 보나' 현대 갠지스 강의 인도악어와 동일하다고 논했다. 그 화석이 절벽기슭에 자리하고 있다는 점, 55미터 아래의 암석에 묻혀 있었다는 점을 보건대, 의심의 여지가 없다고 주장했다.

> 그 동물 자체는 틀림없이 대홍수 이전의 동물일 것이다. 범세계적으로 일어난 홍수의 힘이 아니고서는 결코 그곳에 묻히거나 옮겨졌을 리가 없다. 그 위에 자리한 다른 지층들을 보면, 골격을 180피트[55미터]나 되는 깊이에 묻으려고 아무 때나 뚫을 수 있는 것들이 결코 아니다. 따라서 적어도 그 지층들이 형성될 즈음에―그 이전이 아니라면―그 골격이 거기에 묻히게 되었음이 틀림없다.[4]

현재의 생명체와 겉모습이 닮은 화석동물의 경우에는 전혀 나무랄 데가 없는 해석이었다. 그런데 현재 살아 있는 명백한 본보기가 없는 화석에 대해서는 뭐라고 해야 할까?

그런 예가 바로 마스토돈mastodon이었다.[5] 1739년에 프랑스계 캐나다인 군 장교였던 바롱 샤를 드 롱게이Baron Charles de Longueuil가 오하이오 강기슭에서 마스토돈 화석을 처음 발견해서, 뼈와 이빨들을 파리로 보냈다. 파리에서는 당시 주도적인 자연사학자들이 마스토돈이 멸종된 생물인지를 놓고 논쟁을 벌이면서 열기가 고조되었다. 영국인 정착민들이 화석을 더 수집하게 되자, 런던에서도 논쟁이 일었다. 그러나 1769년에 이르러서야 상당한 해결을 보았다.

위대한 해부학자이자 의사였던 윌리엄 헌터William Hunter(1718~1783)의 개입이 결정적이었다. 그는 아메리카마스토돈—헌터는 오하이오 인코그니툼Ohio incognitum이라고 불렀다—의 턱뼈와 현대 코끼리의 턱뼈를 비교해보고, 이빨을 제외하고는 둘이 동일함을 알아냈다. 그렇다면 이것은 틀림없이 코끼리일 것이었다. 다만 오늘날의 아프리카코끼리나 인도코끼리와는 다른 종류의 코끼리일 터였다. 헌터는 가차 없이 자신의 논리를 따라갔다. 파리와 런던으로 보내진 표본들을 대부분 조사한 뒤, 이렇게 결론을 내렸다. "학자 입장에서는 우려할 만한 사실이지만, 사람 입장에서는 그 동물 전부가 멸종된 것으로 생각된다는 점에 신께 감사를 드릴 수밖에 없다."

마침내 멸종문제에 종지부를 찍은 사람은 바로 프랑스의 위대한 해부학자이자 지질학자인 조르주 퀴비에Georges Cuvier(1769~1832)였다. 1795년 당시 그는 저작물들을 쏟아내며 파리에서 화려한 경력을 시작했다.[6] 그는 마스토돈, 시베리아매머드에 관한 보고서들을 썼다. 시베리아매머드 표본 중 많은 것들이 꽁꽁 얼어붙은 툰드라 지역에서 발굴됐고, 어떤 것은 털과 살까지 붙어 있기도 했다. 그의 세 번째 사례연구는 옛날에 아메리카 대륙, 특히 남아메리카에 살았던 자이언트땅늘보 메가테리움Megatherium이었다.

퀴비에는 이 논문들에서 새로운 과학적 접근법을 썼는데, 뒷날 비교해부학으로 알려지게 된 방법이다. 다시 말해 해당 골격의 세세한 모든 측면들을 다른 동물들의 신체구조와 비교해서 구조상의 규칙성과 유사성을 찾아내는 방법이다. 퀴비에는 현대 동물들의 해부구조에 관한 철저한 지식을 이용해서 이 고대의 동물들이 현대의 동물—예를 들면 코끼리와 나무늘보—과 아주 비슷하기는 하지만, 해부학적으로는 분명하게 구별된다는 사실을 입증할 수 있었다. 퀴비에는 이 동물들은 모두 몸집이 거대한 포유동물들이기 때문에 아직까지 살아 있다면 그 존재를 놓칠 리가 없을 것이라고 말했다. 퀴비에의 사례연구가 너무나 훌륭하게 입증되었기 때문에, 최후의 의심가들조차도 멸종이 실제 있었음을 받아들이지 않을 수 없었다.

지금은 옛날이야기가 되었지만, 리처드 오언 당시에는 그 논쟁들이 이제 막 해결되어가던 것들이었다. 1820년대에 오언은 에든버러에서 의학과 해부학을 공부하고 있었는데, 당시는 무슨 말만 나오면 위대한 퀴비에가 거론되곤 했다. 영국의 해부학자들은 가장 훌륭하고 가장 최신의 사조를 파리에서 얻었으며, 덕분에 퀴비에의 능력에 관한 이야기들이 널리 퍼졌다. 이를테면 퀴비에는 뼈 한 조각만 보고도 무슨 동물인지 척척 알아맞힐 수 있다든지, 발견들을 보고하는 대중강연회에서 그 능력을 입증해 보였다는 이야기들이었다. 일찍부터 오언의 목표는 그 위대한 프랑스인에 필적할 만한 인물이 되는 것이었다. 그러나 오랜 세월이 흘러야 했다. 오언은 1845년 러시아 페름기의 색다른 파충류 뼈들을 연구할 무렵에 마스토돈 – 매머드 멸종논쟁이 정점에 달했던 시절, 그런 동물들이 발견되었음을 보고했던 몇 가지 사장된 문헌을 기억해냈다.

러시아 구리사암에서 이루어낸 첫 성과

1770년대에 그 유명한 러시아의 페름기 화석 파충류가 처음 세상에 선보였지만, 정체는 모호하기만 했다.[7] 화석이 발견된 곳은 우랄 산맥 서쪽 구릉을 따라 수백 킬로미터나 펼쳐진 암석지대로 광석이 풍부한 구리사암(Copper Sandstones)이었는데, 구리광산을 확장하는 과정에서 발견되었다. 특히 지금의 오렌부르크 주에 있는 몇 개의 광산뿐 아니라, 바슈코르토스탄과 페름 주의 일부 광산에서도 발견되었다. 러시아과학회가 1765년부터 1805년까지 우랄 산맥으로 학술탐사단을 파견했지만, 자연사학자들이 발견물의 정체를 항상 이해한 것은 아니었다. 그들 중 리흐코프P. I. Rychkov는 1770년에 구리사암에서 파충류 뼈 화석을 발견했다고 일기에 썼지만, 결국 옛날 광부들의 유골로 치부해버리고 말았다.

18세기 후반 내내 구리사암 파충류 화석들이 산발적으로 수집되었다. 이는 주로 이 신기한 유물들에 개인적으로 관심을 가진 광산기술자들에 의해서였다. 하지만 광산들이 상류층이 있는 상트페테르부르크에서 아주 멀리 떨어져 있었기 때문에, 그곳의 과학계에 보고된 것은 별로 없었고, 공식적인 조사도 거의 이루어지지 않았다. 러시아에서는 지역들 사이가 대단히 멀었고, 당시 도로사정도 형편없었기 때문에, 제아무리 빠른 사륜마차라도 페름이나 에카테린베르크에서 상트페테르부르크까지 2,500킬로미터를 갔다 되돌아오는 데 적어도 4주는 걸리곤 했다. 화려한 궁전에 살면서 프랑스어로 얘기하는 차르들과 왕자들에게 우랄 산맥의 채광작업은 딴 행성에 있는 일로나 비쳤을 것이다. 그 얼마 뒤까지도 이 놀라운 발견 중에서 서구세계에 알려진 것은 거의 없었다. 퀴비에는 러시아의 페름기 파충류에 대해 말할 것이 전혀 없었다. 아무것도 들은 바가 없었기 때문이다. 게다가 머치슨이 서구세계로 보낸 최초의 표본 몇 개를 오언이 입수하기도 전에, 퀴비에는 세상을 떠나고 말았다. 그러나 장차 발견되고 동정同定(생물분류학상의 소속이나 명칭을 바르게 정하는 일을 뜻하는 생물학 용어: 옮긴이)될 최초의 공룡들을 해석하는 데 퀴비에는 중요한 몫을 담당했다.

대형 도마뱀

우리가 오늘날 거대한 육식공룡으로 알고 있는 뼈들은 1818년경 옥스퍼드 북부의 쥐라기 중기 암석에서 처음 발굴되었다.[8] 그 뼈들은 옥스퍼드대학 지질학 교수이자 크라이스트처치 사제장이었던 윌리엄 버클런드William Buckland(1784~1856)에게 전해졌다. 당시 성직자가 종교를 과학과 엮는 경우는 드물지 않았다. 버클런드는 철학자와 괴짜의 기질이 교묘하게 뒤섞인 인물이었다. 집은 화석들로 그득그득했고, 대학생들에게 지질학과 과거의 생명체에 관해 인상적인 강의를 해줄 거리를 찾아다녔다. 버클런드의 만찬 초대를 받은 사람은 즐거움과 불편함이 범벅된 기분이 들었다. 그의 유쾌한 사교성과 흥미진진한 대화를 생각하면 즐거웠지만, 식탁에 차려질 음식을 생각하면 불편했다. 온 동물계를 먹어보는 버클런드의 식성은 유명했다. 기상천외한 요리실험들을 대부분 즐겼던 버클런드였지만, 딱히 집파리를 조리할 마땅한 방도를 찾아내지는 못했다.

버클런드는 그 거대한 화석 뼈들의 정체를 확인할 수 없어서, 파리의 퀴비에를 비롯하여 여러 전문가들에게 보였다. 결국 버클런드는 그 동물을 대형 파충류—아마 도마뱀으로 생각했을 것이다—로 분류했고, 생전의 몸길이가 12미터였을 거라고 추정했다. 1824년, 6년의 심사숙고 끝에 버클런드는 마침내 그 뼈들을 기술한 보고서를 발표했고, 메갈로사우루스 *Megalosaurus*('큰 파충류')라고 이름 붙였다. 이것이 바로 공식적으로 기술된 최초의 공룡이었다.

한편 같은 시기에 서식스의 지역의사였던 기디언 맨텔Gideon Mantell(1790 ~1852)은 개별적으로 화석을 대량으로 모으고 있었다. 맨텔은 버클런드 못지않게 지질학과 고생물학에 심취했지만, 이렇다 할 가문의 배경도 없었고, 마음대로 학문적 관심사에 몰두할 만한 재산도 없었다. 맨텔의 인생은 화석에 대한 열정과 돈을 벌어서 사회에서 한자리 차지해야 한다는 절박함 사이의 긴장감으로 점철되었다. 전하는 바에 따르면, 1820년엔가 1821년에 컥필드 근처로 왕진가는 동안, 동행했던 아내 매리가 도로건설현장의 잡석더미에서 커다란 이빨을 몇 개 주웠다고 한다. 그 이빨들은 분명 월드층(Wealden beds)에서 나온 것이었는데, 지금은 연대상으로 백악기 초기에 속하는 것으로 인정된다.

맨텔은 그 이빨이 덩치 큰 초식동물의 것임을 알아챘지만, 해부학에 조예가 부족했기 때문에 퀴비에에게 보냈다. 퀴비에는 그 동물이 코뿔소가 틀림없다고 보증했다. 그 뒤 맨텔은 그 이빨을 런던의 헌터박물관에 있는 다른 현대 동물들의 이빨과 비교해보았다. 박물관의 연구원이었던 새뮤얼 스터치베리Samuel Stutchbury는 맨텔에게 그 이빨이 훨씬 더 크다는 점만 빼고는 현대 초식 도마뱀 이구아나의 이빨과 비슷함을 보여주었다. 맨텔은 이후 발견했던 몇 가지 다른 뼈들과 그 이빨을 토대로, 1825년에 두 번째 공룡, 곧 이구아노돈Iguanodon('이구아나의 이빨')이라 명명한 공룡을 기술했다.

윌리엄 버클런드와 기디언 맨텔이 초기 공룡 뼈들을 해석하는 데 대단히 어려움을 겪었던 까닭은 그것과 비교할 만한 현대의 동물이 없었기 때문이다. 결국 그들은 메갈로사우루스와 이구아노돈이 대형 도마뱀이라고 판단했다. 1833년에 맨텔이 힐라이오사우루스Hylaeosaurus라고 부르게 될 세 번째 공룡이 발견된 곳은 잉글랜드 남부, 이구아노돈이 발견된 월드층이었다. 1830년대에 명명된 공룡이 더 있는데, 그중 잉글랜드 남서부 브리스틀에서 발견된 것은 1836년에 헨리 라일리Henry Riley와 새뮤얼 스터치베리가 테코돈토사우루스라고 명명했고, 독일 남부에서 발견된 것은 1837년에 헤르만 폰 마이어Hermann von Meyer가 플라테오사우루스Plateosaurus라고 명명했다. 이 두 가지는 트라이아스기의 것이었다. 1842년, 여섯 번째 공룡의 명명자는 리처드 오언이었다. 그는 옥스퍼드셔의 쥐라기 중기 암층에서 발견된 대형 초식동물에 케티오사우루스Cetiosaurus라는 이름을 붙였다. 그러나 이 괴상한 대형 동물들의 진정한 정체를 아는 사람은 아직 아무도 없었다.

영국의 퀴비에, 리처드 오언

1841년 머치슨이 소중한 러시아 페름기 화석들을 가지고 돌아오기 전까지, 리처드 오언(1804~1892)은 빠르게 명성을 쌓아가고 있었다.[9] 에든버러에서 의학수련을 마치고 1825년에 런던으로 간 오언은 1826년에 왕립외과협회 조교로 임명되었다. 그곳에서 맡은 일은 외과의들의 해부표본—사람과 동물 모두—을 분류하는 일이었다. 1830년에 일련의 분류목록을 작성하기 시작해서, 1860년까지 그 작업을 계속했다. 1836년에는 왕립외과협회의 헌터좌座 해부학 교수로 임명되었다. 교수 임명은 그동안 기울인 노력의 대가였으며, 런던의 학술단체들에게 영향력을 행사할 수 있는, 그토록 바라마지 않았던 지위까지 얻은 성과였다.

1836년까지는 주로 살아 있는 (또는 적어도 죽은 지 얼마 안 되는) 동물들을 해부했지만, '영국의 퀴비에'라는 새롭게 얻은 명성 덕분에 대형 화석 파충류와 관련되어 크게 부각되고 있던 문제들을 검토할 수 있는 기회까지 잡을 수 있었다. 당시 오언은 지적으로 자신만만했고, 야심 또한 대단히 컸다. 넓은 이마와 시선을 사로잡는 눈매, 빠르고 정밀하게 일을 수행하는 능력, 노련한 강의 같은 면모는 선배 학자들에게 깊은 인상을 심어주었다.

그 덕분에 신세대 과학자—경제적으로 독립한 과학자—오언은 고생물학 분야에 최초로 지급된 연구보조금의 수혜자가 되었다. 1838년, 영국과학진흥협회는 영국 화석 파충류 조사비 명목으로 그에게 200파운드를 지급했

그림 2 리처드 오언의 초상화. 1840년 즈음에 공룡을 뜻하는 디노사우리아Dinosauria라는 이름을 지었다.

다. 오언은 잉글랜드 전역을 돌아다니며 공공박물관에 소장된 표본을 검토했는데, 부유한 아마추어 수집가들의 소장품을 검토하는 경우가 더 많았다. 1839년, 그는 버밍엄에서 열린 영국과학진흥협회 회의에서 도싯과 요크셔 해안의 쥐라기 암층과 켄트의 백악기 암층에서 발견된 해양파충류, 어룡魚龍과 장경룡長頸龍에 관한 보고서를 발표했다.

오언의 성과에 무척 만족한 영국과학진흥협회 위원회는 즉각 200파운드를 더 지원해서 조사대상을 육상파충류—악어, 거북이, 대형 도마뱀—까지 확대하도록 했다. 오언은 다시 잉글랜드 탐사여행을 떠났다. 대부분 마차 신세를 졌지만, 기차를 이용할 수 있으면 새로 가설된 철로를 이용하기도 했다. 2년에 걸친 집중조사 과정에서 본 것들에 대해 철저하고 자세한 보고서를 준비하여, 1841년 8월 2일 플리머스에서 열린 영국과학진흥협회 회의에서 발표했다. 강연은 두 시간 반 동안 계속되었다. 당시 신문에서는 청중들이 만족스럽고도 설득력 있는 열변을 들었다고 보도했다. 어쨌든 오언의 훌륭한 개괄설명에 크게 흡족한 영국과학진흥협회는 다른 보고서까지 완성할 수 있도록 추가로 250파운드를 더 지원했고, 멸종파충류 발굴비용으로 250파운드를 따로 더 지급했다.

화석 거북이와 악어는 아무 장애 없이 조사할 수 있었다. 현재 살아 있는 친척들과 쉽사리 비교할 수 있었기 때문이다. 그러나 메갈로사우루스, 이구아노돈, 힐라이오사우루스 같은 대형 도마뱀들은 설명해내기가 훨씬 어려웠다. 오언은 플리머스 강연의 기초로 삼았던 첫 번째 보고서 소견에서 그것들을 그냥 모두 현존하는 동물군에 집어넣으려고 했다. 그래서 어떤 것들은 도마뱀, 어떤 것들은 악어, 그 외 다른 것들은 도마뱀과 악어 사이에 해당하는 것으로 치부해버렸다. 그러나 최종보고서에서는 더욱 과감한 생각을 펼쳤다. 그로부터 몇 달 뒤인 1842년에 그 보고서가 발표되었다.

공룡을 명명하다

1841년 8월과 1842년 4월 사이, 오언은 뜻밖의 사실을 찾아냈다. 대형 도마뱀들을 옛날에 살았던 과도하게 웃자란 도마뱀류로 설명하는 데 한계를 느꼈던 것이다. 대형 도마뱀들은 현재 살아 있는 후손이 없는 완전히 독자적인 동물군을 대표하는 것이 분명했다. 이구아노돈과 메갈로사우루스의 추가적인 표본을 조사하고 있을 때 그런 생각이 번뜩 떠올랐다. 오언은 대퇴골(넓적다리뼈)이 어떤 면에서는 파충류보다 포유류에 더 가깝다는 점에 주목했다. 특히 대퇴골의 윗부분이 안쪽으로 굽어서 공 모양의 구조를 이루고 있었는데, 이는 볼기뼈로 인해 생긴 오목 부위에 딱 들어맞을 것 같았다. 다시 말해 이 대형 도마뱀들이 도마뱀이나 악어처럼 납작 엎드려 기어 다닌 것이 아니라, 소나 사람, 새처럼 다리를 길게 뻗은 것처럼 보였던 것이다.

오언은 와이트 섬에서 새롭게 발견된 이구아노돈 화석으로 눈을 돌렸다. 그 표본은 등뼈의 볼기 부위가 그대로 보존되어 있었다. 등뼈에서 볼기뼈에 붙는 요소인 엉치뼈가 그 어떤 살아 있는 파충류의 엉치뼈와도 달랐다. 보통 파충류들은 각각 따로 분리되어 있는 두 개의 엉치뼈를 가지고 있다. 그런데 그 새로운 이구아노돈 표본은 다섯 개의 엉치뼈가 서로 단단하게 결합되어 볼기뼈에 붙어 있었다. 오언은 옥스퍼드의 메갈로사우루스 표본에서도 똑같은 배열을 본 적이 있음을 기억해냈다.

따라서 몸집이 거대하고, 포유류와 비슷한 대퇴골을 가지고 있으며, 엉치뼈들이 결합되어 있다는 점에서 메갈로사우루스, 이구아노돈, 힐라이오사우루스는 현대의 파충류와 달랐다. 오언은 영국과학진흥협회 강연원고에 짤막한 문단을 몇 개 집어넣었고, 그것으로 모든 일이 다 끝났다. 영국 쥐라기와 백악기의 대형 육상파충류는 거대한 도마뱀들이 아니라, 새로운 동물군을 대표했던 것이다. 그는 이렇게 썼다.

엉치뼈처럼 대체적으로 파충류에서 고유하게 나타나는 일부 형질과, 지금은 각기 다른 형태의 동물군에서 가져온 형질들, 그리고 현존하는 가장 큰 파충류마저 크게 능가하는 거대한 생물체들이 보여주는 모든 형질들을 함께 고려해보건대, 사우리안 렙틸리아에 속하는 독자적인 부류이거나 그 아목이라고 확립할 충분한 근거가 있다고 생각된다. 나는 그 동물군을 '디노사우리아 Dinosauria'라고 명명할 것을 제안한다.[10]

오언은 디노사우리아라는 신조어를 각주에서 설명했다. 곧, '무시무시하게 거대한'이란 뜻의 그리스어 *deinos*와 '도마뱀' 또는 좀더 현대적인 용어로 말하면 '파충류'를 뜻하는 그리스어 *sauros*를 합친 말이다. 이렇게 해서 오언은 공룡의 아버지가 되었다. 공룡이란 이름은 오언의 종합적인 사고력과 총명함을 여실히 보여주었다. 20년 동안 거대한 뼈들과 씨름했던 기디언 맨텔은, 생명의 역사를 보여주는 더욱 큰 그림 속에서 자신의 새로운 화석들이 어떤 자리를 차지하는지 결국 보지 못하고 말았다. 맨텔은 더 젊고 세련된 경쟁자의 그늘에 가려 빠르게 관심에서 멀어지고 말았다.

쥐라기와 백악기의 공룡을 새롭게 이해하게 된 오언은 1845년에 머치슨이 가져온 뼈들을 보고 공룡의 뼈가 아니라고 판정했다. 오히려 공룡보다 더 옛날에 살았던 파충류의 뼈라고 논했다. 바로 오언의 이 주장이, 전반적인 암석층서상에서 머치슨이 페름계라고 불렀던 새로운 러시아 암층의 위치를 이해하는 데 결정적인 단서가 되었다.

오언과 머치슨의 러시아 파충류

1770년 이후 화석 파충류 뼈들이 출토된 곳 중 한 곳이 바로 우랄 산맥 오렌부르크 지역의 구리사암이었다.[11] 그러나 1830년대까지 구리사암 화석들은 별다른 주목을 받지 못했다. 1838년 상트페테르부르크대학 교수였던

S. S. 쿠토르가Kutorga가 그 화석들을 처음으로 과학적으로 기술했는데, 하나는 위팔뼈(상완골) 조각을 토대로 해서 브리토푸스Brithopus라고 명명했고, 또 하나는 엄니 조각을 토대로 시오돈Syodon이라고 명명했다. 쿠토르가는 이것들이 초기 포유류라는 놀라운 주장을 펼쳤다. 브리토푸스는 현대의 나무늘보와 개미핥기의 친척이고, 시오돈은 코끼리의 친척이라는 것이었다. 기상천외한 주장으로 들릴 것이다. 지금 우리는 최초의 나무늘보와 코끼리가 공룡시대 이전인 2억 6,000만 년 전 페름기가 아니라, 겨우 약 5,000만 년 전에 출현했음을 알고 있기 때문이다.

하지만 달리 보면 쿠토르가의 주장이 그리 이상한 것도 아니었다. 쿠토르가는 구리사암 화석들이 포유류의 형질을 지녔음을 확인함으로써 사실상 이 이상한 파충류의 정체를 무심결에 암시한 것이나 다름없었다. 이는 오언이 오랫동안 알아채지 못한 것이었다. 이 화석들은 단궁류 계통의 파충류였기 때문에, 개구리, 공룡, 도마뱀, 또는 오언이 당시 연구하던 그 어떤 화석군들과도 상관이 없었다. 페름기-트라이아스기의 단궁류는 보통 포유류형 파충류로 알려져 있는데, 이는 단궁류가 포유류로 진화해가는 과정에 있음을 가리키는 것이다.

쿠토르가와는 별개로 구리사암 화석을 대대적으로 수집한 인물이 있었다. 우파(지금의 바슈코르토스탄 주)와 오렌부르크 구리광산의 관리자 중 하나였던 F. 방엔하임 폰 크발렌Wangenheim von Qualen이라는 멋진 이름을 가진 인물이 바로 그 사람이다. 폰 크발렌은 이름에서 볼 수 있듯 독일 혈통이었는데, 프러시아의 많은 과학자와 기술자가 러시아로 빠져나갔던 당시 사정을 감안하면 이상한 일도 아니었다. 그는 러시아의 여러 과학학술지에 자신이 발견한 뼈에 관한 일련의 보고서를 발표했다. 또한 파충류가 발견된 지층의 연대까지 심사숙고한 결과, 독일의 체히슈타인Zechstein 암층의 일부인 쿠퍼쉬퍼Kupferschiefer('구리셰일')와 대비시켰다. 광산기술자였던 폰 크발렌은 쿠퍼쉬퍼를 잘 알고 있었다. 프러시아에서 수십 년 동안 채굴되었던 암석단위층이었던 것이다. 그의 연대대비는 아주 훌륭한 것으로 판명되었다. 지금 체히슈타인 암층은 사실상 페름기 후기의 암층인 것으로 측정되었다. 2장에서 이를 살펴볼 것이다.

쿠토르가를 비롯하여, 폰 크발렌처럼 독일계 이주민이었던 저명한 교수 두 명―모스크바 자연사박물관의 J. G. F. 피셔 폰 발트하임Fischer von Waldheim과 상트페테르부르크 과학아카데미의 E. I. 폰 아이히발트von Eichwald―도 폰 크발렌의 표본들을 조사했다. 발트하임은 새로운 포유류형 파충류를 로팔로돈Rhopalodon이라고 명명했고, 아이히발트는 파충류는 데우테로사우루스Deuterosaurus, 양서류는 지고사우루스Zygosaurus라고 명명했다.

당시 오언은 이 논문들을 알고는 있었지만 그 화석들을 볼 기회는 없었다. 오언은 머치슨이 가져온 뼈들에 대해 보고하면서 그 뼈들이 피셔가 명명한 로팔로돈에 속하는 것으로 동정했다. 하지만 이 장의 첫 부분에서 우리가 보았던 것처럼, 오언은 이 파충류가 일종의 악어라고 믿었다. 악어든 포유류형 파충류든, 오언의 연구 덕분에 머치슨은 우랄 산맥 남부의 러시아 사암이 자신이 페름계라고 불렀던 새로운 암석계의 일부임을 확신하게 되었다. 그 파충류들은 영국과 독일의 트라이아스기 파충류들과 크게 닮은 것으로 보였는데, 이것이 바로 머치슨이 듣고 싶었던 얘기였다.

고생물학의 혁명

그 뒤 몇십 년 안에 고생물학자들은 몇 가지 주요 논쟁들을 해결했다. 1790년대에 퀴비에가 설득력 있게 보여주었던 것처럼 멸종은 실제로 있었으며, 화석들은 한때 지구상에 살았던 동식물들의 유해로 보게 되었다. 오언을 비롯하여 그 시대 학자들은 화석들 사이의 유사성이 세계 각지의 암석연대 사이의 유사성까지 내포한다고 생각하게 되었다. 퀴비에가 길을 닦은 비교해부학이라는 새로운 학문 덕분에 오언은 화석과 암석을 비교하고, 페름기, 트라이아스기, 쥐라기, 백악기에 걸친 생명의 역사를 풀어낼 도구를 손에 넣게 되었다. 지금 와서 돌이켜보면, 오언의 몇 가지 생각들이 이상하게 보일 수도 있지만, 화석들이 따로따로 수집되던 상황, 이곳저곳 여행을 하면서 화석들을 비교해야 하는 어려움들로 제약된 처지였음을 감안해야 한다.

고생물학과 비교해부학에 대한 오언의 이해도 큰 몫을 했지만, 다른 한편으로 19세기 초 자연과학에서 일어난 또 다른 위대한 혁명의 선봉에는 지질학이 있었다. 이 급속한 발전 덕분에 머치슨은 페름계라는 새로운 지질계 암층을 확인해낼 수 있었고, 우리가 오늘날 사상 최대의 멸종사건을 이해하는 데 기초를 마련할 수 있었다.

02

머치슨, 페름계를
명명하다

머치슨은 1830년대 동안, 암석층서와 지구 역사에서 일어난 사건들의 연대를 연구하는 층서학에 전념했다. 이때는 지질학자라는 것이 행복한 시절이었다. 머치슨과 동료들은 말 그대로 지질시대를 하나하나 분류해 새겨 넣었다. 그러던 중 이 일이 단순히 국지적으로만 적용되는 것이 아님을 깨달았다. 다시 말해서 어느 한 곳의 암석을 면밀히 연구하면, 범세계적인 지질시대 표준을 마련할 수 있음을 알게 되었다는 것이다. 오늘날에는 표준적인 지질연대표가 지질학의 당연한 기초이기 때문에, 1830년대 당시는 그렇지 않았다는 사실을 깜빡하기 쉽다.

1841년 12월, 당시 런던지질학회 회장이었던 로더릭 머치슨이 러시아의 페름 시 주변에서 관찰했던 암석을 토대로 페름계를 명명했다.[12] 『철학지와 과학저널*Philosophical Magazine and Journal of Science*』에 '제2차 러시아 지질조사의 몇 가지 주요 결과들에 대한 첫 스케치……'라는 다소 아리송한 제목으로 실린 여섯 쪽짜리 짧막한 원고에서였다. 피셔 폰 발트하임에게 보낸 편지형식의 이 글에는 11월 5일이라는 날짜까지 표기되어 있다.[13] 그처럼 중요한 공표를 하는 방법치고는 소박한 듯하고, 편지형식으로 발표했다는 점도 이상하게 보일 것이다. 게다가 편지를 보내고 정확히 한 달 만에 발표한 것을 보면, 일이 급박하게 진행되었던 듯하다. 대체 무슨 사정이었을까?

머치슨은 우랄 산맥과 남부 유럽러시아를 장기간 여행하고 난 뒤, 1841년 10월에 모스크바에 며칠 머물면서 귀국하기 전에 해결해야 할 여러 업무를 처리했다. 바로 이곳에서 피셔 폰 발트하임에게 몇 달 동안 발견한 것들을 개괄한 내용의 편지를 썼다. 요한 고트헬프 프리드리히 피셔 폰 발트하임Johann Gotthelf Friedrich Fischer von Wladheim(1771~1853)은 독일의 고생물학자이자 모스크바 자연사박물관 관장이었고, 1장에서 보았던 것처럼, 러시아 구리사암에서 출토된 파충류를 명명한 러시아계 독일인 가운데 한 사람이었다.

머치슨의 급한 전갈에 따르면, 발트하임에게 보낸 편지형식의 보고서를 영국, 독일, 러시아의 학술지에 동시에 발표해야만 한다는 것이었다. 그래서 러시아에서는 1841년 말에 상트페테르부르크 광업연구소 사보인 『고르니 주르날*Gorny Zhurnal*』, 영국에서는 1841년 12월에 『철학저널*Philosophical Journal*』에, 그리고 다소 늦은 1842년 초에는 『에든버러 신철학저널*Edinburgh New Philosophical Journal*』에 각각 때를 맞춰서 실렸다. 만일 오늘날에 그런 식으로 똑같은 논문을 여러 곳에 중복발표하면 심한 눈치를 받을 것이다.

이 편지는 세계 지질학계에 지대한 공헌을 했다. 지질계를 명명하는 일은 결코 흔한 일이 아니다. 1841년까지 머치슨을 비롯하여 여러 지질학자들에 의해 대부분의 지질시대 단위가 구분되어 라벨이 붙었다. 그래서 머치슨은 자기 논문이 어떤 결과를 미칠지 그 중요성을 잘 알고 있었다. 그런데 1급 지질학지도 아니었던 정기간행물에 초스피드로 글을 게재하기로 마음먹은 까닭은 무엇이었을까? 바다 건너 동료 과학자에게 보낸 편지를 베낀 것에 불과한 글을 그렇게 허술하게 발표한 까닭이 대체 무엇이었을까? 그렇게 급하게 발표해야 할 사정이 있었을까?

개심한 여우사냥꾼

1841년까지 로더릭 임페이 머치슨(1792~1871)은 권력의 정점에 있었다(그림 3). 그는 제법 부유한 스코틀랜드 가문 출신이었으며, 반도전쟁 때 군에 있었고, 아일랜드에서도 군복무를 했다. 전쟁이 끝난 뒤 퇴역한 그는 1815년에 지적인 상속녀 샬럿 후고닌Charlotte Hugonin과 결혼해서 지방유지의 삶에 안주했다. 그러나 무료한 생활에 염증을 느껴서 과학연구를 하기로 마음먹었다. 결혼한 지 얼마 지나지 않아, 그는 인버네스 외곽의 태러데일에 있는 가문영지를 팔아 런던으로 거처를 옮겼고, 당대 유수의 과학자들(당시 과학자들은 보통 스스로를 과학자라고 칭하지는 않았다. 그 말은 1840년이 되어서야 쓰였다. 그전까지는 지질학자, 관찰자, 지식인 또는 철학자라고 불렀다)과 어울렸다. 왕립협회

그림 3 1841년경의 로더릭 머치슨을 그린 초상화. 페름계를 명명한 바로 그해이다.

에서 화학강의를 수강하다가 지질학이 떠오르는 분야라는 판단을 내리고, 1825년에 런던지질학회에 가입했다. 몸을 움직이는 활동을 원했던 그에게 지질학은 잘 맞았으며, 덕분에 꿩사냥과 여우사냥을 즐겼던 열정을 그대로 이어갈 수 있었다. 이 시절에도 머치슨은 편안하게 잘살았고 가족을 부양하기 위해 일할 필요도 없었다. 1838년에 장모가 죽고 아내가 재산을 물려받은 후에는 정말 굉장한 부자가 되었다.

그러나 머치슨은 결코 빈둥거리는 호사가가 아니었다. 세계 곳곳의 오지들을 장기간 현장답사하기도 했고, 일하는 속도도 놀라웠다. 관심범위가 광범위했기에, 두세 가지 연구를 함께 수행하는 일이 늘 있었다. 그는 또한 훌륭한 논객이기도 했다. 러시아 여행을 끝마친 1840년대 말부터 머치슨은 여러 해 동안 왕립지질학회 회장으로 있으면서 탐사대를 세계 곳곳으로 파견했다. 탐험가들과 지도제작자들이 머치슨의 이름을 따서 붙인 산과 호수만 해도 부지기수였다.

머치슨은 1830년대 동안, 암석층서와 지구 역사에서 일어난 사건들의 연대를 연구하는 층서학에 전념했다. 이때는 지질학자라는 것이 행복한 시절이었다. 머치슨과 동료들은 말 그대로 지질시대를 하나하나 분류해 새겨 넣었다. 그러던 중 이 일이 단순히 국지적으로만 적용되는 것이 아님을 깨달았다. 다시 말해서 어느 한 곳의 암석을 면밀히 연구하면, 범세계적인 지질시대 표준을 마련할 수 있음을 알게 되었다는 것이다. 오늘날에는 표준적인 지질연대표가 지질학의 당연한 기초이기 때문에, 1830년대 당시는 그렇지 않았다는 사실을 깜빡하기 쉽다.

1839년, 머치슨은 실루리아계를 명명했다.[14] 실루리아계는 웨일스 지방의 일부 암층의 특성을 나타낸 지질시대 단위이다('실루리아'는 웨일스 지방의 고대 부족 중 하나인 '실루레스Silures'를 딴 것이다). 또 같은 해에 머치슨은 때에 따라 적도 되고 친구도 되었던 케임브리지대학 지질학 교수 애덤 세지윅 Adam Sedgwick(1785~1873)과 함께 데본계를 명명했다.[15] 이는 실루리아계

위에 놓인 암석계이다. 이름이 암시하는 것처럼, 데본계의 특징은 잉글랜드 남서부 데본 지방의 일부 암층을 기준으로 했다.

머치슨의 빠른 행보

1841년 12월 페름계를 명명한 머치슨은 일을 빠르게 진행시켜야 할 필요를 느꼈던 모양이다. 그로부터 몇 달 뒤인 1842년 2월, 런던지질학회 기조강연에서 그런 생각을 내비쳤다. 그는 발표문에 이렇게 썼다.

> 러시아 건에 관해 제가 이제 말씀드리려는 것은 이렇습니다. 이 강연준비와 다른 공식적 업무들 때문에 시간을 많이 뺏기지 않았다면, 여러분에게 2차 러시아 여행의 몇 가지 결과들을 좀더 일찍 제시해드렸을 것입니다……. 우리가 지금 제시하는…… 탐사의 주요 결과들은…… 1841년 9월부터 기록된 것입니다.
> 그 결과들 가운데, 이제 저는 1841년 9월에 모스크바의 피셔 드 발트하임에게 보낸 편지에서 최초로 공표한 몇 가지를 간단히 언급만 하겠습니다. 그 편지에서…… 구리를 함유한 일부 모래, 이회토, 석회암 같은 퇴적물을 '페름계'라는 용어를 써서 분류했습니다……. 이 용어를 입에 올리는 것으로 벌써, 다른 관찰자들도 오래전부터 이 퇴적물을 알고 있었다는 M. A. 에르만의 소견을 떠올리지만 않았다면, 지금 이 자리에서 굳이 이 말을 언급함으로써 여러분의 시간을 빼앗지 않았을 것입니다.16)

머치슨은 자신의 암층관찰과 페름계라는 분류명의 독자성을 한동안 정당화한 뒤, 계속해서 이렇게 말한다. "따라서 저는 M. A. 에르만의 성급한 비평을 읽고 놀랐습니다."

독일의 물리학자이자 탐험가였던 게오르크 아돌프 에르만Georg Adolf

Erman(1806~1877)은 러시아, 시베리아, 캄차카를 두루 여행했던 인물이었다. 머치슨은 분명 에르만의 비평에 자존심이 상했을 것이다. 그래서 다른 지질학자들이 선수 칠 것을 대비해 페름계라는 명칭을 활자화시켜 우위를 확보하려 했다. 어디나 그런 것처럼, 과학에서도 우위를 선점하는 것이 결정적이며, 그 우위는 발표날짜에 좌지우지된다. 친구에게 보낸 편지라든가 학회 연설만으로는 부족하다. 새로운 생각이나 명칭은 반드시 활자로 인쇄되어 나와야 하는 것이다. 그로부터 2년 전에도 세지윅과 머치슨은 이번과 똑같은 학술지 『철학저널』에 짧은 원고를 실어 서둘러 데본계라는 명칭을 정립했다. 아마 잠재적인 경쟁자들에 대해 우위를 확보하려는 의도였을 것이다.

그런데 당시의 관습은 지금과는 확연히 달랐다. 당시 과학자들은 연구현황을 기술한 공식적인 편지를 서로 주고받았고, 런던지질학회를 비롯해서 다른 나라의 학회에 그런 편지를 제시하는 일도 흔했다. 런던, 파리, 베를린, 모스크바 등지의 학회 회의실에서 최근의 생각을 논의하기 위해 모인 학자들은 바로 이런 식으로 바다 건너 새로운 생각을 접할 수 있었던 것이다.

에르만 같은 학자들을 견제했다손 치더라도, 머치슨이 조사결과를 발표하는 속도 하며, 우위를 확보하고자 하는 욕구는 지금으로선 생각하기 힘들다. 페름계를 엉성하게 보고한 글인데도 급하게 발표했다는 데는 의심의 여지가 없으나(그림 4), 당시의 관행으로 보면 별나게 서두른 것은 아니었다. 완전한 보고서를 발표하려면 여러 달 또는 여러 해에 걸쳐 도판을 넣은 연구서나 전공논문의 형태로 전면적인 증거를 제시해야 하지만, 그 전에 학자들끼리 비공식적인 초록이나 개요를 통해 새로운 생각을 주고받는 것이 통상적인 일이었던 것이다.

런던지질학회

런던지질학회는 일종의 신사클럽이었지만, 진지한 목적이 있었다.[17] 모임

MURCHISON NAMES THE PERMIAN

THE

LONDON, EDINBURGH AND DUBLIN

PHILOSOPHICAL MAGAZINE

AND

JOURNAL OF SCIENCE.

[THIRD SERIES.]

DECEMBER 1841.

LXII. *First Sketch of some of the principal Results of a Second Geological Survey of Russia. Communicated by* RODERICK IMPEY MURCHISON, *Esq., F.R.S., President of the Geological Society.*

To the Editor of the Philosophical Magazine.

DEAR SIR,

IT was my earnest wish to have complied earlier with your request when I left this country, to send you from the spot some account of my distant wanderings; but the desire to avoid communicating early conceptions which might be modified by subsequent observation, induced me to stay my pen until I could offer something worthy of a place in the Philosophical Magazine. The short sketch which follows was written at Moscow near the close of the journey, and is, with some very slight alterations, the translation of a letter addressed to M. Fischer de Waldheim, the venerable and respected President of the Society of Naturalists of that metropolis. Since then, besides the official report to the Minister of Finance, the Count de Cancrine, I have submitted to His Imperial Majesty, a tabular view of all the formations in Russia, accompanied by a general map and a section from the Sea of Azof to St. Petersburgh. These documents, which will be engraved in the course of the winter, are to be considered only as the prelude to a long memoir with full illustrations of the organic remains, mineral structure and physical features of the country, which will be laid before the Geological Society of London, as soon as, with the assistance of my fellow-labourers, I shall have prepared the materials for the public eye. In the mean time the friends of science must be happy to learn, that

Phil. Mag. S. 3. Vol. 19. No. 126. *Dec.* 1841. 2 E

그림 4 머치슨이 페름계를 정립한 소논문의 속표지.

은 친목회 형식으로 이루어졌고, 11월부터 6월까지 겨울시즌에는 2주마다 열렸다. 7월부터 10월까지는 런던을 벗어나 현장조사에 참여할 수도 있었고, 영지를 둘러보아도 좋았다.

학회의 목적은 순수하게 지질학 지식을 증진시키는 것이었고, 회원들은 독자적으로 조사를 벌이고, 발견한 것들을 보고서로 작성해 제출해야 했다. 그렇다고 이론적 논쟁만 일삼는 학회는 아니었다. 사실 런던지질학회는 초창기부터 모임의 틀을 확립했으며, 다른 곳에서도 이를 규준으로 삼았다. 회원들은 잘 갖추어진 논문을 제출하고, 모임이 끝나서도 신랄한 토론과 비판을 무릅써야 했다. 신중한 검토를 거치지 않은 것은 그 어떤 것도 공식 발표하지 않았다. 높은 선정기준으로 유명한 학회의 명성을 고수하고자 했던 것이다. 오늘날에야 모든 과학 분야에서 지극히 당연한 기풍이 되었지만, 1830년대는 별로 그렇지 못했다.

토론모임의 내용은 『회보*Proceedings*』에 간략한 형태로 보고되었으며, 나아가 여러 신사용 주간지뿐 아니라 해외학술지에까지 보고되기도 했다. 상황이 허락되면 일부 논문들은 완전한 연구논문의 형태를 갖춰 『의사록 *Transactions*』에 게재되었다. 그러나 하나를 붙들고 완전한 보고서 형태를 갖추기보다는, 다른 주제로 넘어가는 사람들이 많았다. 그런데 머치슨처럼 좀 심각하게 받아들였던 사람들도 있었다. 그들은 자기 연구를 적절한 보고서 형태로 보존해서 후손들에게 남기고 싶어했다.

연구논문을 작성하는 일은 대단한 작업이다. 증거를 제시하고 사례를 논하는 완전한 논문형식을 갖춰야 하는 것이다. 그래서 논문을 인쇄하고 도판을 그리는 데 드는 비용이 관건이었다. 지질학은 본래 시각적인 학문이다. 지도, 도표, 단면도, 암석과 화석 그림이 없이는 지질학을 할 수 없다. 1830년대의 지질학 논문저자들은 화가를 고용해 세부도를 그리게 하고, 조판공을 고용해 그림을 인쇄용 판(석판화)으로 바꿔야 했다. 학회가 회원들의 고액 구독료(3기니, 또는 매년 3.15파운드)로 경비의 일부를 부담했지만, 저자들도 돈을 들여야 했다. 그래서 머치슨 같은 부자만이 정기적으로 연구 논문을 출간할 생각을 할 수 있었다.

암석의 층서 정렬

머치슨은 어떻게 페름계를 발견하게 되었을까? 1830년대와 1840년대에 머치슨의 연구동기는 복잡한 세계 지질을 구분해서 정리하는 것이었다. 오늘날이라면 한 사람이 감당하기에는 감히 엄두도 내지 못할 엄청난 작업이다. 1842년 2월 런던지질학회 기조강연에서 페름계라는 새로운 명칭을 제시한 것 외에, 머치슨은 범위를 조금 더 넓혀 그 전해 동안에 이루어진 지질학의 발전상황까지 언급했다. 지질시대 구분의 범세계적 기준을 마련하고자 하는 계획이 1841년까지 어느 정도나 진척되었는지 다음과 같이 개관했다.

> 최고권위자인 폰 부흐가 열렬히 인정해주었고, 드 보몽과 뒤프레누아가 자신들의 걸작인 프랑스 지도에 새겨 넣었으며, 미국의 우리 동료들이 채택했던 '실루리아계'라는 명칭이, 층서학적이거나 동물학적인 그 어떤 새로운 특징도 기초로 하지 않는 다른 명칭들 때문에 지워지지는 않을 것이라고 바라 마지않습니다. 신사 여러분, 영국의 지질학자들이 현장에서 행한 연구를 통해 지층의 순서와 그 안에 함유된 내용물을 토대로 한 분류체계를 확립한 사람들로 자리매김되는 한, 섬나라를 떠올리게 하는 그 명칭들이 제아무리 하찮게 들린다고 해도, 우리의 뛰어난 지도자 윌리엄 스미스의 이름처럼 외국 지질학자들의 큰 존경을 받게 될 것임을 확신할 수 있을 것입니다.[18]

섬나라 영국인의 오만방자한 말처럼 들릴지도 모르지만, 소름끼칠 정도로 예시적이었다. 결국 머치슨 외 몇몇 사람들이 영국에서 작성했던 지질연대표가 세계적으로 인정되었던 것이다. 오늘날에는 영국, 독일, 프랑스, 미국뿐 아니라 아르헨티나에서 알래스카까지, 호주에서 아제르바이잔까지 전 세계 어디에서나 특정 연대의 암석, 특정 화석을 함유한 암석을 가리키는 말로 머치슨이 명명한 실루리아계, 데본계, 페름계라는 명칭을 쓴다.

1842년에 머치슨은 분명 원숙한 시각을 갖고 있었지만, 초기의 지질단위는 다소 주먹구구식으로 정해졌다.[19] 오랫동안 광부들과 채석꾼들은 상업적 목적으로 다루었던 암석들을 저마다의 이름으로 불러왔다. 영국 광부들은 석탄이 나오는 암층을 콜메저Coal Measures라고 불렀고, 프랑스 광부들은 '카르보니페르carbonifere'('석탄을 함유한')라고 불렀다. 우리는 이미 이런 광부들의 용어를 하나 만나보았다. 독일의 쿠퍼쉬퍼는 상부 페름계의 체히슈타인 층서 하부를 일컫는 말로 지금도 독일에서 쓰이고 있다. 이런 용어들은 확실히 실용적이긴 하지만, 지구의 역사뿐 아니라 그 용어가 범세계적인 척도로 적용될 수 있는지 여부도 전혀 말해주지 못했다.

스미스의 실제적 층서학

위의 인용에서 머치슨은 윌리엄 스미스를 '우리의 뛰어난 지도자'로 명시하고 있는데, 지금은 층서학의 아버지로 자주 불리는 인물이 바로 머치슨이다. 머치슨의 말에는 애정이 담겨 있다. 그때는 윌리엄 스미스William Smith(1769~1839)가 타계한 지 3년밖에 되지 않았기에, 그런 식으로 존경을 표했던 것이다. 스미스는 몸으로 뛰는 지질학자였고, 잉글랜드 전역의 운하경로를 조사하는 일로 밥벌이를 했다. 운하로 잘리게 될 암석의 성질을 평가하고, 공사비용을 산정하고, 재무담당자가 마주칠 여러 문제들을 짚어가면서 먼 길을 걸어 다녔다. 1826년에 머치슨은 당시 나이 57세였던 스미스를 요크셔에서 처음 만났다. 스미스는 지질학 초심자였던 젊은 머치슨과 해안을 따라 걸으며 암석층서를 보여주었다.

스미스는 잉글랜드를 주유하던 중 암석유형과 함유물에 어떤 반복이 나타남을 주시했다. 눈으로 알아챌 수 있는 순서로 암층이 나타나고, 어떤 암석에 어떤 화석군집이 있을지 예상할 수 있을 것 같았다. 이런 관찰을 토대로 스미스는 지질학을 체계적인 학문으로 세울 핵심적인 구성요소를 몇 가지 마련했다. 그는 화석을 이용해 암석의 연대를 확인할 수 있고, 국지적인 범위를 넘어서 좀더 보편적인 범위에서, 어쩌면 전 세계적인 범위에서 그 도식을 적용할 수 있을 것이며, 암석의 정렬순서, 나아가 지질시대에 일어난 사건들의 순서를 보여주는 표준적인 관점을 마련할 수 있음을 깨달았던 것이다. 스미스의 생각대로 이것은 장차, 아직 탐사되지 않은 지역에 들어가 화석을 찾고 표준이 되는 일람표를 참고해 암석의 연대를 추정하는 지질조사자들에게 없어서는 안 될 도구가 될 터였다. 스미스 시절에는 부유한 지주들이 석탄을 찾는다고 영지 곳곳에 아무렇게나 시추공을 박았다. 암석연대에 무지했기 때문에 시추작업의 대부분은 완전히 시간낭비였다. 지나치게 연대가 오래거나 낮은 암석을 뚫곤 했던 것이다.

　　머치슨과는 달리 스미스는 훌륭한 저술가가 아니었다. 1799년에 이르러 잉글랜드의 층서모델을 정식화했음에도, 한참 뒤에야 발표했을 정도였다. 특히 스미스는 풍부한 화석 함유물을 기준으로 쥐라계와 백악계, 그리고 이 주요 암석계의 몇 가지 구분단위들을 분류했다. 예를 들어 자신이 살던 지역 인근의 바스와 코츠월즈의 쥐라계 중기에서 특유의 완족동물('램프조개'), 이매패류二枚貝類, 암모나이트 화석군집을 기준으로 각기 다른 암석단위들을 구분할 수 있었다. 오늘날의 지질학자들은 지금은 멸종했으나, 현대의 오징어·문어·앵무조개와 유연관계가 있는 동물군에 속한 감긴 모양의 연체동물인 암모나이트를 일차적인 기준으로 해서 쥐라계 중기를 11개에서 12개의 대帶로 구분한다(그림 5).

　　스미스는 하위어란층(Inferior Oolite)의 하부를 오늘날 루드위기아 머치스나이Ludwigia murchisonae(공교롭게도 머치슨의 이름을 딴 것이다)로 불리는 암모나

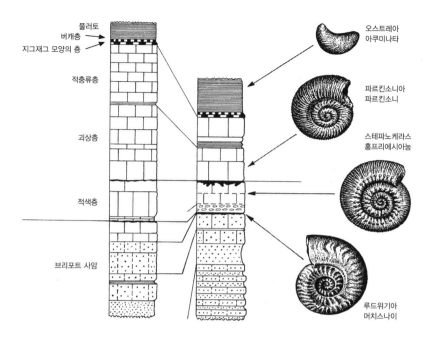

그림 5 층서의 기초. 월리엄 스미스가 정립했던 것과 같은 쥐라계 중기를 예로 들었다. 그림의 단면들은 잉글랜드 도싯의 단면들로, 왼쪽은 치디옥 단면이고 오른쪽은 버튼브래드스톡 단면이다. 두 단면을 연결한 선들은 상관성을 나타낸다. 주요 대들과 몇 가지 핵심화석들도 표시되어 있다.

이트를 기준으로 규정했고, 상부는 각각 스테파노케라스 홈프리에시아눔 *Stephanoceras humphriesianum*과 파르킨소니아 파르킨소니*Parkinsonia parkinsoni*를 기준으로 했다. 그 위에 자리한 도싯과 서머싯의 하부풀러토(Lower Fuller's Earth)에는 암모나이트가 극히 적지만, 대신 소형 굴인 오스트레아 아쿠미나타*Ostrea acuminata*를 기준으로 기술된다. 그렇게 층마다 화석을 기준으로 규정된다. 스미스는 채석장과 운하 절개면을 관찰해서 암석유형에 순서가 있음을 검증할 수 있었다. 다시 말해, 어디서나 하부풀러토가 하위어란층 마루에 자리했으며, 그 반대의 경우는 전혀 찾아볼 수 없었던 것이다. 또 어디서나 하위어란층 상부에는 다른 어떤 지표화석들 중에서도 파르킨소니아 파르킨소니 암모나이트가 꼭 함유되어 있었다.

그런 층서의 기초를 놓은 사람이 바로 윌리엄 스미스였다. 1830년대의 고된 세월을 보내면서, 세계적으로 적용되는 보편적인 지질연대표를 만들 겠다는 그의 꿈은 서서히 꼴이 잡혀갔다. 그리고 1830년에 이르러, 잉글랜드 남부에만 국한되었던 윌리엄 스미스의 층서학 작업을 스코틀랜드, 프랑스, 독일, 그리고 훨씬 먼 나라들에까지 확장시킨 사람이 바로 머치슨이었다. 당시 지질학자들은 그 암석계가 범세계적으로 적용될 수 있으리라고는 감히 생각지도 못했지만, 사실인 것처럼 보였다. 미국과 유럽 각지에서 나오는 보고서들을 보건대, 스미스의 쥐라기 층서는 어디서나 반복되어 나타나는 것으로 보였다. 다른 암석단위들의 경우도 마찬가지였다. 덕분에 학문으로서 지질학이 크게 도약할 가능성들이 열렸고, 학자들로서는 세계를 아우르는 넓은 시선을 가질 수 있는 길이 보였다.

신적색사암

머치슨은 1830년대의 대부분을 실루리아계와 데본계를 분류하면서 보냈다. 그러다가 다른 현장 지질학자들과 함께 두 가지 큰 적색사암 단위문제 중 하나를 해결했다. 이 단위층들 사이에는 오랜 세월 형성된 두꺼운 해성 석회암과 석탄을 함유한 육성퇴적물 층서인 석탄계가 끼어 있는 것처럼 보였다. 영국의 많은 지역에서 석탄기 아래에는 구적색사암舊赤色砂巖이 놓여 있고, 위에는 신新적색사암이 자리하고 있는데, 이 두 단위층 모두 열대조건에서 강과 호수에 퇴적된 것으로 보이는 두꺼운 사암으로 이루어져 있다. 머치슨은 구적색사암이 연대상으로 데본 주의 해성데본계와 같다고 강력하게 주장했는데, 역사가 그의 말을 증명해주었다.

그런데 신적색사암의 경우는 어땠을까? 구적색사암과 신적색사암 사이에 끼어 있는 석탄계에는 경제적인 가치가 있는 석탄 광상이 있어서 유럽 전역에서 쉽게 식별할 수 있었다. 머치슨은 낡은 이론을 되풀이하고 싶은 생각이 없었다. 신적색사암 위에 쥐라계가 자리하고 있음은 윌리엄 스미스를 비롯하여 영국, 프랑스, 독일의 다른 지질학자들도 오래전부터 알고 있었다. 머치슨은 이런 케케묵은 사실 역시 관심을 두지 않았다. 동료학자들과 함께 빠른 속도로 완성해가던 보편적 층서단위표상에서 신적색사암은 유일하게 중요한 공백이었다. 그 공백만 메우면 단일한 지질연대표를 만들고자 하는 대계획이 마무리될 것이었다.

독일에서는 신적색사암의 상부를 트라이아스계('세 부분')로 불렀는데, 독일 남서부 프리드리히샬 제염소 감독관이었던 프리드리히 폰 알베르티 Friedrich von Alberti(1795~1878)가 붙인 이름이다. 알베르티가 그 이름을 선택한 까닭은 독일 트라이아스계가 세 부분의 층서로 이루어졌기 때문이다. 적색사암과 황색사암, 역암으로 구성된 기저단위층— 분트잔트슈타인 Buntsandstein('색색의 사암')—, 석회암과 이암으로 이루어진 중간 해성단위층— 무셸칼크Muschelkalk('조가비가 함유된 석회암')—, 적색이암과 자주색이암, 사암으로 이루어진 상부단위층— 코이퍼Keuper(예부터 채석공들이 색색의 이암을 일렀던 용어)—가 바로 그것이다.

독일 트라이아스계 아래에는 해성석회암, 이암, 증발암(암염)이 차례로 자리하는데, 이를 체히슈타인(옛 광부들이 썼던 용어)이라고 불렀다. 그다음에는 적색사암과 황색사암 층서가 이어지는데, 이를 로트리겐데스Rotliegendes('적색층')라고 불렀다. 잉글랜드에서도 로트리겐데스와 체히슈타인이 시험적으로 확인되긴 했지만, 명확하게 경계를 긋기는 어려웠다. 무셸칼크가 빠져 있는 것으로 보였기 때문에 세 단위층으로 나뉜 독일식 트라이아스계는 식별되지 못했다. 결국 영국의 지질학자들은 어쩔 수 없이 비공식적인 신적색사암이라는 명칭을 그대로 쓸 수밖에 없었다.

분명하지는 않았지만, 영국의 한 지질학자는 신적색사암 중간에서 무언가 큰 사건이 벌어졌음을 이미 알아채고 있었다. 석탄계 이후에 해당하는 제대로 정의되지 않은 하부의 사암과 석회암, 상부의 독일식 트라이아스계 사이의 시기에 바다의 전형적인 동물들에게 무언가 엄청난 변화가 일어났다는 것이다. 곧, 기존의 생명체들이 모두 사라지고 새로운 생명체들이 나타났던 것이다. 이 지질학자가 바로 존 필립스John Phillips였다. 그는 머치슨 못지않게 정력적이었지만, 아주 다른 배경 출신의 인물이었다.

존 필립스, 그리고 화석의 가치

존 필립스(1800~1874)는 머치슨이나 세지윅보다 낮은 계층 출신이었다.[20] 그러나 열정과 지성이 대단했기 때문에 평생 동안 동료 지질학자들 사이에서 높은 명성을 얻을 수 있었다. 사실 필립스는 윌리엄 스미스의 조카였다. 덕분에 삼촌과 함께 서머싯과 윌트셔 주변을 걸으면서 지질학의 산지식을 많이 익혔다. 정식훈련을 받은 바 없었던 젊은 필립스는 1824년에 요크의 박물관직 제안을 받았다. 화석 소장품들을 정리하고 전시하는 일을 맡아달라는 것이었다. 1826년, 바로 그곳에서 머치슨과 필립스가 만났다. 당시 머치슨도 화석 정리작업을 하고 있었다. 다른 곳에서도 필립스는 그와 비슷한 큐레이터 역을 맡았다. 1831년 영국과학진흥협회가 출범하면서부터는 그곳의 간사를 했다. 처음에는 이처럼 다소 천한 지위들을 전전하다가, 1834년에는 런던의 킹스 칼리지, 1844년에는 더블린의 트리니티 칼리지, 끝으로 1856년에는 옥스퍼드 지질학 교수로 있었다.

필립스가 주로 연구한 것은 고생물학과 지질학이었지만, 기상학과 천문학에도 이바지한 바가 있었다. 요크셔, 옥스퍼드 지역, 잉글랜드 남서부 지질에 관해 많은 책을 썼으며, 열성 아마추어들(이들 아마추어들만 수천을 헤아렸다), 청소년과 대학생들을 대상으로 한 일련의 매우 성공적인 교재들도 썼다. 필립스는 자타가 인정하는 고생물학의 권위자였으며, 층서학의 기초로서 화석이 중요함을 거듭해서 역설했다. 다시 말해서 지질시대의 단위들은 화석 함유물을 토대로 해야 하며, 그래야만 범세계적으로 적용할 수 있다고 주장했던 것이다.

필립스는 데본이나 북부 웨일스 지방에서만 국지적으로 나타나는 암석을 가지고 지질계를 설정하는 일은 아무 의미도 없다고 주장했다. 지질계의 마루와 바닥을 정의할 때에는 전 세계 어디에서나 쉽게 식별할 수 있는 고유한 화석들을 기준으로 해야 한다는 것이었다. 이 점에서 필립스는 바로 자기 삼촌의 권위 있는 연구를 지지하고 있는 셈이었다. 필립스는 세지윅과 머치슨에게 깊은 영향을 끼쳤으며, 본래 현장 지질학자였던 이들은 발견한 화석들을 전문적인 고생물학자들에게 맡겨, 그들이 내린 판단에 근거해 각기 다른 곳의 암석들을 대비시킬 필요성을 충분히 확신했다.

페름기 말 대멸종이 인식되었을까?

필립스는 유명한 도표를 하나 작성했다(그림 6). 이 도표는 페름기 말기와 백악기 말기에 일어난 대멸종을 인식한 최초의 사례로 간주되곤 한다. 필립스는 오른쪽으로 부풀어 오르는 곡선으로 생명의 다양성을 보여준다. 그러나 우리가 보기에 가장 중요한 것은 바로 생명다양성에 두 번의 감소가 있다는 점이다. 과연 필립스는 생명의 역사에서 페름기 말과 백악기 말에 두 번의 대격변이 있었음을 보여주려 했던 것일까?

지금의 의미와는 다르다. 필립스가 의도했던 것은 이 도표(1860년에 쓴 책에 실려 있지만, 1840년에 가졌던 견해를 나타낸 것이기도 하다)가 지질시대를 세 가지 주요 단위인 대(eras)로 나눌 수 있음을 보여주려는 것이었다. 대는 머치슨과 세지윅이 설정했던 지질단위 '기'(periods)보다 훨씬 포괄적인 단위였다. 이를테면 실루리아기, 데본기, 페름기는 고생대를 이루는 일부에 지나지 않았다. 필립스가 중점을 두었던 것은, 지질대들이 서로 상당히 다른 화석군집들을 기준으로 식별될 수 있으며, 나아가 범세계적으로 적용되리라는 점이었다. '고생대 생명'과 '중생대 생명'을 대표하는 동식물상은 서로 매우 다르며, 지극히 빈약한 과도적인 생명체에 의해 연결되어 있었다. 그러나 당시 지질학자들과 고생물학자들은 오늘날 우리가 아는 진화와 대멸종을 받아들일 준비가 아직 되어 있지 못했다.

사실 고생대라는 이름을 지은 사람은 세지윅으로, 1838년의 일이었다. 그 목적은 자신과 머치슨이 당시 씨름하고 있었던 석탄기 이전의 모든 암석—다시 말해서 캄브리아계와 실루리아계—을 새로운 단위로 포괄하고자 함이었다. 필립스는 세지윅의 새로운 개념을 즉각 받아들여, 1838년과 1840년 『페니 사이클로피디어*Penny Cyclopedia*』에 게재한 논문들에서 그 개념을 확장시켰다. 부자가 아니었던 필립스는 그렇게 힘들여 쓴 논문의 대가만으로도 행복했다. 반면 『페니 사이클로피디어』 독자들은 자기들이 읽는 글의 독창성을 제대로 평가하지 못했을 것이다.

필립스는 전체 지질주상도가 세 가지 큰 계열인 대로 나뉠 수 있다고 주장했으며, 첫 번째 대는 세지윅이 명명한 고생대, 두 번째와 세 번째는 필립스가 『페니 사이클로피디어』에 실은 한 논문에서 명명한 중생대와 신생대(Kainozoic)였다. 세 명칭 모두 순수 그리스어이다. 각각 '옛날의 생명', '중간시기의 생명', '최근의 생명'을 의미하며, 함유된 화석들의 상대적인 연륜을 기 준 으 로 구 분 한 것 이 다 .

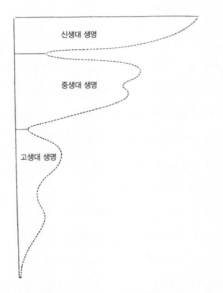

그림 6 고생대, 중생대, 신생대에 대한 존 필립스의 개념을 보여주는 도표로, 1860년에 쓴 교재에 실려 있다. 물결선은 전반적인 생명다양성을 나타내며, 고생대와 중생대 사이, 중생대와 신생대 사이의 경계선은 생명다양성의 감소와 동물상의 전환이 있었음을 분명하게 가리킨다.

Kainozoic은 Cainozoic으로 쓰는 경우가 더 많았으며, Caenozoic이라고 쓰기도 했다. 지금은 일반적으로 Cenozoic으로 표시한다. 당시 이 세 구분단위는 서로 전혀 다른 화석자료들을 기준으로 했다.

필립스의 주장에 따르면, 세지윅의 고생대는 단순히 캄브리아계와 실루리아계로만 한정될 수 없고, 석탄계까지 아울러야 했다. 새로운 데본계의 화석들이 실루리아계와 석탄계 사이의 동물상의 고리를 제공하기 때문이었다. 필립스는 거기서 그치지 않고 신적색사암까지 고생대에 포함된다는 제안을 했다.

혁명적인 생각이었다. 덕분에 신적색사암에 대한 논의가 집중적으로 이루어졌다. 만일 필립스의 주장대로 적색사암 층서 내의 어느 지점에서 고생대와 중생대가 구분된다면, 그 경계의 정확한 위치가 어디일까?

해외로 나간 머치슨

비록 필립스가 큰일을 해주었지만, 아직 신적색사암은 누구에게나 걸림돌이었다. 석탄계와 트라이아스계 사이의 층서를 분명하게 정의하지 않는 이상, 범세계적으로 적용할 수 있는 지질시대 구분체계를 만드는 일은 실패하고 말 것이었다. 머치슨은 잉글랜드에서는 신적색사암을 분류할 방도가 없음을 깨달았다. 게다가 이미 로트리겐데스와 체히슈타인, 독일과 중부유럽의 전형적인 트라이아스계도 살펴본 상태였다. 석탄계와 독일식 트라이아스계 사이에 층서가 완벽하게 남아 있는 곳을 찾으려면 다시금 바다를 건널 필요가 있었다.

그렇게 세계 곳곳을 누비는 일이 머치슨에게는 잘 어울렸다. 머치슨 생각에 신빅토리아 시대(1837년에 빅토리아 여왕이 왕위에 올랐다)의 과학지도자라면 마땅히 각국의 과학중심지마다 친구들을 두고 여러 언어를 구사할 줄 아는 세계여행자가 되어야 했다. 바로 머치슨 자신이 그런 사람이었다. 프랑스어도 유창해서 파리과학학회 강연도 기꺼이 맡았고, 이따금 프랑스어로 논문을 발표하기도 했다. 또한 독일어 구사에도 별 어려움이 없었다. 그런데 러시아에 오랫동안 머물렀으면서도 정작 러시아어는 쓰지 않았다. 당시 러시아 지식인들도 마찬가지였다. 그들은 프랑스어로 말하고 쓰는 일을 훨씬 선호했으며, 그게 안 되면 독일어나 영어를 썼다. 농노나 소작농들의 미천한 혓바닥에서 나오는 말만 아니면 되었던 것이다.

머치슨의 러시아 답사

처음에 머치슨이 러시아로 간 목적은 사실 신적색사암 문제를 해결하려던 게 아니었다. 아직 실루리아계와 데본계를 보강하고 있었던 그는 그 문제를 완전히 해결할 새로운 증거를 찾고자 했다. 세지윅과 머치슨은 1839년 여름에 독일 북부와 벨기에에서 함께 지질조사를 행했고, 아울러 베를린과 독일 동부지역도 답사했다. 두 사람은 탐사보고서에서 거듭 그 관찰결과들을 기초로 해 최근에 두 사람이 정립한 캄브리아계, 실루리아계, 데본계의 타당성을 확증했다.[21] 광활한 지역을 빠르게 질러 다니다보니 머치슨은 좀 더 동쪽으로 가고픈 생각이 들었다. 1840년에 러시아 북부를 답사할 마음을 먹은 그는 전해 겨울 내내 러시아 답사계획을 세우는 데 전력했다.

　머치슨은 1차 러시아 답사에 대해 여러 차례 간략한 보고를 했다. 1840년 9월 글래스고에서 열린 영국과학진흥협회 회의에서 연설을 했고, 다음 해 1841년 3월에는 프랑스인 동료학자 에두아르 드 베르뇌유Edouard de Verneuil와 함께 런던지질학회에서 공동발표를 가졌다.[22] 머치슨과 베르뇌유는 러시아를 방문하기 전에 러시아 북부에서 찾기를 기대한 것은 무엇이고, 얻을 수 있는 정보가 어느 정도였는지를 기술했다. 사실 그것을 다룬 논문이 한 편 있었다.[23] 1822년 런던지질학회 『의사록』에 실린 '러시아 지질개요' 라는 연구논문으로, 대단한 제목에 비해 분량은 겨우 39쪽이었다.

저자는 당시 상트페테르부르크 주재 영국대사였던 W. T. H. 폭스-스트랭웨이스Fox-Strangways였다.

스트랭웨이스의 보고서는 지도까지 담은 아주 훌륭한 보고서였다. 그러나 공식적인 업무를 수행하다가 짬짬이 상트페테르부르크 인근에서 관찰할 수 있었던 제한된 사실만을 기초로 했으며, 게다가 전문 지질학자도 아니었다. 또 머치슨과 베르뇌유는 J. G. F. 피셔 폰 발트하임, C. H. 팬더Pander, E. I. 폰 아이히발트가 쓴 러시아 화석보고서들도 보았지만, 지질학적인 면에서 보았을 때 이 연구논문들에서 건질 만한 것은 별로 없었다. 결과적으로 두 사람이 러시아로 들어갈 당시 의거할 만한 자료는 극히 적은 형편이었다.

머치슨과 베르뇌유는 발트 해 곳에 자리한 상트페테르부르크에서 여행을 시작했다. 그곳에서 두 사람은 데본계 아래에 놓인 암석이 연대상으로 실루리아계임을 확인했다. 계속해서 북서쪽으로 아르항겔까지 갔다가, 남쪽으로 틀어 볼가 강을 건넜고, 니주니 노브고로트를 질러 모스크바로 돌아오기까지 장장 6,000킬로미터를 여행하면서 확인한 석탄계, 신적색사암, 쥐라계를 기술해갔다.

논문에 덧붙인 글(1841년 3월 26일로 적혀 있다)에서 머치슨은 러시아의 동료 학자 A. 폰 마이엔도르프von Meyendorf 남작과 A. 카이절링Keyserling 백작이 유럽러시아 남부에서 발견한 새로운 성과 몇 가지를 간략하게 보고했다. 또한 이 지역 답사뿐 아니라 우랄 산맥과 오렌부르크 인근 지역 답사를 베르뇌유와 함께 계획했음을 시사했다. 머치슨은 이렇게 적고 있다. 만일 이 일이 성사된다면, "유럽 쪽 러시아의 전반적인 지질도를 구축하는 데 필요한 주요 사실들을 모두 확보하게 될 것이다." 정말 대단한 자신감이다! 어쨌든 그 점을 염두에 두고 있었다. 1840년, 기존 연구가 거의 없는 상태였기 때문에, 그처럼 빠른 속도로 벌인 답사결과를 토대로 해서 큰 얼개의 지형도를 구축할 필요가 있었다. 자잘한 것들은 나중에 추가하면 될 터였다.

머치슨의 2차 러시아 답사

머치슨의 두 번째 러시아 답사에는 두 가지 주목적이 있었다. 자신이 새롭게 명명한 페름계의 특징을 살피고 싶었고, 아래의 석탄계와 위의 트라이아스계와의 정확한 관련성을 규정하고 싶었다. 또한 차르와 왕자들과도 사교적 관계를 돈독하게 굳히고, 그들로부터 여행경비와 야심 찬 연구논문 비용을 지원받을 생각이었다.

2차 러시아 답사를 기술한 발표논문은 1차 때보다 훨씬 광범위했다.[24] 우리가 앞서 본 대로, 머치슨은 1841년에 『철학지』를 비롯한 여러 지면에 발표한 글을 통해 페름계라는 새로운 암석계를 공표했다. 그리고 1842년 2월 18일에 런던지질학회 기조강연에서 처음으로 공개발표를 했다. 여기서 머치슨은 '페름계'라는 자신의 명칭이 전적으로 독자적인 명칭임을 강변했고, 그게 아니라는 에르만의 주장을 반박했다.

오랫동안 기다렸던 머치슨과 베르뇌유의 완전한 2차 러시아 답사보고서는 1842년 4월 6일과 20일에 연속으로 열린 두 차례의 런던지질학회 회의에서 발표되었다. 거기서 두 사람은 1차 답사보고서 때처럼 실루리아계에서 백악계까지 차례대로 층서를 돌아보고, 백악계 위에 자리한 플라이스토세 암층에 대해서도 몇 가지 언급을 했다. 논의방식 역시 예전과 다름없었다. 머치슨은 관찰한 암석유형을 차례로 열거했고, 베르뇌유가 동정한 화석들을 이용해 영국, 프랑스, 독일의 층서와 비교하여 연대를 확정했다.

페름계에 대해서도 몇 가지 설명을 추가했다. 러시아의 페름계, 독일의 체히슈타인(이미 신적색사암의 일부로 인정받고 있었다), 잉글랜드의 마그네시아 석회암을 동등하게 여겼다. 뒤의 두 가지는 오래전부터 이미 동등한 것으로 간주되어온 터였다. 머치슨은 광대한 지역에 걸쳐 페름계가 나타난다고 지적했다. 곧, 페름 시만 아니라 남쪽으로 오렌부르크까지 남부 우랄의 서쪽 지역 수백 킬로미터에 걸쳐 광범위하게 나타난다는 것이었다. 머치슨은 우랄 산맥의 층서에 따라 설명했다. 의심의 여지가 없는 석탄계가 있었다.

석탄의 유무로 판단할 수 있었지만, 더욱 중요한 사실은 서부 유럽 석탄계 화석과 동일한 지표화석들(해양조가비와 육상식물)의 유무로 알 수 있었다. 그 다음에 머치슨은 페름계 석회암, 석고와 암염층, 적색과 초록색 사암, 세일, 역암, 구리가 풍부한 사암(광부들이 '쿠퍼쉬퍼'라고 불렀던 암층)을 차례로 고찰했다.

페름계의 바닥과 마루: 연체동물과 파충류

머치슨은 신적색사암의 하부가 공인된 국제층서계, 곧 페름계임을 확인하기 위해서는 꼭 해야 할 두 가지가 있음을 알고 있었다. 첫째, 저부를 명확히 규정해야 했다. 둘째, 석탄계와 트라이아스계 사이의 암석단위층의 연대를 명확하게 해줄 지표화석들을 찾아내야 했다. 층서학에서는 암석계의 저부를 규정하는 것이 대단히 중요하다. 마루는 별 문제가 되지 않는다. 위에 놓인 단위층의 저부가 규정되면, 자연스럽게 마루도 규정되기 때문이다. 이 경우 페름계의 마루는 이미 정해진 셈이었다. 우리가 앞서 보았듯이 1834년, 독일의 알베르티가 트라이아스계의 저부를 확정했기 때문이다.

머치슨은 페름 시 주변에서 석고와 염분을 함유한 신적색층 하부를 조사했다. 카이절링은 머치슨에게 아르티 주변의 화석을 함유한 암석에 관한 관련정보를 제공했다. 이 암석은 해성암으로, 베르뇌유 입장에서는 잘 조사되고 규정된 서부 유럽의 석탄계와 트라이아스계 암석과 직접적으로 비교 가능한 조가비 같은 화석들이 풍부했다. 그래서 머치슨은 페름 시 남쪽 해성암에 나타난 석탄계/신적색층 전이를 화석을 가지고 증명했다. 머치슨은 현장에서 직접 완족동물과 식물화석을 확인했다. 그리고 결국 리처드 오언이 규정했던 화석 파충류의 뼈들이 사실상 석탄기와 트라이아스기 생명체 사이의 과도적 형질을 가졌다는 결정적 증거를 얻게 되었다. 조가비, 식물, 뼈 따위 모든 화석들이 머치슨의 결론, 다시 말해 석탄계와 트라이아스계 사이에 러시아 페름계가 자리하고 있다는 생각을 확증해주는 것으로 보였다. 이렇게 해서 층서상의 공백을 메운 셈이었다.

10월에 모스크바로 가서 피셔 폰 발트하임에게 보냈던 그 유명한 편지에 실린 것이 바로 이 결론이다. 그 편지에서 머치슨은 화석을 기준으로 페름계를 정당화했다. 일부 화석은 겉모습이 석탄계의 화석이었으며(완족동물), 다른 화석들은 석탄계와 트라이아스계 사이의 과도적 형태였다는 것이다(식물, 어류, 파충류).

이 계의 화석 중에는 아직 기술되지 않은 일부 프로둑티*Producti*종[완족동물]이 페름기와 석탄기를 이어주는 것으로 볼 수 있습니다. 그리고 어류, 사우리아와 더불어 다른 조가비는 체히슈타인 시기와 더 가깝게 이어져 있는 것으로 보입니다. 반면 독특한 식물들은 신적색사암이나 '삼첩암'(trias) 시기와 콜메저 시기 사이 과도형태의 식물상을 이루는 것 같습니다.[25]

나중의 논문들에서도 이런 논의가 되풀이되지만, 머치슨이 그 해석을 분명하게 정식화한 것은 오렌부르크 인근 현장에 있을 때였다. 1841년 11월 20일, 영국으로 귀국한 지 채 3주가 되지 않았고, 『철학지』에 '페름계'라는 명칭을 발표하기 겨우 한 주 전이었던 그때, 머치슨은 리처드 오언에게 이렇게 썼다.

며칠 내로 당신을 찾아갈 생각입니다. 러시아의 최하부 퇴적물에서 발견된 사우리아 뼈 한두 개를 당신이 살펴봐주셨으면 합니다. 저는 그 퇴적물이 우리나라의 마그네시아 석회암과 같은 수준의 것이라고 믿고 있습니다……. 저는 개인적으로 다음의 몇 가지 질문에 대한 예·아니오 대답만큼이나 이 사우리아의 규정에 큰 관심을 가지고 있습니다. 그것은 아마 웅대한 분류계획에 큰 도움이 되어줄 것입니다.[26]

예·아니오를 확인하는 물음은 이랬다. 과연 이 파충류가 석탄기 파충류와 트라이아스기 파충류 사이의 과도형태인가? 우리가 보았듯이 오언의 대답은 '예'였고, 머치슨은 자기 생각이 정당함을 확인했다. 이는 1842년 2월 런던지질학회 기조강연에서 여실히 드러나 있다.

『러시아 지질』(1845)

머치슨은 1840년에 러시아를 처음 답사한 뒤, 그 결과를 런던지질학회 『의사록』에 연구논문으로 실을 계획만 세웠다. 하지만 러시아에서 차르에게서 받던 지원의 규모를 본 뒤에는 2차 답사를 시작할 때부터 좀더 비중 있는 작품, 곧 『실루리아계 The Silurian System』에 필적할 만한 후속작으로 큰 규모의 책을 내겠다는 생각을 했다. 러시아 재무부장관이었던 I. F. 칸크린 Kankrin은 1841년 답사를 전후하여 러시아 정부에서 지도제작과 보고서 작성에 드는 비용을 부담할 것이라는 언질을 주었다. 아마 러시아 쪽은 자기들이 생각했던 것과 머치슨이 생각했던 것이 그 범위나 규모 면에서 크게 달랐음을 알아채지 못했을 것이다.

1842년 초, 머치슨은 대대적인 러시아 지질에 관한 책을 계획했다.[27] 계획상으로는 600쪽에 이르는 분량에, 3부로 나누고, 화석도판과 커다란 지도까지 넣을 생각이었다. 1부는 유럽 쪽 러시아의 지질에 관해 다룰 것이고, 2부는 우랄 산맥, 3부는 화석을 다룰 예정이었다. 1842년 내내 머치슨은 충실하게 써나갔다. 그해 11월에 1장을 넘겨 식자하도록 했다. 그런데 계획이 걷잡을 길 없이 커져갔다. 머치슨은 현장조사를 더 나갈 수밖에 없었다. 1843년에는 폴란드, 독일, 체코슬로바키아, 1844년에는 덴마크, 노르웨이, 스웨덴, 1845년에는 이 나라들 외에 독일을 한 번 더 갔다. 새롭게 현장을 조사하면서 그전에 썼던 장들을 재고할 수밖에 없었고, 결국 처음 40쪽을 취소하고 80쪽에 가까운 새로운 원고로 대체해야만 했다.

화석은 또 다른 문제였다. 머치슨은 고생물학자가 아니었기 때문에 화석 기술의 대부분은 베르뇌유 같은 학자들에게 넘겨야 했다(머치슨 자신이 직접 삼엽충을 기술하긴 했다). 얼마 안 가 머치슨은 화석 기술은 앞으로 지질학 보고서와 동시에 프랑스 파리에서 출간할 계획인 한 권을 따로 할애해줄 것을 부탁했다. 두 권을 두 가지 언어로 두 저자가 제작한다는 것은 갖가지 종류의 혼란과 오해가 있었음을 의미했다. 그러나 밀어붙여야만 했다.

결국 애초 계획했던 600쪽보다 두 배 이상 분량이 많아졌다. 두 권을 합해 총 1,300쪽 분량이었고, 60개의 도판과 두 개의 대형지도가 포함되었다. 만사가 급하게 마무리되었다. 머치슨이 쓴 1권에는 '1845년 4월'이라는 날짜가 적혀 있었지만, 그 이후에도 수정한 쪽과 삽화를 인쇄하는 일은 그치지 않았다. 베르뇌유가 쓴 2권은 1844년에 제작이 시작되었다. 머치슨은 1845년 6월과 7월에 걸쳐 완성된 책 여섯 부를 대단히 급하게 편집한 다음, 7월 29일에 상트페테르부르크로 가져가서 8월 12일에 차르 니콜라스 1세에게 그 여섯 부를 헌정했다. 차르는 명백한 수긍의 뜻과 지적인 평가를 표하면서 그 책을 살펴보았다.

무시된 페름기 말 대멸종

이렇게 해서 1840년과 1841년은 페름기 말 대멸종을 이해하는 데 결정적이었던 시기로 평가할 수 있다. 필립스가 고생대, 중생대, 신생대라는 지질계열의 정확한 범위를 설정했고, 이 세 지질단위와 멸종을 확고하게 연결시켰다. 머치슨은 페름계를 명명했고, 그 시기를 이해하는 데 러시아가 중요함을 보여주었다. 하지만 필립스도 머치슨도, 또는 그 당시 어느 지질학자도 페름기 말기에 엄청난 대멸종이 있었음을 짚어내지 못했다.

그 까닭은 두 가지로 설명할 수 있다. 하나는 단순한 반면, 다른 하나는 근본적인 문제를 보여준다. 첫째, 간단히 말하면 1840년의 지질학자들과 고생물학자들에게는 그 멸종사건을 짚어낼 충분한 증거가 없었다. 페름계가 막 명명되었던 시대였고, 필립스라고 해도 지질시대 동안 화석기록상에 대규모 변화가 있었음을 이제 막 증명해나가기 시작한 때였던 것이다. 둘째로 좀더 근본적인 면은, 바로 1830년대를 거치면서 사고방식에 큰 변화가 생겼다는 사실이다. 1830년에는 과거 지질시대에 격변이 있었다고 말해도 인정되었던 반면, 1840년에 이르면 격변론은 입에 담지 못할 말로 변해버렸다. 이 놀라운 지질학의 변화를 이끌어낸 사람이 있었다. 장차 150년 동안 지질학의 어조를 하나로 굳혀버리게 될 인물이 바로 그였다.

03

격변론의 종말

1830년대에 라이엘이 교묘한 방법으로 격변론을 폐기시켜버린 탓에, 정규과학의 테두리 내에서 대멸종을 연구하는 일은 불가능해져버렸다. 동시에 머치슨, 필립스, 세지윅 등, 표준적이고 범세계적인 지질연대체계를 만들어가던 학자들의 연구기반까지도 위태롭게 만들어버렸다. 층서학자들의 눈에는 시대에 따라 화석이 바뀌는 것은 말할 것도 없고, 지질학적으로 짧은 시간차를 두고 동물상과 식물상이 전체적으로 바뀌어버린 큰 공백기와 층이 있음은 분명했다. 그러나 시간의 무한한 순환이 지배하는 라이엘의 세계에서는 아무런 실제 의미도 얻지 못했다.

1970년대에 나는 애버딘대학에서 지질학을 공부했다. 1학년 강의를 맡으셨던 분은 옛날식의 고상한 스코틀랜드인 교수셨다. 그분은 지구의 형성부터 빙하기까지, 화석부터 광물학까지 모든 분야를 아우르셨다. 당시는 컬러 슬라이드가 보편화되기 전이었기에, 그분은 강의를 시작하기 전에 화이트보드에 그린 커다란 삽화들로 강의실을 빙 둘러놓으셨다. 바지런한 학생들은 일찌감치 강의실로 와서 그 복잡한 도해들을 공책에 베끼곤 했다.

그 강의 중 지질학의 역사를 다룬 일련의 개론강의들이 생각난다. 그분은 스미스, 머치슨, 세지윅, 라이엘 같은 지질학의 초석을 놓은 인물들 얘기를 들려주셨다. 이 사람들은 온갖 장애를 극복하고 우리에게 지구 역사의 참모습을 보여준 인물들이었다. 그들은 19세기 초 학계를 풍미했던 그 어떤 신비주의도, 조잡한 견해도, 기이한 뜬소리도 허용하지 않았다. 지질학의 아버지이자 철두철미 영국인이기도 했던 이 걸출한 지질학자들은 독일과 프랑스의 지질학계에서 풍기던 몽매함과 혼미함을 헤치고 길을 놓았다. 머치슨과 라이엘은 영국인에서 그치지 않고 스코틀랜드인이기도 했다. 개혁 성향의 이 지질학자들 가운데 가장 뛰어난 인물이었던 찰스 라이엘 Charles Lyell이 태어난 곳은 애버딘 남쪽으로 불과 몇 킬로미터 떨어지지 않은 곳이었다. 타 지역의 정서보다 스코틀랜드의 정서가 뚝뚝 묻어나는 인물이었다.

지질학 교수가 들려주었던 게 바로 이런 이야기였다. 우리 이전에도 무수히 많은 지질학자들이 들었던 이야기였다. 나는 흔쾌히 그 이야기를 받아들였다. 그러나 돌이켜 생각하면, 간단하게 들리는 이런 이야기들도 실상은 복잡한 내용을 담고 있기 마련이다. 사실 말이지, 어느 한 쪽이 완전히 옳고, 다른 쪽은 완전히 그릇된다는 게 가당키나 한 일일까? 결코 그렇지 않다.

이제 와서 보면, 진정으로 의미 있었던 일은 바로 라이엘과 그 추종자들이 지질학의 역사를 다시 썼다는 것이다. 정치적인 비유를 들어보는 게 가장 좋을 듯하다. 당시 지질학자들은 두 진영으로 첨예하게 갈라져 있었고, 각각 딱지가 붙어 있었다. 좋은 쪽은 동일과정론자들이었고, 나쁜 쪽은 격변론자들이었다. 머치슨, 세지윅, 필립스를 비롯하여 사실상 영국 지질학자 대부분이 실제로 격변론자들이었다. 그러나 막강한 영향력을 행사했던 라이엘 때문에 그 지질학자들은 모두 라이엘이 붙인 딱지와 비난을 몹시 소심하게 받아들였다. 어쨌든 격변론자로 몰리지만 않으면 되었던 것이다.

그러나 멸종문제에 관해서는 격변론자들의 생각이 옳았다. 1832년 즈음에 일어났던 지질학적 관점의 극적인 전환을 이해하는 것이 중요하다. 사실상 하룻밤 사이에 라이엘이 지질학의 새로운 이해를 꾀했던 것으로 보였고, 그 결과 온전한 이성을 갖춘 사람이라면 대멸종에 관해서는 생각조차 하기 힘들게 되었다. 라이엘은 승리자였으며, 그의 견해는 150년 이상 지질학계를 지배했다.

머치슨과 여러 이론들

실제 위주의 현장 지질학자였던 로더릭 머치슨은 지구의 역사나 생명의 발달과정, 또는 시간의 의미 따위의 큰 문제들을 이론화하는 데는 큰 힘을 기울이지 않았다. 그러나 두 가지 큰 논쟁의 시기를 살았다. 두 논쟁 모두 배후에는 라이엘이 있었고, 머치슨으로서는 몹시 불편한 입장이었다. 두 논쟁은 각각 시간이 한 방향으로만 흐르는지, 지구의 역사는 격변으로 점철되어 있는지를 두고 벌어진 것이었다.

점잖고 인상적인 찰스 라이엘(1797~1878)은 머치슨보다 다섯 살 아래였다. 라이엘은 1830년과 1833년 사이에 세 권짜리 『지질학 원리*Principles of Geology*』[28)를 썼다. 이 책은 영향력이 큰 지질학 교재로서 상징적인 지위를 점하게 되었다. 아직도 대부분의 사람들은 지질학의 토대를 놓은 책의 하나로 이 책을 꼽는다. 그런데 신기원을 이룬 이 책에는 내용은 훌륭했지만 믿기 힘든 생각이 몇 가지 실려 있었다. 예를 들어 라이엘은 만일 전 세계적으로 기온이 상승하면, 양치류를 비롯한 원시식물들이 육지를 뒤덮게 될 것이라고 적고는, 이어서 이렇게 말하고 있다.

그다음 오늘날 우리 대륙의 고대 암석들에 기록이 보존되어 있는 동물속들이 되돌아올 것이다. 숲 속에서는 거대한 이구아노돈이, 바다 속에서는 어룡이 다시 출현할 것이며, 그늘진 목생木生 양치류 숲 사이에서는 익수룡이 날아다니게 될 것이다.

라이엘은 『지질학 원리』에서 동식물군들이 멸종되지 않고 영원하다는 관점을 분명하게 밝히고 있다. 그저 지구상의 물리적 조건에 따라 동식물군들이 나타났다 사라지는 것으로 생각했던 것이다. 믿을 수 없는 생각처럼 보이지만, 1830년대와 1840년대에는 아무 반론도 제기되지 않았다. 대부분의 지질학자들이 라이엘의 생각을 받아들였다는 것은 라이엘의 생각만큼이나 엉뚱하게 보일 것이다. 아마 사석에서는 의혹의 목소리를 냈겠지만, 공개적으로는 입 밖에 내지 않았다.

그다음에 머치슨에게 영향을 끼친 논쟁은 격변론과 동일과정론 논쟁이었다. 라이엘은 『지질학 원리』의 "현재 진행 중인 변화의 원인을 기준으로 옛날에 지표면에서 일어났던 변화들을 설명하려는 시도"라는 부제에서 자신이 동일과정론자임을 확실하게 밝혔다. 모든 지질현상들은 현재의 변화과정들로 설명할 수 있으며, 또 그래야만 한다고 강한 어조로 거듭해서 논하고 있다. "과거를 이해하는 열쇠는 현재", 이것이 바로 동일과정론의 원리인데, 대단히 합당하게 보인다. 지질학자들로서는 미지의 과정들을 상상하는 것보다야 물리학의 규칙들, 나아가 현재의 지리학자들과 생물학자들의 관찰에 기대는 것이 확실히 더 낫지 않겠는가?

그런데 당시 프랑스를 비롯한 유럽 대륙의 지질학자들은 과거 지질시대에 화산활동, 운석충돌, 돌연한 멸종과 불가사의한 사건들이 있었다고 가정했다. 이것이 바로 격변론이다. 틀림없이 조잡하고 비과학적인 생각으로 비칠 것이다. 동일과정론은 간단명료하고 상식적인 영국식 관점이었다. 라이엘의 생각이 합당할 것이라고 신뢰한 이면에는 라이엘이 스코틀랜드인이자 법정변호인이라는 신분이 한몫했다. 라이엘을 거부한다는 것은, 나아가 동일과정론을 거부한다는 것은 스스로 조잡한 이론가라는 딱지를 붙인 꼴이 될 터였다.

1820년대에 머치슨은 비록 격변론자였지만, 그런 경멸적인 낙인이 찍힐 위험을 감수할 수는 없었다. 이제 그를 비롯하여 당시 대부분의 지질학자들은 과거 지질시대에 돌연한 사건이나 대규모 재앙이 일어났다는 생각을 죄다 부인함으로써 어떻게든 '격변론자'라는 딱지를 피하려고 애써야 할 판이 되고 말았다. 또 비록 못마땅하기는 했지만, 지질학자들은 주요 동식물군들의 멸종에 관한 라이엘의 불신, 동식물군들이 끊임없이 다시 나타났다가 다시 사라질 것이라는 가능성을 모두 받아들였다. 머치슨은 결국 라이엘의 생각을 따라 대멸종의 가능성을 부정할 수밖에 없었다. 나아가 당대 최고의 격변론자였던 고명한 조르주 퀴비에의 견해까지 부정해야 하는 입장이 되고 말았다.

퀴비에와 격변론

퀴비에에게 격변론은 전혀 새로운 것이 아니었다. 일찍이 식자들이 지구의 기원, 행성, 혜성, 운석의 정체에 관해 사색했던 17세기부터 회자되던 생각이었다.[29] 나중에 퀴비에는 이런 초창기 사색가들과 한통속으로 몰리는 부당한 대접을 받았다. 반드시 철저하게 증거들을 검토한 뒤에 결론을 내렸던 퀴비에 자신도 처음에는 당대 지질학자들을 미미한 증거에만 기대서 생각을 펼치는 조잡한 몽상가라고 조롱했다.

그러다가 1800년 즈음에 퀴비에는 파리분지에서 발견된 포유류 화석을 연구하기 시작했다. 소형 말과 개와 비슷한 동물들의 골격이 에오세와 마이오세 석회암에서 아름다운 원형 그대로 출토되었는데, 이를 본 퀴비에는 멸종된 생명체의 골격이 틀림없다고 생각했다. 1810년의 한 보고서에서 퀴비에는 그 생명체들이 해당 암층에 나타나게 된 정황을 다음과 같이 기술했다.[30]

그 미지의 뼈들은 거의 언제나 조가비로 가득한 층에 덮여 있다. 따라서 그 종들을 절멸시킨 요인은 바닷물의 범람이다. 그러나 이 변혁의 영향은, 변혁이란 것이 그렇듯이, 아마 모든 해양동물들에게 미치지는 않았을 것이다.

여기서 퀴비에는 대규모 물리적 재앙이란 의미로 '변혁'이란 말을 쓰고 있다. 몇 쪽 뒤에서 그는 다시 이 문제로 되돌아온다.

원시시대에 거듭해서 감소했다가 다시 원래대로 회복했던 바다, 바다가 퇴적시킨 다양한 물질들, 그것들이 형성한 오늘날의 지층. 이 지층들의 일부를 채우고 있는 유기체들의 잔해. 이 유기체들의 최초 기원. 우리가 오늘날 알고 있는 자연의 힘들로 어떻게 이런 문제들을 해결할 수 있을까? 우리 세상에서 일어나는 화산분출, 침식작용, 해류는 이런 거대한 결과들을 설명하기엔 빈약하기 짝이 없는 요인들이다.

이 보고서를 쓸 당시 퀴비에는 강력한 증거를 가지고 있지도 않았고, '변혁들'의 본성에 대해 정확한 생각을 갖고 있었던 것도 아니지만, 오늘날에는 작용하고 있지 않으나 과거에는 작용했던 과정들과 그 규모를 분명하게 상정하고 있다.

내가 살아 있는 동안엔 어림도 없지

퀴비에는 『화석 척추류의 골격에 대한 연구Recherches sur les ossements fossiles』라는 위대한 책—이 책은 1812년 이후부터 판을 거듭해서 간행되었다—에 부친 유명한 「기본강연Discours preliminaire」에서 변혁이란 주제를 훨씬 자세하게 전개한다.[31] 퀴비에가 지질학과 진화를 바라보는 관점을 일반대중을 상대로 개괄한 기본강연은 1810년 보고서보다 더욱 포괄적인 선언문 성격을 띠었고, 크나큰 영향을 끼쳤다. 그래서 퀴비에 사후에도 오랫동안 여러 언어로 번역되었고, 여러 차례 재간행되었다. 기본강연 5부에서 퀴비에는 다음과 같이 적고 있다.

> 그래서 해분海盆의 변혁을 일으켰던 대격변의 이전과 도중, 이후에 해수와 거기 함유된 물질들의 성질에 변화가 일어났다……. 해수에서 전반적으로 그런 변화들이 일어나는 동안, 변화 이전에 해수에서 살았던 동물들은 생존하기가 대단히 힘들었다. 그 결과 그 동물들은 살아남지 못했다. 그래서 층에 따라 동물종들은 말할 것도 없고 동물속들까지 다르게 나타난다.

계속해서 퀴비에는 오늘날 지구에 작용하는 물리적 과정들을 논하고, 이보다 훨씬 격변적인 과정이 과거에 있었음을 고려해야 한다고 강력하게 촉구한다. 그 격변들은 하등한 바다생물보다 육상의 동물, 특히 포유류에 막대한 영향을 끼쳤을 것으로 보고 있다.

> 지구의 표면을 바꿔버린 그 변혁의 본성은 틀림없이 해양동물들보다는 육상의 네발동물들에게 더욱 철저한 영향을 미쳤을 것이다. 이 변혁은 주로 해저의 지형변화 형태로 일어났고, 또 이로써 바닷물이 도달했던 범위 내의 모든 네발동물들을 파멸시켰음이 틀림없기 때문에…… 그 변혁은 적어도 해당 대륙에 서식했던 동물종들을 절멸시킬 수 있었을 것이다. 비록 해양동물들에게

는 그 같은 영향을 끼치지 않았다 하더라도 말이다.

나는 이 문단을 읽고 당혹스러웠다. 이상하게도 1842년 런던지질학회 기조강연에서 머치슨이 언급했던 몇 가지 얘기와 비슷한 울림을 전해주었기 때문이다.[32]

퀴비에는 나중에 나온 기본강연 간행본에서 바다가 빠른 속도로 거듭 전진하고 후퇴했다는 관점을 더욱 명확하게 밝히고 있다.

> 변혁을 일으켰던 지각변동의 대부분은 갑작스럽게 일어났다. 특히 마지막 변혁의 경우에 이 점을 쉽게 입증할 수 있다……. 그 변혁으로 인해…… 북부 나라들에서는 거대한 네발동물들이 얼음에 싸여 피부, 털, 살을 그대로 보존한 채 우리 시대까지 전해졌다. 만일 그 동물들이 죽은 즉시 냉동되지 않았다면, 부패작용으로 시체가 썩었을 것이다……. 이런 사태의 진행은 점진적이 아니라 갑작스러웠다. 그 마지막 격변으로 아주 분명하게 입증될 수 있다면, 그 이전에 있었던 격변들의 경우에도 마찬가지로 적용될 수 있다……. 당시에는 이런 무시무시한 사건들 때문에 생명이 교란되는 경우가 자주 있었다. 헤아릴 수 없이 많은 생명체들이 이런 격변에 희생되었다. 이를테면 건조지대에서 서식하던 일부 생물들은 범람하는 바다에 삼켜져버렸고, 사방이 바다로 둘러싸인 곳에 살았던 생물들은 해수면이 다시 상승하면서 고립되었다. 따라서 오늘날 자연사학자들이 겨우 알아볼 수 있는 몇 조각 잔해들만 남긴 채 전체 생물종들이 영원히 파멸되고 말았던 것이다.[33]

이 이야기의 상당 부분은 충분히 합리적이다. 따라서 라이엘이 퀴비에의 지질학적 관점을 거칠고 위험하다고 단호하게 반대하는 이유를 수긍하기는 어렵다.

오늘날의 지질학자들처럼, 퀴비에의 눈에도 돌연한 불연속층 때문에 퇴적층들이 서로 구분되는 경우가 자주 보였다. 파리분지에서 그가 보았던 해성석회암은 조가비와 어류 화석으로 가득했는데, 그 위에는 육상동물들의 골격이 함유된 육성이암과 사암이 자리하고 있었다. 퀴비에가 저지른 단 한 가지 실수가 있다면, 아마 오늘날 지질학에서 가정하는 것보다 훨씬 빠른 속도로 암석층서의 형성을 그려내려고 했던 일일 것이다. 다시 말해 해수면과 해안선 위치의 변화가 모두 사실상 한순간에 일어났다고 상상했음을 뜻한다. 실제로는 바다의 전진과 후퇴가 수천수만 년에 걸쳐 일어났다고 보는 것이 타당하다. 비교적 최근인 역사시대에도 그랬듯이 말이다.

사실 퀴비에는 지구에서 운석충돌이나 대규모 교란, 또는 다른 기이한 사건들이 일어났다고 주장하지는 않았다. 다만 오늘날 알고 있는 것보다 큰 규모의 사건들이 있었다고 주장했다. 프랑스와 영국의 퀴비에 지지자들은 과거의 지각은 오늘날에는 작용하지 않는 힘들의 영향을 받았다고 논했다. 어떤 사람들은 프랑스와 스코틀랜드의 고대 산열山列과 알프스 산맥의 격렬한 습곡작용과 암석 용융熔融의 증거를 눈여겨보았다. 또 어떤 이들은 과거 지구의 기온이 더 높았기 때문에, 오늘날보다 더 격심한 화산활동의 영향을 받았을 거라고 가정했다. 지구에 영향을 끼쳐온 여러 차례 멸종사건들 중, 퀴비에가 냉동된 매머드 같은 대형 포유류를 거론하며 언급했던 마지막 멸종사건은 성서에 나온 노아의 홍수 탓으로 생각했다. 그래서 격변론의 학설은 성서이론과 결부될 수 있었으며, 그 결과 1820년대와 1830년대 한동안은 지구에 영향을 끼친 여러 격변들 가운데 마지막 격변을 대홍수로 보는 윌리엄 버클런드William Buckland 같은 대홍수론자들이 크게 세력을 얻었다.

퀴비에가 당대 프랑스와 영국의 지질학자들에게 큰 영향을 끼쳤기 때문에, 머치슨은 퀴비에의 입장을 포기하는 대세에 부응하기 어렵다고 생각했다. 그러나 1830년대의 라이엘의 비판은 확고하고도 집요했다. 라이엘은 퀴비에의 기본강연에 몹시 치를 떨었고, 조금도 뜻을 굽히려 들지 않았다.

퀴비에가 변혁, 진화, 격변을 세상에 퍼뜨리고 있다고 생각한 라이엘은 이를 위험하다고 판단하고 혹독하게 공격했다. 오늘날 지질학 책을 보면 라이엘은 영웅으로 기리는 반면 퀴비에는 패배자로 기록된다. 그러나 사실은 퀴비에 생각의 상당 부분이 옳았고, 라이엘 생각의 상당 부분은 틀렸다.

라이엘과 머치슨이 함께 지질탐사를 나서다

찰스 라이엘(그림 7)은 앵거스 주 키노디의 지주가문에서 태어났다. 옥스퍼드에서 법률을 공부했지만, 겨우 2년 동안 심드렁하게 법률가 활동을 하다가, 결국은 사랑해 마지않는 지질학에 온 힘을 기울였다. 라이엘도 머치슨처럼 런던으로 가서 전문적으로 지질학 연구를 했지만, 머치슨과는 달리 개인적으로 일부 자금을 조달했다. 그러나 그마저도 달려서 지질학 교재를 다작해서 얻은 수입으로 연구자금을 충당했다.

라이엘은 옥스퍼드에 있는 동안, 위대하지만 괴짜였던 윌리엄 버클런드 교수의 지질학 강의를 들었다. 버클런드는 열렬한 퀴비에 지지자 중 한 사람이었고, 대홍수론의 강력한 옹호자였다. 버클런드에게서 깊은 영향을 받은 라이엘은 1820년대 중반에 전공을 지질학으로 바꿨다. 머치슨이 군사훈련과 여우사냥 생활을 청산하고 지질학으로 마음을 돌린 때와 비슷한 시기였다.

1823년에 프랑스를 방문한 라이엘은 파리분지의 암석을 조사했다. 퀴비에가 반복된 변혁, 곧 바다의 거듭된 전진과 후퇴의 증거로 삼았던 바로 그 층서였다. 그곳에서 몇 가지 이견을 들었지만,

그림 7 1836년의 찰스 라이엘. J. M. 라이트가 그린 초상화이다.

당시 라이엘은 대체적으로 퀴비에의 해석을 받아들일 마음이 있었다. 1828년, 라이엘과 머치슨은 함께 프랑스의 중앙산악지대로 현장답사를 떠났다. 거기서 본 일부 암석층서 때문에 라이엘이 퀴비에의 변혁이론을 의심하기 시작했던 것으로 보인다. 220미터가 넘는 두께의 이회암 층서에는 가느다란 층들이 반복되고 있었는데, 1센티미터에 12개꼴로, 총 25만 개에 달했다. 스코틀랜드의 호수를 조사한 적이 있었던 라이엘은 이회암에서 발견된 화석들을 보고, 이 고대 암석이 거대한 호수에서 아주 오랜 세월 퇴적물이 쌓인 결과 그처럼 엄청난 두께의 암층이 형성되었다는 결론을 내릴 수 있었다. 그렇다면 각각의 가느다란 층들이 변혁을 나타낸다고는 볼 수 없지 않은가?

걸음을 계속해 이탈리아 남부로 간 라이엘과 머치슨은 나폴리와 시칠리아 인근의 활화산들을 목격했다. 이를 본 라이엘은 현재 작용하는 자연의 힘에 큰 감명을 받았다. 라이엘은 화산의 힘이 땅을 융기시키고 다량의 용암을 퇴적시킬 수 있음을 알아냈다. 현재 해수면보다 높이 솟아 있으면서도 조가비를 함유하는 암석층을 곳곳에서 볼 수 있었는데, 이는 모두 역사시대에 형성된 것들이었다. 이런 관찰을 뒷받침해주는 열쇠가 되는 사실이 있었다. 화산들과 융기된 해성층 사이에 고대 로마제국의 고고유적들이 있었던 것이다. 이는 융기작용과 지각변동이 1,500년에서 2,000년 전에 일어났음을 증명하는 것이었다. 답사결과, 라이엘은 지질학자들이 관찰하는 과거의 모든 현상들을 현대에 작용하는 요인들로도 적절히 설명할 수 있으며, 퀴비에가 주장했던 것 같은 대규모 융기작용을 끌어들일 필요가 없다는 결론을 내렸다. 1829년, 영국으로 돌아온 라이엘은 이미 『지질학 원리』를 쓸 계획을 세우고 있었다. 1권은 1830년에 출간되었다.

라이엘의 변론

『지질학 원리』가 구사하는 전략은 대단히 훌륭하지만, 전혀 새로운 혼란을 불러일으켰다. 세 권의 책을 통틀어 라이엘의 기본주장은, 모든 지질현상들은 오늘날 관찰될 수 있는 과정들로 해석될 수 있고, 또 해석되어야만 한다는 것이었다. 이 원리는 보통 '동일과정론'으로 불리는데, 라이엘이 만든 용어는 아니다. 라이엘은 영국, 프랑스, 이탈리아 지역의 지질을 조사하면서 보았던 모든 증거들을 기존의 다른 지질연구를 참고하여 한데 짜 맞추었다.

그러나 일반적인 생각과는 달리, 라이엘의 『지질학 원리』는 지질학 교재가 아니다. 오히려 한 편의 변론이다. 사실 당시 비평가들은 사태의 추이를 알고 있었다. 1837년, 런던지질학회 기조강연에서 애덤 세지윅은 라이엘이 '변론의 언어'를 구사한다고 말했다.[34] 또 다른 비평가인 W. H. 피튼Fitton은 이렇게 말했다.

> 그 책은 애초 우리 눈에는 변론의 산물로 보였으며, 라이엘의 주장의 권위와 진실됨이 깊게 담겨 있었다. 책의 어조는 엄밀한 학문적 탐구보다는 웅변적인 탄원에 더 가까웠다.[35]

당시 라이엘은 놀라운 저술가의 능력과 법률가다운 솜씨를 한껏 발휘해서 지질학의 새로운 방법론에 대한 강력한 논변을 펼쳤고, 그 열쇠는 동일과정론이었다. 그러나 라이엘은 책에서 동일함이라는 개념을 여러 의미들로 뒤섞어 쓰고 있다.

동일함의 의미

라이엘은 『지질학 원리』에서 '동일함'(uniformity)이란 개념을 적어도 네 가지 의미로 쓰고 있다.[36] 그 때문에 지질학계에 대단히 이상한 결론을 강변한 꼴이 되었다. 처음의 두 가지 의미는 확실히 합당하기 때문에 당시 지각 있는 현장 지질학자라면 누구나 기꺼이 받아들일 수 있었다. 당연히 지금도 마찬가지이다. 그러나 나머지 두 가지 의미는 상식에 부합하지 못했다. 나아가 라이엘의 논변에는 동일과정론자는 영웅이고 격변론자는 얼간이라는 잘못된 이분법의 씨앗이 담겨 있었다.

라이엘이 표현한 '동일함'의 네 가지 의미는 다음과 같다.

1) **법칙의 동일함**: 자연의 법칙들은 시간이 흘러도 변하지 않는다. 따라서 행성들의 궤도, 중력, 역학, 화학원소들의 상호작용 등 자연의 기본법칙들이 변화한다고 주장하는 것은 잘못이다.

2) **작용과정의 동일함**: 현재의 현상들을 관찰해서 과거를 해석하는 것을 말하며, **현실중심주의**(actualism)라고 할 때도 있다. 지질학자들은 고대의 암석층을 설명한답시고 오늘날에는 볼 수 없는 과정들을 생각해내서는 안 된다.

3) **과정속도의 동일함**: 과거에 일어난 과정들은 오늘날과 똑같은 속도로 일어났다고 해석되어야 한다. 이는 **점진주의**(gradualism)로 불릴 때도 있다. 따라서 지질학자들은 대규모 격변, 이를테면 오늘날 관찰할 수 있는 것보다 큰 규모에서 일어나는 홍수나 화산활동, 또는 운석충돌 같은 것을 상정해서는 안 된다.

4) **상태의 동일함**: 지구상의 변화는 순환적으로 일어난다. 직선적인 변화나 방향성 변화를 보여주는 증거는 아무것도 없다. 이는 **비진보주의**(nonprogressionism)로 불리기도 한다. 라이엘은 변화가 아무렇게나 진

행되지는 않으며, 지구는 동적 평형상태에 있다고 논했다. 다시 말해 기후, 화산활동, 암석의 퇴적 같은 현상들은 언제 어디서나 한결같은 비율로 진행된다는 것이다.

처음의 두 가지 의미는 나무랄 데가 없다. 관찰을 중시하는 진정한 과학자라면 당연히 현재의 자연법칙들, 현재의 과정들을 이용해서 과거의 현상들을 설명해야 마땅하다. 이는 현실중심주의적 방법론과 동일과정론의 철학이 합쳐진 것이다. 지질학자의 본분은 조잡하고 허구적인 이론화를 통해 설명의 틀을 짜는 사변보다는 관찰에 토대를 둔다.

그런데 퀴비에가 지질학 책을 쓸 때 처음부터 견고한 토대로 삼았던 것이 바로 이것이었다. 사실 처음에 퀴비에가 지질학과 지질학자들에게 보인 커다란 불신은 바로 미비한 증거를 기초로 조잡한 이론모델을 만드는 세태에 대한 경멸에서 비롯된 것이었다. 1810년과 1812년 시론을 비롯해서, 퀴비에는 이 점을 기회 있을 때마다 되풀이해서 말하곤 했다.[37] 퀴비에는 또한 지질학자라면 모든 것의 토대를 현재의 과정과 현재의 자연법칙에 두어야 한다고 매우 분명하게 강조했다. 그렇다면 이 점에 있어서 라이엘과 퀴비에의 생각은 일치한 것이었다. 곧, 두 사람 모두 명료하게 사고하는 이들이었고, 두 사람 모두 눈으로 직접 본 것에 의거했던 것이다. 그런데도 라이엘은 퀴비에—1830년 당시 생존해 있었다—가 참된 과학의 적, 사변가의 거두라고 쉬지 않고 몰아붙였다.

너무 나아간 주장

라이엘이 주장한 동일함의 세 번째와 네 번째 의미—과정속도는 변하지 않는다는 것과 지구의 순환주기들은 방향성을 띠지 않고 한없이 이어진다는 것—는 아무 근거도 없는, 그저 라이엘 자신의 믿음을 표명한 진술들로서, 그냥 주장해버린 것이었다. 누구든 부정할 테면 해보라는 식이었다. 아무런 증거도 제시하지 않은 채, 처음의 두 가지 정의를 확장하면 피할 수 없는 결과라고 논했던 것이다. 속도에 변화가 없다는 것은 분명 퀴비에의 관점과 정면으로 맞선 것이었다. 퀴비에는 과거에 큰 변혁들이 있었다고 강력하게 주장했는데, 라이엘은 이를 조잡한 사변이라고 부정했던 것이다. 그러나 퀴비에도 라이엘도 아무 증거를 갖고 있지 못했다. 그러나 지금 우리는 라이엘이 틀렸음을 알고 있다. 그리고 퀴비에도 틀렸다. 두 사람 모두 자기들 주장을 지나치게 멀리 끌고 갔던 것이다.

지구상의 대규모 화산활동, 대륙들의 전면적인 이동, 산열의 융기, 거대한 운석과의 충돌, 극지방 빙모氷帽(빙하의 한 가지로, 말 그대로 산 윗부분을 모자처럼 덮은 빙하를 가리키며, 경우에 따라 소규모 빙상을 뜻하기도 한다: 옮긴이)의 대대적인 확장, 그리고 진정기가 있어왔음은 분명한 사실이다. 현재는 그저 완만한 활동국면의 하나일 뿐이다. 따라서 점진주의, 곧 속도의 동일함을 주장한 라이엘은 완전히 틀렸다. 퀴비에도 마찬가지이다. 그는 퇴적형태에 큰 변화가 나타날 때마다, 다시 말해 바다가 전진하고 후퇴했다고 가정할 때마다, 그것이 거듭된 변혁을 보여주는 표시라고 지적했다. 이 역시 분명 틀린 생각이다. 그러나 나는 오늘날의 그 어느 지질학자도 퀴비에와 라이엘 중 누가 더 틀렸는지를 주장할 사람은 없다고 생각한다. 아직까지도 라이엘은 이성의 대변인으로, 퀴비에는 조잡한 안목의 미혹된 사변가로 간주되는 것이 현실이다.

라이엘은 지질학자들에게 상태의 동일함, 곧 역사의 대순환이라는 생각을 납득시키기 위해 대단히 놀라운 술책을 부렸다. 그의 견해에 따르면, 정상상태의 웅대한 지구에서 결과적으로 변하는 것은 아무것도 없다. 화산은 폭발하고, 빙하는 전진하고, 해수면은 오르내리지만, 전체는 평형상태에 있다는 것이다. 라이엘은 지구를 일정하게 고정된 법칙들이 작용하는 닫힌 계(폐쇄계)로 보았다. 이는 곧, 진보 같은 그 어떤 변화의 방향도 있을 수 없음을 의미했다. 라이엘은 생명으로까지 확장시켜 생각했다. 생명 전체의 시초가 되는 시점이 있다든가, 생물군이 멸종하는 확정적인 시점이 있다는 생각은 조금도 받아들일 수 없는 것이었다. 따라서 삼엽충이나 어류가 어느 특정 시점에 발생해서 일정한 방식으로 변화하다가 멸종하게 되었다고 말할라치면, 라이엘의 관점을 부정하는 것이 되었다.

라이엘의 생각과는 정반대로, 1820년대와 1830년대의 고생물학자들은 암석에서 발견된 화석들에 어떤 순서가 있음을 깨달아가고 있었다. 쉽게 말하자면 처음에는 단순한 해양생명체들, 그다음에는 어류, 그다음에는 육상동물, 그다음엔 파충류, 그다음엔 포유류로 진행되는 순서가 있음을 알게 되었던 것이다. 라이엘은 그런 식의 진보주의적 관점을 전혀 갖지 않았을 것이다. 앞서 언급했듯이, 라이엘은 실루리아계에서 포유류 화석을 발견하거나, 미래에 공룡이 다시 출현할 것이라고 단단히 예상했던 것이다. 무리가 있는 생각이었지만, 라이엘은 1850년대까지도 이런 관점을 고수했다.[38] 다만 진보주의에 반대하는 입장만큼은 리처드 오언의 지지를 어느 정도 얻었다.

어룡 교수

라이엘의 동료 지질학자들은 지구 역사의 대순환이라는 생각을 늘 불편하게 여겼지만, 아무래도 그 속내를 입 밖에 낼 수는 없다고 생각한 이들이 대부분이었다. 라이엘의 논변들은 너무나도 교묘하게 짜여 있어서, 생명이나 지구에 대한 비진보주의적 관점만 따로 떼어내 부정하기가 힘들었다. 한 가지 부조리한 면을 따지다보면 전체 체계를 거부하는 것이나 다름없게 되었던 것이다. 자칫 잘못하면, 라이엘이 가차 없이 비판하고 거부했던 사변가나 창조론자 부류로 매도될 위험이 있었다. 머치슨과 세지윅 같은 다른 많은 뛰어난 지질학자들은 몇 가지 라이엘의 주장이 틀림없이 불편했겠

지만, 대부분 공개석상에서는 입을 다물었다.

그러던 중, 신랄한 비평이 담긴 '무시무시한 변화'(Awful Changes)라는 제목의 유명한 만평이 나왔다(그림 8). 그림 속에는 무늬 있는 비단코트를 입고 코안경을 쓴 어룡 교수가 바위 사이사이에 앉거나 누운 해양파충류 학생들에게 강의하는 모습이 있다. 교수 앞에는 사람 해골이 있는데, 그걸 두고 교수는 이렇게 말한다. "우리 앞에 있는 저 머리뼈는 우리보다 하등한 동물의 것이다. 이빨은 대단히 시원찮고, 턱 힘은 보잘것없다. 이 모두를 고려해보건대, 어떻게 이런 생물체가 먹을 것을 구할 수 있었는지 놀랍기만

하다."

   만평을 그린 사람은 헨리 드 라 베슈Henry De la Beche(1796~1855)라는 부유한 젊은이로, 머치슨과 라이엘처럼 1820년대에 떠오르던 지질학을 공부한 사람이었다. 베슈는 당대 사람들을 그린 풍자만화로 유명했다. 1831년에 어룡 교수를 그린 베슈는 석판화로 찍어 친구들에게 널리 나눠주었다. 사람들은 오랫동안 이 만화를 단순히 윌리엄 버클런드를 조롱하는 점잖은 재밋거리로만 여겼다. 사실 버클런드가 쓴 모든 책의 주제가 어룡이었던 것이다.

   그런데 역설적이게도 어룡 교수는 격변론자인 버클런드를 향한 것이 아니라 동일과정론자인 라이엘을 향한 것이었다. 베슈의 공책을 보면 알 수 있다.[39] 베슈가 그리고 있는 것은, 라이엘의 생각 그대로 미래 어느 시기에 어룡이 지구에 다시 출현해서 고대 생물체인 인간의 유골을 설명하는 모습인데, 이는 1820년대와 1830년대의 지질학자들이 쥐라기의 어룡들에 관해 글 쓰는 방식과 똑같았다. 아마 머치슨은 베슈의 생각에 전적으로 공감했을 것이다.

머치슨의 관점

1830년, 라이엘이 『지질학 원리』를 출간할 당시 머치슨은 퀴비에 편의 격변론자이자 진보주의자였다. 그런데 공교롭게도 두 관점 모두를 공격하는 책을 친구가 내놓은 것이었다. 어떻게 해야 했을까? 라이엘에 대한 비판적 대응을 이끈 사람은 세지윅으로, 라이엘의 속도의 동일함 개념을 공격했다. 반면 다른 이들은 정상상태의 비방향성 개념을 공격했다. 그러나 반대의 목소리는 그리 대단하지 않았다. 비판자들조차 라이엘이 관찰한 사례들과 논리정연한 논변에 찬사를 보내는 형편이었다. 이를테면 세지윅은 대홍수를 통해 지질학과 성서를 결부시키려는 시도는 잘못임을 인정했다.

비록 사석에서는 불만의 목소리가 나오기는 했지만, 대체적으로 라이엘의 책은 대중에게 별 무리 없이 수용되었다. 찰스 다윈은 초기 연구에 영향을 끼친 핵심적인 책 가운데 하나가 『지질학 원리』였음을 항상 지적했다. 비록 라이엘이 제시한 생명의 역사관과 다윈의 후기 관점이 완전히 어긋났지만 말이다. 어쨌든 라이엘은 교묘한 술책을 부려 그럭저럭 거의 모든 사람들을 즐겁게 해준 동시에 몇 가지 믿기지 않는 부조리도 제기했다. 그때보다 넓은 안목을 쉽게 가질 수 있는 지금, 우리의 눈에는 당시 고도로 사변적이고 어리석은 이야기를 쓴 지질학자는 분명 라이엘만이 아니었다. 다만 라이엘의 생각이 곧바로 거부되지 않고, 오히려 수십 년 동안 지질학계를 내내 지배했다는 것이 얄궂을 따름이다.

뜻밖에도 머치슨은 1830년뿐 아니라 평생 동안 자기보다 어린 라이엘에 대해 다소 두려움을 품었던 것으로 보인다. 뒷날 머치슨은 갖가지 주제에 견해를 피력하는 지질학의 거물이 되었지만, 1830년 당시에는 아직 자기 능력을 보여주지 못하고 있었다. 난생처음 런던을 찾았던 젊은 스코틀랜드인 지질학자 J. D. 포브스Forbes(1809~1868)— 뒷날 세인트앤드루스대학 총장이 된 인물이다—는 런던에서 만난 지질학의 거두들에 대해 몇 가지 날카로운 촌평을 공책에 남겼다. 그는 머치슨에 대해 이렇게 적었다. "부지런한 관찰자이다……. 그러나 썩 독창성을 지닌 인물로는 보이지 않는다." 반면 라이엘에 대해서는 "대단한 사람"이라고 평가했지만, 그 역시 "의견을 낼 때는 자신만만하고, 생각을 일반화할 때는 조급증을 보였으며" 모든 관찰을 설명할 이론을 찾는 일에 늘 집착했다고 평했다.[40]

당시 영국의 다른 격변론자들과는 달리 머치슨은 실질적으로 라이엘에 반대하는 공개적인 발언을 전혀 하지 않았다. 그러나 라이엘의 『지질학 원리』 2권과 3권이 출판되는 동안, 머치슨은 이미 실루리아기 암석과 화석 조사를 통해 라이엘의 점진주의와 비진보주의를 무너뜨리기에 충분한 증거를 확보한 상태였다. 사실 머치슨은 사석에서는 조금도 주저함이 없었다.

그는 1851년에 쓴 한 편지에서 상대방에게 이렇게 의견을 적었다. "저는 다른 연구들을 통해, 라이엘이 말한 안정상태가 아니라 커다란 파괴적 힘이 반복적으로 작용했음을 거듭해서 보였습니다." 그리고 같은 해 라이엘에게 보낸 편지에서, 실루리아기 척추동물의 흔적화석으로 추정한 몇 가지 북아메리카산 화석의 의미를 부정한다는 말을 전했다.[41]

라이엘의 점진주의, 특히 비진보주의는 머치슨과 세지윅 같은 충서학자들에게는 파문破門과도 같은 것이었다. 암석층서가 어느 정도 예측 가능한 방식으로 반복되며, 각각의 암석층에는 식별 가능한 그 나름의 지표화석들이 있어서 상대적인 연대를 설정하는 데 유용하다는 윌리엄 스미스의 초창기 관찰과 정면으로 대치되는 관점이었던 것이다. 우리가 앞서 보았다시피, 1830년대에 세지윅과 머치슨은 캄브리아계, 실루리아계, 데본계 같은 아주 오래된 암석도 특징적인 화석들을 포함하는 아주 별개의 단위층임을 상당히 분명하게 보여주었다. 라이엘의 비진보주의는 당시 충서연구 전체가 방향을 잘못 잡았음을 함축하는 것이었다. 하지만 머치슨은 이론화 작업은 다른 이들의 몫으로 남겨둔 채, 말을 타고 현장으로 나가 실제 중심의 충서연구를 하는 쪽을 더 좋아했다.

대멸종 논의의 종말

1830년대에 라이엘이 교묘한 방법으로 격변론을 폐기시켜버린 탓에, 정규 과학의 테두리 내에서 대멸종을 연구하는 일은 불가능해져버렸다. 동시에 머치슨, 필립스, 세지윅 등, 표준적이고 범세계적인 지질연대체계를 만들어가던 학자들의 연구기반까지도 위태롭게 만들어버렸다. 충서학자들의 눈에는 시대에 따라 화석이 바뀌는 것은 말할 것도 없고, 지질학적으로 짧은 시간차를 두고 동물상과 식물상이 전체적으로 바뀌어버린 큰 공백기와 층이 있음은 분명했다. 그러나 시간의 무한한 순환이 지배하는 라이엘의 세계에서는 아무런 실제 의미도 얻지 못했다.

그런데 1840년에는 멸종을 바라보는 시각이 크게 달라졌다. 앞서 보았듯이 비록 1800년경까지 많은 학자들이 멸종의 가능성 자체를 완강하게 부정했지만, 1840년이 되자 멸종을 인정하는 학자들이 많아졌다. 그러나 확실하지 않은 게 두 가지 있었다. 머치슨을 비롯하여 당시의 많은 학자들에게는, 전반적인 대규모 멸종이 과연 일어날 수 있는 일인지 분명하지 않았다. 그리고 만일 그런 대량멸종이 과거에 일어났다면, 당시 알려진 근대의 멸종과 어떻게 결부시킬 수 있을지 확신이 서지 않았다. 이런 문제에 봉착한 데다가, 라이엘의 해로운 영향이 지속되는 상황에서, 과연 지질학자들과 고생물학자들은 과거에 격변들이 실제 있었음을 보여주는, 날로 늘어가는 증거를 어떻게 설명해냈을까?

04

감히 입에 담을 수 없었던 개념

1840년부터 1980년까지 있었던 대멸종 논쟁의 한 가지 핵심적인 특징은 두 진영에 대한 인식상의 불균형이었다. 격변과 갑작스런 대멸종을 옹호하는 자들은 어김없이 미치광이 취급을 받았다. 우주선宇宙線이나 태양흑점, 또는 운석충돌 따위와 대멸종을 결부시키는 것은 스스로를 사이비과학자나 점성술가로 내모는 짓이었다. 반면 멸종 반대론자들은 분별 있고 사려 깊은 과학자로 대우받았다. 점쟁이나 종말론자, 광적인 묵시론자들의 품속으로 조잡하게 뛰어들기보다는, 더 많은 증거를 요구하고, 멸종이 점진적으로 일어났다고 논하고, 해수면의 변화나 기후변동처럼 지구를 기반으로 서서히 작용하는 과정들에서 설명의 실마리를 찾는 것이 훨씬 훌륭한 일이었던 것이다!

오늘날에는 일반적으로 페름기 말 대멸종이 전 시대를 통틀어 가장 큰 규모의 위기였음을 인정하고 있다. 앞으로 보게 되겠지만, 이 사건이 일어나는 동안 모든 생명체들—식물이든 동물이든, 작든 크든, 육서성이든 해서성이든—이 사실상 절멸의 위기까지 갔다. 그런데 1987년, 캐나다의 고생물학자 밥 캐럴Bob Carroll은 현장 고생물학 표준교재로 크게 인정받는 『척추동물의 고생물학과 진화Vertebrate Palaeontology and Evolution』에서 다음과 같이 적었다.

> 페름기 말, 해양환경에서 가장 극적인 멸종이 일어났다. 무척추동물종의 95퍼센트와 과科의 절반 이상이 지워져버렸던 것이다. 놀랍게도 육서척추동물이나 수생척추동물에게는 그 정도로 대규모 멸종이 일어나지는 않았다.[42]

그 이후 캐럴은 척추동물에서도 페름기 말 대멸종이 실제 일어났음을 인정했다.[43] 하지만 위의 캐럴의 말은 지질학자들과 고생물학자들 사이에서 오랫동안 별 문제없이 견지되어온 입장을 반영한다. 다시 말해 대멸종과 격변이 실제 일어났음을 조심스럽게, 또는 마지못해 받아들이는 것이다.

1840년부터 1980년까지 있었던 대멸종 논쟁의 한 가지 핵심적인 특징은 두 진영에 대한 인식상의 불균형이었다. 격변과 갑작스런 대멸종을 옹호하는 자들은 어김없이 미치광이 취급을 받았다. 우주선宇宙線이나 태양흑점, 또는 운석충돌 따위와 대멸종을 결부시킨다는 것은 스스로를 사이비과학자나 점성술가로 내모는 짓이었다. 반면 멸종 반대론자들은 분별 있고 사려 깊은 과학자로 대우받았다. 점쟁이나 종말론자, 광적인 묵시론자들의 품속으로 조잡하게 뛰어들기보다는, 더 많은 증거를 요구하고, 멸종이 점진적으로—아마 500만 년이나 1,000만 년 이상을 거치면서 서서히—일어났다고 논하고, 해수면의 변화나 기후변동처럼 지구를 기반으로 서서히 작용하는 과정들에서 설명의 실마리를 찾는 것이 훨씬 훌륭한 일이었던 것이다!

대멸종에 대해 그처럼 선천적인 반감을 가진 이유가 대체 무엇이었을까? 1830년대의 퀴비에 대 라이엘 논쟁이 깊이 뿌리내리고 있기 때문임이 거의 확실하다. 1960년대와 1970년대에 이르러서조차도 라이엘의 역사 다시쓰기의 영향력은 여전했다. 오늘날도 그렇다. 그러나 1980년 이후에는 적어도 변명할 필요 없이도 대멸종과 격변의 가능성을 논의할 수 있는 분위기가 점차 마련되어왔다. 이번 장에서 우리는 1840년부터 1980년까지 일반적인 멸종사건들과 페름기 말기 멸종사건에 대한 여러 의견들을 좇아가볼 것이다. 곳곳에서 놀라운 선견지명을 발휘한 저작물들을 몇 가지 만나볼 것이다. 과감하게 속마음을 입 밖에 냈지만, 당시 그 글들은 웃음거리가 되거나, 아예 무시당하기까지 했다. 격변론자들에게 이때는 여명의 세월이었다.

빅토리아 시대의 관점: 연대측정의 문제들

머치슨 이후의 고생물학자들과 지질학자들은 대멸종에 대해 거의 아무런 논의도 하지 않았다. 대부분은 화석종들이 멸종한 종들임을 인정했지만, 멸종을 산발적인 사건들로 보았다. 곧, 종의 '생명주기'의 정상적인 일부로 보았던 것이다. 게다가 19세기의 고생물학자들로서는, 지질시대가 얼마나 지속되었는지 전혀 감을 못 잡고 있는 상태에서, 멸종사건이 동시적으로 발생했는지 신속하게 발생했는지 확신을 갖고 얘기를 꺼내기가 힘들었던 것이다.

19세기의 고생물학자가 암석층을 하나 발견했다고 치자. 그리고 50개의 화석종들이 사라져버린 것으로 보였다고 해보자. 그래도 그는 대멸종수준을 찾아냈다고 자신 있게 공언할 만한 입장이 못 될 것이다. 첫째, 그 암석층이 일주일의 시간을 나타내는지 100만 년의 시간을 나타내는지 추정할 방법이 전혀 없기 때문이다. 둘째, 문제가 되는 암석층과 그 위의 암석단위층의 접촉이 과연 매끄러운 시간흐름─짧은 시간간격─을 가리키는지, 아니면 화석이 함유된 층의 퇴적 이후 1주나 1,000만 년의 공백이 있었음을 가리키는지 판정할 수 없기 때문이다. 나아가 50개의 화석종들의 소실이 아무 의미도 없을 수 있다. 다시 말해 공백시기까지 생존해서 계속 살아가다가 여느 경우처럼 점진적으로─라이엘 식으로─사라져가면서 다른 종들로 대체되었을 수도 있는 것이다. 또한 설사 퇴적층에 아무 공백이 없다 해도, 19세기 지질학자로서는 50종의 멸종이 국지적인 현상인지 보편적인 현상인지 전혀 입증할 수 없었을 것이다. 정밀한 연대측정방법이 없이는, 범세계적인 대멸종이었는지 입증하기가 어렵기 때문이다.

1840년에 이르러 층서학의 기초가 성립되었고, 19세기 후반에 세부적인 면들이 차츰 다듬어져갔다. 1830년대에 머치슨과 동료들이 확인하고 명명한 실루리아계, 데본계, 석탄계 같은 암석계系들은 다시 세世, 조組, 대帶로 세분되었다. 이 하위단위들은 광범위한 지역에서 확인되었다. 널리 분포하는 해성퇴적물, 이를테면 쥐라기 전기와 후기 해성퇴적층의 경우 이런 단위층의 순서가 아주 잘 들어맞았다. 암모나이트, 개개의 대, 심지어 협층狹層까지 이용하면, 잉글랜드 남서부에 있는 도싯의 바람 많은 벼랑에서부터, 남쪽으로는 프랑스 남동부의 쥐라 산맥까지, 그리고 서쪽으로는 독일 남부의 나무가 우거진 구릉을 가로질러서까지, 유럽 전역에 걸쳐 이 해성층을 확인할 수 있다. 그러나 1920년이 되기 전까지는 시간범위를 설정할 아무런 방법도 없었다.

빅토리아 시대 대부분의 지질학자들은 성서를 기초로 할 때 지구의 나이가 자구 그대로 6,000년이라는 추정치를 오래전부터 배제했다. 그들은 지질시간의 규모가 막대하다는 감을 잡고 있었다. 암석의 두께만 봐도 알 수 있는 노릇이었다. 그래서 지질시간의 규모를 100만 년 단위 이상으로 생각했지만, 500만 년인지 50억 년인지 말할 수 있는 사람은 아무도 없었다. 후기 빅토리아 시대의 지질학자 대부분은 1억 년이라는 수치에 의견을 같이했다. 하지만 아무리 연대측정을 하려 해도 순전히 사변적인 것에 불과했으므로, 대부분의 지질학자들은 그런 무모한 논의에 탐닉하는 것을 무의미하다고 여겼다.

그러다가 마침내 19세기 말에 프랑스 파리의 마리 퀴리Marie Curie와 피에르 퀴리Pierre Curie 부부가 방사능을 발견한 뒤부터 정확한 암석연대측정이 가능해졌다. 방사성 붕괴시간측정, 곧 방사성 연대측정은 1906년에 어니스트 러더퍼드Ernest Rutherford의 기초적인 연구를 좇아 처음 활용되었다. 처음부터 방사성 연대측정은 수백만 년 이상의 단위로 정밀연대측정치를 내놓았으며, 큰 폭의 연대범위를 설정했다. 이를테면 고생대와 중생대의 화석이 풍부한 단위층들의 나이는 수억 년이었고, 지구의 나이는 수십억 년이었다.

1920년 이후 연대측정치들이 점점 보정되면서 고생물학자들은 단일암석단위의 시간범위—또는 공백기의 가능성—를 추정하는 데 어느 정도 자신감을 가질 수 있었다. 그러나 빅토리아 시대에 부각된 문제들은 지금까지도 해결되지 않고 있다. 대부분의 암석, 특히 화석을 함유한 퇴적물에는 방사성 연대측정을 적용할 수 없기 때문이다. 그리고 정확도가 떨어질 때도 자주 있다. 최근 지질학자들은 대부분 페름기-트라이아스기 경계를 2억 4,500만 년에서 2억 5,000만 년 전으로 잡고 있다. 최근에 등장한 더욱 정밀한 방법들이 산출한 수치는 약 2억 5,100만 년 전인데, 지질학적 맥락에서는 대단히 세밀한 수치이지만, 멸종사건의 시간범위가 수년인지 아니면 100만 년인지 같은 문제를 판정하기에는 아직 그리 충분하다고 할 수 없다.

리처드 오언과 공룡의 멸종

이런 자질구레한 문제들이 있기는 했지만, 오늘날 모든 사람들처럼 빅토리아 시대의 고생물학자들도 공룡의 멸종에 깊은 인상을 받았음은 틀림없다. 공룡멸종은 일종의 아이콘이 되어 있기 때문에, 그냥 넘어갈 수는 없다. 설사 연대측정의 정확도가 왔다 갔다 하더라도, 그 정도 규모의 사건을 알아보는 데 큰 영향을 미치지는 않을 것이다.

1840년까지 중생대의 대형 파충류들인 바다의 어룡과 장경룡, 하늘을 나는 익룡, 그리고 공룡은 수십 개 화석표본들을 통해 잘 알려져 있었음이 확실하다. 그러나 당시 그 누구도 그 파충류의 최후가 대량멸종에 해당되리라는 가능성을 눈치 챈 것 같지는 않다. 당시의 정황을 고려하면 전혀 놀랄 일도 아니다. 1840년에 알려진 파충류는 모두 해서 20~30종뿐이었다. 지질범위라고 해보았자 유럽의 트라이아스기 후기부터 백악기까지에 불과했다. 그 정도로는 대량멸종을 가정할 필요가 없었다. 공룡이나 장경룡의 각 종들은 1만 년이든 1,000만 년이든 각자 나름의 시기 동안 존재하다가, 어떤 국지적인 위기로 소멸했거나 다른 종들로 대체되었다고 보면 되었던 것이다.

1842년에 공룡을 명명했던 리처드 오언은 중생대의 거대한 도마뱀류의 멸종에 대해서 몇 가지 말을 남겼다. 실은 전혀 맥락을 고려치 않고, 오언의 언급을 공룡멸종가설을 처음으로 발표한 것으로 오해하는 경우가 가끔 있었다. 그러나 그렇지 않다. 같은 해 오언은, 지금과는 다른 대기조건 때문에 조물주가 공룡이 살기 적당한 시대로 중생대를 선택했다고 논했다.[44] 그는 산소가 부족했던 중생대의 대기조건이 공룡에게 알맞았다고 믿었다. 파충류인 공룡은 조류나 포유류보다 신진대사율이 낮기 때문에 낮은 에너지조건에서도 생존할 수 있었다는 것이다. 오언은 중생대를 거치면서 산소수준이 높아졌고, 그 결과 대기가 좀더 '상쾌해졌다'고 말했다. 따라서 거대한 도마뱀류에게는 서식이 불가능한 세계가 되었기 때문에 거대한 해양 파충류와 익룡과 더불어 공룡도 괴멸되었다는 얘기였다.

오언의 논증은 기본적으로 순환논증의 오류에 빠진 것이었다. 오언이 중생대에 산소수준이 낮았다는 증거로 삼은 것은 단순했다. 곧, 중생대에 공룡을 비롯한 원시파충류가 존재했던 반면 포유류와 조류는 없었다는 것이다. 중생대 암석에 이 초기 파충류가 나타난 이유를, 생물과 물리적 환경을 창조한 인자하신 조물주가 알아서 정확히 맞춰주신 것으로 설명하는 것이다. 순전히 라이엘 같은 생각이다. 오언은 원래 공룡이 사라진 이유를 설명하려고 한 것이 아니었다. 조물주의 계획 속에서 예정된 사건이었을 것이기 때문이었다.

다윈의 생각

기독교와 라이엘의 생각이 뒤범벅된 묘한 상황을 대대적으로 끝장낸 것은 다윈주의였다. 그러나 찰스 다윈이라고 연대측정문제와 화석기록의 질적인 문제에서 자유로울 수 있었던 것은 아니었다. 여타 진화의 문제에 대해서는 뛰어난 통찰을 보여주었지만, 그는 개념적 도약을 거쳐 라이엘을 부정하고 대멸종이 실제 일어났음을 인정하는 데까지 나아가지는 못했다.

찰스 다윈은 『자연선택에 의한 종의 기원On the Origin of Species by means of Natural Selection』에서 두 장을 할애해 고생물학을 다루었다. 9장에서는 '지질기록의 불완전함'을 논하고, 10장에서는 생명의 역사를 살피고 있다. 여기서 다윈은 대멸종문제를 다루고는 있지만, 시험적일 뿐이다.

우리가 앞서 보았듯이 한 생물군의 완전한 멸종은 일반적으로 그 군의 탄생과 정보다 더 서서히 진행된다. 고생기가 끝날 무렵의 삼엽충이나 제2기가 끝날 때의 암모나이트의 경우처럼 전체 과나 목이 갑자기 전멸된 것처럼 보이는 것과 관련해서, 우리는 앞에서 이미 말한 바 있는, 연속적인 층들 사이에 폭넓은 시간의 틈이 있을 수 있음을 기억해야만 한다. 바로 이 시간의 틈에서 대단히 느린 전멸과정이 있었을 수 있다.[45]

달리 말해서 페름기 말의 사건(인용에서는 '고생기가 끝날 무렵'으로 표현되어 있다)처럼 대량멸종으로 보이는 사건이 착각일 수 있다는 얘기이다. 곧, 암석 기록상의 공백기에 일부 감춰져 있는 소규모 국지적인 멸종들이 많이 모인 결과라는 것이다. 잘 알려진 바와 같이, 다윈은 다른 종과의 경쟁을 통해 우월한 경쟁자들이 열등한 종을 대체한 결과 자연스럽게 종이 절멸하는 경우가 때때로 있다고 설명했다.

19세기 후반기의 다윈주의적 고생물학자들은 스승이 그랬던 것처럼 공룡멸종에 대해서는 아무 말도 하지 않았다. 다윈의 가장 열렬한 지지자인 토머스 헨리 헉슬리Thomas Henry Huxley(1825~1895)는 공룡에 대해서 여러 편의 글을 썼지만, 공룡의 멸종에 대해서는 전혀 논하지 않았다. 예를 들어 공룡을 주제로 한 첫 논문들 중의 하나인 1870년 논문 「공룡의 분류에 관하여On the Classification of the Dinosauria」에서 헉슬리는 유럽, 북아메리카, 아프리카, 아시아에서 발견된 트라이아스기, 쥐라기, 백악기의 화석들을 통해 그 당시까지 알려져 있던 16종의 공룡을 기술했다.[46] 공룡의 멸종에 대해서는 어땠을까? 한마디도 하지 않았다.

후기 빅토리아 시대에 나온 보고서들도 마찬가지였다. 오스니얼 찰스 마시Othniel Charles Marsh(1831~1899)는 백악기 말 공룡대멸종에 대해서 말할 수 있는 유력한 입장에 있었으나, 그렇게 하지 않았다. 마시는 선도적인 북아메리카 척추고생물학자였는데, 1870년대부터 1890년대까지 이른바 '화석전쟁'(bone wars)에 연루된 것으로 유명한 인물이다. 그 사건은 마시와 그의 최대의 맞수 에드워드 드링커 코프Edward Drinker Cope(1840~1897)가 미국 중서부에서 가능한 한 많은 공룡을 발굴하고 명명하려고 서로 경쟁했던 일을 말한다. 마시는 헉슬리가 기초로 삼았던 종들 외에 북아메리카에서 새롭게 발견한 것들까지 모두 집어넣어 공룡다양성에 관한 수많은 평문을 썼다. 1882년, 마시는 46개의 공룡의 속 목록을 작성했고, 1895년에는 68개로 늘어났다.[47] 이 논문들에서 마시는 중생대를 거치는 동안 각기 다른 공룡왕국들이 어떻게 흥망성쇠 했는지를 보여주었으나, 공룡의 최후에 대해서는 아무 언급도 하지 않았다.

우리가 오늘날 알아볼 수 있는 다른 대멸종에 대해서는 어땠을까? 사실상 페름기 말 대멸종을 비롯한 다른 멸종에 대해선 아무 글도 나오지 않았다. 다만 빅토리아 시대에는 가장 최근에 있었던 멸종사건, 곧 매머드, 마스토돈, 털코뿔소 같은 대형 털북숭이 포유류가 멸종했던 사건만큼은 거듭해서 세인의 주목을 끌었다.

홍수 때문인가, 빙하 때문인가?

약 1만 년 전에 있었던 플라이스토세 후기 멸종은 북유럽과 북아메리카에서 마지막 빙상氷床이 후퇴하면서 함께 일어났던 것으로 보인다. 초창기 지질학자들과 고생물학자들은 이상하게 생긴 이국적인 짐승들이 한때 유럽과 북아메리카에 살았음을 분명히 알고 있었다. 1장에서 보았듯이, 18세기에는 북아메리카의 마스토돈 표본, 유럽의 매머드 표본을 비롯한 여러 대형 털북숭이 포유류에 대해 많은 논의가 있었다.

1850년까지 많은 표본들이 수집되었다. 예를 들어 1824년에 최초로 발견된 공룡 메갈로사우루스를 기술했던 윌리엄 버클런드는, 당시 그보다 훨씬 중요하다고 생각했던 연구에도 몰두해 있었다. 1821년에 발견된 요크셔의 커크데일 동굴 발굴을 지휘했던 것이다. 그는 동굴 안에서 다량의 사슴, 하마, 코뿔소, 매머드 뼈를 하이에나의 뼈, 분석糞石(배설물 화석)과 함께 발견했다. 그런데 한 동물원 사육사의 말이 버클런드의 관심을 끌었다. 하이에나의 분석에는 으깨진 뼛조각들이 들어 있었는데, 사육사가 돌보는 현대 하이에나들의 배설물과 똑같이 보인다는 것이었다. 버클런드는 이렇게 생각을 정리했다. 그 동굴은 과거 하이에나의 굴이었으며, 그 청소부 동물들이 짐승의 시체나 부분 시체를 동굴로 끌고 왔다는 것이다. 그렇다면 지금의 요크셔와는 상당히 다른 풍경이 아니던가!

1822년에 출간한 『대홍수의 유물Reliquiae Diluvianae』[48]에서 버클런드는 플라이스토세의 기후가 지금보다 더 따뜻했으며, 그래야 아프리카에서나 볼 수 있을 이국적인 동물상을 설명할 수 있다고 논했다. 하지만 더욱 중요한 점은, 그가 이 이국적인 동물들의 멸종(적어도 국지적인 멸종) 원인을 성서에 기록된 대홍수에서 찾았다는 것이다. 불어나는 물이 하이에나들을 동굴 속에서 꼼짝 못 하게 했고, 잉글랜드뿐 아니라 유럽 전역의 이국적인 대형 포유류들을 몰살시켰다는 것이다.

그러나 결국에 가서 버클런드는 홍수에 기초한 관점을 포기하게 되었다. 1830년대, 광활한 빙상이 과거의 북유럽을 휩쓸었다는 증거가 속속 발견되었던 것이다. 특히 스코틀랜드, 스칸디나비아, 알프스 주변의 지형을 보면 빙하가 계곡의 밑면을 깊게, 옆면을 매끄럽게 패게 했음을 알 수 있었다. 고지대에서는 땅 위로 드러난 암석이 만들어낸 널따란 길을 볼 수 있었는데, 고대의 빙하가 남긴 홈들을 그대로 간직하고 있었다. 사방에는 표석漂石들이 널려 있었다. 표석이란 빙하의 운동으로 떨어져 나와 원래 있던 곳에서 몇 킬로미터 떨어진 곳에 부려진 거석을 말한다.

빙하모델을 특히 옹호한 사람은 루이 아가시Louis Agassiz(1807~1873)였는데, 유명한 스위스 지질학자로 어류 화석의 전문가였다. 그는 유럽의 기후가 한때 따뜻했고 안정적이었기 때문에 하마나 코끼리 같은 아프리카와 아시아의 대형 포유류가 살기에 아주 적합했다고 주장했다. 그러다가 기후의 냉각, 빙하의 전진이 이 모든 포유류를 멸종시켰다는 것이다.

이 거대한 얼음층의 등장으로 지상의 모든 생물이 멸종되었음이 틀림없다. 최근까지 열대의 식생이 뒤덮고 있었고, 코끼리 떼, 하마 떼, 거대한 육식동물 떼가 점유하던 유럽지역 자체가 광활한 얼음층 아래에 매몰되어버렸다. 들판, 호수, 바다, 고원 할 것 없이 모두 얼음에 뒤덮였다. 생기 넘치는 창조활동이 있은 다음에 죽음의 침묵이 뒤따랐던 것이다. 샘은 말라버렸고, 하천의 흐름은 멈춰버렸으며, 얼어붙은 광야(만일 아직 남은 곳이 있었다면) 위로 떠오른 태양의 빛을 반기는 것이라곤 북풍의 휘파람소리와 이 광활한 얼음바다의 표면을 번개 모양으로 쪼개고 있는 크레바스(빙하가 이동하면서 만들어낸 갈라진 틈: 옮긴이)뿐이었다.[49]

플라이스토세의 과잉사냥

대체로 당시 지질학자들은 플라이스토세 동안 유럽과 북아메리카가 얼음에 덮여 있었다는 아가시의 놀라운 통찰을 받아들였다. 그러나 폭넓은 생명계가 추위와 얼음 때문에 절멸했다는, 격변론 냄새를 풍기는 아가시의 관점을 받아들인 사람은 극히 드물었다. 말하자면 유럽과 북아메리카 전역에 흩어져 있는 뚜렷한 물리적 증거를 토대로 빙하시대가 실제로 있었음을 인정했던 찰스 라이엘도, 갑작스런 심한 결빙과 범세계적인 멸종이라는 생각에는 극도로 불편해했다. 그는 대형 포유류가 추위에 적응해 추운 시대에도 살아남은 것이 분명하다고 올바르게 지적했다. 라이엘의 생각에 따르면, 플라이스토세의 다양했던 대형 포유류가 여러 가지 이유로 하나씩 하나씩 사라져갔을 뿐이지, 단번의 멸종사건 따위는 없었다는 것이다.

19세기가 끝날 때까지 대부분의 지질학자들은 라이엘의 관점을 선호했다. 그들은 단일한 멸종사건을 확인하지는 못했지만, 그 멸종사건들을 북반구 전역의 기후변화와 결부시켰다. 멸종은 점진적으로 일어났으며, 그 원인은 특히 기후와 지역조건에 있었다는 것이다. 아마 각 종의 멸종마다 각기 다른 원인이 작용했을 것이라는 얘기이다.

마스토돈과 매머드가 처음 발견되면서부터 이들의 멸종에 인류의 활동이 개입되었을 가능성이 점쳐졌다. 세계 각지에 살고 있었던 석기시대 사람들이 대형 포유류를 몰살시키지는 않았을까? 어쨌든 그 동물들은 멋진 저녁식사감이 되었을 것이다. 그런데 라이엘은 그런 생각을 거부했다. 플라이스토세 후기의 모든 포유류가 멸종되기 전까지는 인간이 출현하지 않았다고 확신했기 때문이다. 하지만 1860년에 이르면서 고고학적 증거를 통해 매머드 같은 대형 플라이스토세 포유류와 인간이 공존했음이 밝혀졌다. 거대한 포유류의 뼈가 인간 유골, 유물과 가까이 공반共伴(한 곳에서 서로 연대가 같고 연관성이 있는 유물들이 함께 출토된 것을 이르는 말: 옮긴이)된 채로 발견되었던 것이다. 따라서 라이엘은 생각을 바꾸지 않을 수 없었고, 결국 플라이스토세 포유류 종언의 책임이 인간에게 있을 수 있다고 인정했다. 같은 시기, 프랑스의 한 연구자가 플라이스토세 후기의 멸종사건들을 다른 격변으로 설명할 수 있는 유력한 증거를 찾아냈다.

부셰 드 페르트: 최후의 격변론자?

프랑스의 관료였던 자크 부셰 드 페르트Jacques Boucher de Perthes(1788~1868)가 초기 인류와 유럽의 플라이스토세 포유류가 함께 살았다는 증거를 내놓았다. 그는 라이엘 같은 의심가들을 설득하기 위해서는 아주 면밀하게 연구해야 한다는 것을 알고 있었다. 솜 강 계곡에서 아브빌 주변 유적들을 발굴했던 부셰 드 페르트는 털매머드, 털코뿔소, 하마의 뼈들 아래 지층들에서 석기들을 발굴했다고 보고했다. 그리고 발굴작업의 결과, 성서의 대홍수 이전 시대의 유물들을 찾아냈다고 논했다.[50] 당시 대홍수가 전 세계를 휩쓸어, 유럽의 이색적인 매머드와 코뿔소는 말할 것도 없고, 그들을 사냥했던 선사시대 인간들까지도 파멸시켰으며, 대홍수가 지난 뒤에는 새롭고 현대적인 동물들이 유럽 지역을 채웠다는 것이다. 격변적인 홍수라는 생각은 바로 1820년대 조르주 퀴비에에게서 나온 것이었다. 프랑스와 독일에서는 여전히 격변론의 관점이 지배적이었다. 라이엘이 모든 이들을 설득할 수 있었던 것은 아니었다.

하지만 영국의 고생물학자들은 격변론의 부활을 인정할 수 없었다. 라이엘은 아주 많은 플라이스토세의 포유류, 이를테면 쥐, 생쥐, 뒤쥐, 여우, 늑대 같은 동물들이 현재까지도 살아남았기 때문에 그런 엄청난 격변 따위는 제기할 수 없다고 주장했다. 그는 절멸한 동물이 오직 몸집이 큰 포유류뿐이었음을 주목했다. 1860년대에 리처드 오언은 라이엘의 관점을 지지하는 데서 그치지 않고, 자기 생각이 과잉사냥가설을 뒷받침해주는 설득력 있는 증거라고 지적하기까지 했다. 오언은 호주에서 행한 연구를 토대로, 사람이 처음 도착하고 나서야 몸집이 큰 유대동물—대형 캥거루, 웜뱃과 비슷한 거대 초식동물 따위—이 사라졌다고 주장했다. 뉴질랜드에서 대형 무익조류인 모아새를 조사했던 오언은 과거 수백 년 동안에 걸쳐 마오리족이 모아새를 몰살시켰다는 더욱 설득력 있는 증거를 찾아냈다.

위대한 생물지리학자이자 자연사학자였던 알프레드 러셀 월리스Alfred Russell Wallace(1823~1913) 또한 라이엘과 오언의 주장을 수긍했다. 월리스는 자기가 살던 당시에 인간 거주지의 확장이 열대세계의 야생동물들에게 대단한 위협을 가하고 있음을 볼 수 있었다. 따라서 인류의 초기 이동단계에서 토착동식물들이 몰살되었다는 생각이 일리가 있는 것으로 비쳤던 것이다.

당시 후기 빅토리아 시대의 영국에서는 영향력 있는 여러 주석자들—라이엘, 오언, 월리스—이 과잉사냥가설을 강력히 지지하고 있었다. 기록된 멸종사건 중 가장 최근의 멸종, 곧 플라이스토세 후기에 여러 대륙에서 대형 포유류가 멸종한 사건은 사실 신속하게 진행되었다. 그러나 그 신속한 진행이 갑작스런 범세계적 격변을 의미한다는 부셰 드 페르트의 생각은 결코 인정할 수 없는 것이었다. 그래서 인간의 활동이 설득력 있는 설명이 되었다. 달리 말하자면 인류이동의 시간대와 멸종의 시간대가 밀접하게 결부되어 있는 것처럼 보였던 것이다.

과잉사냥모델은 또한 생명의 역사를 점진적이고 동일과정론적으로 보는 관점을 고수해나갈 뚜렷한 방침도 마련해주었다. 만일 그 마지막 대규모 멸종이 종의 문제로 설명될 수 있다면, 곧 인간이라는 하나의 종이 원인이었다고 할 수 있다면, 인류 출현 이전의 대멸종들을 설명할 때에도 굳이 격변을 들먹일 필요가 없을 것이었다. 그런데 후기 빅토리아 시대와 20세기 초의 과학자들은 잘 알려진 두 가지 대멸종인 페름기 파충류의 멸종과 백악기 공룡의 멸종에 대해서는 어떻게 설명했을까?

방향을 가진 진화

19세기 말과 20세기 초에 많은 고생물학자들과 생물학자들은 비非다윈주의적 관점들을 취했다. 여기에는 '정향진화론'이나 '목적론'이라는 거창한 이름이 붙어 있는데, 두 관점 모두 진화에는 일종의 예정된 계획이 담겨 있다는 생각을 내포하고 있었다.51) 이 모델들은 진화에는 어떤 방향성이 있으며, 일정한 패턴에 따라 진행된다고 가정했다. 페름기의 단궁류나 백악기의 공룡은 비대한 원시짐승들로서, 더 고등한 생명체를 위해 자리를 비켜주어야 했던 것으로 보았다. 대멸종—이를테면 페름기의 동식물이 트라이아스기의 동식물로 대체된 사건—은 그냥 일어났을 뿐, 계획의 일부였기에 사실상 설명이 필요 없는 사건이라는 것이다.

이렇게 진화에 대한 관점이 역전된 것이 매우 이상하게 보일 수 있다. 1859년에 다윈이 내놓은 『종의 기원』을 둘러싸고 논쟁들이 벌어진 이후, 과연 과학자들은 다윈의 생각이 옳다고 인정하게 되었을까? 19세기 후반 대부분의 생물학자들은 스스로를 다윈주의자라고 주장하기는 했지만, 사실은 그렇지 않았던 것으로 보인다. 그들은 진화를 인정했다. 시간이 흐르면서 유기체는 변화하고, 서로 계통선을 따라 연결되면서 쉴 새 없이 가지를 뻗어가는 우람한 생명의 나무를 빚고 있음을 받아들였다. 그러나 다윈의 진화가 함축하는 것처럼 보이는 무목적성을 받아들일 수 있었던 사람은 많지 않았다.

그런데 전반적으로 이 당시는 공룡의 멸종을 문제 삼지 않았다. 19세기 후반기와 20세기 초 몇십 년 동안에 나온 일반고생물학과 척추동물고생물학의 기본교재들에서는 공룡멸종을 거의 언급하지 않았다. 설사 언급했다 하더라도, 설명은 짤막하기만 했다. 공룡은 그냥 왔다가 갈 때가 되어 가버린 것이었다. 이런 견해를 보여주는 예로, 아서 스미스 우드워드Arthur Smith Woodward(1864~1944)—런던 자연사박물관 관장이었으며, 뒷날 날조된 것으로 유명한 필트다운인에 깜빡 속아 넘어가 그것을 사람과柤에 속하는 새로운 종이라고 기술한 것으로 유명해진 인물이다—는 1898년에 쓴 교재에서 이렇게 적었다. "중생대가 끝나가면서…… 공룡들은 서서히 멸종해 갔다." 그리고 뒤에서는, 백악기의 공룡들이 "사라지기 직전에는 더욱 특화되어서 거의 이상야릇한 모습으로 변했다"고 말하고 있다.[52]

공룡멸종을 언급하길 꺼려하는 이런 태도는 놀랍게도 20세기 후반까지도 계속 이어졌다. 나는 1902년부터 1968년 사이에 영국, 미국, 독일에서 나온 열두 종의 표준교재들을 훑어봤는데, 백악기 말의 대멸종에 대한 언급은 찾아보기 힘들었다. 교재들에서마저 논의가 부재하다는 것은 아마 척추고생물학자들의 일반적인 의견을 반영한 듯하다. 그럼에도 20세기 전반기 동안에도 공룡의 종언에 대한 논쟁은 꾸준히 이어졌으며, 저술가들은 고대 파충류에서 나타난 '과도한 가시돌기'(지나치게 발달한 가시돌기)에 초점을 맞추었다.

종족노쇠

내가 어렸을 때, 이런 신문기사를 보고 당황한 적이 있었다. "영국의 노동조합들은 공룡들이다", "당수는 멸종을 피할 수 없었던 브론토사우루스다." 당시 여덟 살짜리 열렬한 공룡광이었던 나는 공룡이 생기가 넘쳤으며, 1억 5,000만 년 이상 번성했음을 알고 있었다. 그런데 어른들은 왜 틈만나면 비대하고 무능하다는 뜻으로 공룡이라는 은유를 썼던 것일까?

그런 통속적인 은유의 기원은 70년 이상을 거슬러 올라간다. 20세기로 접어들 무렵, 정향진화론과 목적론은 **종족노쇠**(racial senility)라는 생각을 부각시켰다. 다시 말해 어떤 동물군이 오랜 세월 존속하게 되면, 나이가 들어 새롭게 진화해나갈 힘이 고갈되어버린다는 믿음을 말한다. 이는 개개의 식물이나 동물의 수명과 진화적 잠재력의 수명을 같은 것으로 보는 관점이었다. 종족 초기의 원기왕성은 젊음으로, 종족이 노쇠하여 결국 주요 군들이 멸종하는 것은 개개의 동물이 나이 들어 죽는 것과 다름없는 것으로 보았던 것이다. 이런 관점에 따르면, 공룡들은 오랜 세월 존속했고, 이 때문에 그냥 적응능력이 바닥나버린 것이었다. 백악기 후기의 일부 공룡에게서 두드러지는 뿔, 주름, 가시돌기는 이따금 종족노쇠의 증거로 열거되기도 했다.

1909년, 영국과학진흥협회 연설에서 아서 스미스 우드워드는 종족노쇠를 언급하면서 그 증거로 후기 공룡들의 거대한 가시돌기, 비대한 몸집, 이빨의 소멸을 지적했다.[53] 같은 시기, 미국의 고생물학자인 프레더릭 루미스Frederick Loomis는 스테고사우루스의 등을 따라 있는 골판骨板들을 기술하면서 이와 비슷한 견해를 표명했다. "그처럼 뼈 무게의 과도한 하중은 체력의 소모를 수반하기 때문에, 그 과가 단명했다 해도 별로 놀랄 일이 아니다."[54]

이런 논변은 쉽게 논박할 수 있다. 예를 들어 스테고사우루스가 살았던 시기는 쥐라기 후기로, 공룡이 멸종하기 약 9,000만 년 전에 해당하는 시기이다. 또 백악기 후기에 살았던 마지막 공룡들이 조상들보다 가시돌기가 더 많았다거나 볏이 더 많았다거나 이빨이 더 적었다는 어떤 증거도 없다. 그런데도 1920년대와 1930년대에 수많은 뛰어난 지질학자와 고생물학자가 쓴 글에서는 단순하게 종족노쇠 운운하는 표현을 찾아볼 수 있다. 비록 그 당시에도 회의적인 견해였지만 말이다.

그러다가 결국 1930년대와 1940년대에 현대적인 종합론인 신다윈주의 진화론이 등장하면서 정향진화니 공룡의 종족노쇠니 하는 생각들이 결정적으로 뒤집혔다. 신다윈주의 진화론은 테오도시우스 도브잔스키Theodosius Dobzhansky, 에른스트 마이어Ernst Mayr, 조지 게이로드 심프슨George Gaylord Simpson, 줄리언 헉슬리Julian Huxley 같은 한 무리의 똑똑한 젊은 진화론자들이 일으킨 일종의 혁명이었다. 그들은 정향진화는 말할 것도 없고 그와 관련된 생각들을 순전히 신비주의로 취급했으며, 유전학이라는 새로운 실험과학에서 증거를 끌어와 다윈이 수행했던 현장관찰과 결합시켰다.

현대적인 종합론—오늘날 견지되는 관점이다—은 다윈이 꿈도 꾸지 못했을 새로운 과학들을 추가함으로써 순수한 다윈주의를 부활시켰다. 종합론적 진화론의 관점에서는 더는 예정된 패턴 따위가 차지할 자리가 없었다. 비록 오래전부터 과학자들이 종족노쇠를 거부하기는 했지만, 아직도 가뿐하게 털어내지 못하는 사람들이 많다. 진보에 대한 믿음이 과연 잘못된 것인가? 공룡이 그 엄청난 덩치 때문에 그냥 멸종될 운명이었다고 말하는 게 잘못인가?

바론 프란츠 놉샤: 간첩이자 이론가

1920년대와 1930년대에는 종족노쇠를 멀리하는 대신 공룡의 멸종을 유발했을 것으로 생각되는 생물적·물리적 요인들에 초점을 맞추는 과학자들도 많았다. 그 첫 주자의 한 사람이 바로 바론 프란츠 놉샤였다(그림 9). 놉샤는 실로 여러 면에서 괴짜였다. 정식 이름은 바론 프란츠 (또는 페렌츠) 놉샤 폰 펠쇠-질바스Baron Franz (Ferenc) Nopcsa von Felsö-Szilvás(1877~1933)인데, 귀족의 혈통임을 암시하는 이름이다. 사실 그는 트란실바니아—지금은 루마니아와 헝가리가 나눠 차지하고 있다—에 영지를 가진 유구한 귀족가문의 마지막 후예였다.

1895년, 놉샤의 누이 일로나가 가문의 영지에 있는 하첵에서 거대한 뼈

몇 점을 발견하고는 프란츠에게 보여주었다. 프란츠는 당시 오스트리아-헝가리 제국의 수도였던 비엔나로 그 뼈들을 가지고 가서 확인을 의뢰했다. 그러나 아무 도움도 얻지 못하자, 결국 스스로 고생물학을 공부해서 직접 그 뼈들을 연구하기로 마음먹었다. 일로나 눕샤가 발견했던 것은 유럽에 살았던 마지막 공룡의 뼈였다. 뼈가 발견된 암석은 백악기의 가장 나중 시기의 것이었다.

그림 9 트란실바니아의 뛰어난 고생물학자 바론 프란츠 폰 눕샤. 초창기 공룡고생물학자이다.

이때부터 눕샤의 독불장군식이면서도 뛰어난 고생물학자로서의 독특한 경력이 시작되었다. 그는 자유롭게 유럽 전역을 돌아다녔고, 세련된 맵시와 놀라운 언어능력 덕분에 각국 과학계의 일원이 되었다. 그리고 그때그때 입맛에 따라 완벽한 독일어나 영어, 프랑스어나 헝가리어로 글을 발표했다. 또 한편으로는 약탈자 같은 삶을 살기도 했다. 1차 세계대전이 발발하자 오스트리아-헝가리에서 병역을 치렀던 그는, 알바니아의 왕을 시켜준다면 제국과 알바니아의 친선관계를 확고히 할 수 있을 거라는 제안을 했다. 이 제안은 거절되었지만, 눕샤는 제국의 비밀간첩으로 활동했다.

눕샤는 공룡이 멸종한 이유를 진지하게 탐구한 진정 최초의 사람이었다. 예를 들어 그는 거대한 몸집으로 자라는 데 필수적이라고 생각되는 다량의 연골軟骨이 "아마…… 용각류龍脚類의 신속한 멸종원인 중 하나였을 것이다"라는 의견을 내놓기도 했다. 뒷날 눕샤는 공룡의 '낮은 저항력', 거대한 덩치, 식량부족, 또는 '성기능 감소' 따위의 공룡멸종을 바라보는 수많은 견해들을 개괄했다. 그중에서도 특히 '뇌하수체 기능의 증가'로 추정된 요인에 초점을 맞추었다. 뇌하수체는 성장을 조절하는 기능을 한다. 놉샤는 뇌하수체의 일부 기능부전으로 공룡의 몸집이 몹시 커졌을 것이라고 믿었다. 다시 말해 뇌하수체의 분비물이 부분적으로는 뼈의 선구물질인 연골을 대량으로 만들어냈고, 또 부분적으로는 선단비대증, 곧 사지의 뼈와 머리뼈가 병적으로 과도하게 두꺼워지고 과잉 성장하는 증상을 일으킨 결과 거대증을 유발했다는 것이었다. 놉샤는 이렇게 적었다. "공룡들의 사지가 무거워졌음은 성 불능조건을 생각하게 한다." 대체 어디서 놉샤가 성 불능에 관한 정보를 얻었는지는 분명치 않다.[55]

전쟁이 끝난 뒤, 놉샤는 막대한 재산을 잃었다. 잇따른 혼란의 시기를 겪으면서 여러 정부들이 그의 영지를 몰수했던 것이 주원인이었다. 1925년에 헝가리지질조사단의 책임을 맡고 나서 한동안 재정문제가 펴기도 했다. 그러다가 1929년에 분을 참지 못한 놉샤는 이탈리아와 남부 유럽을 가로지르는 5,600킬로미터 대장정에 나섰다. 그는 사이드카가 달린 오토바이를 타고 믿음직한 비서이자 연인이었던 바하지드라는 이름의 알바니아인을 곁에 태우고 함께 여행을 했다. 두 남자는 여행을 마치고 다시 비엔나로 돌아왔지만, 경제적인 문제와 건강악화로 시달린 나머지 결국 1933년, 놉샤는 바하지드를 총으로 쏜 뒤, 이어서 자기도 총으로 자살했다.

독일의 고생물학파

20세기 초, 대부분의 고생물학자들은 프란츠 놉샤만큼 이색적이지도 상상력이 풍부하지도 않았다. 대멸종, 특히 공룡멸종을 논의하는 이들은 많지 않았다. 그나마 공룡멸종문제를 생각했던 사람들 중 대부분은 놉샤처럼 내적이고 생물적인 원인을 고려하기보다는 기후변화에 초점을 맞추는 쪽을 선호했다.

일례로 미국의 저명한 포유류 화석전문가였던 윌리엄 딜러 매슈William

Diller Matthew는 1921년에 공룡멸종을 뒷받침하는 증거를 내놓았는데, 점진적인 지형변화와 포유류에 의한 진보성 대체와 관련된 것이었다.[56] 북아메리카의 백악기 후기와 뒤이은 팔레오세를 연구했던 매슈는 그때 당시 광범위한 조산활동造山活動과 대륙융기가 있었다고 주장했다. 그 때문에 저지 습지환경에 적응했던 공룡들은 사라졌고, 고지대에 적응했던 태반포유류가 대신 들어섰다는 것이다.

그 외에 기후냉각이 원인이었다는 주장, 백악기 후기 공룡들에게서 눈에 띄게 질병 수위가 높아졌다는 주장, 초기 포유류가 공룡알을 죄다 먹어치웠다는 주장, 화산활동에 그 원인이 있다는 주장들도 있었다.[57] 어떻게 보면 공룡멸종논쟁이 가열되고 있는 것이기도 했다(사실 별로 대단한 열기는 아니었다). 그러나 적어도 일부 지질학자들과 고생물학자들은 무언가 비정상적인 사건이 일어났음을 확인해가고 있었으며, 따라서 해명해볼 가치가 있었다. 일부—모두는 아니었다—학자들은 6,500만 년 전에 사라진 동물이 공룡만이 아니었음을 상기시켰다. 어떻게든 만족스러운 설명을 내놓기 위해서는, 공룡 외에도 육지와 바다의 다른 희생자들까지 모두 고려해야만 했다.

1929년, 『고생물학Palaeobiologica』이라는 독일의 학술지에 한 편의 놀라운—그러나 대개는 잊혀졌던—논문이 실렸다. 1928년에 창간된 이 학술지는 독일 고생물학의 새로운 사조를 대표하는 것이었다. 여기서는 고생물학을 palaeontology가 아니라 palaeobiology로 표기했는데, 전통적인 접근법과 차별화시키고자 하는 취지였다. 그 고생물학자들이 화석에 관심을 가진 까닭은 단순히 암석의 연대측정을 위해서가 아니었다. 그들은 화석을 한때 살았던 유기체로 다루고 싶어했다. 이 고생물학파는 생물학과 생물역학적인 접근법으로 과거의 생명을 연구하는 신진과학자들로 고생물학계를 채우기를 바랐다.

에스토니아의 고생물학자 알렉산더 아우도바Alexander Audova가 쓴 그 논문은 61쪽에 걸쳐서 공룡멸종에 관련된 문제 전체를 검토하고 있다.[58] 아우도바는 종족노쇠나 단순한 자연선택으로 설명하는 것을 거부하고, 환경의 변화에 초점을 맞추었다. 그는 고ㅁ기온에 대한 지질학적 증거와 현대 파충류의 체온조절에 대한 생리학적 증거를 연구한 뒤, 전 세계적으로 기온이 점차 하강했으며, 이 때문에 배아가 적절하게 발달하지 못해, 결국 공룡을 비롯한 중생대의 파충류에게 직접적으로 영향을 끼쳤다는 견해를 갖게 되었다.

공룡멸종을 설명하는 100가지 이론들

1920년부터 1990년까지 공룡멸종을 설명하기 위해 제기된 이론의 가짓수는 최소한 100개에 달한다. 말이 100가지이지, 사실은 1년에 한두 개꼴인 저조한 비율이었다. 별의별 수단을 다 동원해서 제기된 이 이론들은, 순수하게 생물학적 원인만을 언급한 것에서부터, 종간의 상호작용, 환경변화, 외계에서 원인을 찾는 것까지 다종다양했다. 여기서 모든 주장들을 자세히 열거하기는 불가능하다. 1964년, 미국의 공룡전문가인 G. L. 젭슨Jepson은 40개까지 분류할 수 있었다. 그리고 1990년, 나는 100개 이상의 이론들을 확인할 수 있었다.[59]

나는 학술회의에서 고생물학자들이 주고받은 즉흥적인 생각들은 배제했고, 또 신문지상에 끊임없이 실렸던 많고 많은 허황된 기사들도 모두 배제했다(가장 최근인 2000년 말에 실린 기사는 예외로 했다. 이 기사는 공룡이 방귀에 질식해 멸종했다고 주장했다. 프랑스의 한 고생물학자가 계산한 바에 따르면, 소 한 마리가 매주 조색기구[barrage balloon] 하나를 채울 만큼의 방귀를 만들어낸다고 한다. 공룡 한 마리의 몸무게는 소의 50배 정도니, 소보다 50배 많은 양의 방귀를 만들어냈을 것이다. 방귀는 대부분이 메탄이다. 공룡의 소화계를 통해 매년 수십억 갤런의 메탄이 대기 중으로 유입되어, 대기 중 산소가 메탄으로 대체되었고, 그 결과 공룡들이 질식했을 것이라는 주장이었다. 이상하게도

이 이론은 아직까지 유수의 학술지에 발표되지 않았다).

　내가 작성한 1990년 목록에는 풍문이나 학생들의 농담은 포함되지 않았다. 오직 정상적인 학술발표의 경로를 통해 진지하게 제기된 이론만을 포함시켰다. 이 말은 그 논문들이 발표에 앞서 적어도 두세 명의 전문가들에게서 검토를 받았다는 뜻이다.

1842년부터 1990년까지 제안된, 공룡멸종에 관한 100가지 이론들

생물적 원인(26건)

1) 의학적인 문제들: 추간원판탈출증. 호르몬계의 기능부전이나 불균형. 뇌하수체의 과도한 활동과 뼈와 연골의 과도한 (선단비대증적) 성장. 사지의 뼈들이 과도하게 무거워짐. 알껍질이 병적으로 얇아짐. 성적 활동의 감소. 백내장으로 인한 맹증. 질병(카리에스, 관절염, 골절, 감염). 전염병. 기생충. 난교의 증가로 인한 AIDS. 세포핵을 형성하는 DNA 비율의 변화.

2) 정신질환과 관련된 문제들: 뇌가 축소되면서 아둔해짐. 의식의 부재와 이로 인한 행위교정능력의 부재. 정신병적 자살인자들의 발달. 고생물의 비관적 세계관.

3) 유전적 이상들: 높은 수준의 우주선宇宙線으로 인한 과도한 돌연변이율. 우주선으로 인한 배아의 발육부전.

종족노쇠(6건)

거대증이나 가시돌기, 또는 과도하게 두꺼운 외피가 보여주듯이 진화상 노쇠단계의 과도한 특수화가 이루어짐. 종족의 고령화(윌 커피Will Cuppy[60]: "파충류 시대가 끝난 까닭은 충분히 오래 살았기 때문이며, 이것이 바로 실수였다"). 호르몬 불균형 수준이 높아지면서 불필요한 뿔과 주름의 성장이 점점 증가함. 쳐들기에는 머리가 너무 무거움.

생물 간의 상호작용(6건)

포유류와의 경쟁. 식물들을 모두 먹어치웠던 애벌레들과의 경쟁. 포식자들의 과도한 살상능력(카르노사우르는 저희들끼리 잡아먹은 결과 멸종해버렸음). 알을 먹는 포유류. 거대한 공룡이 식물을 모두 먹어버림. 공룡의 고장鼓腸(장 속에 가스가 차서 배가 붓는 병: 옮긴이)으로 인한 메탄오염.

식물상의 변화(11건)

속씨식물의 확산과 겉씨식물·양치식물의 감소로 공룡의 섭식에서 양치유(fern oils)가 줄어들고, 그 결과 치명적인 변비로 천천히 죽어가게 됐음. 습지식생의 감소. 조림造林의 증가와 이로 인한 서식지의 감소. 전체적인 먹이식물의 감소. 독성 타닌과 알칼로이드가 있는 속씨식물. 식물 내의 다른 독성물질. 속씨식물이 번성하면서 꽃가루가 많아졌고, 그 결과 치명적인 꽃가루병으로 공룡이 멸종됨.

기후의 변화(12건)

기후가 너무 뜨거워졌음(높은 기온은 정자생산을 억제시키고, 부화유생의 암수 성비에 불균형이 생기게 하며, 어린 동물들을 죽게 만들거나 여름의 과열현상을 초래함). 기후가 너무 차가워졌음(너무 추워서 배아발달을 하지 못하고, 동면하기에는 공룡의 몸집이 너무 크고, 따라서 겨울에 동사했음). 기후가 너무 건조해졌음. 기후가 너무 습해졌음. 기후평형상태가 위축되면서 계절주기성이 증가함.

대기의 변화(7건)

기압의 변화나 대기구성의 변화. 대기 중 산소비율이 높아 화재가 발생함. 이산화탄소 비율이 낮아 '호흡자극제'가 없어짐. 높은 수준의 대기 중 이산화탄소 비율로 공룡의 배아가 알 속에서 질식함. 광범위한 화산활동으로 배출된 화산재, 셀레늄 같은 독성물질들이 공룡의 알껍질을 얇게 만듦.

해양과 지형의 변화(12건)

해수면의 상승. 해수면의 하강. 홍수. 조산활동. 늪과 호수 서식지의 물 빠짐. 높은 수준의 이산화탄소 비율로 해양이 정체됨. 저층수의 무산소화. 고립되었던 북극수역(민물)이 바다로 유입되어 전 세계적으로 수온이 낮아지고, 강수량이 줄어들고, 10년 가뭄을 일으킴. 지형의 기복이 줄어들어 육상의 서식지가 감소함. 대륙의 분열.

다른 지상의 격변(5건)

갑작스런 화산활동. 중력상수의 요동. 지구 자전축의 이동. 지구에서 달이 떨어져나간 자리에 태평양이 생김. 토양이 흡수한 우라늄에 의한 오염.

외계의 원인으로 설명(15건)

엔트로피(우주에 혼돈상태가 증가하면서 덩치 큰 고등생명체가 소멸함). 태양흑점. 우주복사와 자외선 복사. 태양 플레어 때문에 오존층이 파괴되면서 유입된 자외선 복사. 이온화 복사. 가까운 초신성이 폭발하면서 유입된 전자기 복사와 우주선. 성간 먼지구름. 운석의 유입으로 인한 대기의 섬광가열. 은하면의 진동. 소행성충돌. 혜성 충돌. 혜성우.

비전문적 접근법의 문제들

여기서 이렇게 공룡멸종에 초점을 맞추는 까닭이 무엇일까? 뭐니 뭐니 해도 이 책의 주제는 그로부터 약 1억 8,500만 년 전에 있었던 페름기 말의 대멸종이 아니던가? 그러나 최근까지도 페름기 말 대멸종에 관해서는 말하는 이도, 글을 쓰는 이도 극히 적은 형편이다. 페름기 말 대멸종이 백악기 말 대멸종보다 훨씬 광범위했음에도, 모두들 공룡의 종언에만 관심을 기울였다. 정말 불행한 일이다. 대멸종이라는 전체 주제를 놓고 아마추어리즘이 활개를 폈기 때문이다.

앞서 제시한 갖가지 목록을 보면, 어떤 설명이든 가능하다. 기후는 너무 습해지기도, 너무 더워지기도, 너무 추워지기도 했다. 마음에 드는 걸 골라잡기만 하면 된다. 분명 무언가가 잘못됐다. 공룡멸종문제가 중구난방으로 치닫고 있다고 느낀 1960년대와 1970년대의 수많은 진지한 지질학자들과 고생물학자들은 공룡멸종뿐만 아니라 대멸종에 관한 한 어떤 것이든 분명하게 해야 할 필요를 느끼게 되었다. 나는 이렇게 사변에만 머물러 있는 단계를 일컬어 '비전문적'(dilettante) 접근법이라고 부른다. 잠깐 동안 이 주제를 생각해보다가 멋진 생각이 떠오르면 발표를 하고, 그다음 그냥 다른 주제로 넘어가버리는 호사가들이 쏟아내는 접근법이라는 뜻이다.

위에 열거한 것들 중에는 현재의 지식을 기초로 해서 더없이 합리적인 생각을 펼친 주장도 몇 가지 있지만, 큰 파장을 일으켰던 다른 많은 주장들은 분명 우습기 짝이 없는 생각들이다. 이렇게 제멋대로 펼친 사변들을 보고 진지한 지질학자들이 어안이 벙벙해 할 말을 잃고 있는 동안, 다른 이들—전문기술이 필요한 현장작업에 문외한인 이들인 경우가 많았다—은 대멸종, 특히 공룡멸종을 누구나 참여할 수 있는 재미있고 사변적인 주제라고 생각했다.

위에 열거한 생각들 중에는 고생물학자가 아닌 사람들이 제기한 것이 많았고, 백악기 후기의 공룡화석 지식을 몸소 체득한 이는 드물었다. 그래서

'비전문가'라는 별칭을 붙인 것이다. 저마다의 분야에 전문가들이었던 과학자들이 표준이 되는 학술지에 발표한 이론들이 많지만, 이는 과학적 기준이 얼마나 느슨해질 수 있는지를 여실히 보여주는 것들이다. 그냥 '공룡멸종'만 언급해도 과학자들은 안도의 한숨을 내쉬며 정상적인 과학적 가설검증의 부담을 덜어버려도 된다고 느끼는 듯한 냄새를 풍겼다.

여기서 명심해야 할 중요한 사실은 6,500만 년 전의 공룡멸종은 더욱 큰 대량멸종의 일부에 불과하다는 점이다. 멸종이 일어나는 동안 공룡 외에도 무수히 많은 해양과 육상 생물군들이 사라졌다. 바다에서는 해양파충류, 특히 장경룡과 모사사우르가 사라졌고, 자유유영성 암모나이트와 벨렘나이트, 해저에 서식했던 루디스테스(초礁를 이루는 대형 연체동물로 해저에 고착되어 살아갔다) 같은 몇 가지 주요 연체동물군도 사라졌다. 더욱 충격적인 사실은 미소한 플랑크톤, 특히 미소한 껍질을 가진 원생생물인 유공충의 막대한 다양성도 크게 손상됐다는 것이다. 말할 나위 없이 육상에서는 공룡이 사라졌지만, 하늘을 나는 익룡뿐 아니라 일부 조류와 포유류도 사라졌다. 이 백악기 말의 대멸종은 일반적으로 KT 사건으로 불린다('K'는 그리스어 'kreta'를 말하고 뜻은 '초크'로서, 백악기의 전형적인 암석이다. 'T'는 'Tertiary'[제3기]를 뜻하는 것으로 백악기 다음의 지질시기를 가리킨다).

1960년대와 1970년대에 KT 사건 연구가 사실상 통제를 벗어났다는 견해를 뒷받침할 만한 네 가지 주요 논증이 있다.

1) 많은 저자들이 기본적인 고생물학 데이터에 무지함을 보여주었다. 예를 들어 가설들은 공룡만의 멸종원인을 설명하는 것으로 제한된 경우가 많으며, 해양플랑크톤 같은 다른 동물들이 사라진 것에 대해서는 아무런 언급도 없었다. 또한 KT 사건의 생존생물에 대한 문제도 별로 거론되지 않았다. 일부 시나리오는 너무 극단적이고 격변적이기 때문에, 육상의 식물, 곤충, 개구리, 도마뱀, 뱀, 악어, 거북이 따위

가 어떻게 별다른 피해 없이 살아남았는지 이해하기 어렵다. 진화적 사건들의 시간대가 잘못된 경우도 있다. 이를테면 꽃을 피우는 식물이 등장한 시기는 KT 사건이 있기 4,000만~5,000만 년 전이며, 포유류가 등장한 시기는 KT 사건이 있기 1억 5,000만 년 전이다. 어떤 식으로든 달리 진화의 큰 변화를 제기하지 않고서는, 꽃을 피우는 식물이든 포유류든 공룡을 멸종시킨 원인이 될 수는 없을 것이다.

2) 생물학의 기본원리들을 무시한 것으로 보이는 이론들이 많다. 정말로 애벌레들이 초식공룡들과 경쟁해서 식물들을 죄다 먹어치울 수 있었을까? 정말 공룡이 자동인형 같아서 행동을 수정할 능력이 없었을까? 전염병이나 기생충, 분비샘의 기능부전이나 생존경쟁, 또는 포식 같은 단일인자로 완전한 생태적 붕괴가 일어나도록 육상생물권을 틀 짓는 일이 과연 가능하기나 한 것인가?

3) 강력한 자기변론의 형태로 논증을 펼치는 논문들이 많다. 이는 두말할 것도 없이 1930년대에 찰스 라이엘이 활용했던 논법으로, 합리적인 과학탐구의 영역에서 격변론을 제거해버릴 의도로 썼던 논법이었다. 자기변론의 논증은 다음과 같이 진행된다. "만일 공룡이 온혈동물이었다고 가정한다면, / 만일 백악기에 자외선 복사가 증가했다고 가정한다면, / 먹이를 두고 애벌레들과 초식공룡들이 경쟁했다고 가정한다면, 그렇다면 ……일 것이다. 나아가 만일 기후가 점점 더워졌다고, 또는 추워졌다고, 혹은 건조해졌다고, 습해졌다고 가정한다면, 그렇다면 ……일 것이다." 특정 가설을 찬성하는 사람이든 반대하는 사람이든 신중하게 증거에 무게를 두는 사람을 찾아보기 어렵다.

4) 공룡멸종이라는 주제 자체가 사실은 방 안 놀이(parlour game, 19세기 빅

토리아 시대에 중상류층에서 유행했던 놀이형식으로, 응접실에 모인 신사숙녀가 소규
모로 팀을 짜서 논리 게임, 낱말놀이, 제스처 게임 따위를 했던 것을 말한다: 옮긴이)
에 불과할 뿐, 그리 진지한 문제는 아니라고 가정하는 저자들도 있다.
만일 공룡고생물학자가 우주의 기원이나 암 치료법, 또는 애벌레가
나비로 변태하는 이유에 대해서 자기 나름의 이론을 쓴다면, 그 사람
은 아마 유수학술지에 논문을 싣지 못할 것이다. 그런데 공룡멸종을
다룬 비전문가 이론들의 대부분은 『사이언스』, 『네이처』, 『아메리칸
내추럴리스트*American Naturalist*』, 『고생물학 저널*Journal of Palaeontology*』,
『에볼루션*Evolution*』 같은 대단히 이름 높은 학술지에 버젓이 발표되
었다. 대체 어떻게 이런 일이 있을 수 있었을까?

오토 H. 신데볼프: 미친 이론가인가, 몽상가인가?

20세기 중반, 영어권의 고생물학자들이 대부분 대멸종 이야기를 몹시 꺼
리고 있을 즈음, 독일의 한 유력한 학
자가 소심한 고생물학자들에게 정면
으로 도전장을 내밀었다. 어떤 기준
으로 보아도 오토 신데볼프Otto H.
Schindewolf(1896~1971, 그림 10)는 오랜
이력을 갖고 있었다. 1916년에 스물
의 나이로 첫 논문을 발표한 이래
1970년까지 계속해서 고생물학과 층
서학에 관한 생각들을 발표했는데,
장장 54년 동안이나 학술활동을 한
것이었다. 2차 세계대전 뒤에는 튀빙
겐대학 고생물학과 교수가 되었고,

그림 10 오토 신데볼프. 1940년대부터 1970년대
까지 독일의 고생물학계를 장악한 원로였으며, 신
격변론의 제창자였다.

독일 특유의 방식으로 교수진과 학생들을 휘어잡았다. 그가 말한 것은 곧 법이었으며, 그 누구도 시비를 걸거나 토론에 올릴 수 없었다. 그런데 당시 그가 얘기하던 것은 영어권 학계에서 얘기하던 내용과는 완전히 어긋나는 것이었다.

미국과 영국의 주도적인 과학자들이 유전학, 생태학, 고생물학에서 거둔 새로운 성과를 다윈의 고전적인 생각과 결부시켜 현대적 종합론을 정립해가던 당시, 신데볼프는 평생 반다윈주의자로 남았다. 젊었을 적에는, 종뿐 아니라 공룡, 암모나이트, 삼엽충 같은 큰 규모의 동물군도 개별동물과 비슷한 '일생'을 거친다는 오래 묵은 독일식 사고방식의 영향을 받았다. 곧, 초기 단계에서 폭발적으로 진화하다가(=청춘기), 한동안 안정기를 거친 뒤(=중년기), 퇴화되어 멸종한다(=노년기와 죽음)는 것이었다. 이런 개념은 형순환론型循環論(typostrophism)이라는 거창한 이름으로 불렸다.

뭐라 부르든 간에, 형순환론은 20세기 초에 신다윈주의자들이 가차 없이 거부했던 종족노쇠를 달리 표현한 것에 지나지 않았다. 다윈주의 진화의 세계에는 그런 식의 미리 프로그램된 역사 따위를 위한 자리는 있을 수 없었다. 그런 미리 만들어진 생물군의 역사를 기록하고 촉진시킬 만한 그 어떤 유전적 메커니즘도 없기 때문이다.

신데볼프의 자리매김에 대해서는 여러 다른 견해들이 있다. 독일 고생물학에서 현대적 진화론의 발달을 사실상 그가 단독으로 저지했다고 주장하는 견해도 있다. 심지어 신데볼프가 죽은 뒤에도 그의 생각을 비판하는 것은 신성모독으로 간주됐을 정도였다. 하지만 형순환론이라는 심각한 시대착오를 범했음에도, 신데볼프는 대멸종에 관해서 영어권 학계가 죽은 듯이 침묵하고 있을 때 그 문제를 외로이 입 밖에 꺼낸 특별한 인물이기도 했다.

1950년에 간행된 그의 가장 영향력 있는 책인 『고생물학의 근본문제들 Grundfragen der Paläontologie』은 수십 년 동안 독일 고생물학자들에게 성서나 다름없는 책이었다. 이 책에서 신데볼프는 페름기 말에 일어난 사건에 대한 견해를 밝혔다.

> 고생대의 말미를 이루는 페름계는 고대 동물들의 시대였다. 사실상 바로 그 시점에서 동물상의 진화에 있어 몹시 중요한 단절이 있다. 우리는 페름계에서 고생대를 전체적으로 특징짓는 동물인 삼엽충의 마지막 모습을 발견할 수 있다. 옛 시대의 히드로충, 완족동물, 바다나리, 이끼벌레 같은 대규모 군들이 사라졌다……. 이 고대의 [양서류와 파충류] 동물군 중 여럿이 페름계에서 절멸하고, 트라이아스계에 들어가서는 무수히 많은 새로운 생명형식으로 대체되었다. 간단히 말해서 우리는 거의 어디서나 신구新舊 간의 극렬한 대비를 볼 수 있다.[61]

이 책에서 신데볼프는 대멸종을 더 자세히 파고들지는 않았지만, 머지않아 자세히 살피게 된다.

1950년대, 신데볼프는 형순환주기의 다른 단계들처럼 멸종 역시 기후변화나 해수면 변화, 화산활동 같은 물리적 과정의 영향을 받지 않으며, 대신 멸종은 진화주기의 일부이고, 원인 또한 해당 생명체에 내재한다는 생각을 펼쳤다. 그러나 신데볼프는 여러 가지 형순환주기들이 동시에 종결된 것으로 보이는 대량멸종을 설명하기 위해 초신성 폭발 후 뒤따른 우주 복사를 원인으로 거론했다. 우주 복사가 갑작스럽게 작열하면서 여러 생물군 내의 돌연변이율이 높아져 형순환주기의 쇠퇴기에 들어설 수밖에 없게 되었고, 급격한 돌연변이가 과도한 특수화, 불리한 기관들의 발달을 일으켜 결국 멸종으로 이끌었다는 것이다.

신데볼프는 대멸종에 관한 생각을 보완하기 위해 일련의 페름기-트라이아스기 경계 연구에 착수했다. 돌이켜보면 대단히 혁신적인 연구계획이었다. 신데볼프와 학생들은 세계 곳곳을 다니며 페름기-트라이아스기 경계가 걸쳐 있는 고품질 암석단면을 추적했다. 그는 특히 파키스탄의 솔트 산맥 층서에 집중해서, 동물상의 변화를 자세히 기록했다. 마침내 각기 다른 암석단면들에서 모은 증거를 종합한 신데볼프는 페름기 말 대멸종의 규모가 범세계적이었음을 입증하게 되었다. 그러나 독일을 제외한 다른 나라 지질학자들의 상당수는 신데볼프의 결과를 확신하지 않았다.

신격변론?

1963년, 신데볼프는 「신격변론? *Neokatastrophismus?*」이라는 도발적인 제목의 논문에서 지질학에 격변론이 들어설 자리가 있어야 한다고 주장했다. 당시 다른 논문들처럼 이 논문에서도 신데볼프는 비판자들을 언급했다. 비판자들 중에는 신데볼프의 우주선 이론에 정당한 회의를 품은 이들도 있었지만, 페름기 말에 대멸종이 있었다는 것조차 부인한 이들도 있었다.

페름기 말 대멸종을 부인하는 기류는 특히 척추고생물학자들 사이에 널리 퍼져 있었다. 1950년대, 양서류와 파충류 화석 분야의 두 뛰어난 전문가였던 미국의 찰스 캠프Charles L. Camp와 영국의 원로 고생물학자 왓슨D. M. S. Watson은 페름기-트라이아스기 경계에서 우점優占 척추동물의 전환은 아마 무엇보다도 화석기록의 불완전함과 더 관련 있을 거라는 주장을 펼쳤다. 캠프는 사라진 것으로 보이는 페름기의 양서류와 파충류가 트라이아스기에 보존되지 않았던 다른 서식지에서 계속 살아갔을 수도 있다고 주장했다. 왓슨 역시 적어도 척추동물에 관한 한, 페름기 말에 대멸종이 있었던 것처럼 보이는 이유는 화석기록상의 공백에 불과할 수 있다고 주장했다.

신데볼프는 격분했다. 그따위 두루뭉술한 생각은 참을 수 없었다.[62] 그는 공백 같은 건 없었다고 강력하게 주장했다. 다시 말해 양서류와 파충류 논의가 가장 많았던 솔트 산맥, 남아프리카와 러시아의 암석층서는 연속적이며, 분명 아무런 단절도 없다는 것이었다. 정말로 대규모 죽음이 있었다는 얘기였다.

논문의 들어가는 말에서 신데볼프는 약간은 수줍다 싶게 이렇게 지적했다. "당대 고생물학계에서 신격변론을 주장하는 가장 중요하고 가장 비중 있는 대변인"으로 자신이 불리고 있다는 것이었다. 사실 신데볼프가 초신성 폭발에서 복사된 우주선 때문에 대멸종이 일어났다고 주장하고 나선 것은, 1830년대에 라이엘이 대단히 성공적으로 폐기해버렸던(비록 영국 내에서만 그랬을 뿐이지만) 그 무시무시한 격변론을 상기시켰다. 신데볼프는 자기 입장과 퀴비에의 입장을 비교한 뒤, 지질학의 초창기에 활동했던 퀴비에와 추종자들이 진화를 고려하지 못했다면서 단순한 격변론과는 선을 긋고 신新격변론이라는 용어를 내세웠다.

신데볼프는 거기서 그치지 않았다. 다윈이 종과 속의 멸종에 대해서 썼던 만큼, 멸종은 분명 다윈주의적 진화의 정상적인 일부였다. 새로운 종이 부상하면, 여러 이유로 이전의 종은 사라지기 마련이었다. 그러나 신데볼프는 다윈이 1859년에 『종의 기원』을 쓴 이래 100년 이상이 흘렀고, 또 그동안 지질학과 생물학도 발전해왔으니 멸종 같은 문제에 대해서 더는 다윈의 말에 얽매일 필요는 없다고 적었다.

이런 반다윈주의적 언급 때문에, 영어권의 고생물학자들뿐만 아니라 독일의 생물학자들도 신데볼프의 생각을 받아들이려 하지 않았다. 어쨌든 1953년에 DNA의 구조가 발견되고, 분자생물학이 빠르게 발전하면서, 매번 다윈주의와 현대 종합론의 정당성이 입증되었던 것이다. 신데볼프는 자기 동아리를 제외하고는 버림받은 처지가 되고 말았다. 결국 신격변론으로 형태를 바꾸었다고 해도, 여전히 격변론이란 것이 조잡하고 위험한 사변임을 다른 사람들에게 납득시킨 꼴이 되고 말았다. 라이엘이 확실히 옳다는 것이었다. 그러나 페름기 말기에 엄청난 규모의 멸종사건이 실제 있었다고 고집스럽게 주장한 점에 있어서만큼은 신데볼프가 옳았으며 비판자들이 틀렸음이 밝혀지게 된다.

격변론은 끝장났는가, 아니면?

1830년대에 격변론을 거부한 찰스 라이엘, 1859년에 점진적인 진화를 옹호한 다윈. 1900년까지 이들의 생각은 자명한 것처럼 보였다. 공룡멸종을 논의할 때나, 오토 신데볼프의 글에서나 이따금 격변론이 그 사악한 머리를 쳐들었던 것이 사실이지만, 조잡한 생각이라는 조롱을 받기 십상이었다. 20세기의 상당 기간 동안에도 격변론은 비웃음을 받았다. 1956년에 미국의 고생물학자 M. W. 드 로벤펠스de Laubenfels가 썼던 한 편의 논문을 놓고 토론했던 기억이 난다. 드 로벤펠스는 공룡이 절멸한 까닭은 거대한 운석 때문이었다고 주장했다. 선배 동료였던 한 고생물학자는 그 당시, 드 로벤펠스에게 편지를 보내 운석으로 인해 엄청난 대기의 교란이 있었는데도 거북이와 악어가 절멸되지 않은 이유를 물었다고 말해주었다. 운석들이 거북이 등껍질에서 그냥 튕겨나가 버린 거냐고 물었다는 것이다. 그러나 아무 답변도 받지 못했다고 했다.

국적이 달랐다는 점도 분명 크게 작용했을 것이다. 한동안 신격변론자들은 대부분 신데볼프처럼 독일인이었다. 미국과 영국의 주석가들은 그냥 그들의 연구를 무시해버리기로 했다. 독일어를 읽을 수 있는 사람도 얼마 없었고, 또 독일 외에는 소장하는 도서관도 별로 없는 독일 지역의 전문학술지에 논문이 실렸던 까닭에 영미의 대다수 학자는 아마 독일의 문헌자료에 대해서는 거의 몰랐을 것이다. 영미권 입장에서는 무명이나 다름없고, 국적도 다르다는 점에서, 격변론자들의 생각을 미치광이의 생각으로 여기는 게 더 쉬운 일이었을 게다. 그러나 1980년 6월 6일에 모든 상황이 바뀌어 버렸다. 이때 드 로벤펠스는 이 세상에 없는 사람이었지만, 그의 생각이 옳았던 것으로 드러났다. 6,500만 년 전 거대한 소행성 하나가 지구를 강타했고, 그 충격으로 공룡들이 몰살당한 것이 사실로 판명되었다. 그 사실은 본격적인 대멸종연구의 시대가 새롭게 열렸음을 알리는 신호탄이었다.

05

운석충돌!

앨버레즈 연구팀은 이탈리아와 덴마크 단면의 얇은 경계 점토층을
연구한 결과를 활용해서 다음과 같은 생각을 펼쳤다. 6,500만 년
전, 지름이 10킬로미터인 거대한 운석이 지구와 충돌했다. 거대한
구멍을 뚫으면서 대기권을 관통한 운석이 지각을 후려쳤고, 순식
간에 증발하면서 지름이 100~150킬로미터나 되는 거대한 운석
구가 파였다. 그리고 수백만 톤의 바위와 먼지가 대기 중으로 뿜어
졌다. 지구를 에워싼 먼지가 1년 이상 햇빛을 차단했고, 그 결과 식
물이 정상적인 광합성을 하지 못해 바다와 육지 먹이사슬의 토대
가 끊어져버렸다. 뒤이어 대량멸종이 일어났다.

1980년, 지구에 충돌한 거대한 운석인 소행성 때문에 공룡이 절멸했다는 제안을 담은 논문이 발표되면서 대멸종연구의 새로운 시대가 열렸다. 그 논문 덕분에 마침내 격변론이 지질학의 중심에 다시 자리하게 되었다. 그 때까지 발표된 논문들 중 가장 대담한 그 논문은 반박의 여지를 넓게 열어 놓았으며, 나아가 크나큰 발견적 가치가 있었다. 격렬한 반발을 불러 일으 켰던 그 논문은 20세기 지구과학에서 가장 영향력 있는 논문의 하나가 되 었다.

그 논문은 「백악기–제3기 멸종의 외계원인*Extraterrestrial Cause for the Cretaceous-Tertiary extinction*」이라는 제목으로 미국의 선도적인 주간학술지 『사이언스』 1980년 6월 6일판에 실렸다.[63] 논문의 1차 저자는 루이스 앨버레즈Luis W. Alvarez였다. 아원자 입자들을 확인한 공로로 1968년에 노벨물리학상을 수 상한 인물이었다. 공동저자는 앨버레즈의 아들인 지질학 교수 월터Walter Alvarez, 그의 동료인 프랭크 아사로Frank Asaro와 헬렌 미첼Helen V. Michel이 었는데, 모두 버클리 캘리포니아대학 소속이었다.

그 논문이 대담했던 까닭은, 저자들이 펼친 대단히 큰 주장을 뒷받침해 줄 만한 증거가 지극히 적었기 때문이다. 이는 반박의 여지가 크다는 것을 의미했다. 과학은 사례를 **증명**하는 일이 아니다. 이런 일은 법률가들이나 하는 일이다. 과학이론이라는 것은 일련의 관찰들을 가장 잘 설명해주는 반면, 그에 반하는 관찰이 나오면 언제든 **논박**될 수 있는 법이다. 루이스 앨 버레즈와 동료들은 정말로 위험을 무릅쓴 것이었다. 그들이 펼친 큰 주장 과 예측은 얼마든지 쉽게 무너질 수 있는 것이었다. 또 그 논문은 발견적이 기도 했다. 다시 말하자면, 새로운 문제와 예측을 전반적으로 드러내주었 으며, 본질적으로는 지구과학연구의 새로운 길, 곧 진정한 '신격변론'— 일찍이 1960년대에 오토 신데볼프가 개척했던 것과는 다른— 을 개척했다 는 의미이다. '발견적'이라는 말은 '발견하다'는 뜻의 그리스어 *heuris-kein*에서 유래한 말인데, '내가 그것을 발견했다'는 뜻인 *eureka*(유레카)에서도 그 어원을 볼 수 있다.

공룡이 운석충돌로 죽었다는 주장은 많은 사람들, 특히 고생물학자들을 불편하게 했다. 고생물학자도 아닌 물리학자가 그런 주장을 했기 때문이다. 그래서 1980년대에 격렬한 논쟁의 장이 펼쳐졌다.[64] 논문이 미친 파장은 컸다. 그런데 쉽게 논박될 것 같은 가설이었지만, 결과는 그렇지 않았다. 그 가설을 뒷받침해주는 새로운 증거들이 속속 나왔던 것이다.

가설을 거꾸로 뒤집어보기

버클리 연구팀이 제시했던 전체 가설은 처음 생각을 뒤집어보면서 나온 것이었다. 처음에 월터 앨버레즈와 동료들은 고대 암석층서의 퇴적비율을 계산할 독립적인 방법을 찾고 있었다. 지질학자들은 사암이나 이암, 석회암층의 두께를 간단히 잴 수는 있었지만, 층의 두께는 전혀 시간에 비례하지 않는다. 얇은 이암층이라고 해도 깊은 바다에서 수백 년에 걸쳐 미세한 입자들이 서서히 퇴적된 것으로 볼 수도 있고, 두께가 100미터나 되는 커다란 석회암층이라고 해도 어떤 격변으로 몇 분이나 몇 시간 만에 퇴적된 것일 수도 있다. 퇴적시간을 정확히 읽어낼 수 있는 크로노미터를 제작할 방법이 없을까?

앨버레즈 부자는 이리듐이 한 해법이 될 수 있을 거라고 추론했다. 희귀한 백금족에 속하는 금속인 이리듐은, 사실상 십억분율(ppb)로 측정해야 할 정도로 지표면에는 미량만이 존재한다. 지구가 생성될 당시에도 이리듐이 존재했지만, 그 뒤에는 분리되어 지구의 핵 속에 갇혔다. 현재 지표면에는 이리듐이 매우 희귀하다. 원래 이리듐은 지구 바깥에서 온 것으로, 미세한 유성우, 텍타이트, 우주먼지가 서서히 지표면에 내려앉으면서 지구에 분포하게 된 금속이다. 만일 이리듐 도달률을 알 수 있다면—말하자면 100년마다 1제곱킬로미터에 1마이크로그램씩 도달한다는 식으로—, 각기 두께가 다르더라도 퇴적층의 이리듐 함량을 측정해서, 석회암이나 이암 등 퇴적된 것으로 생각할 수 있는 어떤 암석이든 층의 시간범위를 계산하는 게 가능하다.

문제는 그토록 희귀한 원소의 양을 측정할 방법을 찾는 것이었다. 당시에는 그처럼 미미한 양을 검출할 만한 분석기가 없었다. 바로 이 문제에서 루이스 앨버레즈의 실험물리학 지식이 큰 몫을 해주었다. 앨버레즈와 동료들은 필요한 정밀도에 도달할 수 있는 중성자 활성장치를 만들어냈다.

지질학자들은 이탈리아 북부 구비오 시 인근에서 월터 앨버레즈가 조사하던 일부 암석단면을 대상으로 새로 만든 크로노미터를 시험해보기로 했다. 중세풍의 담벼락으로 둘러쳐진 구비오 시 동쪽 계곡에는 두께가 400미터 이상인 거대한 층서가 있었다. 백악기-제3기 경계가 걸쳐 있는 이암과 석회암이 얇게 층져 있었다. 보통 깊이의 열대바다에서 수백만 년 동안 퇴적물이 느리게 축적된 것으로 보였다. 지질학자들은 각 층마다 표본을 떠서 캘리포니아로 보냈다.

버클리의 실험실에서 힘겹게 표본들을 처리한 뒤, 이리듐 분포값을 기록했다. 그들은 시간에 따라 값에 변동이 있을 것으로 예상했다. 빠르게 퇴적된 층에서는 낮은 값이, 느리게 퇴적된 층에서는 높은 값이 나올 것으로 예상했던 것이다. 그러면 최초로 시간과 층의 두께 사이의 관계를 계산해낼 수 있을 터였다. 평균 이리듐 농도는 0.3ppb로 매우 낮았다. 그런데 KT 경계에서 놀라운 결과가 나왔다. 10센티미터 두께의 경계층에서 9ppb까지 급등했던 것이다. 이는 '정상' 수준보다 무려 30배나 높은 수치였다(그림 11). 이를 어떻게 해석해야 할까?

앨버레즈 연구팀은 연구규약에 따라 이리듐 농도의 30배 증가가 의미하는 바는 KT 경계의 얇은 점토층이 그 위아래 층의 점토와 석회암보다 그냥 30배 긴 시간 동안 퇴적된 것이라고 추론할 수밖에 없는 형편이었다. 예상범위 안에 있는 결론일 터였다. 바다에서는 퇴적비율이 크게 달라질 수

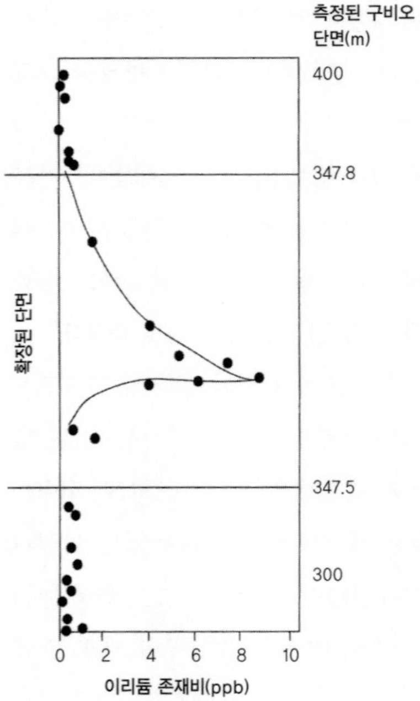
측정된 구비오 단면(m)
400
347.8
347.5
300
확장된 단면
0 2 4 6 8 10
이리듐 존재비(ppb)

그림 11 1980년에 앨버레즈와 동료들이 이탈리아 북부 구비오 단면에서 기록한 이리듐 스파이크. 백악기-제3기 경계 시간대에 해당하는 얇은 점토층의 이리듐 존재비가 경계 위아래 층들의 이리듐 존재비보다 훨씬 컸다(변동을 나타내는 수직 축의 눈금에 주목하라. KT 경계층이 크게 표현되어 있다). 이리듐 존재비의 증가가 대규모 KT 운석충돌 주장의 발판이 되었다.

있기 때문이다. 그런데 그 이론을 뒤집어본 연구팀은 대담한 예측을 내놓았다.

이리듐 스파이크

이리듐의 수준이 정상수준보다 30배나 급등했다는 것은 해당 암석단위층이 정상보다 30배 더 오래 퇴적되었음을 의미할 수 있었다. 아니면 앨버레즈의 생각대로 외계물질의 도달률이 갑자기 증가했다는 뜻일 수도 있었다. 다시 말해서 어떤 소행성, 곧 거대한 운석이 지구를 강타했을 수도 있다는 얘기이다.

연구팀은 그 결과를 다른 KT 단면인 덴마크의 스테븐스클린트 절벽 단면에서 비교·검토해보았다. 그곳의 경계 점토층에서도 이리듐 증가가 나타난다면, 추론이 정당했다는 증거가 될 것이었다. 만일 그렇지 않다면, 구비오 단면의 이리듐 스파이크는 국지적인 현상에 불과할 것이며, 아마 해당 지역에서만 퇴적작용이 비정상적으로 느리게 진행된 결과일 터였다(측정값이 평균보다 크게 웃돌거나 밑돌 때, 그래프에는 삐죽하게 선이 돌출되는 구간이 그려지는데, 이를 '스파이크spike'라고 한다. 이하 본문에서 '골든 스파이크'를 제외하고, '균류 스파이크', '양치류 스파이크' 따위는 모두 이를 뜻한다: 옮긴이). 덴마크 단면의 배경 이리듐 존재비는 0.26ppb

로 구비오 단면과 아주 비슷했다. 그리고 경계 점토층의 이리듐 존재비는 42ppb로 역시 스파이크가 있었다. 그런데 스테븐스클린트 단면에서 나타난 스파이크는 배경수준보다 무려 160배나 증가한 수치로, 구비오 단면보다 훨씬 극적인 차이를 보였다. 그것으로 충분했다. 연구팀은 서둘러 그 결과를 논문으로 작성했다.

연구팀은 여러 수단을 써서 지구와 충돌한 천체의 크기를 계산해보았다. 지구에 쌓인 물질의 예상부피, 지구를 에워쌀 정도로 충분히 많은 양의 물질을 대기 중에 쏟아놓는 데 필요한 폭발력, 충돌하는 천체와 그것이 전달하는 에너지 사이의 알려진 관계를 토대로 계산했다. 그 이론이 기초로 삼았던 것은 크라카타우 화산 같은 거대한 화산의 폭발효과였다. 크라카타우 화산은 인도네시아의 자바 섬과 수마트라 섬 사이의 순다 해협에 위치한 화산으로 1883년에 폭발했다.

크라카타우 화산폭발로 대기 중으로 뿜어져 나온 용융암석과 화산재는 18세제곱킬로미터로 추정되는데, 이 가운데 4세제곱킬로미터는 대기권 상층부인 성층권까지 도달해서, 2년 이상 성층권에 머물러 있었다. 이 미세한 먼지가 지구를 에워싸면서, 멀리 유럽에서도 화산폭발의 효과를 포착할 수 있을 정도였다. 유럽의 작가들과 예술가들은 화산폭발 후 몇 주 동안 계속된 평소보다 밝은 해넘이 풍경을 기록해놓았다. 앨버레즈 연구팀은 대규모 운석충돌도 그 같은 효과를 낳을 것이라고 추론했다. 단지 정도만 더 클 뿐이었다.

방정식

지금까지 우리는 그럭저럭 수학을 쓰지 않고 얘기를 해왔지만, 이번에는 방정식을 하나 소개해야겠다. 이 책에서 언급할 유일한 방정식이다. 과감하면서도 간단하기 짝이 없는 방정식이기 때문에, 가볍게 살펴보아도 괜찮을 것이다. 우리가 지금 얘기하고 있는 것은 지극히 미미한 증거에서 도출된 대단히 무모한 예측이다.

앨버레즈 연구팀은 이탈리아와 덴마크 단면의 얇은 경계 점토층을 연구한 결과를 활용해서 다음과 같은 생각을 펼쳤다. 6,500만 년 전에 지름이 10킬로미터인 거대한 운석이 지구와 충돌했다. 거대한 구멍을 뚫으면서 대기권을 관통한 운석이 지각을 후려쳤고, 순식간에 증발하면서 지름이 100~150킬로미터나 되는 거대한 운석구가 파였다. 그리고 수백만 톤의 바위와 먼지가 대기 중으로 뿜어졌다. 지구를 에워싼 먼지가 1년 이상 햇빛을 차단했고, 그 결과 식물이 정상적인 광합성을 하지 못해 바다와 육지 먹이사슬의 토대가 끊어져버렸다. 뒤이어 대량멸종이 일어났다.

앨버레즈 연구팀은 이탈리아와 덴마크 단면의 1센티미터 두께의 경계층에 나타난 사실을 기초로 계산했다. 연구팀은 경계층의 점토가 정상적인 방식으로 형성된 보통의 해성점토가 아니라, 운석충돌로 생긴 재나 먼지로 이루어졌다고 주장했다. 성층권까지 올라갔다가 몇 년에 걸쳐 퇴적된 물질로서, 외계에서 온 이리듐이 함유되어 있다는 것이었다. 공식은 다음과 같다.

$$M = \frac{sA}{0.22f}$$

여기서 M은 소행성의 질량, s는 충돌 직후 지표면의 이리듐 밀도, A는 지구의 표면적, f는 운석의 미소한 이리듐 존재비, 그리고 0.22는 크라카타우 화산의 화산재가 성층권으로 유입됐던 비율(4세제곱킬로미터를 18세제곱킬로미터로 나눈 값)이다. KT 경계에서 지표면의 이리듐 밀도는 1제곱센티미터에 8×10^{-9}그램으로 추정되었는데, 이는 구비오 단면과 스테븐스클린트 단면에서 측정한 값들을 기초로 했다. 현대의 운석들을 측정한 결과, f는 0.5×10^{-6}이었다.

이 값들을 모두 공식에 넣어 계산한 결과, 소행성의 무게는 340억 톤, 지름은 최소 7킬로미터였다. 다르게 계산해도 결과는 비슷했기 때문에, 앨버레즈 연구팀은 지구를 강타한 소행성의 지름을 10킬로미터로 굳혔다. 이 크기를 기준으로 몇 가지 간단한 계산이 더 이어졌지만, 여기서 그 계산까지 언급할 필요는 없을 것이다.

충돌 천체와 운석구 사이의 관계는 알려져 있었다. 최근에 생긴 운석구를 조사하고, 육중한 대포로 대형 강철포탄을 점토판에 발사한 실험을 해본 결과, 운석구의 지름이 충돌 천체의 지름보다 10~15배 정도 항상 크게 나타났다. 따라서 지름이 10킬로미터인 소행성이 만든 운석구의 지름은 100~150킬로미터에 달할 것이었다. 소행성의 속력과 그것이 전달하는 에너지 역시 알려져 있다. KT의 소행성은 아마 초속 25킬로미터의 속력으로 대기권에 진입했을 것이며, 에너지는 TNT 1억 메가톤과 맞먹었을 것이다. 이는 오늘날 전 세계가 보유한 핵탄두를 모두 터뜨린 폭발력의 30배 정도 되는 에너지이다.

그렇다면 어떻게 소행성이 공룡을 죽일 수 있었을까? 분명한 사실은 충돌에 이은 폭풍爆風과 화재로 충돌지점 바로 근처와 사방 1,000킬로미터 안에 있었던 모든 생명체는 몰살되었을 거라는 점이다. 화산폭발의 광범위한 효과에 대한 기존 연구에 입각해서, 앨버레즈 연구팀은 충돌 때문에 대기권 상층부 전체가 먼지로 채워졌고, 따라서 1년 이상 햇빛이 차단되었을 거라고 추론했다. 햇빛이 없으니 육지와 바다(미소한 식물성 플랑크톤들)의 녹색식물들이 광합성을 할 수 없었고, 식물이 성장할 수 없으니 초식동물들도 죽어갔을 것이며, 초식동물이 죽으니 육식동물들도 죽음을 맞았을 것이다. 또 추위도 몰려왔을 것이다. 어찌됐든 육지와 바다의 상당수 생명체는 죽었을 것이다(그림 12).

앨버레즈 연구팀 주장의 대담함에 걸맞게, 가정된 사건의 규모는 실로 엄청났다. 지극히 단순한 방정식들을 써서 지구 역사상 가장 극적이고 파괴적인 사건의 하나를 재구성해낸 것이었다. 무엇을 기초로 삼았던가? 바로 이탈리아와 덴마크에 있는 몇 개의 점토층이었다. 1980년, 앨버레즈 팀

그림 12 운석이 충돌했다. 그 결과는? 최후의 공룡에 속하는 트리케라톱스와 티라노사우루스 렉스가 자신들의 운명과 대면하고 있다.

의 논문이 격렬한 분노를 불러일으킨 것은 당연했다. 그러나 20년이 지난 오늘날, 우리는 그들 주장이 대부분 옳았음을 알고 있다. 지구과학의 중심에 격변론이 다시 들어선 것이다. 퀴비에와 버클런드는 무덤 속에서 미소를 지을 테고, 머치슨은 아마 크게 안도하리라. 반면 라이엘은 민망스러워하며 그 새로운 증거를 자기 생각과 조화시킬 방도를 모색하고 있을지도 모를 일이다.

위험한 격변론자들

1950년대와 1960년대의 '신격변론자' 오토 신데볼프를 다시 떠올려보자. 그는 독일 내 자신의 세력기반과 관련된 사람들을 제외하고는 배척당했던 인물이었다. 다른 격변론자의 운명도 별반 다르지 않았다. 예를 들어 스위스연방지질학연구소 지질학 교수이자 확고한 격변론자인 켄 쉬Ken Hsü는, 1948년 미국에서 대학원 과정을 시작했을 때, 격변론 같은 위험한 학설을 멀리하라는 주의를 단단히 받았다고 기록하고 있다.[65] 지도교수였던 에드먼드 스피커Edmund Spieker는 쉬에게 T. C. 체임벌린Chamberlin의 글을 멀리하라고 말했다. 체임벌린은 20세기가 시작될 무렵, 너른 지역에 걸쳐 암석대비에 이용되는 이상적인 표시층들이 갑작스런 사건들(격변들)로 형성된 것이라는 주장을 펼쳤던 인물이었다. 스피커가 말하길, "체임벌린은 그따위 생각들로 어느 누구보다도 지질학에 많은 해를 끼쳤다"는 것이었다.

같은 시기, 미국에서는 애리조나의 미티어 운석구의 기원에 관한 논쟁이 한창이었다. 깊이 파인 중심, 도드라진 테두리, 동그라미 꼴, 그것은 꼭 운석구처럼 보인다. 그런데 놀랍게도 유력한 지질학자들은 줄곧 이런 견해를 반대해왔다. 대표적인 인물이 미국지질조사소 수석 지질학자였던 G. K. 길버트Gilbert였는데, 그는 다른 것들뿐 아니라 이 구덩이도 화산폭발 과정에서 생겨난 것이라고 줄기차게 주장했다. 상식에서 크게 벗어나는 것처럼 보이는 주장이지만, 대부분의 사람들이 지구가 커다란 운석과 충돌한 적이 있었다는 생각을 부정했다는 사실은 격변론에 대한 두려움이 얼마나 컸는지를 여실히 보여준다.

운석충돌의 증거가 너무나 명백하기 때문에, 마음을 꼭꼭 닫아걸지 않고서는 부인하기 힘든 정도이다. 미티어 운석구는 그야말로 운석 구덩이처럼 보여서, 사실 많은 지질학자들의 마음은 길버트의 주장을 받아들이기까지 몹시 엎치락뒤치락 했다. 그러다가 1960년대에 들어서 비교적 빠르게 생각이 바뀌었다. 1908년에 있었던 퉁구스카 운석충돌에 관한 소식이 새어 나왔다. 시베리아의 외진 지역에 커다란 운석이 떨어져 폭발해, 사방 수 킬로미터의 나무들을 모조리 쓰러뜨렸던 것이다. 그러나 진정한 전환점은 진 슈메이커Gene Shoemaker가 독일의 리스 운석구를 조사하면서 찾아왔다.

리스 운석구

독일 남부, 중세의 상업도시 뇌르틀링겐 주변을 두르고 있는, 꼭 운석구처럼 생긴 구조물이 하나 있다. 뇌르틀링겐은 지름이 22~23킬로미터나 되는 넓은 원형구조의 중심에서 벗어난 곳에 자리하고 있다(그림 13). 운석구의 오목부위는 얕고, 호수퇴적물들로 채워져 있는데, 농경에 알맞은 비옥한 토양으로 바뀌어 있었다. 뇌르틀링겐을 기점으로 어느 방향으로 차를 몰든 가파른 비탈을 만나게 된다. 비탈을 따라 꼬부랑길을 올라가다보면 주변을 두른 평원으로 내려가게 된다. 뇌르틀링겐 주변보다 수십 미터는 높은 곳이다. 여기가 바로 운석구의 테두리이다. 이 테두리 구역의 안팎에는 거대한 바위들이 이상한 각도로 서 있는데, 어떤 것들은 크기가 집채만하다.

애리조나의 미티어 운석구 경우처럼, 리스 구조를 두고도 독일 지질학자들은 여러 설명을 쏟아내며 격렬한 논쟁을 벌였다. 대부분의 지질학자들은 화산활동으로 만들어진 구조라고 주장했다. 다시 말해 화산이 폭발한 다음,

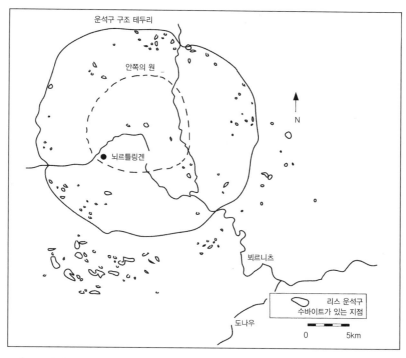

운석구 구조 테두리

안쪽의 원

뇌르틀링겐

N

뵈르니츠

리스 운석구
수바이트가 있는 지점

도나우

0   5km

그림 13 독일 남부 서西바이에른의 리스 운석구 지도. 안과 바깥의 원들을 눈으로 뚜렷하게 볼 수 있으며, 충돌에 뒤이은 후폭풍後爆風으로 내던져진 물질을 일컫는 분출물(수바이트)의 위치를 뚜렷하게 식별할 수 있다(운석구 안팎에 표시된 불규칙적인 구역). 대부분의 분출물은 침식되어 없어졌거나 나중에 쌓인 퇴적물로 덮였다.

스스로 주저앉아 얕은 사발 모양 구조만을 남겼다는 것이다. 화산추는 지각 속으로 내려앉았거나, 아니면 화산폭발이 너무 격렬해서 화산추가 아예 형성되지도 않았을 것이라는 얘기였다. 재미있는 사실은 화산재와 용암의 흔적마저 이상하게 죄다 묘연했다는 점이다. 1911년, 포병대 소령이었던 W. 크란츠Kranz가 진흙 속에 화약을 넣고 폭발시켜보았다. 지하에서 일어난 폭발이 리스 구조를 만들어낼 수 있을 거라고 생각했던 것이다. 운석충돌의 가능성을 제기한 지질학자들도 있었으나, 그들의 목소리는 무시되었다.

1960년, 미국지질조사소에서 일하던 저명한 천체지질학자 진 슈메이커

(1928~1997)가 뇌르틀링겐을 찾았다. 1994년에 목성과 충돌한 소행성 슈메이커-레비Shoemaker-Levy의 발견으로 귀에 익숙해진 인물이다. 그는 리스 구조에 관해 입수할 수 있는 모든 자료를 읽은 다음, 그것이 운석구임을 확신하게 되었다. 별로 오래된 구조가 아니었기에 이상적인 연구대상이었다. 리스 구조를 채운 퇴적물에는 약 1,470만 년 전 마이오세에 살았던 연체동물, 어류, 기타 동식물 화석이 풍부했다. 슈메이커는 운석구 동쪽 테두리에 자리한 오팅의 수바이트 채석장으로 가 조사에 착수했다. 그곳을 선택한 까닭은 회의론자들을 설득할 가능성이 가장 높은 곳으로 생각했기 때문이었다. 수바이트는 600℃의 고온에서 형성된 유리질 기질 내에 자리한 퇴적암—석회암, 이암, 사암—의 모난 암편巖片들이 뒤섞여 만들어진 용융 각력암을 말한다. 수바이트suevite는 라틴어 *Suevia*에서 온 말로, 영어로 Swabia, 독일어로 Schwaben이라고 부르는 지역의 고대 로마시대 지명이다.

슈메이커와 워싱턴의 동료 E. C. T. 차오Chao는 1959년에 이미 미티어 운석구 바닥 암석의 광물구조를 조사한 바 있었다. 거기서 발견했던 것은 코에사이트coesite라는 이름의 비정상적인 형태의 석영이었다. 코에사이트는 300킬로바에 이르는 초고압에서만 형성되는 광물이고, 석영은 지구 암석에서 가장 흔한 광물이다. 지각과 충돌한 운석의 고에너지만이 보통의 석영을 코에사이트로 변성시킬 수 있었다. 따라서 코에사이트는 운석충돌이 있었다는 뚜렷한 표시였다.

1960년 7월 27일 오후, 오팅 수바이트 채석장에 도착한 슈메이커는 다음과 같이 기록했다.

땅거미가 깔릴 무렵, 나는 재빨리 수바이트 표본 세 개를 구했다. 그리고 근처 숲 속에서 야영을 했다. 다음 날, 우리는 뇌르틀링겐으로 차를 몰고 가서 워싱턴의 차오에게 그 표본들을 보냈다. 며칠 뒤 표본들이 차오에게 도착했고, 재빨리 X선 검사를 한 결과 코에사이트가 있음을 발견했다.[66]

슈메이커와 차오는 연구결과를 논문으로 발표했다. 1961년 『지구물리학 연구 저널Journal of Geophysical Research』에 실린 논문의 제목은 「독일 바이에른 리스분지가 운석충돌로 만들어졌다는 새로운 증거」였다. 두 사람이 내놓은 증거가 너무나 결정적이었기 때문에, 이렇다 할 반론이 전혀 없었다. 아주 오랫동안 명백한 사실을 앞에 놓고도 떳떳하게 인정을 못했던지라, 지질학자들도 부인할 수 없었던 것이다. 운석 구덩이처럼 생기고, 운석 구덩이 냄새를 풍긴다면, 그렇다면 그건 당연히 운석 구덩이인 것이다.

메가블록, 수바이트, 용융 분출탄

슈메이커와 차오가 쓴 논문은 시작에 불과했다. 일단 눈에 보이는 명백한 사실을 받아들이자, 지질학자들은 운석충돌이 미친 영향에 대해 찾을 수 있는 모든 것을 찾아내려고 리스 운석구로 몰려들었다. 비교적 가까운 과거에 형성되었기 때문에 뇌르틀링겐 주변 지역 지질에서는 아직도 충돌의 여러 결과들을 추적해서 확인할 수 있었다.

운석구의 기하학적 구조와 강하 암석들을 보면 당시 상황을 알 수 있다. 운석구의 가장자리는 뚜렷하게 표시되어 있다. 지름은 22~23킬로미터이다(그림 13). 그런데 안쪽에도 지름이 11~12킬로미터 정도 되는 작은 원이 하나 더 있다. 이런 구조가 생긴 이유는 운석이 지각을 깊이 뚫은 직후 운석구 바닥면에서 반동이 일어났기 때문이다. 분출물(충돌 이후 내던져진 암석)은 운석구 중앙에서 70킬로미터 떨어진 곳에서도 발견된다. 예상대로 운석구에서 멀면 멀수록 분출물 층은 얇아지고, 바위의 평균 크기 또한 줄어든다. 이를테면 집채만한 거석들은 운석구 안쪽과 주변에서 발견되고, 자갈만한 크기의 돌들은 40킬로미터 떨어진 곳에서도 발견된다. 몰다바이트moldavite라고 불리는 미세한 입자형의 광물질은 동쪽으로 600킬로미터 떨어진 체코공화국에서도 확인된다.

운석구 안쪽과 주변에서 발견되는 여섯 가지 유형의 독특한 바위를 보면 당시 사건의 전모를 알아볼 수 있다. 첫 번째는 **메가블록**megablocks이라 부르는 것으로 부정형의 거석들인데, 지름이 25미터까지 이른다. 아래의 퇴적물로 구성된 메가블록은 운석구 테두리 바로 안쪽에 별의별 각도로 누워 있다. 이것들은 운석구 중심에서 뜯겨져나가 공중으로 내던져졌다가 운석구 안쪽으로 다시 떨어진 것들이 분명했다.

　두 번째는 **다채색 각력암**('여러 색깔을 띤 각력암')으로, 운석구 아래의 암석조각들로 구성된 다채색—빨강과 노랑은 트라이아스기 사암과 이암이고, 회색과 검정은 쥐라기의 이암과 석회암이다—암석덩어리이다. 손바닥만한 크기의 부정형 돌조각들이 고운 암석가루 여기저기에 아무렇게나 묻혀 있다. 다채색 각력암은 운석구 가장자리 주변과 인근 지역에서 발견된다. 충돌로 잘려나간 광물질이 따로따로 내던져졌다가, 부정형의 혼성 각력암으로 융합되어 땅에 떨어진 것이 틀림없다.

　세 번째는 **결정질 각력암**으로, 더욱 깊은 곳의 암석조각들로 구성되어 있다. 지표 아래 400미터 깊이에 자리한 화강암 같은 화성암 파편들로 이루어진 결정질 각력암은 퇴적암 아래까지 깊이 뚫고 들어간 운석이 저부의 결정질 암석을 지표 위로 내던져서 형성된 것들이다. 원래 있던 자리가 깊기도 했고, 강력한 힘에 의해 떨어져 나왔기 때문에, 변성의 흔적이 남아 있다. 곧, 고온과 고압으로 용융과 왜곡이 일어났던 것이다. 결정질 각력암의 일부는 운석구 안쪽, 다른 일부는 운석구 바깥쪽에서 발견된다.

　네 번째는 **수바이트**로, 리스 운석구에서 처음으로 명명된 암석유형이다. 기반암, 화강암과 편마암, 약간의 퇴적암 조각들로 구성된 일종의 각력암인 수바이트는 열을 받으면 70퍼센트 정도까지 유리로 변한다. 별개의 암편들이 융합되어 형성되었지만, 구멍이 많아서 수바이트 형성 시에 다량의 기체를 함유했음을 알 수 있다. 수바이트는 운석구 안팎에서 대단히 풍부하게 발견된다. 충돌 시 공중으로 내던져졌다가 떨어진 것이 틀림없다. 뇌르틀링겐과 인근 도시 주민들은 중세시대부터 수바이트를 주요 건축용 석재로 이용해왔다. 쉽게 가공할 수 있고 자체적으로 온기도 간직했기 때문에 이상적인 석재였던 것이다. 비록 그 이상한 돌의 유래에 대해서는 아는 바가 거의 없었지만.

다섯 번째는 **충돌성 용융물질**로, 천연유리이다. 그 지역 암석에서 형성된 것으로, 충돌 시 녹은 다음 융합되어 균질의 유리가 되었다. 그 용융물질은 흔히 '화산탄' 모양을 띤다. 원반형태의 유리몸체가 공기를 가르며 날아가다가 식으면서 응고된 것이다. 화산탄의 겉모양—원반던지기 놀이의 원반 같은 모양이다—은 비행 중에 어떤 식으로 응고되었는지를, 내부의 흐름패턴은 녹은 유리가 응고되기 전 몇 초 동안 어떤 식으로 흘렀는지를 보여준다.

마지막으로 여섯 번째는 **원거리 분출석**이다. 충돌로 내던져졌다가 운석구에서 상당히 먼 거리까지 날아가 떨어진 충돌성 암석이다. 기저퇴적물 덩어리의 일부는 충돌지점에서 70킬로미터 떨어진 도나우 강 남쪽에서 발견되기도 한다. 이보다 더 논쟁거리가 되는 것이 퇴적물 덩어리 가까이에서 발견되는 벤토나이트 점토이다. 아마 대기 중으로 날려갔다가 운석구 주변을 널리 뒤덮은 고운 입자성 화산재 같은 광물질로 만들어진 산물로 생각된다. 마지막으로 체코공화국에서 발견된 작은 운석형 용융암편인 몰다바이트 텍타이트moldavite tektites 역시 충돌 시 폭풍의 위력으로 수백 킬로미터 떨어진 곳까지 날아간 것으로 볼 수 있다.

이제까지 지질학자들은 리스 운석구와 그 분출물을 분석하느라 많은 시간을 들였다. 지도를 작성하고, 시추공을 파고, 운석구 안쪽과 주변에서 발견되는 기이한 암석들을 측정하고 지구화학적 조사를 한 결과, 불과 수 초 동안 일어났던 사건을 매우 자세하게 그려낼 수 있었다. 그렇다면 충돌 시 무슨 일이 일어났을까?

운석충돌 시의 상황

1,470만 년 전, 지름이 500~700미터인 소행성이 리스를 강타했다. 대기권 외곽을 뚫고 들어온 소행성은 초속 20~60킬로미터의 속력으로 지각을 후려쳤다. 그때 방출된 에너지만 100메가톤으로, 히로시마 원자폭탄 25만 개를 합한 폭발력과 맞먹었다. 운석구에서는 150세제곱킬로미터의 암석이 내던져졌고, 뒤이은 폭풍 때문에 사방 500킬로미터 안의 모든 생명체가 죽음을 맞았다. 먼지구름이 온 지구를 감쌌다. 1883년 크라카타우 화산폭발 때처럼, 그때도 세계 전역에서 기이한 해넘이가 펼쳐졌을 것이다. 그러나 리스 운석충돌은 크라카타우보다 훨씬 강력했기 때문에, 하늘을 뒤덮은 먼지가 족히 며칠은 태양을 가렸을 것이다.

리스 운석충돌사건은 여섯 단계로 나누어서 이야기할 수 있다. 하늘에서 돌진해온 소행성이 1~2초 만에 대기권을 뚫고 들어온다(1단계). 약 1킬로미터 깊이까지 지각을 뚫고 들어간다. 이때 트라이아스기와 쥐라기 퇴적층 700미터, 그 아래 결정질 기반암 300미터를 꿰뚫어버린다(2단계). 이 초기 단계에서 작은 용융물질 입자들인 몰다바이트 텍타이트가 내던져졌고, 아래쪽과 옆쪽으로 엄청난 충격파가 발생했다.

충돌 순간의 압력은 약 5메가바로, 평상시 대기압의 500만 배에 해당하고, 온도는 2만℃까지 급등한다. 3단계에서는 운석뿐 아니라 1킬로미터 깊이의 주변 암석까지 5분의 1초 만에 원래 부피의 4분의 1 이하로 압축되고, 폭발적으로 증발해버린다. 사방으로 충격파면이 형성되면서 초속 20~30킬로미터로 진행하다가, 몇 킬로미터 이후에는 기세가 꺾인다. 운석구의 가장 깊은 지점으로 내려가보면 압력과 온도의 상승으로 인해 달라진 층들을 확인할 수 있다. 그리고 운석구에서 멀어질수록 압력과 온도가 감소한다.

그다음, 충돌 후 2초 만에 분출단계(4단계)가 시작된다. 알다시피 모든 힘에는 크기는 같지만 방향은 반대인 반작용이 있다. 이 반작용으로 운석구 바닥면이 되튕기면서, 운석과 주변 암석이 증발하며 방출한 엄청난 양의 암석, 용융물질, 재, 기체를 날려 보낸다. 다량의 암석과 기체가 위쪽과 바깥쪽으로 날려가 원뿔형태의 분출면이 생겨난다. 원뿔형태로 둥글게 뻗어가는 뜨거운 분출물이 고속열차에 맞먹는 속력으로 옆쪽으로 돌진하면서 토양과 암석을 벗겨내고, 모든 생명체들을 쓸어버린다. 처음에는 가장 큰 메가블록과 다채색 각력암이 운석구 안쪽과 주변에 다시 떨어져 테두리 주변에 100미터가 넘는 두께로 쌓인다. 운석구에서 멀어질수록 분출물 층의 두께와 그 속에 함유된 암석의 평균 크기는 줄어드는데, 바깥쪽으로 갈수록 분출면의 에너지 역시 감소하기 때문이다.

메가블록과 다채색 각력암에 바로 뒤이어 수바이트와 아울러 유리질 분출탄 같은 용융물질들이 운석구 안쪽은 말할 것도 없고 주변 100킬로미터 거리에 걸쳐 쌓인다. 고운 입자성 재는 더 멀리 날아가 500킬로미터 거리까지 쌓인다. 분출물 사태가 지나간 뒤에는 황폐한 풍경이 펼쳐진다. 부정형의 암석덩어리들이 하얗고 고운 재 속에 묻혀 아무렇게나 흩어져 있고, 불타는 나무 그루터기들이 여기저기 삐죽삐죽 솟아 있다.

10분이 지나면 모든 과정이 끝난다(5단계). 운석은 사라지고, 이중 테두리가 생겼다. 바닥면의 반동으로 형성된 안쪽 테두리의 지름은 약 11킬로미터, 내원 주변이 함몰해서 생겨난 바깥쪽 테두리의 지름은 약 23킬로미터이다. 하늘에서 떨어지는 것은 주로 암석과 재다. 가장 고운 먼지는 아마 한참을 더 성층권에 머무르면서 몇 년 후까지 기후에 영향을 미칠 것이다.

그리고 1,470만 년이 흐르면서(6단계) 운석구는 크게 변형되었다. 충돌이 있고 몇 년이 지나면서 운석구에 호수가 생겨났고, 진흙과 석회로 이루어진 두꺼운 퇴적층이 형성되었다. 퇴적물에는 녹조류, 갈대, 민물달팽이, 어류 화석뿐 아니라, 거북이, 뱀, 새, 고슴도치, 햄스터, 박쥐, 담비, 애기사슴 등 호수 주변에서 살았던 동물들의 화석까지 함유되어 있다.

지금까지도 리스 운석구는 가장 훌륭하게 기록된 운석구에 속한다. 1961

년에 슈메이커와 차오가 신기원을 이룬 논문을 발표한 뒤, 지질학자들은 운석구를 찾기 위해 곳곳을 샅샅이 뒤지기 시작했다. 소규모이긴 했지만, 사실상 운석구 찾기는 기업적인 성격까지 띠었다. 처음엔 쉬웠다. 운석구 광표들은 눈으로 확인할 수 있는, 비교적 최근에 형성된 보통 크기의 운석구들을 모두 확인했다. 그다음에는 항공사진과 위성사진을 훑으면서 너무 크거나, 너무 오래되었거나, 너무 많이 침식된 원형구조가 지상에 보이는지 수색했다. 그 결과 더욱 많은 운석구를 찾아냈는데, 어떤 것은 지름이 무려 100킬로미터나 되었다. 하지만 운석구학(craterology)이라는 새로운 조류가 생겼음에도, 1980년 앨버레즈 논문을 받아들이기는 전혀 쉬운 일이 아니었다. 대부분의 지질학자들이 여전히 격변론을 불편하게 생각했기 때문에, 인정받은 운석구나 운석충돌사건 역시 극히 적은 수에 불과했다.

고집불통?

지금 눈으로 보면, 1980년에 앨버레즈 연구팀이 제시했던 KT 운석충돌모델을 반대한 자들이 러다이트(luddites, 19세기 초 영국의 노동자들이 기계가 일자리를 빼앗아갔다며 섬유기계를 파괴하는 폭동을 일으켰는데, 폭동의 지도자 이름이 '러드'로 알려져 있었기에 이들을 '러드들'이라는 뜻의 '러다이트'라고 불렀다. 대세를 무시하고 옛 시절에 집착하는 사람들을 일컫는 말로도 쓰인다: 옮긴이)나 반동분자로 보이기 십상일 것이다. 운석충돌가설은, 리스 운석구뿐 아니라 1980년까지 확인되었던 다른 모든 운석구에서 이루어진 연구와도 잘 어울렸다. 당시는 공룡을 몰살시킨 주범으로 짚을 만큼 연대가 오랜 운석구가 확인되지 않은 상황이었다. 이 점을 들어 비판한다고 해도 설득력은 그리 크지 않았다. 6,500만년이라는 오랜 시간이 흐르면, 제아무리 지름이 100킬로미터나 되는 거대한 운석구라 할지라도 퇴적작용으로 흔적이 사라져버렸을 수도 있고, 아니면 바다 밑에 있을 수도 있기 때문이다. 그런데 운석충돌 반대론자들은 다른 주장을 펼쳤다.

1980년의 표준적인 관점은 점진적 생태천이모델이었다. 특히 빌 클레멘스Bill Clemens, 리 반 발렌Leigh Van Valen, 로버트 슬론Robert Sloan 등, 최후의 공룡과 초기 포유류를 연구했던 지질학자들과 고생물학자들이 그 모델을 주창했다.[67] 이 모델에 따르면, 공룡처럼 멸종된 화석 생물군들은 KT 경계 훨씬 전부터, 이를테면 500만 년 전부터 쇠퇴의 길을 걸었다. 생태천이라는 개념은 전형적인 백악기 후기의 동식물상이 오랜 시간이 흐르면서 새로운 동식물상에게 자리를 내주었음을 말한다. 그 모습을 직접 본다고 해도 무슨 일이 일어나는지 알아볼 수 없을 정도로 오랫동안 느리게 진행되었다는 얘기이다. 그러다가 500만 년 뒤, 공룡이 지배했던 세계는 포유류가 지배하는 세계로 바뀌었다는 것이다.

점진적 생태계 진화모델이 주로 근거로 삼았던 것은, 몬태나에서 백악기의 마지막 30만 년 동안 제3기 국면으로 넘어가는 와중에 출현한 독특한 포유류 군집(프로퉁글라툼Protungulatum)이었다(미국과 캐나다에서 발견된 화석동물군으로 'before-ungulate'[유제有蹄동물 이전]이란 뜻인 프로퉁글라툼은 크기가 쥐만하다. 팔레오세 초기 퇴적층에서 공룡 이빨과 함께 발견되었던 까닭에 처음에는 백악기 최후기에 출현해서 최후의 공룡과 공존했으며, 초식공룡과 생존경쟁을 벌인 결과 공룡멸종에 큰 구실을 했다고 생각했다. 그러나 이후 백악기 후기 퇴적층이 강물로 침식된 결과 팔레오세 초기의 동물화석들이 혼입되었다는 주장이 나오면서 다시 쟁점이 되었다: 옮긴이). 그 포유류가 점차 번성하면서 공룡은 쇠퇴하다가 결국 사라졌다는 것이다. 울창했던 아열대의 공룡 서식지 대신 포유류에게 알맞은 서늘한 온대림이 들어서면서 서식지에 큰 변화가 생겼고, 그 결과 공룡과 포유류 사이에 벌어진 확산경쟁으로 점진적인 대체과정이 일어났다고 설명한다.

그런데 몬태나에서 찾아낸 이 특별한 사례와 관련된 군집들의 연대측정 문제에 있어서는 몇 가지 의혹이 있다. 이를테면 연대가 훨씬 이른 하도河道에서 나타나는 일부 포유류 화석들이 백악기 후기 퇴적층으로 혼입되었을 가능성이 있다. 하지만 연대가 불확실하다 해도, 점진적 멸종에 대한 모든 증거가 무효화되는 것은 아니다.

점진주의모델이 확장된 결과 KT 사건의 모든 국면들까지 아우르게 되었다. 이에 따르면, 바다에서는 1만 년에 걸쳐 플랑크톤군들이 점차 멸종했고, 다른 다양한 생물군들도 이미 KT 경계 훨씬 이전부터 쇠퇴의 길에 들어섰다. 다양한 해저생물과 여과섭식자가 절멸했지만, 해저포식자들과 잔사殘滓섭식자는 별 영향을 받지 않았다. 여러 해양생물군들의 멸종패턴은 백악기 후기 내내 점진적인 쇠퇴가 일어났음을 보여준다. 점진주의자들은 백악기 말의 기후냉각과 해수면의 큰 변화를 지적하면서 장기간에 걸친 멸종패턴을 설명한다.

일부 파괴적인 격변론 시나리오에 맞서서 점진주의자들은 KT 경계에서 멸종하지 않은 군들도 많다는 사실을 납득하기 어렵다는 주장도 펼쳤다. 육상의 태반포유류, 도마뱀, 뱀, 악어, 거북이, 개구리, 여타 민물생명체들에게서는 멸종의 표시가 거의 보이지 않으며, 식물화석기록상으로도 온건하고 점진적인 변화만을 보여줄 따름이라는 얘기이다. 단순 운석충돌 멸종모델을 비판하는 사람들은, 범세계적으로 햇빛차단, 추위, 조류潮流의 급변, 화재, 독성물질의 대규모 유입 같은 여러 재앙이 일어나 지구가 황폐해졌다면, 공룡과 한데 어울려 살았던 이런 동물군들이 어떻게 모두 살아남을 수 있었느냐는 의혹을 제기한다.

나아가 공룡, 암모나이트, 플랑크톤이 운석이 곧 떨어질 것임을 어떻게 알았느냐며 무례하다 싶을 정도의 물음을 던지기도 한다. 어쨌든 점진주의자들의 주장은, 운석충돌이 있기 수십만 년, 아니 수백만 년 전부터 이미 이 생물들이 모두 쇠퇴하기 시작했다는 것이다.

꼴사나운 논쟁: 물리학 대 고생물학

1980년 앨버레즈 논문이 나온 이후 벌어진 격렬한 논쟁에는 다른 측면도 있었다. 아마 논자들은 단순히 과학적 증거만을 놓고 논쟁을 벌이지는 않았을 것이다. 공룡멸종을 설명하는 두 가지 주요한 모델은 서로 다른 종류의 데이터를 기초로 한다. 점진주의모델은 기본적으로 고생물학과 충서학, 격변 모델은 주로 지구화학과 천체물리학 데이터를 바탕에 깔고 있다. 이는 한 쪽이 다른 쪽의 증거를 평가하기가 곤란하다는 것을 의미한다. 그러나 일부 생물학자와 물리학자, 또는 흔히 부르는 말로 '온건한' 과학자와 '강경한' 과학자 사이의 좀더 근본적인 잠재적 갈등요인이 있는 것 같다.[68]

앨버레즈 연구팀이 처음 논문을 발표했을 때 회의적인 반응을 보였던 많은 고생물학자와 지질학자는 오랜 기간 KT 경계의 진행국면들을 연구해온 전문가들이었다. 그들은 애먼 물리학자들이 끼어들자 화가 난 게 분명했다. 이들의 분개를 감안할 때, 루이스 앨버레즈가 연구팀원들의 이력을 상세히 열거한 것은(물리학자 한 명, 핵화학자 두 명, 지질학자 한 명) 어찌 보면 당연했는지도 모른다. "나는 문득, 우리들이 여러 분야의 과학적 능력들을 한데 모아 이 능력들을 활용한다면, 과학의 가장 큰 수수께끼 가운데 하나인 공룡의 돌연한 멸종문제를 해명할 수 있을 것임을 깨달았다."[69]

과학저술가인 로버트 재스트로Robert Jastrow는 대중잡지 『사이언스 다이제스트Science Digest』에 실은 한 글에서 이 논쟁의 핵심을 다음과 같이 그려냈다.

앨버레즈 교수는 고생물학자들에게 위세를 부리고 있다. 물리학자들은 가끔 그런 태도를 취하곤 한다. 자기들만이 명료한 사고를 할 수 있다고 생각하는 사람들이다. 온건한 과학의 힘을 위축시키는 그네들의 힘은 바로 수학과 측정의 정밀도에 있다.[70]

앨버레즈 논문들 제목 자체가 이런 생각을 뒷받침하는 것으로 볼 수 있었다. 1980년 논문의 제목은 「백악기-제3기 멸종의 외계원인—실험적 결과들과 이론적 함의들」이었고, 1983년에 쓴 개요문의 제목은 「6,500만 년 전 수많은 종들을 멸종으로 이끈 소행성충돌에 대한 실험적 증거」였다. 점진주의자로서 앨버레즈를 비판했던 리 반 발렌은 이렇게 언급했다. "[앨버레즈 연구팀이] '실험적' 증거라고 부른 것은 사람들을 미혹시키는 선전문구이다. 그 말은 현장보다는 그저 실험실에서 몇 가지 관찰을 했다는 것뿐이며, 적극적인 실험적 검증을 했다는 말이 아니다."[71]

1983년 논문에서 루이스 앨버레즈는 놀랍게도 줄곧 가시 돋친 말을 쏟아내고 있다. 비판자들을 멸시하는 말이었다.

내가 처음에 지적한 두 가지—소행성이 지구와 충돌했으며, 그 충돌로 해양 생명체의 상당 부분이 멸종했다—는 이제 논쟁의 여지가 없다고 생각한다. 지금은 거의 모든 사람들이 그렇게 믿고 있다. 그러나 늘 반대자는 있는 법이다. 내가 알기로 아직까지도 판구조론을 믿지 않는 저명한 미국 지질학자가 한 사람 있다……. 사람들이 온갖 사실과 수치를 들먹이며 그 이론을 집어치우라고 전화도 하고 글도 썼지만, 조금도 굴하지 않고 그 이론은 이런 도전들을 이겨냈다.[72]

나중에 앨버레즈는 고생물학에 비해 물리학이 가진 이점을 이렇게 그려냈다. "나는 데이터 분석 분야에서 많은 경험을 쌓았다." 그리고 "물리학에서는 처음부터 아주 낮은 확률을 가진 이론들을 진지하게 취급하지 않는다." 나아가 이렇게 썼다. "나 자신이 물리학자임을 매우 자랑스럽게 여길 만한 특별한 이유가 있다. 만일 당신이 물리학자에게 기존에 믿었던 이론을 무너뜨릴 증거를 제시한다면, 물리학자는 지체 없이 그 증거를 고려할 수 있기 때문이다……. 그러나 모든 과학 분야가 이러지는 않음을 깨달아가고 있는 중이다."73) 앨버레즈가 '반대자들'을 공개적으로 언급할 때는 한층 더 비판적인 경우가 많았다. 그 당시 저널리스트 맬컴 브라운Malcolm Browne이 「뉴욕타임스」에 썼던 기사에 따르면, 거의 인격모독의 수위까지 갔을 정도이다.74)

다른 한편, 일부 고생물학자들이 물리학자들에 대해 품었던 불신의 상당 부분은 확실히 별 근거가 없었다. 고생물학자이자 격변론자였던 데이비드 라우프는 「뉴욕타임스」에 실린 공룡고생물학자 로버트 베커Robert Bakker의 말을 길게 인용해서 이 점을 지적했다.

저들은 믿기지 않을 정도로 오만방자하다. 진짜 동물들이 어떻게 진화하고, 살아가고, 멸종하는지 그들은 거의 아무것도 모른다. 그렇게 무지한데도, 지구화학자들은 환상의 기계만 돌리면 과학에 혁명을 일으킬 것이라고 생각한다. 공룡이 멸종한 진정한 이유는 기온과 해수면 변화, 이동에 따른 질병의 확산, 그 외 다른 복잡한 사건들과 관련 있다. 그런데 저 격변론자들은 그런 문제를 중요하게 여기지 않는 것 같다. 사실상 그들은 이렇게 말하고 있는 거나 다름없다. "첨단기술을 가진 우리들은 모든 해답을 갖고 있지만, 당신네 고생물학자들은 그저 원시시대의 돌이나 사냥하는 자들이다."75)

여기에는 정당한 비분강개와 진실한 우려가 섞여 있다. 이 논쟁의 일부는 형태만 바꿔서 계속 반복되었으며, 실제로 과학계의 이른바 쪼는 순위에 대한 언급도 있었다. 다시 말해 물리학이 고생물학보다 더 훌륭하며, 더욱 미더운 과학으로 보인다는 것이다. 그러나 1980년대 초반 앨버레즈 진영과 고생물학자들 사이의 불화의 기원은 어떤 형태이건 오랫동안 격변론을 불신했던 라이엘에게로 거슬러 올라갈 수 있음이 분명하다.

논증 스타일

엘리자베스 클레멘스Elisabeth Clemens는 '소행성과 공룡' 논쟁의 본질을 분석한 뒤, 논증 스타일이나 전문학술지와 대중매체의 구실 같은 여러 가지 과학 외적인 요인이 작용하고 있다고 주장했다.76) 그녀는 다양한 분야의 과학자들과 대중은 운석충돌이론을 빠르게 수용했던 반면, 실질적으로 그 문제에 가까이 있었던 지질학자와 고생물학자 대부분이 처음에 그토록 거부했던 이유가 무엇인지 알고 싶었다. 왜 어긋났던 것일까?

우선, 공룡멸종문제를 연구했던 다양한 분야의 과학자들, 곧 지질학자, 고생물학자, 화학자, 물리학자, 천문학자 등이 모두 똑같은 훈련을 받은 단일한 학자집단이 아니라는 사실에 주목해야 한다. 그들은 손발이 각기 따로 노는 몸뚱이 같아서, 제각각 가는 방향도 다르고, 서로 간에 의사소통도 거의 이루어지지 않는다. 클레멘스는 앨버레즈 이론이 다양한 방면에서 빠르게 주목받고 수용되었던 까닭은 지질학의 격변론이 점차 지적인 유행을 탔기 때문이라고 주장한다. 1961년 슈메이커의 연구 덕분에 운석충돌 가능성을 수용할 문이 열렸고, 우리는 이미 1980년까지 슈메이커뿐 아니라 점점 많은 지질학자들이 새로운 운석충돌 지질학 분야를 다듬어갔음을 보았다. 그러나 거기서 그친 것은 아니었다.

앨버레즈의 선구자들이 있었던 것이다. 앞에서 보았듯이, 1956년에 드 로벤펠스는 운석충돌로 공룡이 절멸했다는 주장을 진지하게 펼쳤다. 비록 그는 훌륭한 고생물학자였지만, 거의 모든 이들이 그 생각을 무시했다. 그러다 1970년대에 외계원인모델들이 봇물 터지듯 발표되었고, 그 가운데 6,500만 년 전에 초신성 폭발이 있었다는 주장이 대세를 이루었다.77) 초신성이 폭발한 뒤 우주복사가 지구를 덮쳤다는 것이다. 비록 지지를 많이 얻지는 못했지만, 의존했던 증거의 상당 부분은 앨버레즈 연구팀이 활용했던 것과 같았다(다만 이리듐 스파이크는 해당되지 않는다). 바로 그 1970년대의 초신성 폭발이론이 앨버레즈의 운석충돌이론의 길을 닦아주었을 것이다.

클레멘스는 앨버레즈 가설이 폭넓은 주목과 인정을 받았던 데는 가설을 제시하는 양식이 한몫을 했다고 주장한다. "어떤 면에서 보았을 때, KT 경계 문제의 틀은 입자물리학의 방법론을 따르도록 맞춰진 것이었다." 1980년 논문(총 14쪽이나 된다)의 태반은 운석충돌에 대한 지질학적·물리학적 증거, 그리고 운석충돌의 물리학적 결과들로 한정되었다. 생물학적 결과에 대한 논의는 겨우 반쪽밖에 안 된다. 그다음에는 범위를 좁혀서 여러 방식으로 검증될 수 있는 상당히 단순한 천체물리학적 가설을 논의하지만, 층서상의 부정확성이라든가 생물군집 진화의 복잡성 같은 좀더 복잡한 측면들은 거의 빠져 있다. 그러나 나중에는 이런 문제들까지 반드시 다뤄져야 했다.

1984년에 발표한 논문에서 앨버레즈 연구팀은 전체적으로 1만~10만 년에 걸쳐서 멸종이 일어났을 수 있음을 인정하고 이렇게 언급했다. "고생물학적 기록에 따르면 백악기 말기 멸종기간을 두 가지 척도로 볼 수 있다. 곧, 운석충돌과 무관한 점진적인 쇠퇴, 그리고 운석충돌로 인한 순간적인 단절."[78] 하지만 1984년까지 많은 과학자들이 1980년의 '순간멸종' 모델을 인정했던 계기는 바로 그 단순성에 있었다. 나중에 수정한 모델은 층서학적이거나 고생물학적 증거를 내세운 반박으로부터 충돌이론을 보호하려는 의도가 깔린 처방책에 가까웠다.

전문적인 과학문헌에 나타난 양편 논객들의 논증 스타일도 중요하겠지만, 그 논쟁에 대한 대중의 열렬한 관심에 부응했던 대중매체들의 구실 또한 과학에 되먹임 효과를 주었던 것으로 볼 수 있다.

전문매체와 대중매체의 구실

엘리자베스 클레멘스에 따르면, 1980년 이후 공룡멸종모델들을 주도적으로 전개해나갔던 것은 학술매체와 대중매체였다. 그녀의 지적에 따르면,

1980년 『사이언스』의 기사 길이는 평상시보다 두 배나 길었고, 처음 쟁점이 되었을 때부터 눈에 띄는 위치에 실렸다. 주요 과학학술지인 『사이언스』와 『네이처』가 매주 나올 때마다, 발행자들은 한두 기사를 집중취재대상으로 선택하고, 전 세계에서 그 기사들을 보도한다. 매주 20~30편의 다른 기사들도 실리지만 별로 관심을 끌지 못하기 때문에 다른 데서 따로 보도되지도 않는다. 그렇다고 그 논문들의 질이 떨어진다는 뜻은 아니다. 다만 그게 현실일 뿐이다.

집중취재는 불가피하게 되먹임 효과를 가져온다. 한두 기사를 둘러싸고 크게 관심이 집중되면, 이것이 다시 불가피하게 과학자들에게 영향을 준다. 과학자들도 사람일 뿐이고, 일반인들처럼 신문을 읽는다. 앨버레즈 연구팀이 발표한 논문은 특히 미국에서 대단히 폭넓은 독자층을 형성했다. 반면 같은 시기에 비슷한 이론을 제시했던 다른 기사들[79]은 별로 읽히지 않았다.

앨버레즈 논문의 성공에 힘입어, 『사이언스』 편집국은 운석충돌을 지지하는 논문들을 크게 선호한다는 의혹을 샀고, 그 덕분에 주요 정기간행물과 신문마다 별의별 해설과 논평이 넘쳐났다.[80] 클레멘스는 게재형식 자체가 제한적인 효과를 가져왔다고 주장한다. 대부분 논쟁은 『사이언스』와 『네이처』를 통해 진행되었는데, 두 학술지 모두 서너 쪽 길이의 아주 짧은 논문들만 게재하는 게 보통이고, 그 때문에 널리 대중들이 쉽게 이해할 수 있도록 따로 논문을 마련할 필요가 있기 때문이다. 클레멘스는 암석연대측정의 부정확성이라든가 생물군집의 복잡성을 논쟁하는 것보다는 운석충돌처럼 간단하고 명쾌한 견해를 제시하는 것이 더 쉬운 일이라고 논하고 있다.

이리듐, 충격받은 석영, 유리구슬, 양치류 스파이크

1980년 앨버레즈 논문을 둘러싸고 큰 소동을 벌인 이후 지질학자들과 고생물학자들은 여러 각도에서 KT 사건을 조사하기 시작했다. 비록 앨버레즈 연구팀의 전략과 스타일을 두고 사회학적·방법론적·관념적인 비판이 있었지만, 기본적으로 그들 생각이 옳았음이 점점 명백해졌다. 언제든 운석충돌이론이 아주 쉽게 무너질 것처럼 보였지만, 그런 일은 일어나지 않았다. 증거가 새롭게 나올 때마다 그 이론을 뒷받침해주었던 것이다. 가장 인상적인 것은, 앨버레즈 연구팀도 예측하지 못했던 증거들이 독자적인 확신을 실어주었다는 점이다. 지구과학에서 가장 대담한 가설, 지극히 빈약한 증거를 토대로 했던 가설이 마침내 타당성을 인정받게 된 것이다.

1980년대에 지질학자들은 우선 세계 곳곳의 KT 경계 표본을 채취했다. 거의 어디에서나 살피는 족족 점토층이 발견되었다. 게다가 이리듐도 풍부하게 함유하고 있었다. 점토의 존재 자체만으로도 유력한 증거였으나, 풍부한 이리듐은 훨씬 더 인상적인 증거였다. 심해에 퇴적된 암석, 연해, 육상, 호수, 강 등 온갖 환경에서 점토와 이리듐이 발견되었다. 또한 캐나다에서 뉴질랜드까지, 러시아에서 남대서양까지 범세계적으로 분포하는 현상이었다. 널리 점토층이 분포한다는 것은, 어떤 요인 때문에 다량의 먼지가 성층권으로 유입된 뒤, 지상에 균일하게 떨어져 내려, 최소 수 밀리미터 두께로 지구 전체를 하얗게 뒤덮었음을 보여주는 증거였다. 게다가 그 재 속에 이리듐이 함유되었다는 것은 운석이 충돌했다는 표시였다. 이는 앨버레즈 연구팀이 예상했던 것이었다. 그러나 예상치 못했던 몇 가지 발견이 있었다.

집중적으로 벌인 세심한 연구의 결과, 지질학자들은 여러 KT 단면들에서 충격받은 석영과 유리구슬을 발견했다. 앞서 보았듯이 석영은 지구상에서 가장 흔한 광물이다. 보통은 큼직한 알갱이 형태로 나타나는데, 가끔은 부정형성을 띠고 다른 광물을 함유한 채로 나타나기도 한다. 그러나 규칙적인 내부구조를 띠는 일은 결코 없다. KT 경계 점토층에서 지질학자들이 발견한 석영 알갱이에는 선들이 서로 교차하고 있었다. 이는 높은 압력이 작용했음을 보여주는 것이었다. 어떤 알갱이들에서는 네댓 벌의 규칙적인 평행선들이 서로 교차했는데, 선이 많을수록 더 높은 압력을 받았다는 증거이다. 화산폭발 시의 고압에서 충격받은 석영이 만들어질 수 있지만, 그 경우에는 보통 두세 벌의 선들만 나타난다. 따라서 KT 경계의 충격받은 석영은 운석충돌의 고압에서 형성되었다는 확실한 증거였다.

카리브 해 지역과 미국 남부에서 지질학자들은 지름이 1밀리미터 이하인 미세한 유리구슬들을 발견했다. 꼭 화산폭발로 용융된 것처럼 보였지만, KT 경계의 구슬들이 화산활동으로 만들어졌을 리는 없었다. 유리를 분석한 지구화학자들은 용암의 화학성분은 없고, 석회암과 암염층 성분과 일치함을 발견했다. 화산에서 용융석회암이 만들어질 까닭이 없었다. 그렇다면 이 유리구슬들은 운석이 석회암과 암염을 때렸고, 그 밑의 암석을 녹인 다음, 유리구슬들을 다시 운석구 밖으로 내던졌음을 보여주는 것이 틀림없다.

양치류 스파이크도 뜻하지 않은 발견이었다. 고생물학자들은 일부 KT 경계에서 꽃가루 비율의 급격한 변화를 발견했다. 속씨식물의 꽃가루가 갑자기 사라지고 그 자리를 양치류가 대신했다가, 점차 정상적인 식물상을 회복했음을 보여주는 변화였다. 양치류 스파이크는 재가 대대적으로 낙하한 여파를 보여주는 것으로 해석된다. 다시 말해 격변이 일어난 후 처음에 양치류가 회복되어 텅 빈 지표면을 뒤덮었고, 뒤이어 토양이 만들어지기 시작하면서 마침내 풀, 관목, 나무 같은 속씨식물이 회복되었음을 보여준다는 것이다. 1980년에 있었던 미국 서부 세인트헬렌스 산 폭발이 이 점을 예증해주었다. 폭풍으로 사방 수 킬로미터에 걸쳐 나무들이 쓰러지고, 풀과 꽃이 죽었다. 땅은 재로 뒤덮였다. 하지만 1년이 지나기 전에 첫 식물이 다시 모습을 보였다. 양치류가 재에 묻힌 채 어떻게 살아남아서 재를 비집고 올라오기 시작했던 것이다. 다른 식물들이 회복되기까지는 몇 년이 걸렸다.

칙술루브 운석구

이런 증거들 외에 따로 운석구를 찾을 필요는 없었으나, 운석구를 찾는다면 KT 충돌모델을 매듭짓는 데 확실히 도움이 될 것이었다. 여러 차례 실패한 끝에 마침내 1991년, 멕시코 남부 유카탄 반도에서 공룡을 멸종시킨 운석구가 확인되었다. 운석구 중심에는 칙술루브Chicxulub란 마을이 있었다 (그림 14). 칙술루브 운석구는 제3기 퇴적층 아래 묻혀 있어서 지표면에서는 눈으로 확인할 수 없었다. 그러나 시추조사와 지구물리학적 증거를 보면 운석구의 지름이 150킬로미터에 이름을 알 수 있었다. 루이스 앨버레즈가 예측했던 것과 꼭 같은 크기였다.

운석구의 위치가 알려진 것은 캐나다의 젊은 대학원생이었던 앨런 힐더브랜드Alan Hildebrand의 뛰어난 탐사작업 덕분이었다.[81] 당시 다른 사람들과 함께 조사하던 힐더브랜드는 카리브 해 어딘가에 틀림없이 운석구가 있을 거라고 생각했다. 이를 뒷받침해줄 두 가지 주된 증거가 있었다. 하나는 고대의 쓰나미가 쓸어온 뒹군 바위들, 다른 하나는 경계층 속의 근접지표들이었다.

첫 번째 증거를 살펴보자. 지질학자들은 멕시코 동부 해안을 따라, 그리고 텍사스 같은 미국 남부 주들의 KT 경계에서 이상하게도 무질서한 층들을 확인했다. 해당 지역 석회암으로 이루어진 뒹군 바위들에는 경계점토와 이리듐이 뒤섞여 있었다. 그 바위들은 어떤 극적인 물리적 사건으로 부서져서 내던져진 것으로, 거대한 조석파(tidal wave), 곧 쓰나미가 닥쳤을 가능성을 말해주었다. 퇴적증거로 층들의 무질서함을 해명하려고 했지만, 원시 카리브 해 어딘가에서 운석이 떨어져 거대한 쓰나미가 일어나 해안을 때렸을 수도 있었다.

두 번째 증거를 살펴보자. 힐더브랜드와 동료들은 카리브 해 중심으로 갈수록 KT 경계층이 두꺼워진다는 사실에 주목했다. 전 세계의 대부분 KT 경계층의 두께는 약 1센티미터 정도인데, 텍사스와 멕시코에서는 1미터,

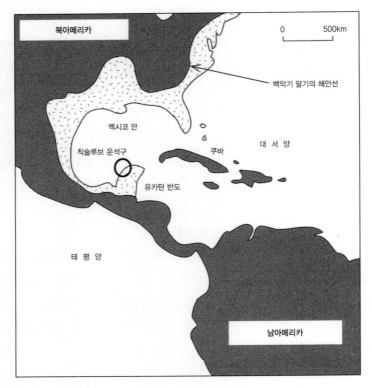

그림 14 KT 운석충돌이 일어난 곳으로 확인된 지역. 멕시코 유카탄 반도에 칙술루브 운석구가 자리하고 있으며, 일부는 물 속에 잠겨 있다. 백악기 말기의 해안선도 지도에 나타나 있다.

또는 곳에 따라 그 이상인 경우도 있었다. 지질학자들은 근접지표들에 주의를 기울였다. 화산에 가까이 접근할수록 용암층은 두꺼워진다. 해저 퇴적사태의 상부로 갈수록 퇴적층은 두꺼워진다. 두께뿐만 아니라 입자 크기도 달라진다. 지질학자들은 카리브 해 주변의 경계층이 두꺼워질수록 유리구슬 크기가 커짐을 알아냈다. 그곳을 멀리 벗어나서는 유리구슬이 발견되지 않았다.

힐더브랜드는 1960년대에 멕시코 석유회사 페트로브라스에서 작성한 시추조사 기록을 몇 가지 찾아냈다. 당시 칙술루브 아래 깊은 곳에 커다란 원형구조가 있음을 확인했던 석유지질학자들은 그곳이 오일트랩oil trap일 것으로 추정했다. 그래서 구조의 양쪽 측면과 중앙에 시추공을 팠다(그림 15). 측면의 시추공은 제3기 초기 퇴적층과 그 아래 백악기 석회암을 3킬로 미터를 뚫고 들어갔다. 그런데 중앙을 시추할 때에는 상황이 달랐다. 처음 에 제3기 후기와 초기 퇴적층을 차례로 만났지만, 백악기 지층은 전혀 만나 지 못했다. 백악기 석회암이 있을 거라고 생각했던 깊이에서 그들은 대신 각력암을 만났고, 그다음엔 이상한 용융암석을 만났다. 그 기록을 본 힐더 브랜드는 그 용융암석이 바로 수바이트일 것으로 짐작했다. 이제 그는 운 석이 떨어진 곳을 확인할 증거를 손에 쥔 것이었다.

사정은 단순하게 보였다. 운석이 원시 카리브 해에 떨어지자, 물이 증발 했고, 운석은 수 킬로미터를 뚫고 들어가 백악기 석회암과 암염층까지 이 르렀다. 거대한 표석과 암석잔해들이 공중으로 내던져졌다가 운석구 주변 으로 떨어졌다. 용융물질들—유리탄과 유리구슬—은 공중을 날아 적어도 지름 1,000킬로미터에 걸쳐 사방에 흩어졌다. 더 미세한 물질들은 성층권 까지 올라가 지구 전역으로 충격받은 석영, 재, 이리듐을 날랐다.

충돌이 있고 난 뒤, 운석구와 주변 지형에 퇴적물이 쌓였다. 그로부터 4,000만 년 정도 지난 제3기 중기까지도 운석구의 함몰구조를 눈으로 볼 수 있었다. 제3기 후기 퇴적물이 그 속을 채웠지만, 정상적인 침식과정을 거치면서 주변 지형에서 깎여나갔다. 지금은 땅이 완전히 평평해졌기 때문 에 운석구임을 보여주는 그 어떤 물리적 흔적도 없다. 게다가 운석구의 절 반은 앞바다인 오늘날의 카리브 해 아래에 잠겨 있다. 그것을 연구할 유일 한 방법은 지구물리학뿐이다.

칙술루브 운석구의 지구물리학 횡단면도를 보면 세 겹의 원형구조로 이 루어졌음을 알 수 있다. 충돌 후 몇 초 내에 지각의 반동으로 만들어진 내 원은 지름이 80킬로미터이다. 100에서 130킬로미터에 걸친 구역은 운석

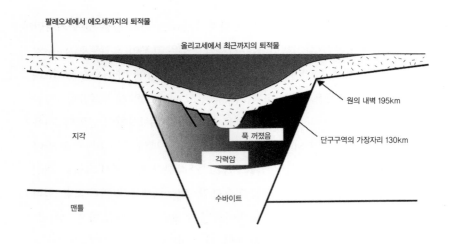

팔레오세에서 에오세까지의 퇴적물

올리고세에서 최근까지의 퇴적물

원의 내벽 195km

단구구역의 가장자리 130km

지각

푹 꺼졌음

각력암

수바이트

맨틀

그림 15 칙술루브 운석구의 횡단면. 지구물리 탐사 결과로 밝혀진 운석구의 모양이다. 운석구 아래의 수바이트(용융암석)와 각력암은 시추조사로 밝혀낸 것이다. 충돌 이후 퇴적물이 운석구를 채우고 있는 형태를 주목하라.

구의 원래 가장자리로, 운석구 자체가 함몰하면서 만들어진 구역이다. 마지막으로 지름이 195킬로미터에 이르는 외원은 충돌 시 세력권을 표시한 것으로 볼 수 있다. 엄청난 충돌 에너지가 지름 130킬로미터의 운석구를 만들었지만, 지름 195킬로미터 범위까지 지각암석을 원형으로 허물어뜨린 것으로 보인다.

지금 우리는 어디에 있는가?

KT 사건은 아직 완전히 해결되지 않은 문제이다. 하지만 한 가지만큼은 분명하다. 6,500만 년 전(방사성 연대측정으로 용융암석의 나이를 측정한 결과이다)에 멕시코의 칙술루브를 중심으로 운석충돌이 있었다. 리스 운석구를 면밀히 조사한 결과 예측되었고, 또 1980년에 루이스 앨버레즈 연구팀이 제시했던 지구적인 효과가, 그때의 운석충돌로도 모두 일어났다. 충돌의 여파로 거대한 쓰나미가 일어났던 것으로 보이며, 그 때문에 원시 카리브 해가 황폐해졌다. 재와 이리듐이 지구를 에워쌌다. 재는 햇빛을 차단했고, 지구 전체에 어둠과 추위를 가져왔다. 추위를 보여주는 증거는 충돌 순간에 보존되었던 식물줄기와 잎을 조사하면서 나왔다. 수액을 타고 점점 세빙細氷이 자라면서 세포벽이 파열되었던 것이다. 그런데 과연 이것이 멸종의 원인이었을까?

1980년에 고생물학자들이 제기했던 비판 중 일부는 오늘날에도 여전히 유효하다. 실제로 여러 생물군들이 충돌 이전부터 쇠퇴하고 있었던 것이다. 이는 기후악화나 해수면 변화와 관계되었는지도 모른다. 충돌의 영향을 받지 않은 것처럼 보이는 동식물도 많다는 점 또한 잊지 않는 것이 중요하다. 멸종가설은 반드시 이 점까지 고려해야 한다. KT 경계지점까지 나타나는 화석을 더욱 자세히 연구하면 과거에 일어난 사건을 더욱 깊이 해명해나갈 수 있을 것이다.

게다가 같은 시기에 대규모 화산활동도 있었다. 인도의 데칸 트랩Deccan Traps은 인도 북부의 광활한 지역을 덮고 있는데, KT 경계가 걸쳐 있는 100만 년 이상 동안 화산활동을 했다. 여러 차례 활발하게 폭발하면서 막대한 양의 용암을 쏟아낸 현무암 분출이었다. 용암이 분출하면서 다량의 이산화탄소, 이산화황 따위의 기체들도 함께 방출되었을 것이다. 한때 일부 지질학자들이, 운석충돌은 없었으며, 데칸 트랩의 화산활동만으로도 지구 전역에 나타나는 회층灰層, 이리듐 따위를 모두 설명할 수 있다고 주장한 적이 있었다.

지금은 분명 받아들일 수 없는 입장이다. 화산활동으로는 충격받은 석영이나 석회암 성분의 유리구슬을 설명할 수 없기 때문이다. 그러나 데칸 트랩에서 화산활동이 있었고, 기후가 악화되고 여러 화석 생물군들이 쇠퇴해가던 시기에 화산활동이 시작되었음은 확실하다. 혹시 그 화산활동이 멸종을 진행시켰고, 소행성충돌이 그 끝을 내버린 것은 아니었을까? 아직 해결되지 않은 문제이다.

20년 동안 과학계에 얼마나 큰 변화가 있었단 말인가! 1980년, 운석구 학자들의 연구와 6,500만 년 전에 초신성 폭발이 있었다는 주장이 제기되었지만, 대부분의 지구과학자들은 굳건히 찰스 라이엘 편에 섰다. 1970년 대에 내가 지질학을 배울 때, 교수들은 운석충돌이니, 운석구니, 대멸종이니 하는 것은 아예 언급조차 하지 않았다.

그런데 지금 내 학생들은 매주 강의 때마다 격변, 소행성, 대규모 화산 활동, 죽음, 파괴에 대해서 듣고 있다. 모든 대멸종사건들이 KT 사건과 같았을까? KT 대멸종이 어떻게 생명 역사의 장대한 흐름과 조화를 이루었으며, 그보다 훨씬 규모가 컸던 페름기 말 대멸종과는 어떤 식으로 비교할 수 있을까?

06

다양성, 멸종, 대멸종

대멸종을 이해하기 위해서는 '시간'과 '다양성' 개념을 파악하는 것이 중요하다. 그래프의 두 축을 이루는 것이 바로 이 두 개념이다. 수억 년의 시간단위로 측정된 지질시간은 x축이고, 종이나 과의 수로 측정된 생물다양성은 y축이다. 멸종은 늘 일어나기 때문에, 예상할 수 있는 멸종비율, 곧 배경멸종비율이 있다. 그런데 이따금 비정상적인 일이 일어나, 보통보다 높은 멸종비율이 나타날 때가 있다. 그러면 멸종사건이 일어날 수 있다. 또는 그 비율이 충분히 높다면 대량멸종사건이 일어날 수도 있다.

"현재는 과거를 이해하는 열쇠다." 지질학과 신입생들은 찰스 라이엘의 이 유명한 선언을 첫 강의 때 귀에 못이 박히도록 듣는다. 납득할 만한 지령이다. 만일 지질학자가 과거에 일어났던 사건과 과정을 이해하고자 한다면, 당연히 현재 이 세계에서 일어나는 사건과 과정에 대한 지식과 비교해야한다. 이를테면 고대의 화산활동을 이해하려면 가능한 한 현대의 화산들을 많이 조사하는 것이 최선의 방법이다. 그러나 현재의 세계에서 연구하기에는 너무나 이상하거나 너무나 규모가 큰 사건과 과정들도 있는 법이다.

수억 년이 넘게 진행되어온 생명 진화의 장대한 패턴은 그 규모가 지극히 크고 대단히 장기적이기 때문에 생물학자가 오늘날 살고 있는 동식물들을 그냥 살피는 것만으로는 이해하기가 어렵다. 대멸종, 대규모 운석충돌, 세계적 규모의 화산활동은 아주 드물게만 일어난다. 아마 수천만 년, 아니 수억 년 간격으로 일어날 것이다. 오늘날 이따금씩 목격하는 자그마한 사건들을 연구하는 것만으로는 그보다 큰 규모의 격변이 어땠을지 암시하는 정도에서 그칠 뿐이다. 현대의 생물다양성과 멸종을 연구할 때, 기본적인 길라잡이 구실을 해줄 수 있는 것이 바로 과거이다.

오늘날의 생명은 대단히 다양하다. 그런데 생명의 다양성은 매끄럽게 이어져온 것이 아니라 발작적으로 이루어져왔다. 다시 말해, 급격하게 생명이 다양해졌던 시기들이 있었다. 이를테면 골격을 갖춘 동물들이 바다를 점령했을 때, 생명이 육상으로 옮겨갔을 때, 최초의 산호초와 최초의 숲이 발달했을 때 등에서 생명다양성의 급격한 상승이 있었다. 반면 멸종의 시기도 여러 차례 있었다. 전 세계적으로 생명다양성이 하강했던 시기들이 바로 이때였다. 이를 제대로 보여주는 말이 있다. 1812년, 조르주 퀴비에는 다음과 같이 썼다.

지구상의 생명이 가공할 사건들로 교란될 때가 자주 있었다. 처음에 재앙이 닥쳤을 때에는 아마 지각 전체를 아주 깊숙이 뒤흔들었겠지만, 그 이후에는 점차적으로 충격의 정도도 영향범위도 줄어들었을 것이다. 무수한 생명체들이 이런 격변의 희생양이 되었다.[82]

앞서 보았듯이 이런 소리들이 찰스 라이엘을 몹시 격분시켰다. 그러나 퀴비에뿐 아니라, 머치슨 같은 층서학자들은 암석기록상에, 그리고 생명기록상에 두드러진 단절의 순간들이 있음을, 다시 말해 어느 한 시기의 전형적인 화석들이 모두 사라지고 다른 화석군집들로 대체되었던 시기들이 있음을 알고 있었다. 퀴비에의 짐작대로, 이런 단절의 시기 가운데 사실상 멸종의 시기를 가리키는 것들이 많다. 어쨌든 지금 우리는 멸종들이 계속해서 이어져왔음을 알고 있다.

5대 멸종

지난 5억 년 동안 일어났던 멸종들 가운데 크게 두드러진 멸종사건이 다섯 번 있었다. 규모가 대단히 컸기 때문에 흔히 대멸종이라고 부르는데, 이 다섯 번의 멸종은 보통 '5대 멸종'이라고 부른다. 이 가운데 가장 규모가 컸던 것은 페름기 말기에 일어난 대멸종이었다. 이에 대해 많은 글을 썼던 더그 어윈Doug Erwin은 페름기 말 대멸종을 '모든 대멸종의 어머니'라고 부르기도 했다.[83] 그보다 규모가 작은 네 번의 대멸종 가운데에 KT 사건이 있다. 많은 연구가 이루어지긴 했지만, 결코 으뜸가는 멸종은 아니었다. 나머지 세 번의 대멸종은 각각 4억 4,000만 년 전 오르도비스기 후기, 3억 7,000만 년 전 데본기 후기, 2억 년 전 트라이아스기 말기에 일어났다. 이 외에도 수십 차례의 소규모 멸종사건이 있었다. 1만 년 전 빙하기가 끝날 무렵, 대형 포유류가 절멸했던 사건이 그 한 예이다.

대멸종을 이해하기 위해서는 '시간'과 '다양성' 개념을 파악하는 것이 중요하다. 그래프의 두 축을 이루는 것이 바로 이 두 개념이다. 수억 년의 시간단위로 측정된 지질시간은 x축이고, 종이나 과의 수로 측정된 생물다양성은 y축이다. 멸종은 늘 일어나기 때문에, 예상할 수 있는 멸종비율, 곧 배경멸종비율이 있다. 그런데 이따금 비정상적인 일이 일어나, 보통보다 높은 멸종비율이 나타날 때가 있다. 그러면 멸종사건이 일어날 수 있다. 또는 그 비율이 충분히 높다면 대량멸종사건이 일어날 수도 있다.

　일부 대멸종은 대단히 상세하게 조사되었지만, 아직도 해결해야 할 문제는 많이 남아 있다. 예를 들어 대멸종을 정의하는 것 자체가 전혀 분명하지 않다. 얼마나 규모가 크고 얼마나 빠른 속도로 일어나야 대멸종이라 할 수 있을까? 생태적으로 희생생물의 다양성이 어느 정도나 되어야 하는 걸까? 화석기록의 질적인 문제도 있다. 과거에 일어났던 일을 화석기록이 얼마나 잘 나타내주는 것일까? 수억 년 전에 있었던 사건에 어느 정도나 가까이 다가갈 수 있을까? 지질학자들이 과거의 사건들을 하루 단위로 세밀하게 살필 수 있을까? 아니면 뒤로 물러서서 좀더 긴 시간에 걸쳐 일어났던 일을 판정해야 하는 걸까? 조금은 불명확하지만, 더 정밀한 시선을 얻기 위해서? 대멸종사건들에 무슨 공통인자가 있는 것일까? 이를테면 대멸종에 희생되기 쉽거나 견뎌낼 수 있는 생명체들이 따로 있는 것일까? 대멸종을 전체적으로 이해하기 위해서는, 그리고 페름기 말 대멸종을 면밀히 검토할 기초를 놓기 위해서는 이런 문제들이 모두 중요하다. 나아가 현재 처한 생물다양성의 위기를 이해하는 데에도 이 문제들은 중요한 함의를 담고 있다.

다양성과 생물다양성

'생물다양성'(biodiversity)은 영어뿐 아니라 다른 언어에서도 급속히 퍼져가는 용어이다. 1988년, 점점 커져가는 지구상의 생태위기에 관한 한 보고서에서 이 낱말이 도입된 이후,[84] 대중들의 의식에 자리잡게 되었다. 거의 매일 신문에서 '생물다양성' 얘기를 읽을 수 있고, 매년 수천 편씩 쏟아져 나오는 학술논문과 보고서에도 흔히 나오는 말이다. '생물다양성'이란 예전부터 있던 '다양성'이라는 단순한 개념을 생명에 적용한 것에 지나지 않는다.

'다양성'이란 말이 형태는 단순하지만, 의미까지 단순하지는 않다. 여기에는 여러 의미가 있다. 다양성은 숲이나 호수처럼 어떤 단일지역 내의 종의 수로 평가할 수도 있고, 좀더 큰 범위에서 나라, 대륙, 나아가 세계 내의 종의 수로 평가할 수도 있다. 또 그냥 들판이나 행정구역 내에 서식하는 새나 풀처럼 특정 생물군만을 가리킬 수도 있다. 또는 미생물에서 포유류에 이르기까지 모든 생물군을 가리킬 수도 있다. 단순히 종의 수를 센 것일 수도 있고, 그보다 상위분류군인 속이나 과의 수를 센 것일 수도 있다. 생태학적 맥락에서는, 다양성이 존재비의 산정, 곧 한 지역 내의 종의 개체수를 평가한 것—생물의 많고 적음을 기록하는 것—일 수도 있다. 또 다른 경우에는, 관찰된 생명체들의 생태범위를 측정한 것일 수도 있다. 이를테면 해당 동물상에 큰 동물과 작은 동물이 포함되는가, 아니면 좀더 제한된 범위의 동물만을 포함하는가를 가리킬 수도 있다. 요즘에는 점점 유전적이거나 분자적 의미까지도 함축하고 있다. 생물학자들은 어떤 종이 다른 종에 비해 가지고 있는 고유한 유전물질의 양이 얼마인지 평가하여 가장 절실하게 보존이 필요한 종이 무엇인지 판정하는 수단으로 삼으려고 한다.

일반적으로 고생물학자들은 다양성을 아주 간단한 의미로 쓴다. 종의 수를 의미하는 말로 쓰는데, 때로는 '종의 많고 적음'(species richness)이라고 부를 때도 있다. 국지적으로 화석이 잘 보존되어 있을 경우에는 종의 수로 평가할 수 있지만, 세계적인 규모의 조사에서는 그보다 높은 분류군인 속이나 과를 기준으로 평가하는 것이 일반적이다. 속이나 과는 종보다 범위가 큰 분류군으로, 각각의 속과 과에는 여러 종, 또는 수많은 종들이 포함되어 있다. 그래서 대륙과 대륙의 생물다양성을 더 간단하게 비교할 수 있는 잣대가 된다. 또한 속이나 과의 화석기록은 종의 기록보다는 더 온전하다. 여기서 살펴볼 문제는 두 가지로, 하나는 분류군의 문제이고, 다른 하나는 화석기록의 질적인 문제이다. 두 번째 문제는 이 장의 후반부에서 중요하게 다룰 것이다.

생물의 이름 짓기

인간들은 태초부터 생명의 다양함에 경이로움을 느꼈고, 주변의 동식물들에게 이름을 지어주었다. 그런 이름 짓기 본능은 인간이 탄생했던 시절부터 비롯되었다. 창세기의 저자들은 이렇게 적고 있다.

> 하느님께서 들짐승과 공중의 새를 하나하나 진흙으로 빚어 만드시고, 아담에게 데려다주시고는 그가 무슨 이름을 붙이는가 보고 계셨다. 아담이 동물 하나하나에게 붙여준 것이 그대로 그 동물의 이름이 되었다. 이렇게 아담은 집짐승과 공중의 새와 들짐승의 이름을 붙여주었다(창세기 2장 19절).

이름을 짓고 무리를 나누는 것은 인간의 기본활동이다. 2,000년 전 로마인들은 수백의 동식물을 동정하여 이름을 지었다. 중세 유럽의 무지렁이 농노들도 그랬다. 아마존과 뉴기니의 열대림에 사는 원주민들도 주변의 동식물을 대단히 정확하게 동정한다. 이런 오지들을 찾아갔던 서양의 생물학자들은, 수십 년 동안 유럽과 북아메리카의 실험실에서 수집하고 과학적으로 연구한 것을 토대로 형식화한 자기네 분류도식이 그 지역민들의 것보다 전혀 나을 것이 없음을 깨달았다.

전 세계의 생물학자들은 새로운 종을 명명하고 기록하는 형식체계를 함께 쓰고 있다. 그 체계에 따라 공식적으로 처음 종명이 발표된 때는 식물의 경우 1753년, 동물의 경우 1758년이었다.[85] 이때는 바로, 스웨덴의 생물학자 카를 폰 린네Carl von Linné(라틴어 이름으로는 카롤루스 린나이우스Carolus

Linnaeus인데, 당시 유럽 각국의 학자들은 각자의 연구를 라틴어로 써서 소통했다)가 식물과 동물을 체계적으로 분류할 목적으로 두 권의 기본 저서를 써서 발표한 때이다. 바로 『식물의 종Species plantarum』(1753)과 『자연의 체계Systema naturae』(1758)가 그것이다. 여기에 린네는 자기가 아는 모든 식물과 동물을 개괄적으로 기술해놓았다. 당시로서는 믿기지 않는 업적이었다. 하지만 린네의 결정적인 이바지는 바로 생명체를 명명하는 표준방식을 정립한 것이었다.

린네는 두 개의 라틴어 형용어구를 써서 각 종의 특징을 기술했다. 이를테면 사람은 *Homo sapiens*, 길들여진 개는 *Canis canis*로 표시했다. 첫 글자가 대문자인 첫 번째 용어는 속명屬名이고, 두 번째 용어는 종명種名이다. 각 속에는 최소한 하나의 종, 보통은 여남은 종, 또 어떤 경우는 수많은 종이 포함된다. 종명의 첫 글자는 소문자이고, 전체 이름은 언제나 기울임꼴로 표시된다.

이런 명명체계는 국제적으로 쓰인다. 어떤 언어를 쓰든, 어떤 글자를 쓰든, 전 세계의 과학자들이 알아보는 이름이다. 중국어 책이든 러시아어 책이든 과학책에서는 이렇게 로마자로 표시된 라틴어 종명을 볼 수 있다. 덕분에 적어도 공식적인 생물이름에 한해서는 각국 과학자들이 아주 간편하게 의사소통할 수 있다. 처음에 어떻게 이름을 짓느냐가 중요하다. 일단 어떤 종이 명명되면, 다른 어느 누구도 바꿀 수 없기 때문이다. 설사 연구를 해나가다가 다른 속에 해당하는 것으로 밝혀져도, 한 번 명명된 종명은 바꿀 수 없다. 완전한 형식으로 종명을 쓰면, 명명자와 처음 발표된 때를 함께 표시한다. 이를테면 다음과 같이 쓴다. *Homo sapiens* Linnaeus, 1758.

하나의 종에서 출발했다

약 35억 년 전에 생명이 발원한 이래, 끊임없이 새로운 종들이 진화하면서 생명은 놀라운 속도로 다양해졌다. 이렇게 상상조차 할 수 없는 어마어마한 시간 동안 하나의 종에서 수없이 많은 종—오늘날 종의 수는 2,000만에서 1억 개에 이를 것으로 추정된다—으로 분화된 것이 자명하다. 하나의 종에서 시작했다? 이런 생각을 처음 한 사람은 1859년 찰스 다윈이었다. 모든 생명은 단일한 종에서, 아니면 기껏해야 소수의 종에서 진화해왔다는 것이다.[86] 그는 종의 기원을 조금도 망설이지 않고 책으로 썼다. 그러나 생명의 기원에 대한 당대의 여러 가설들을 여기서 살펴볼 필요는 없을 것이다. 어쨌든 생명은 하나의 종에서 출발했다. 그 증거가 무엇일까?

가장 단순한 단세포 바이러스나 점균류粘菌類에서부터 인간이나 참나무에 이르기까지 모든 종은 유전정보가 담긴 DNA 분자를 갖고 있고, 세포 내의 지극히 복잡한 단백질 제조체계를 갖고 있다. 그뿐 아니라 오늘날 생명체에게 공통된 특징이 두 가지 더 있다. 세포 안팎으로 화학이온들과 분자들의 이동을 조절하는 메커니즘을 갖춘 세포막을 서로 비슷하게 갖고 있고, 아데노신삼인산(adenosine triphosphate, ATP)—인산결합으로 에너지를 저장하거나 방출하는 분자—이 관여하는 에너지 전달체계를 갖추고 있다. 모든 생명이 갖고 있는 이 복잡한 특징들은 아마 단 하나의 특징에서 비롯되었을 것이며, 이는 궁극의 단일조상이 있음을 가리킨다.

화석의 경우는 어떨까? 당연히 암석기록에서는 DNA, 세포막, ATP 분자 따위는 검출할 수 없다. 그러나 지금까지 알려진 화석들은 모두 한때는 살아 있는 생물이었다. 공룡, 딱딱한 껍데기로 둘러싸인 물고기, 삼엽충, 리니아 식물, 선캄브리아 시대와 캄브리아기의 해저에서 살았던 이상한 생물 등 지금은 완전히 멸종된 괴상한 생물군들도 현대의 생명체가 이루는 진화의 나무에서 낮은 자리를 차지하고 있음이 분명하다. 그렇다고 35억 년 전 태곳적 습지에서 생명이 한 차례만 발원했다고는 말할 수 없다. 그러나 설사 여러 차례 생명이 발생했다고 하더라도, 다른 형태의 생명 발생은 모두 아무런 흔적도 남기지 않고 사라져버렸다.

생명의 확장

최초의 종이 발원한 이후, 생명은 어떤 식으로 다양해졌을까? 몇 가지 핵심단계들을 짚어볼 수 있다(그림 16). 기나긴 선캄브리아 시대에 많은 일들이 있었지만, 이때의 암석은 가장 오래된 암석이기 때문에 화석기록이 있어도 누더기나 다름없고, 방사성 연대측정도 어려운 실정이다. 극히 드문 일부 퇴적물에서 유리질 처트에 순식간에 묻혀버린 미세한 미생물화석이 발견되기도 했지만, 과거의 사건을 보여주는 기록으로서는 대단히 중요하긴 해도 그런 우연한 발견만으로는 세계 생물다양성의 진정한 그림을 그려낼 수

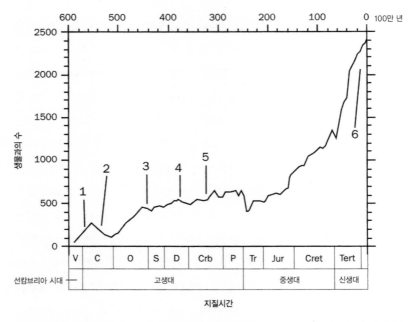

그림 16 생명의 확장. 여섯 차례 큰 변혁이 일어났음을 보여준다. 벤드기(V) 이전에도 30억 년 이상 생명의 역사가 펼쳐졌다. 이 시대에 생명이 발원했고, 복잡한 세포와 다세포 생물이 출현했다. 그 이후 6억 년을 살펴보면, 먼저 캄브리아기(C)의 생명 대폭발(1), 다양한 초礁의 발생(2), 오르도비스기(O)와 실루리아기(S)에 녹색식물의 육상진출(3), 데본기(D)에 육서척추동물의 출현(4), 석탄기(Crb)에 숲의 확산(5), 마지막으로 신생대 후기에 인간의 출현(6)을 볼 수 있다. 그 외의 약자들은 다음을 표시한다. 페름기(P), 트라이아스기(Tr), 쥐라기(Jur), 백악기(Cret), 제3기(Tert).

없다.

선캄브리아 시대가 끝나갈 무렵인 벤드기에 이르러서야 화석들이 더욱 풍부해지고 크기도 더 커진다(국제층서위원회에서는 2003년부터 이 기의 이름을 '에디아카라기'로 바꿨지만, 여기서는 원서에서 표기한 대로 '벤드기'로 옮겼다: 옮긴이). 그러다가 5억 4,000만 년 전 캄브리아기가 시작된 뒤부터 곳곳에서 화석들이 발견된다. 캄브리아기의 수많은 해양동물군들은 거의 동시에 광물화된 골격을 획득했던 것으로 보인다. 이를테면 방해석 성분의 껍데기나 등딱지, 인산염 성분의 껍데기나 뼈, 단백질이 풍부한 딱딱한 큐티클 따위를 갖추었던 것 같다. 여기서 그 원인을 따져볼 필요는 없고, 캄브리아기의 상황이 그랬다는 것만 알고 넘어가자.

지난 5억 4,000만 년 동안―이 시대를 통틀어 현생이언('생명이 풍부하다'는 뜻)이라고 한다―해양생명의 다양성은 맥동하며 팽창했다. 해양생명체들은 처음엔 해저나 해저 가까이에서 유영하거나 기어 다녔다. 다음에는 자유유영성 생명체들이 자리를 잡았다. 이들은 해수면에 풍부한 플랑크톤을 먹이로 삼았다. 작은 동물들을 잡아먹는 큰 포식자들도 진화했다. 그다음에는 일부 군들이 유기물을 찾아 해저에 굴을 파기 시작했다. 또 일부 군들은 초礁라고 불리는 거대한 골격구조를 쌓아 올렸다. 세월이 흐르면서 굴 파기 생물들은 더욱 깊이 해저를 파고들었고, 초는 점점 키가 커졌다. 어류가 진화했고, 그다음엔 어류를 잡아먹는 거대한 해양파충류가 진화했고, 그다음엔 상어, 고래, 물범, 심지어 바닷새까지 무대에 등장했다.

생명이 육상으로 진출한 건 한참 뒤였다. 아마 선캄브리아 시대에는 일부 단순한 조류藻類가 초록색 얇은 잎을 물가에까지 펼쳤을 것이다. 그러나 생명이 본격적으로 육상에 진출했던 때는 4억 5,000만~4억 년 전인 오르도비스기와 실루리아기에 들어서였다. 우선 호수와 강 주변에서 작은 식물들이 성장했다. 거미, 진드기, 노래기, 전갈의 조상들도 함께 등장했다. 그다음엔 좀더 큰 식물들이 나타났고, 곤충을 비롯해 최초의 육서척추동물인 양서류가 등장했다. 나무와 숲이 진화하면서 육상생태계는 점점 복잡해졌다. 곤충들은 엄청나게 다양해졌고, 육상식물과 척추동물도 대단히 다양해졌다. 침엽수, 종자고사리, 공룡과 익룡이 진화방산進化放散되었고, 뒤이어 속씨식물, 낙엽활엽수, 포유류, 조류가 등장했다.

바다와 육지에서 벌어진 이런 생명확장의 패턴들은 고생물학자들에 의해 여러 차례 입증되었다.[87] 시간에 따른 과의 수를 표시한 도표를 보면 그 패턴을 가장 쉽게 살펴볼 수 있다. 여기서 시간은 화석기록이 풍부한 지난 6억 년—벤드기와 현생이언— 을 고려한 것이다. 그래프(그림 17)를 보면 생명의 다양화 과정이 얼마나 발작적으로 일어났는지 볼 수 있다. 시간에 따라 지속적으로 균일하게 확장하는 모습은 볼 수 없다. 골격이나 비행능력 같은 큰 혁신이 있었거나, 초나 숲 같은 새로운 생태계가 진화한 뒤에야 생물다양성이 폭발했다. 반면 다양화 과정에서 수많은 크고 작은 퇴행과정도 있었음을 볼 수 있다. 말할 나위 없이 다양성의 큰 감소는 대량멸종 사건이 일어났다는 표시이다.

멸종과 대멸종

더 먼 과거 속으로 들어갈수록 화석기록은 점점 흐릿해진다. 선캄브리아 시대 생명의 역사에서 큰 퇴행과정들이 수없이 있었을 것은 거의 확실하지만, 확신하기에는 연대측정의 정확도도 부족하고 화석기록도 아주 불충분하다. 여기서는 시간 순서대로 5대 멸종을 비롯하여 주요 멸종사건들을 되짚어보겠다.[88]

선캄브리아 시대 후기의 멸종연대는 불확정적이지만, 약 5억 6,000만 ~5억 5,000만 년 전에 일어났던 것이 분명하다. 이때 초기의 동물들이 사라졌다. 가끔 '실패한 실험'으로 부르기도 하는 이 초기 동물들은 호주의 에디아카라 구릉지대에서 처음 발견된 후, 세계 곳곳에서 확인되었다. 에

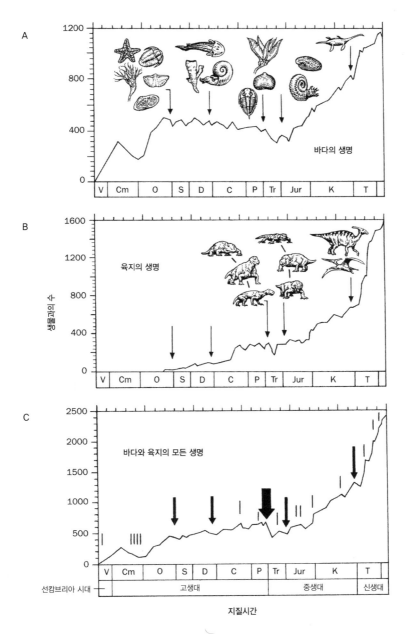

그림 17 과거 6억 년 동안, 곧 벤드기와 현생이언 동안 바다(A), 육지(B), 바다와 육지(C)의 생명의 다양화를 보여주고 있다. 대규모, 중간규모, 소규모 멸종사건들이 C에 표시되어 있다. 각 약자들은 다음을 표시한다. 벤드기(V), 캄브리아기(Cm), 오르도비스기(O), 실루리아기(S), 데본기(D), 석탄기(C), 페름기(P), 트라이아스기(Tr), 쥐라기(Jur), 백악기(K), 제3기(T). 존 키츠John Keats는 이렇게 썼다. "생명이란 일장춘몽, 험난한 길 위에 떨어진 덧없는 한 방울의 이슬."

디아카라 동물상에는 벌레 모양의 동물, 해파리로 추정되는 동물, 기이한 엽상체 형태의 동물 따위가 있는데, 맨눈으로 확인할 수 있는 최초 시기의 동물화석들이다. 그러나 에디아카라 형태의 동물들이 사라졌고, 이는 캄브리아기(현생이언의 시작)가 시작되면서 껍데기를 만드는 동물들이 극적으로 방산되는 계기가 되었다.

캄브리아기 후기에 몇 차례의 멸종이 일어났는데, 5억 2,000만 년 전에서 5억 500만 년 전 사이에 다섯 차례의 멸종이 있었던 것으로 보인다. 이 때문에 북아메리카를 비롯한 여러 지역에서 해양동물상에 큰 변화가 있었다. 여기에는 삼엽충의 반복멸종도 있다. 많은 부속지와 딱딱한 외골격을 갖춘 삼엽충은 쥐며느리 같은 생김새의 복잡한 동물이었다. 현재 살아 있는 동물 가운데 삼엽충의 먼 친척이 되는 동물로는 게, 곤충, 거미가 있다. 캄브리아기 후기의 몇 차례 멸종을 거치면서 바다동물들은 한층 다양해져 갔다. 유관절 완족동물, 산호, 어류, 복족류, 두족류 같은 군들이 극적으로 다양해졌다. 오늘날의 달팽이·민달팽이·물레고둥이 속한 복족류, 오늘날의 꼴뚜기·문어가 속한 두족류는 모두 연체동물문의 하위군이며, 껍데기 동물들 중 가장 다양한 군이다.

약 4억 4,000만 년 전 오르도비스기 후기에 해양동물상에서는 더욱 중대한 전환이 일어났다. 이 멸종사건은 5대 멸종 중 첫 번째이다. 초를 구성하는 모든 동물과 함께 완족동물, 극피동물(정형성게·바다나리·불가사리), 패충류(미소한 갑각류로 게와 새우의 먼 친척이다), 삼엽충이 사라졌다. 이 멸종은 큰 기후변화와 연관되어 있다. 당시 적도 주변에 위치했던 북아메리카를 비롯한 대륙의 해안 주변에는 열대성 초들과 풍부한 동물들이 서식하고 있었다. 하지만 남쪽 대륙들이 남극으로 이동하면서 대규모 빙하기가 시작되었다. 얼음이 북쪽으로 퍼져가면서 남쪽의 대양들이 냉각되었고, 바닷물이 얼음 속에 갇히면서 지구 전체의 해수면이 낮아졌다. 극지동물상은 열대 쪽으로 이동했고, 열대가 모두 사라지면서 난대성 동물상은 절멸했다.

5대 멸종 중 두 번째는 데본기 후기에 일어났는데, 이는 3억 7,000만~3억 6,000만 년 전부터 지속되었던 멸종박동의 연장선상에 있는 것으로 보인다. 풍부했던 자유유영성 두족류가 대량으로 죽었고, 데본기에 살았던 기괴한 갑주를 걸친 어류도 많이 사라졌다. 산호, 완족동물, 바다나리, 스트로마토포로이드(군체성 해면동물과 비슷한 동물군체), 패충류, 삼엽충에서도 큰 손실이 있었다. 해저의 무산소화와 연관된 기후냉각, 또는 외계 천체와의 충돌 때문일 수 있다. 운석충돌이 대멸종의 원인이냐를 놓고 논쟁이 가열되면 데본기 후기 멸종이 이따금 대두되곤 한다.

가장 큰 규모의 멸종은 2억 5,100만 년 전에 있었던 페름기 말기, 달리 표현하면 페름기-트라이아스기(PTr)의 멸종으로, 5대 멸종 중 세 번째에 해당한다. 학자들은 페름기 말의 대대적인 동물상과 식물상의 전환을 오래전부터 인식했으며, 고생대와 중생대의 경계 표시로 삼았다. 페름기 말기에 멸종이 일어나는 동안, 고생대 바다를 우점했던 대부분의 동물군들, 곧 산호, 유관절 완족동물, 이끼벌레('태형동물'이라고도 하며, 일반적으로 소규모 군체를 형성하는 동물이다), 자루가 있는 극피동물, 삼엽충, 암모나이트(연체동물문 두족강에 속하는 동물로, 감긴 모양의 껍데기를 갖고 있다)가 사라졌거나 크게 위축되었다. 육지에서도 극적인 변화가 있었다. 식물, 곤충, 양서류, 파충류에서 광범위한 멸종이 있었고, 그들을 대체하는 우점군들이 나타나기까지 끔찍하게도 오랜 변화의 세월이 필요했다. 그 원인에 대해서는 나중에 살펴볼 것이다.

트라이아스기 후기 멸종은 5대 멸종의 네 번째에 해당한다. 2억 년 전 트라이아스기-쥐라기 경계에서 해양생물의 대량멸종이 있었음은 오래전부터 인식되어왔다. 대부분의 암모나이트, 수많은 완족동물과들, 이매패류, 복족류, 해양파충류의 손실과 함께 코노돈트conodont가 최후를 맞던 것이다. 형태는 모르지만, 코노돈트는 고생대를 누볐던 원시어류로 생각된다. 그러나 지금으로서는 거의 대부분 경화된 이빨 모양 화석으로만 알려져 있는 형편이다. 2억 2,500만 년 전 트라이아스기 후기가 시작될 무렵에 있었던 사건도 바다에 영향을 미쳤다. 초礁동물상, 암모나이트, 극피동물에서 큰 전환이 있었지만, 육지에서 일어난 전환이 특히 두드러졌다. 대규모 식물상의 전환이 있었고, 수많은 양서류와 파충류 군들이 사라졌으며, 뒤이어 공룡과 하늘을 나는 파충류 익룡이 극적으로 부상하게 되었다. 거북, 악어, 도마뱀의 조상, 포유류 같은 많은 현대 동물군들이 무대에 등장한 것도 이 시기였다. 이 사건의 원인은 대륙이동에 따른 기후변화 때문일 수 있다. 북아메리카와 아프리카 사이에 중앙대서양이 갈라지면서 초대륙 판게아가 분리되기 시작했던 때였던 것이다. 이 경우에도 운석충돌이 멸종 요인으로 지적되고 있지만, 증거는 빈약하다.

쥐라기와 백악기 동안에 있었던 멸종들은 소규모였다. 쥐라기 초기와 말기에 일어난 사건들로 바다에서는 무산소화가 크게 진행된 결과, 이매패류(백합·홍합·굴처럼 두 장의 조가비를 가진 연체동물), 복족류, 완족동물, 자유유영성 암모나이트가 감소했다. 자유유영성 동물들은 영향을 받지 않았다. 육지에서는 멸종의 흔적이 발견되지 않는다. 아마 아직 자료기록이 불완전한 탓일 것이다. 쥐라기 중기와 백악기 초기에도 멸종이 있었다고 가정하기도 하지만, 판정하기가 그리 쉽지 않다. 9,400만 년 전, 체노만조-투론조(Cenomanian-Turonian)의 멸종사건은 일부 부유 플랑크톤 유기체들의 멸종, 아울러 그것들을 먹고사는 경골어류와 어룡(돌고래 모양의 해양파충류)의 멸종과 연관되어 있는데, 어쩌면 암석기록상의 주요 공백을 억지로 해석했기 때문인 것으로 밝혀질 수도 있다.

6,500만 년 전에 있었던 백악기-제3기(KT) 대멸종은 5대 멸종 가운데 지금까지 가장 잘 알려진 대멸종이다. 공룡뿐만 아니라 하늘을 나는 익룡, 해양장경룡과 모사사우르, 암모나이트, 벨렘나이트(암모나이트와 벨렘나이트는 모두 중생대에 흔했던 두족류군이었다), 초를 형성하는 다양한 주요 이매패류군, 플랑크톤형 유공충(껍데기가 있는 미소한 플랑크톤으로 풍부하게 존재했다) 대부분이

사라져버렸다. 앞 장에서 살펴보았듯이, 그 원인으로 가정된 것은 장기적인 기후변화에서부터 커다란 외계물질과의 충돌로 빚어진 순간적 전멸에 이르기까지 다양하다.

KT 멸종 이후의 멸종들은 좀더 소박한 범위에서 일어났다. 3,400만 년 전 에오세−올리고세 사건을 나타내는 것은, 바다에서는 플랑크톤과 개빙구역(open-water) 경골어류에서 일어난 멸종, 육지에서는 유럽과 북아메리카 포유류에서 일어난 큰 전환이다. 제3기 후기의 사건들은 그다지 명확하지 않다. 암석과 화석기록이 현재와 가까운데도 명확하지 못하다는 게 어떤 점에서는 놀랍기도 하다. 올리고세 중기에는 북아메리카 포유류가 극적으로 멸종했고, 마이오세 중기에는 플랑크톤이 소규모로 감소했지만, 둘 다 규모가 크지는 않았다. 플라이오세 동안에는 플랑크톤 수준에서 멸종이 있었는데, 열대바다에서 이매패류와 복족류가 사라진 것과 결부되었을 가능성이 있다.

가장 최근에 일어난 멸종은 플라이스토세 말에 일어났다. 인간의 눈으로 보았을 때에는 극적인 멸종으로 보이지만, 멸종에 포함되기에는 어려운 감이 있다. 유럽과 북아메리카에서 대빙상大氷床이 후퇴하면서, 매머드·마스토돈·털코뿔소·대형 땅늘보 같은 대형 포유류가 절멸했다. 일부 동물들의 멸종은 큰 기후변화와 관련 있었고, 또 어떤 것들은 인간의 사냥활동 때문에 멸종되었을 수 있다. 하지만 지구 전체의 시각에서 보았을 때에는, 전체 종의 1퍼센트도 되지 않을 정도로 대형 포유류종의 손실은 소규모였다.

지구의 역사에는 수많은 멸종사건들, 5대 멸종, 수많은 소규모 사건들이 있었다. 이 가운데 대멸종들 사이에는 어떤 공통점이 있을까?

배경멸종과 대멸종

멸종은 정상적인 현상이다. 종은 영원히 지속될 수 없다. 한 종의 평균수명은 500만 년 정도인데, 그 범위는 10만 년부터 1,500만 년까지 다양하다. 이는 해당 종이 무엇이냐에 따라, 곧 미생물이냐 아니면 속씨식물이냐에 따라 달라진다. 전반적인 생명의 다양성이 꾸준히 증가하는 것처럼 보이지만, 종은 쉬지 않고 왔다가 사라진다. 배경멸종, 곧 정상적인 멸종은 꾸준히 일어난다. 배경멸종비율은 100만 년에 전체 종의 10~20퍼센트 정도에 불과한 것으로 생각된다. 다시 말해 100만 년마다 100 가운데 열에서 스무 개의 종이 사라진다는 뜻이다. 이를 달리 풀어보면, 10만 년마다 100 가운데 하나에서 두 개의 종, 또는 1,000년마다 100 가운데 0.01~0.02개의 종, 또는 1년마다 100 가운데 0.00001~0.00002개의 종이 사라진다고 말할 수도 있다. 인간의 눈으로 보면 미미하지만, 수백만 년을 단위로 하는 지질학적 시간척도에서 보면 두드러진 비율이다.

배경멸종, 멸종사건, 대멸종. 분명 멸종비율이 상승했던 시기들이 있었다. 쉽게 말해 일종의 멸종사건이 일어난 것으로 판단되는 도드라진 시기들이 있었다. 멸종사건들은 보통 제한적으로 일어난다. 이를테면 추위에 적응했던 모든 대형 포유류가 플라이스토세 말에 사라졌다든가, 대규모 화산 활동 같은 격변으로 일부 태평양 섬들의 생명이 감소했다든가 하는 것이다. 대멸종은 멸종사건 가운데 가장 규모가 큰 것을 말한다. 이 용어들의 의미를 정의해보는 게 중요할 것이다. 많은 생물학자들이 오늘날 우리가 인간으로 야기된 여섯 번째 대멸종 시기를 살아가고 있다고 주장하는 사정을 고려하면, 특히 이런 용어들을 제대로 정의하는 것이 중요하다.

5대 멸종에는 서로 공통되는 특징들이 많이 있다. 그러나 다른 면도 있다. 우선 과거 모든 대멸종 때 세 가지가 공통적으로 일어났다.

- 많은 종들이 멸종했다. 일반적으로 40~50퍼센트 이상의 종들이 멸종했다.
- 광범위한 생태범위에서 멸종이 일어났다. 해서성과 육서성, 식물과 동

물, 크기가 미소한 것부터 큰 것까지 두루 멸종이 일어났다.

- 모두 단기간에 일어났다. 따라서 어떤 하나의 원인과 관련 있거나, 아니면 서로 연관된 원인들이 함께 작용해서 일어났을 수 있다.

이것만으로도 명쾌하게 보이지만, 고생물학자들은 더욱 정확도를 높이려고 고군분투했다. 배경멸종과 구분해서 대멸종이라고 부를 정도의 사건이라면 얼마나 많은 종이 얼마나 빠르게 사라져야만 할까? 진정한 대멸종은 무엇이고, 국지적이거나 생태적으로 제한된 멸종사건은 무엇인지 가르는 좀더 정량적인 정의를 찾아내고자 하는 시도들이 있었지만, 그 어떤 것도 크게 만족스럽지 못했다.

통계를 이용한 대멸종 판별법?

1982년, 시카고대학의 고생물학자 데이비드 라우프와 잭 셉코스키Jack Sepkoski가 대멸종 판정법을 찾아냈다고 주장했다.[89] 아이디어는 간단했다. 만일 대멸종이 예외적으로 높은 멸종비율과 연관되어 있다면, 분명 정상적인 배경멸종비율보다 두드러져야만 할 것이었다. 라우프와 셉코스키는 각 지질단계마다(평균지속기간은 500만~600만 년) 100만 년을 단위로 해양동물과들의 평균적인 멸종비율을 계산했다. 그 결과 지난 6억 년 동안 약 100건의 독립된 멸종비율을 찾아냈다.

라우프와 셉코스키는 이 측정값들에 회귀분석이라는 간단한 통계기법을 적용할 수 있다고 생각했다. 회귀분석은 그래프 위의 점들의 집합을 선으로 맞추는 것을 이르는 멋진 용어이다. 모든 점들이 직선으로 맞춰지거나, 대부분의 점들이 직선에 근접한 상태가 이상적이다. 라우프와 셉코스키가 시간에 따른 멸종비율 측정값들에 굳이 회귀선을 적용할 근거는 전혀 없었지만, 결국 성공했다. 그들이 측정한 100개의 멸종데이터 점들 대부분이

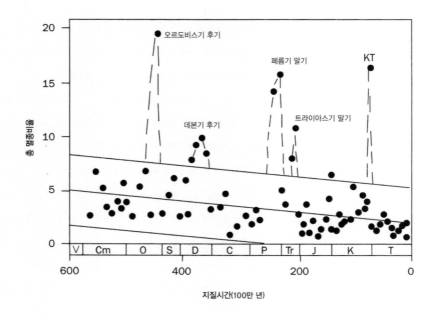

그림 18 100만 년을 단위로 해양무척추동물과들의 멸종을 측정한 총 멸종비율. 대부분의 점들은 회귀선의 위아래에 가까이 분포하고 있다. 양질의 화석기록을 기준으로 했을 때, 지난 6억 년 동안 회귀선은 아래로 기울고 있다. 95퍼센트 신뢰 포락선(끊긴 선으로 둘러쳐진 부분) 위에 자리한 다섯 개의 통계적 이상값들의 집합은 각각 다섯 차례의 대멸종에 대응한다. 아랫부분의 약자들은 그림 17을 참조하라.

직선에 매우 가깝게 근접했고, 시간에 따라 직선은 내리막을 그었다(그림 18). 달리 말해서 시간이 흐를수록 멸종 가능성이 줄어든다는 얘기이다. 두 사람은 그 까닭을 멸종을 피할 수 있는 능력의 '향상' 때문으로 돌렸다. 그렇다면 회귀선에 근접하지 않은 점들은 어떻게 보아야 할까? 이 점들은 각각 5대 멸종, 곧 오르도비스기 후기, 데본기 후기, 페름기 말기(PTr), 트라이아스기 후기, 백악기─제3기(KT) 대멸종에 대응하는 것으로 밝혀졌다.

　통계적으로 보면 상황은 명쾌하게 보였다. 정식으로 말하면, 회귀선은 95퍼센트 신뢰수준으로 데이터에 들어맞았다. 다시 말해 최소한 95퍼센트의 점들이 회귀선에 매우 근접해 있다는 뜻이다. 나머지 5퍼센트의 점들─

총 수가 100이기 때문에 이 경우에는 5개의 점들—은 통계적 이상값이라고 불린다. 이 점들은 일반적인 흐름을 벗어나 있기 때문에 다른 방식으로 설명해야만 한다. 아마 잘못 측정되었거나, 아니면 다른 점들과 정말로 다른 점들일 수 있다(일반적으로 받아들여지는 해석은 후자이다). 만일 그렇다면, 대멸종이 정량적으로 확인되었음을 뜻할 것이며, 다른 멸종들과는 독립적이라는 의미일 것이다. 만일 이런 평가가 옳다면, 함축하는 바가 클 것이다.

다섯 번의 대멸종은 정상적인 멸종과는 다른 것으로 분간되었다. 확실히 규모가 훨씬 더 크다는 것이다. 그러나 아마 그 이상의 의미가 있을 것이다. 라우프와 셉코스키는 대멸종이 정상적인 멸종사건에 비해 양적으로만 다른 것이 아니라(규모가 더 크다는 것뿐만 아니라), 질적으로도 다를 것이라는 생각을 분명하게 내비쳤다. 전적으로 다른 부류의 현상이라는 얘기이다. 만일 두 사람의 생각이 옳다면, 대멸종이 일어나는 동안 정상적인 멸종규칙들이 적용되지 않았을 것이며, 따라서 다른 독자적인 원인들을 찾아야 한다는 얘기가 될 터였다. 어쩌면 대멸종들은 다른 소규모의 멸종사건들과는 구분되면서도 서로는 공유하는 특징을 갖고 있을지도 몰랐다. 이런 중요한 생각들이 활발하게 논의되었지만, 궁극적으로 1980년대와 1990년대의 고생물학자들은 대부분 이 생각을 거부했다.

라우프와 셉코스키의 1982년 논문은 깊은 함의를 담고 있었지만, 한 통계학자가 그 논문을 비판하자 결국 두 사람은 자기들 방법에 결함이 있음을 인정할 수밖에 없었다. 두 사람의 데이터는 회귀분석기법이 적용될 수 없는 것이었다.[90] 두 사람의 아이디어는 설득력이 있었지만, 이용한 통계는 취약했다. 그렇지만 라우프와 셉코스키는 그 연구 덕분에, 시간이 흐르면서 대멸종이 거듭해서 일어났다는 사실을 더욱 깊이 생각해보게 되었다. 대멸종이 어떤 규칙적인 패턴을 따르지는 않을까?

주기성과 다음번 지구에 충돌할 소행성

한 가지 원인으로 모든 대멸종들을 설명할 수 있을까? 이미 일부 지질학자들은 생명의 역사—여기에는 다양화국면들과 멸종국면들이 포함되어 있다—가 기온의 변화(보통은 기온이 낮아지는 변화)나 해수면의 변화로 제어된다는 주장을 해오던 터였다. 단순한 아이디어였다. 다시 말해 지구상의 물리적 환경이 어떤 때는 생명 친화적이었다가, 또 어떤 때는 그렇지 않았다는 것이다. 특히 지질학자들은 그런 생각을 쉽게 받아들일 수 있었다. 생명은, 거대하고 복잡한 지구라는 계, 곧 지질권과 생물권이 밀접하게 엮어나가는 지구계의 일부에 불과한 것이었다. 한편 생물학자들은 대규모 진화에 그런 생물 외적인 제어요인이 있다는 생각을 쉽게 받아들이지 못하는 경향이 있다. 보통 경쟁이나 먹고 먹히는 관계처럼 종들 간의 상호작용으로 야기되는 변화를 살피는 데 익숙하기 때문이다. 따라서 외적 제어요인을 지지하는 '지질학자'의 관점과 내적 제어요인을 지지하는 '생물학자'의 관점이 서로 대비된다.

1980년의 앨버레즈 논문을 기점으로 일어난 KT 연구의 혁명은 고생물학자와 지질학자에게 생각거리를 던져주었다. 만일 지구의 역사, 특히 생명의 역사가 운석이나 혜성의 거듭된 충돌 같은 방식으로 제어되었다면?

1984년, 과거 2억 5,000만 년 동안 일어난 대멸종들 사이에 주기적인 간격이 있는 것처럼 보인다는 주장이 나오면서 공통원인탐구는 큰 신뢰를 얻었다. 라우프와 셉코스키가 해양동물들의 기록에서 나타난 멸종비율의 상승그래프 마루들 사이에 2,600만 년이라는 규칙적인 주기가 있음을 발견했던 것이다(그림 19). 초기의 반응은 극과 극을 달렸다. 열정적인 수많은 지질학자들과 천문학자들은 그 아이디어와 아울러, 대멸종의 규칙적인 주기성이 외계에 의해 제어되는 규칙적인 인과 메커니즘을 내포한다는 분명한 함의까지도 받아들였다.

만일 라우프와 셉코스키의 생각이 옳다면, 그들의 단순한 고생물학 연구

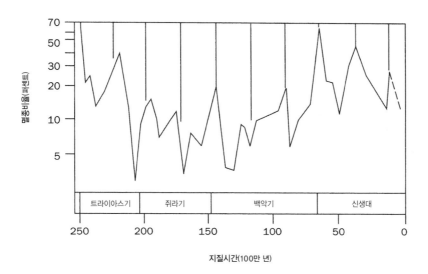

세로축 레이블: 멸종비율(퍼센트)
값: 70, 50, 30, 20, 10, 5

| 트라이아스기 | 쥐라기 | 백악기 | 신생대 |

250   200   150   100   50   0

지질시간(100만 년)

그림 19 대멸종은 주기적일까? 라우프와 셉코스키의 1984년 논문에 나온 유명한 도표이다. 이 덕분에 수많은 천문학 연구가 이루어졌다. 만일 2,600만 년이라는 규칙적인 주기가 있다면, 은하면의 기울기 변화든, 쌍둥이 태양 네메시스든, 행성X든, 천문학적 원인이 결정적이 될 것이다.

는 은하 규모에서 일어나는 완전히 새로운 과정체계가 지구와 지구상 생명의 전체 역사를 제어한다는 의미를 내포하게 될 것이었다. 또 만일 마지막 위기가 일어났던 시점을 안다면, 소행성이 지구와 충돌할 다음 시점도 알아낼 수 있을 거라고 생각한 사람들도 있었다. 6,500만 년 전 소행성이 지구와 충돌했다는 1980년 앨버레즈의 주장은 라우프와 셉코스키가 새롭게 제기한 주장의 웅대함에 비하면 아무것도 아니었다.

대멸종의 주기성을 설명하는 천문학모델이 수없이 제기되었다. 그런데 모두 오르트 혜성구름을 거론했다. 오르트 혜성구름이 규칙적으로 교란되어 2,600만 년마다 태양계로 혜성들을 무더기로 보낸다는 얘기였다. 해왕성과 명왕성을 넘어 우리 태양계의 가장자리에 혜성들이 모여 껍질처럼 두르고 있는 것을 오르트 혜성구름이라고 한다. 오르트 구름의 교란인자로 거론된 것은, 우리 태양의 자매태양—네메시스Nemesis라고 불리는데, 아직까지는 발견되지 않았다─의 상궤를 벗어난 궤도, 은하면의 기울기 변화, 또는 명왕성 너머 태양계 끝에 있다는 수수께끼의 행성X의 영향 따위였다.

마음이 들뜬 천문학자들은 망원경 렌즈를 열심히 닦고 하늘을 살피며 네메시스나 행성X, 또는 은하면의 기울기 변화를 찾아내려 했다. 주기성을 옹호하는 지질학자들은 현장으로 나가 대멸종의 경계들에서 대규모 운석충돌의 증거, 다시 말해 이미 KT 사건 연구를 통해 정립되었던 것과 부합하는 물리적 증거를 찾아다녔다. 반면 주기성을 비판하는 학자들은 대멸종은 각각 일회적인 현상일 뿐이며, 서로를 연결해주는 원리 따위는 없다고 주장했다. 라우프와 셉코스키가 찾아냈던 2,600만 년이라는 주기는 그저 통계적으로 조작된 인위적 결과이거나 제한된 데이터만 분석한 결과일 뿐이라고 주장했다.

그렇다면 요즘은 주기성을 어떻게 보고 있을까? 내 생각에는 대부분의 고생물학자들과 지질학자들이 그냥 잠자코 배제하는 것 같다. 화석데이터를 세심히 분석해도 주기성을 확인하는 데는 실패했던 것이다. 사실 그림 19에 나타난 멸종그래프의 마루 중 쥐라기에 표시된 세 가지를 면밀히 조사한 결과, 주로 데이터 수집에서 인위적으로 산출된 결과임이 밝혀졌다. 네메시스와 행성X 탐색도 아무 성과가 없었다. 또한 다른 대멸종 시기에 충돌이 있었다는 지표를 찾아내는 데도 성공하지 못했다. 주기성을 나타내는 요소로 가정된 열 가지 대멸종 마루들 중 겨우 두세 경우에서만 이리듐이나 충격받은 석영, 운석구를 찾아냈을 뿐이다. 그마저도 KT 경계에서 운석충돌을 보여주는 여러 계통의 증거와 비교하면, 지극히 빈약했다.

대멸종의 주기성은 입맛이 당기는 생각이기는 하지만, 지금은 거의 단호하게 거부되는 생각이다. 그러나 그렇다고 과거에 일어난 모든 멸종사건들을 두루 아우르는 공통인자를 찾는 일이 무의미하다는 뜻은 아니다.

분류학적 대상의 범위조정

과거의 멸종사건들은 다양한 규모로 일어났다. 그래서 편의상 대규모, 중간규모, 소규모 사건들로 구분하는 것이 좋을 것이다(그림 17-C). 이 가운데 페름기 말 대멸종은 타의 추종을 불허한다. 당시 60~65퍼센트의 과가 사라진 것으로 알려져 있는데, 이는 80~95퍼센트의 종이 손실된 것으로 생각할 수 있기 때문이다. 네 번의 중간규모 대멸종은 20~30퍼센트의 과, 50퍼센트 정도의 종의 손실이 있었다. 소규모 멸종사건 때는 10퍼센트 정도의 과, 20~30퍼센트 정도의 종의 손실이 있었지만, 이것들은 대멸종이라고 부르지 않는다.

이런 종의 손실수치가 무엇을 의미할까? 정말 확실한 것일까? 대멸종의 규모를 평가할 때, 고생물학자들은 일반적으로 더 큰 생물분류군을 기준으로 한다. 화석기록이 완전해서 한때 존재했던 모든 종들을 눈으로 보고 기록할 수 있다면야 더없이 좋을 것이다. 그렇게만 된다면 무슨 일이 언제, 무엇 때문에 일어났는지 확실하게 알 수 있을 것이다. 그러나 한때 살았던 대부분의 생명체들은 화석이 되지 않는다. 종의 수준에서조차 대부분은 화석이 되지 않는다. 이 때문에 고생물학자들은 밤잠을 설치곤 한다.

다행히 범위조정을 통한 해결방안이 있기 때문에 편안하게 잠자리에 들어도 된다. 다시 말해 표적의 크기가 클수록, 그것을 맞출 가능성이 더 커진다는 뜻이다. 상위분류군으로 올라갈수록 보존가능성은 커진다. 특정 종의 화석을 발견할 가능성을 100에 하나 꼴, 1퍼센트라고 해보자. 만일 하나의 속에 10개의 종이 있다면, 그 속을 발견할 가능성은 10퍼센트로 커진다. 하나의 과 속에 10개의 속이 있다면, 최소한 그 과에 속하는 표본을 발견할 가능성은 100퍼센트가 된다. 그래서 고생물학자들은 처음에 전체적인 조사를 할 때 과의 수준에서 진행한다. 일단 그 조사가 완료되면, 속의 수준에서 조사를 시도할 것이고, 더욱 좁혀 종의 수준에서까지 조사할 것이다. 그러면 국지적인 조사도 가능해질 것이다.

거꾸로 과 수준의 데이터를 종의 수준으로 해석할 때에도 이 범위조정의 논리를 이용할 수 있다. 멸종사건이 일어나면 과보다 종이 높은 비율로 사라지는 것은 분명하다. 과에 포함된 종이 많기 때문이다. 하나의 과가 손실되었다는 것은 그 과를 구성하는 모든 종이 손실되었음을 뜻한다. 그러나 설사 과를 구성하는 종의 대부분이 사라진다 해도, 결과적으로 많은 과들은 그대로 살아남을 것이다. 그래서 페름기 말 대멸종에서 과의 60퍼센트가 손실되었다고 할 때, 종의 손실률은 그보다 높을 수밖에 없다. 다양하게 평가해본 결과, 80~95퍼센트 수준의 종의 손실이 있었던 것으로 추정된다.

보고 싶은 것만 보기

대멸종이 갖춰야 할 첫 번째 특징은 많은 종이 사라져야 한다는 것이다. 넓게 잡아보면 멸종의 규모는 전반적으로 20~60퍼센트 과의 손실, 50~95퍼센트 종의 손실로 추정된다. 그러나 자세히 살펴보면 모든 생물군에 걸쳐 멸종비율이 균일한 것은 아니다. 분지군分枝群 내에서 종의 100퍼센트가 멸종하는 경우도 있고, 또 어떤 분지군에서는 종의 0퍼센트가 멸종하는 경우도 있다. '분지군'이라는 용어는 최근 들어 점차 많이 쓰이는 용어인데, 쓸모가 많은 표현이다. 군의 크기에 상관없이 단일조상을 가진 군을 가리키는 용어로, 단일조상에서 나온 모든 후손들을 포함한다. 이를테면 호모 사피엔스*Homo sapiens*, 개과(Family Canidae), 조강(Class Aves), 동물계(Kingdom Animalia) 따위가 모두 분지군이다.

양질의 화석기록을 보면 멸종의 다양한 패턴들이 나타난다. 문제가 되는 대멸종의 경계들 안팎에서 센티미터 범위로 플랑크톤 미화석들을 세밀하게 수집해보면, 대멸종의 패턴을 보여주는 최상의 증거를 얻을 수 있다. 자세히 살펴보면 일부 패턴들은 상당히 급격한 멸종을 보여준다(그림 20). KT 경계가 걸쳐 있는 여러 곳의 암석층서를 그런 식으로 조사해보면, 기존의

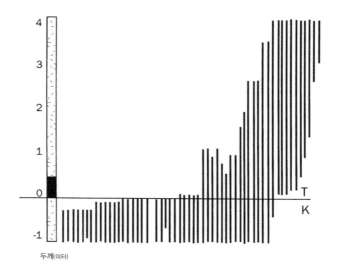

그림 20 격변적인 멸종패턴. 튀니지 엘 케프의 표준 KT 단면에서 유공충종들의 각 시간범위를 기록한 것으로, 5미터 두께의(약 150만 년) 퇴적물에서 센티미터 범위로 표본추출한 것이다. KT 경계에서 종의 65퍼센트가 손실되었음을 보여준다.

어떤 조사보다 완전한 층서가 드러나고, 멸종과 관련된 총 시간범위가 50만~100만 년임을 볼 수 있다. 이 경우 연대측정의 정밀도는 5만 년 단위로 세밀해질 수 있다. 지질학자에게는 엄청난 정확도이지만, 생물학자에게는 가뭇없이만 느껴질 것이다.

이 멋진 현장조사사례(그림 20)가 보여주는 멸종패턴이 과연 격변적일까, 점진적일까? 이 문제는 개념을 어떻게 정의하느냐와 관계되어 있다. 얼마나 빠르게 일어나야 급격하다고 할 수 있을까? 고생물학자들은 각자의 취향에 따라 그림 20이 격변적인 멸종을 보여준다고 주장할 수도 있고, 점진적인 멸종을 보여준다고 주장할 수도 있을 것이다. 점진주의자라면 5만 년 이상에 걸쳐 여러 단계의 멸종이 있었다고 보고, 순간적인 사건의 결과로 보기에는 너무 길다고 주장할 것이다. 반면에 격변론자라면 1~1,000년이라는 짧은 시간에 순간적인 멸종이 일어났다고 볼 것이며, 약간의 계단식 패턴이 나타나는 이유는 화석기록의 불완전한 보존 때문이라고 주장할 것이다. 다시 말해 진흙이 암석으로 굳어지기 전에 굴 파기 생물들이 진흙을 교란시켜 퇴적물이 제대로 쌓이지 못했거나 혼합이 일어났을 것이라는 얘기이다.

이제 어떻게 해야 할까? 대멸종을 자세히 조사하면 어김없이 이렇게 격변론자들과 점진주의자들이 제각각 자기들이 원하는 것만을 보게 되는 교착상태에 빠지고 마는 것일까? 대멸종이 일어나는 동안 지질학적으로 보았을 때 수많은 생물군들이 급작스럽게 멸종한 것처럼 보이는 것은 사실이다. 아마 그 시간범위는 50만 년 이하일 것이다. 그러나 생물학 고유의 해석의 관점에서 보면 그 정도 시간도 지나치게 길다. 그 정도의 범위라면 격변적인 원인이든 점진적인 원인이든 모두 포괄할 수 있기 때문이다. 이런 논쟁은 언제나 표본추출문제로 귀착되기 마련이다.

공룡멸종의 표본추출

열쇠가 되는 문젯거리가 바로 화석 표본추출이다. 고생물학자가 특정 지평층의 암석기록상에서 공룡화석이 돌연 사라져버렸음을 보여줄 수 있다 해도, 그것이 멸종 때문이라고 간단하게 가정할 수는 없다. 해당 시점에 환경변화가 발생해 동물들이 다른 곳으로 이동했을 수도 있고, 퇴적 시 중대한 단절이 있었거나, 퇴적과정이 바뀌어서 더는 동물 뼈가 매몰되어 보존될 수 없는 상황이 되었을 수도 있기 때문이다.

공룡화석은 육성퇴적물(땅, 강이나 호수에 퇴적된 퇴적물)에 보존되어 있다. 그러나 육성퇴적물은 심해의 퇴적물처럼 지속적으로 퇴적되기를 기대할 수 없다. 또 표본들이 크고 희귀하기 때문에, 층 단위로 세밀하게 표본추출하기에는 어려움이 많다. 이런 문제를 해결할 수 있는 표본추출방법은 없을까?

공룡멸종의 시간대 문제를 해결하려고 별개의 두 연구팀이 달려든 적이 있었다. 불필요한 시도처럼 보였을 수도 있다. 앞 장에서 살펴보았던 것처럼, KT 경계의 운석충돌을 이미 대부분의 사람들이 인정하는 상황이었기 때문이다. 하지만 그렇다고 그 충돌 때문에 공룡들이 하룻밤 새에 모두 죽었다고 가정하면 잘못일 것이다. 이는 따로 입증해야 할 문제이다. 두 연구팀은 몬태나에서 대대적인 현장 표본추출작업을 시도해, 헬크리크층(Hell Creek Formation) 백악기 암석의 마지막 500만~1,000만 년 구간에서 수천 개의 표본들을 발굴했다.[91] 그 결과 샌디에이고주립대학의 데이비드 아치볼드David Archibald 팀은 장기간에 걸친 소멸증거를 발견했고, 밀워키공립박물관의 피터 쉬이한Peter Sheehan 팀은 급격한 멸종의 증거를 발견했다. 각 팀의 표본추출작업은 각각 수십 명의 사람들로 구성된 작업팀들이 수행했다. 한쪽에서는 15,000인시人時에 달하는 현장조사가 기록되었고, 다른 한쪽에서는 확인된 표본만 총 15만 개에 이를 정도였다. 과거에 일어난 사건의 실상을 확실히 알기 위해 벌인 그 어떤 조사가 이보다 더 집중적일 수 있을까?

최소한 고생물학자들은 한 가지 간단한 물음만큼은 확실하게 답할 수 있어야 한다. 공룡은 한순간에 사라졌을까, 아니면 오랜 기간에 걸쳐 사라졌을까? 그러나 명쾌한 해답을 내리기 힘들게 만드는 두 가지 주요 문제가 있다. 연대측정과 선택적 보존이 바로 그것이다. 연대측정의 문제는 정밀도와 관련 있다. KT 경계지점이나 그 언저리지점의 방사성 연대가 측정된 곳도 일부 있지만, 최소한 몇십만 년의 오차를 피할 수는 없다. 그렇게 되면 암석대비의 문제, 다시 말해 이곳과 저곳의 암석연대를 서로 상관시킬 때 문제가 생긴다. 몬태나에서 마지막 공룡화석이 있는 암석의 나이가 와이오밍에서 마지막 공룡화석이 있는 암석의 나이와 같을까? 몬태나에서 발견된 최후의 공룡과 프랑스, 루마니아, 또는 몽골에서 발견된 최후의 공룡이 같은 연대일까?

이런 물음들에 확실한 답을 내리지 못하고서는, 공룡이 모든 곳에서 한 순간에 사라졌는지, 50만~100만 년에 걸쳐서 서서히 사라졌는지 확실하게 말하기는 불가능할 것이다. 게다가 선택적 보존의 문제도 결정적인 문젯거리이다.

화석화

화석의 선택적 보존은 피할 수 없다. 생명체의 생물적·생태적인 면, 화석화 과정(죽은 다음부터 화석이 될 때까지 일어나는 모든 일)에서 일어날 수 있는 변화, 퇴적방식에 따라 화석의 보존은 달라진다. 이 요인들은 해당 생명체가 화석기록으로 남기까지 반드시 통과해야만 하는 일련의 필터로 생각할 수 있다. 그 필터들이 대단히 가혹하기 때문에, 화석으로 보존되었다는 것 자체가 기적이다.

생물적·생태적인 요인을 먼저 살펴보자. 화석이 될 수 있느냐를 결정적으로 판가름하는 것은 바로 해당 생명체를 이루는 구성요소들이다. 일종의 골격—뼈, 석회질 조가비, 식물의 목질조직 따위—이 있으면 화석으로 남을 가능성이 크다. 내장이나 근육, 피부 같은 부드러운 조직은 예외적으로 훌륭한 화학적 환경이 갖춰졌을 경우에만 보존될 수 있다. 그러나 그런 경우는 드물다. 해파리나 연충류蠕蟲類는 골격이 없기 때문에 좋은 화석기록이 없다. 생태적인 면도 중요하다. 해저에 사는 생명체는 날짐승이나 나무에서 서식하는 생물보다 보존될 가능성이 더 크다. 해저에서는 다른 곳보다 퇴적물이 더 많이 퇴적되기 때문이다. 수명이 짧고 번식속도가 빠른 생물들도 발견될 확률이 크기 때문에 보존될 가능성이 더 크다.

화석화 필터들은 수없이 많고 종류도 다양하다. 골격이 있다고 보존이 보장되는 것은 아니다. 뼈와 조가비는 보통 물리적 과정으로 마모되기 마련이다. 이를테면 물살에 떠밀려가면서 표석들 사이를 뒹굴다가 마모되기도 한다. 아니면 청소부 동물과 미생물들이 주검의 모든 부위를 완전히 먹어치울 수도 있다. 퇴적물 속에 자리한다 해도, 뼈와 조가비는 약산성을 띤 지하수에 용해될 수 있다. 설사 이런 혹독한 역경을 모두 이겨냈다고 해도, 화석을 담은 암석은 계속해서 지구의 운동으로 깨지고 열을 받고 침식되는 등 여러 방식으로 변형된다.

사람의 탓도 있다. 과학자들은 자동기계가 아니다. 로봇처럼 모든 사실들을 기록하지는 못한다. 또한 그 사실들을 얻기까지의 난관들을 모두 극복하지도 못한다. 고생물학자들의 현장지도를 보면, 발굴물들은 대개 도로가나 마을 근처, 공장시설 부근에 있음을 볼 수 있다. 나는 고생물학자들이 게으름을 피운다고 말하려는 것이 아니다. 오히려 대다수 고생물학자들은 대단히 열정적이어서 엄청난 시간을 현장에서 보낸다. 그렇지만 화석들은 많고, 고생물학자는 화석만큼 많지 않다. 그렇기 때문에 우리가 알고 있는 화석기록은 암석 속에 묻혀 있는 전체 화석기록의 일부에 불과하다. 알려진 화석기록이 심각하게 편중되었을 수도 있다. 만일 그렇다면, 고생물학자들은 판단에 훨씬 주의를 해야 할 것이다.

편중된 화석기록?

다행스럽게도 화석기록 보고서들이 심각하게 편중되지는 않았음을 보여주는 연구결과들이 많이 나왔다. 예를 들어 한때 내 연구생이었다가 지금은 캘리포니아 주 스톡턴의 퍼시픽대학에 있는 데스 맥스웰Des Maxwell과 나는 지난 100년 동안 고생물학 지식의 변천과정을 살펴본 적이 있었다.[92] 우리는 각각 1890년, 1933년, 1945년, 1966년, 1987년에 출간된 기본 고생물학 교재 몇 권을 추려서 네발동물의 다양화와 멸종에 관한 도표를 작성했다. 그 결과 비록 알려진 과들의 총 수가 1890년 이후 두 배로 뛰었음에도(20세기에 막대한 양의 화석을 수집한 결과가 분명하다), 전반적인 패턴은 전혀 변

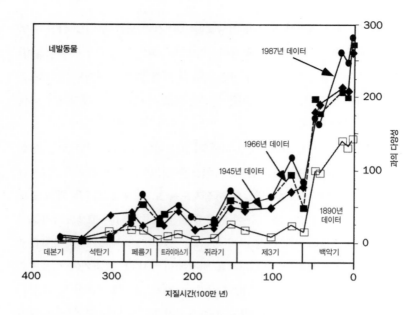

네발동물

1987년 데이터

1966년 데이터

1945년 데이터

1890년
데이터

300

200

100

0

과의 수

| 데본기 | 석탄기 | 페름기 | 트라이아스기 | 쥐라기 | 제3기 | 백악기 |

400   300   200   100   0

지질시간(100만 년)

그림 21 알려진 화석기록은 전체 화석기록을 대신할 수 있는 훌륭한 표본이다. 지난 100년 동안 고생물학자들의 밀도 높은 화석수집 노력 덕분에 기록된 과의 수는 두 배로 늘어났지만, 다양화와 멸종의 전반적인 패턴은 전혀 변하지 않았다. 1890년의 고생물학자라도 1987년의 고생물학자가 발견했던 것과 똑같은 사건들을 확인할 수 있었을 것이다.

하지 않았음을 볼 수 있었다(그림 21). 1890년의 고생물학자라도 마음만 먹었다면 1990년에 우리가 확인했던 것과 똑같은 대멸종, 다양성의 급증시기들을 확인할 수 있었을 것이다.

　잭 셉코스키는 1982년과 1992년에 각각 발표한 「해양동물과科 일람 *Compendia of marine animal families*」을 놓고 그 사이 10년 동안 자신의 해양화석기록 해석에 어떤 변화가 있었는지 자세히 검토했다. 비율이 들쭉날쭉하기는 했지만, 과의 수는 전체적으로 10퍼센트 정도 증가했다. 그런데 변한 것이라곤 대멸종이 더욱 예리하게 드러났다는 점뿐이었다. 이는 고생물학자들이 화석기록을 잘 이해하고 있음을 보여주는 강력한 증거이다. 단언컨대, 아마 앞으로 100년 동안 화석을 더 수집한다 해도 크게 달라지지는 않을 것이다. 만일 중생대 암석에서 인간 화석이 발견된다거나, 실루리아기 암석에서 공룡이 발견된다면 나는 아마 크게 놀랄 것이다.

그런데 이것들은 모두 세계 수준에서 이루어진 연구였다. 그렇다면 좀더 범위를 좁혀 국지적인 연구의 경우는 어떨까? 시애틀 워싱턴대학에 있는 피터 워드Peter Ward는 현장에서 화석을 수집해나갈 때마다 KT 경계의 암모나이트 멸종기록에 어떤 변화가 있는지를 검토했다.[93] 그는 스페인 북부 주마야Zumaya 해성석회암에 자리한 유명한 KT 경계단면을 조사현장으로 선택했다. 1984년과 1985년 두 차례의 현장조사기간 동안, 워드는 해변을 샅샅이 뒤지면서 보이는 족족 암모나이트 표본을 수집했다. 표본이 드물었지만, 16종을 확인해서 존재비 표를 작성했다. 어떤 종들은 겨우 몇 미터 구간에서만 지속되는 것처럼 보인 반면, 어떤 종들은 수십 미터 구간에 걸쳐 있었다. 다시 말하자면, 더 오랫동안 존재한 것으로 볼 수 있었다. 1984~1985년에 벌인 현장조사를 토대로, 워드는 암모나이트 멸종의 점진적인 패턴을 찾아냈다고 생각했다. KT 경계 아래에서 모든 종들이 사라지기는 했지만, 그 과정은 몇 미터 아래부터 시작했다는 것이다.

워드는 1987년과 1988년에 주마야를 다시 방문해서, 더 오랫동안 체류하며 더욱 집중적으로 조사를 벌였다. 간신히 새로운 두 종을 발견한 뒤, 1986년까지 찾아냈던 암모나이트 목록에 추가시켰다. 그중 한 종은 KT 경계에까지 도달해 있었다. 예전보다 집중적으로 화석을 수집한 결과, 일부 공백들을 메웠던 것이다. 1988년부터 1990년까지 화석을 더 수집한 결과, 더 많은 공백들이 메워졌고, 지금은 총 31개 암모나이트종 가운데 10개가 KT 경계지점까지 도달해 있다. 결국 워드는 애초 생각했던 점진적인 멸종을 버리고 격변적인 멸종으로 생각을 바꿨다. 과연 그 멸종은 격변적이었을까? 아마 그럴 것이다. 아울러 워드의 연구는, 참된 그림을 그리기 위해서는 사람의 노력이 얼마나 중요한지를 보여주는 사례이기도 하다.

화석기록의 딜레마

두 가지 상반된 관점이 불거진 것으로 보인다. 한편으로 화석기록은 분명 불완전하다. 한때 살았던 생명체들이 모두 화석으로 보존된 것은 아니기 때문이다. 나아가 시간을 거슬러 올라갈수록 화석기록이 점점 부실해지는 것도 분명하다. 그런데 다른 한편으로, 상식적으로 볼 때 고생물학자들은 화석기록을 잘 알고 있다. 맥스웰과 셉코스키가 최근에 벌인 연구가 이를 입증해주는 것 같다. 두말할 나위 없이 화석기록—우리가 암석에서 발견할 수 있는 모든 화석들—은 과거 다양했던 생명의 일부에 불과하다. 그리고 우리는 화석기록을 잘 알고 있다. 그렇다고 해서 화석기록이 정말 생명의 참된 역사를 말해준다고 할 수 있을까? 적어도 고생물학자 입장에서는 심란한 생각이다. 화석기록을 알 수는 있지만, 생명의 역사에 대해서는 할 수 있는 말이 별로 없다는 얘기로 들리기 때문이다.

한동안 나 역시 이런 생각 때문에 마음이 어지러웠다. 고생물학자로서 생명의 역사에 대해 무언가 쓸 만한 소리를 할 수 있다고 믿고 싶었던 것이다. 특히 화석기록을 통해 과거에 있었던 주요 다양화와 멸종사건들을 알 수 있을 거라고 믿고 싶었다. 어떻게 하면 그 문제를 해결할 수 있을까? 타임머신이 있지 않고서야, 아니면 하느님의 마음을 읽을 수 있지 않고서야, 그 누가 알려진 화석기록과 생명의 참된 역사를 비교할 수 있겠는가?

그 해법은 1990년대 초반에 발견되었다. 다행히도 고생물학자들에게는 생명의 역사를 말해줄 정보원이 하나만 있는 것이 아니다. 암석에서 발견된 화석이 그 하나지만, 그와는 완전히 별개로 계통발생도에서도 데이터를 얻을 수 있다. 계통발생도란 생명의 진화를 보여주는 꼴로, 생물다양성을 체계적으로 이해하기 위해 분류학자들이 그려낸 진화의 나무를 일컫는다.

1980년대까지 분류학자들은 대부분 계통발생도를 그릴 때 층서학의 원리와 화석데이터를 활용했다. 그들은 화석들을 순서대로 정렬했다. 이는 점들을 이어 그림을 그리는 것과 다를 바 없었다. 연대가 높은 화석은 연대가 낮은 화석의 선조로 보는 것이다. 생물군의 화석기록 상태가 매우 좋다면, 다시 말해 선조와 후손이 모두 잘 보존되어 있다면, 이 방법은 효과적이다. 그러나 그런 경우는 별로 없다. 보통 화석발굴물들은 조각조각 흩어져 있어서 진화패턴의 얼개만을 보여줄 뿐, 상세한 내용은 알기 어렵다. 대안이 되는 방법들이 필요했다.

나무 그리기

진화의 나무를 그리는 두 가지 새로운 방법이 1980년대와 1990년대에 개발되었다. 분지계통학과 분자계통분류학이 그것이다. 두 학문의 기원은 모두 1950년대와 1960년대로 거슬러 올라간다. 분지계통학은 분류학의 방법을 달리 형식화하고자 하는 필요에서 생겨났다. 독일의 곤충학자 빌리 헤니히Willi Hennig는 당시 분류학자들이 계통발생도와 분류도를 작성할 때 온갖 종류의 형질을 기준으로 하고 있음을 깨달았다. 분류학자들은 골격과 이빨, 날개와 척추, 색깔과 무늬의 형태를 기준으로 삼을 수 있었다. 문제될 것은 없었지만, 분류에 도움이 되는 형질을 가려낼 엄격한 검증방법은 없는 형편이었다. 이를테면 인간과 유인원의 계통발생을 그릴 때, 털과 다리라는 형질은 주목할 가치가 없다. 포유류는 모두 털과 다리가 있기 때문이다. 인간과 유인원에서 둘 이상의 종이 공유하는 골격의 좀더 세부적인 특징을 살펴서, 그 가운데 어떤 것이 진화상의 고유한 획득형질을 가리키는지를 고려하는 것이 더 도움이 될 것이다.

　1950년대와 1960년대에 헤니히가 제안한 분지계통학 방법은 진화적으로 의미 있는 형질들—단일한 획득사건, 곧 분기점을 나타내는 특징들—을 찾아낼 기법을 제공해주었다.[94] 인간–유인원의 경우에는 상대적인 뇌의 크기, 가슴너비, 꼬리가 없음, 어금니의 형태가 의미 있는 형질에 속한다. 이 형질들은 모두 유인원과 인간에게는 있지만, 원숭이에게는 없다. 시

행착오를 거치면서—지금은 보통 컴퓨터로 작업한다—모든 가능한 유연관계의 패턴들이 평가되었으며, 이제 그 데이터를 가장 훌륭하게 설명할 이론만 나타나면 된다. 그 패턴은 인간, 침팬지, 고릴라, 긴팔원숭이의 유연관계를 보여주는 분지계통도로 그려진다. 여기에는 화석이나 층서학이 전혀 끼어들지 않는다. 화석이 포함될 수도 있지만, 화석의 지질학적 나이는 계통발생도의 모양에 아무 영향도 미치지 못한다.

분자계통분류학의 재구성방법 역시 1950년대와 1960년대에 분자생물학이 탄생하면서 시작된 것이다. 분자생물학 덕분에 생물학자들은 처음으로 생체분자의 정밀한 구조를 규정할 수 있었다. 생물학자들은 모든 생물이 생체분자를 갖고 있지만, 종에 따라 분자구조가 미묘하게 다를 수 있음을 발견했다. 처음에는 단백질에 초점을 맞추었다. 이를테면 분자생물학자들은 침팬지의 헤모글로빈이 인간의 헤모글로빈과 같다는 것을 발견하고, 둘 사이에 매우 가까운 유연관계가 있다고(어떤 사람들은 둘 사이가 지나치게 가깝다고 생각했다) 확신했다. 그런데 인간의 헤모글로빈은 원숭이의 헤모글로빈과는 약간의 차이를 보였다. 소의 헤모글로빈과는 더 큰 차이가 있었고, 상어의 헤모글로빈과는 아주 달랐다. 단백질에서 보이는 차이의 정도는 아마 비교생물 쌍이 공통의 조상에서 갈라져 나온 이후 흘러간 시간에 비례하는 것처럼 보였다. 이것이 바로 분자시계의 원리이다. 곧, 단백질은 상당히 등비로 변화하며, 따라서 변화의 시간대와 유사성의 패턴을 추적할 수 있다는 뜻이다. 달리 말해 시간대에 따른 화학적 차이를 재서, 그것을 바탕으로 계통발생도를 그려낼 수 있었다는 얘기이다.

1990년 이후, 학자들의 관심은 단백질을 떠나 유전암호의 핵심성분인 핵산—DNA와 RNA—으로 향했다.[95] 지금은 DNA와 RNA 배열을 자동화하여, 수많은 유전자를 포함하는 긴 사슬을 종별로 비교하는 것이 가능하다. 이 배열방법 덕분에 인간유전체프로젝트의 막대한 데이터 처리가 가능하다. 그 첫 결실은 2001년 초에 발표되었다. 지금은 세계적으로 수백

명의 분자생물학자가 유전자 배열정보를 토대로 계통발생나무를 그리는 일에 매달리고 있다. 이 계통발생도 역시 분지계통도와 마찬가지로 층서학과는 전연 별개로 이루어진다. 이 점이 바로 열쇠이다.

검증: 층서학과 계통발생학의 대면

층서학('연대')과 계통발생학('분지군')에서 각각 독립적으로 뽑은 정보를 처음으로 비교해본 사람은 1992년 마크 노렐Mark Norell과 마이크 노바체크Mike Novacek였다.[96] 두 사람 모두 뉴욕의 미국자연사박물관에서 일하고 있다. 처음부터 어느 쪽이 맞다 틀리다 주장할 필요는 없다. 비교를 통해 서로 일치하는지 여부만 살피면 된다. 만일 일치하지 않으면, 계통발생학이나 층서학 어느 한 쪽이 틀렸을 것이다(생명의 참된 역사는 하나뿐일 테니). 만일 일치한다면, 둘 모두 참된 이야기를 들려주는 게 **틀림없다**. 잘못된 이야기에 어떻게 둘 모두 일치할 수 있겠는가? 그럴 가능성은 없다. 설사 화석기록의 질에 영향을 미치는 것이 있다 하더라도(부드러운 조직, 빈약한 보존, 표본의 손실), 계통발생도에까지 영향을 미칠 수는 없기 때문이다. 계통발생도는 대부분 어떤 경우든 전적으로 현재 살아 있는 유기체들을 토대로 한다. 자, 그렇다면 어떤 연구결과가 나왔을까?

1992년의 비교결과, 75퍼센트 경우에서 계통발생과 층서가 훌륭히 일치했다. 고생물학자들은 안도의 한숨을 내쉬었다. 화석기록이 생명의 참된 역사를 훌륭하게 말해줄뿐더러, 잃어버린 조각들, 이를테면 부드러운 몸을 가진 유기체들, 화석이 형성될 수 없는 환경에서 살았던 동물들 때문에 기존 화석기록이 뒤집히지는 않았던 것이다. 그 이후 여러 고생물학자들이 비교작업을 했다. 브리스틀대학에서 매슈 윌스Matthew Wills, 레베카 히친Rebecca Hitchin과 함께 내가 수행했던 가장 최근의 연구에서는 분지계통학과 분자계통발생학에서 발표된 1,000개의 계통발생도를 서로 비교해보았다.[97] 생물군의 범위는 초기형 식물에서 조류鳥類, 삼엽충에서 거북, 균류에서 어류에 이르기까지 광범위했다. 완전히 합치한 경우는 많지 않았지만, 대체적으로는 일치했다. 더욱 중요한 사실은, 시간의 흐름에 따른 화석기록의 질에 아무 변화도 없는 것으로 보였다는 것이다(그림 22).

어떻게 그럴 수 있을까? 캄브리아기 암석에서 나온 화석들이 백악기나 마이오세 암석에서 나온 화석만큼 잘 보존될 수 없는 것은 당연하다. 연대가 높은 것일수록 연대가 낮은 것에 비해 깨지고, 마모되고, 열을 받고, 퇴적물에 덮이고, 침식되는 정도가 훨씬 클 것이기 때문이다. 화석의 연대가 오랠수록 손상이 큰 것도 맞고, 우리의 계통발생도 조사결과도 맞다. 둘 사이의 차이를 해결하는 방안은 바로 앞에서 지적한 것처럼 범위나 초점을

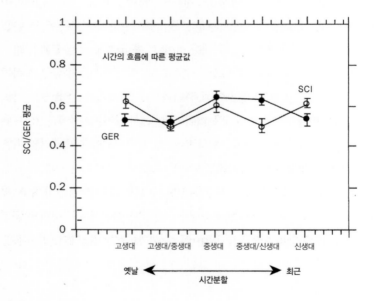

그림 22 화석기록의 질이 시간이 흘러도 변하지 않았음을 보여주는 증거. SCI(층서일관성지수)와 GER(공백초과율), 두 측정값을 써서 화석의 순서와 계통발생의 꼴을 비교했다. 두 경우 모두 낮은 값들은 빈약한 일치를, 높은 값들은 훌륭한 일치를 의미한다. 이 연구는 분자계통발생도들과 형태학적 분기도 1,000개에 기초해서 이루어졌으며, 기본적으로 두 경우에서 SCI와 GER은 시간이 흘러도 변함이 없다.

조정하는 데 있다. 한 지점에서 나온 표본의 개체나 종의 수준에서는 분명 캄브리아기 화석이 백악기 화석보다 훨씬 빈약할 것이다. 그러나 초점을 상위분류군인 속이나 과의 수준으로 올리고, 시간범위를 더욱 넓게 잡으면, 캄브리아기든 백악기든 동일한 비율의 다양성을 찾아낼 가능성이 있다. 동일한 과를 대표하는 표본이 캄브리아기에서 5개, 백악기에서 1만 개가 나왔다고 해도, 그것으로 충분하다.

이 결과들은 논쟁의 여지가 많다. 과연 우리가 화석기록과 생명의 참된 역사를 비교할 방도를 찾은 것일까? 타임머신도 없이? 우리는 그렇다고 생각한다. 만일 이 결과들을 받아들인다면, 화석기록이 부실할 수도 있고, 곳곳이 결함투성이일 수도 있지만, 그것만으로도 충분히 생명의 참된 역사를 말할 수 있다는 결론을 내릴 수 있을 것이다.

대멸종의 선택성

만일 화석기록만으로도 충분하다면, 대멸종의 공통된 패턴, 대멸종의 전모를 이해하는 데 도움이 될 증거도 찾아볼 수 있을 것이며, 나아가 현재 일어나는 멸종을 둘러싼 논쟁에도 큰 도움을 줄 것이다. 앞서 보았듯이 대멸종의 시간대를 확실하게 짚어내는 일은 쉽지 않다. 그러나 몇 가지 생물학적인 측면들을 살필 수는 있다. 대멸종은 과연 선택적으로 일어났는가? 멸종 다음에는 어떤 일이 일어났는가?

먼저 선택의 문제를 살펴보자. 대멸종을 정의하는 두 번째 특징은 바로 생태적으로 전반에 걸쳐서 일어나야 한다는 것이다. 곧, 어떤 선택도 없어야 한다는 얘기이다. 다소 직관에 어긋나는 주장처럼 들릴 수 있다. 대부분의 생물학자들은 다른 것에 비해서 멸종될 확률이 큰 동식물이 있다고 예측하기 때문이다. 코끼리나 판다, 또는 열대림에 고립되어 살아가는 희귀 동물들이 과연 항상 멸종의 위기에 있을까? 공룡과 관련하여 내가 가장 흔하게 들은 물음은 이랬다. "왜 공룡이 멸종했을까?" 그 이유를 묻는 것은 자연스러운 일이다. 만일 멸종이 분명 실패를 의미한다면, 공룡이 멸종을 이겨낼 만한 능력을 갖추지 못했던 것은 아닐까?

하지만 고생물학자들이 벌인 무수한 연구를 놓고 볼 때, 대멸종이 진행되는 동안 선택이 있었다는 증거는 비교적 희박하다. KT 사건 때 공룡 같은 대형 파충류가 죽은 것은 확실하지만, 그보다 훨씬 몸집이 작은 동물들도 죽었다. 이를테면 유대동물, 조류, 일부 악어군들도 사라졌다. 따라서 몸집이 크다고 해서 멸종에 취약하다고는 말할 수 없다. 또한 미소한 플랑크톤종들도 대량으로 멸종되었다. 생태자리의 너비(종의 습성과 식성의 범위)도 강력한 인자가 되는지는 분명하지 않다. 습성과 식성이 잡다한 동물이든 특수한 동물이든 모두를 포함하는 전체 분지군이 동시에 사라져버렸기 때문이다. 으뜸 포식자들이 멸종 가능성이 높은지도 전혀 분명하지 않다.

대멸종의 선택성을 보여주는 유일한 증거는 바로 지리적으로 제한된 범위에 분포하는 종들이 불리했다는 점이다. 시카고대학의 데이비드 자블론스키David Jablonski와 데이비드 라우프는 북아메리카와 유럽의 백악기 최후기와 제3기 최초기의 이매패류와 복족류의 모든 종과 속을 조사했다.[98] 그 결과 지리적으로 널리 분포하는 속들에 비해 제한된 범위에 분포하는 속들이 선택적으로 몰살당했음을 발견했다. 따라서 대멸종을 견디고 살아남으려면, 지리적으로 널리 분포하는 속에 속하는 종이어야 할 것이다. 몸집의 크기와 생태적인 적응은 중요하지 않은 듯하다.

서식지 역시 대멸종의 선택성에 중요한 의미가 있을 것으로 생각된다. 예를 들어보자. 극지방에 분포하는 종들에 비해 열대의 종들이 멸종 가능성이 더 클 것으로 오래전부터 생각되어왔다. 그 근거로 삼은 것은, 일부 대멸종사건들이 기후의 냉각화와 연관되어 있다는 관찰사례였다. 냉각국면이 진행되면, 온대의 생명체들은 이상적인 기온대를 찾아 열대 쪽으로 이동해 살아남을 것이다. 그런데 열대의 종들은 갈 곳이 아무데도 없기 때문에 사라져버릴 것이다. 그런데 비슷한 시기에 데이비드 라우프와 데이비드 자블론스키가 벌인 또 다른 연구에 따르면, KT 사건 동안 이매패류의 멸종강도에 위도상의 차이가 있다는 아무런 증거도 보여주지 못했다.[99]

회복

대멸종이 일어난 다음에는 어떤 일이 일어났을까? 생존한 생물들의 다양성은 멸종 이전의 전체 다양성의 일부에 불과하다. 대멸종 때 선택이 있었다는 별 증거가 없다면, 멸종은 종을 가리지 않고 일어났을 것이다. 육지와 해양의 먹이그물에 빈틈이 생겼을 것이다. 중요한 초식동물이 사라져버린 곳도 있을 테고, 으뜸 포식자들이 사라져버린 곳도 있을 것이다. 그러나 생존한 생물들이 진화하여 결국은 그 틈새들을 채워나갈 것이다. 어쨌든 결국 전체 생태계가 과거와 같은 복잡성을 완전히 회복할 것이다.

대멸종 이후의 회복기, 곧 생물다양성과 생태계 복잡성이 복원되는 데 걸리는 시간은 해당 사건의 규모에 비례한다. 데본기 후기, 트라이아스기 후기, KT 같은 주요 멸종사건들이 일어난 뒤에 생물다양성이 회복되기까지는 1,000만 년이 걸렸다. 페름기 말 대멸종 이후의 회복기는 그보다 훨씬 더 길었다. 전 세계적으로 식물과 동물 과들의 다양성이 멸종 이전 수준으로 회복하기까지는 약 1억 년 정도가 걸렸다.

대멸종 이후의 회복국면을 더욱 자세히 검토할 수도 있다. 가장 연구가 많이 된 사례의 하나가 바로 KT 사건 이후 육서네발동물상의 대체과정이다. 공룡 같은 육상동물들이 사라지자, 척추동물 군집들이 크게 위축되었다. 백악기 후기 동안 별 기세도 못 폈고, 몸집 또한 고양이 정도밖에 되지 않았던 태반포유류가 극적으로 방산되었다. 팔레오세와 에오세 초기의 1,000만 년 동안 20개의 주요 분지군이 진화했는데, 이 중에는 박쥐에서 말, 설치류에서 고래에 이르기까지 오늘날의 모든 동물목目의 조상도 있었다. 이 초창기에 전반적인 목의 다양성은 지금보다 훨씬 컸다. 대멸종으로 비롯된 생태적 반동기 동안, 살아남은 분지군들이 급속히 방산되었고, 별의별 외모와 생태유형들이 부상했던 것으로 보인다. 그러다가 생태공간을 채워나가며 생존경쟁을 벌이는 동안, 팔레오세에 우점했던 태반포유류군들의 절반이 곧 멸종했으며, 결국 대멸종이 있고 1,000만 년이 지난 뒤에야 좀더 안정된 군집패턴이 확립되었다.

과거가 주는 교훈

여기서 소개한 자료들은 상당수가 지난 20년 동안에 이루어진 비교적 새로운 연구에 속한다. 해결해야 할 문제는 크고, 많은 경우 시험적인 답들만 내려진 상태이다. 나는 화석기록을 더욱 자세히 들여다볼수록 우리가 정말로 아는 것은 적어진다는 생각을 자주 한다. 그러나 진지한 대멸종탐구는 매우 새로운 과학이다. 사실, 새롭다고 말하기는 어렵다. 벌써 150년도 더 전에 존 필립스가 몇 가지 핵심적인 측면들을 짚어냈기 때문이다. 그러나 격변론자로 몰릴까 두려운 마음 때문에 1970년이나 1980년까지도 대부분의 과학자들은 멸종이니 대멸종이니 하는 문제를 도외시했으므로, 충분히 새롭다고 말할 만하다. 이제 우리가 현재 알고 있는 사실을 정리해보자.

- 과거에 최소한 다섯 차례의 대멸종이 있었다.
- 대멸종의 특징은 보통 20~65퍼센트의 과의 손실, 50~95퍼센트의 종의 손실이다.
- 정상적인 멸종에 비해 대멸종이 별개의 현상으로 두드러진다는 증거가 일부 있지만, 그 증거는 제한적이다.
- 대멸종 때 몸집의 크기나 식성, 또는 습성을 기준으로 한 선택이 있었다는 증거는 거의 없다. 그러나 지리적으로 널리 분포하는 동물군들이

지리적으로 고립된 종들에 비해 대멸종의 영향을 덜 받은 것처럼 보인다.

- 대멸종은 사실상 한순간에 일어난 경우부터 1,000만 년 동안 몇 가지 복합적인 사건들이 함께 있었던 경우까지 다양하다.
- 대멸종 이후에 생명은 언제나 다시 회복되었다. 그러나 대부분의 경우 전체적인 수준의 생물다양성이 멸종 이전 수준으로 회복하는 데는 약 1,000만 년 정도 걸렸으며, 페름기 말의 멸종 이후에는 약 1억 년이나 걸렸다.

이런 지식의 상당수는 1990년에 이르러 정립된 것이다. 그러나 그때까지만 해도 가장 큰 규모의 대멸종, 곧 페름기 말기에 일어난 사건에 대해서는 알려진 바가 거의 없었다. 그 이후 상당한 진전이 있어 2억 5,100만 년 전의 사건을 다룰 수 있을 정도까지 되었다. 페름기 말 대멸종을 보여주는 최상의 화석기록은 바다생물에서 찾을 수 있기 때문에, 먼저 당시 해양 생태계의 상황부터 살펴보자.

07

페름기 말 대멸종으로
돌아와서

페름기를 정의하는 문제를 놓고 벌어진 논쟁은 상당히 난해하다.
게다가 무의미하게까지 보일 수 있다. 그러나 참고 살펴보다보면,
학문적으로 어떤 방법을 이용하는지, 국제적인 합의가 왜 중요한
지, 이 경우에는 국제적인 합의를 이끌어내는 데 러시아의 격동의
역사가 어떻게 걸림돌이 되었는지를 헤아릴 수 있을 것이다. 또한
누군가 나타나 지질학적으로 순간에 불과한 시간 동안 일어났던 어
떤 특정 사건—이를테면 대멸종—에 초점을 맞추기 이전에, 이미
그 같은 문제를 모든 이들이 입에 올리고 있었음을 확실히 해두는
것이 중요하다.

1990년, 미국의 지질학자 커트 테이처트Curt Teichert는 페름기 말 대멸종을 평하면서 다음과 같이 썼다.

> 페름기가 끝나가면서 수많은 고생대 생명이 사라져갔던 모습을 보면 요제프 하이든의 고별 교향곡이 생각난다. 마지막 악장에서 연주자들은 한 사람 한 사람 악기를 들고 무대를 떠나는데, 결국 끝에 가서는 아무도 남지 않는다.[100]

1990년 당시에는 페름기 중기와 후기, 약 1,000만 년에 걸쳐서 종들이 하나씩 하나씩 절멸해갔다는 생각이 지배적이었다. 멸종비율이 정상보다 높았지만, 설사 그때 누가 있어 사태를 관찰했다 하더라도, 정말로 종들이 전대미문의 위기에 휘말려 있었는지는 알아채지 못했을 것이다. 하나둘 종이 사라진 결과는 완전한 절멸이었다.

그런데 이게 올바른 그림일까? 페름기 말에 일어난 대멸종은 지질학적으로 순간에 일어난 KT 사건과는 너무 다르지 않은가? 만일 이런 그림이 옳다면 이상하게 보일 것이다. 아무튼 페름기 후기 사건은 규모 면에서 KT 사건보다 훨씬 심각했다. 당시 다른 많은 고생물학자들처럼 커트 테이처트 역시 단지 신중을 기했을 뿐이리라. 격변모델을 지적하고 싶은 사람이 누가 있었겠는가?

이 그림은 사실과는 크게 달랐다. 페름기-트라이아스기 경계 바로 위아래 암석의 연대측정이 어려움을 겪으면서 문제가 불거졌다. 그 경계가 어디에 위치하는지조차도 전혀 분명하지 않았다. 페름기 말 해양연체동물의 운명을 연구하는 선도적인 고생물학자인 워싱턴 스미소니언연구소의 더그 어윈이 내놓은 측정값들을 통해 연대측정이 어떻게 다듬어져갔는지 추적해볼 수 있다. 1993년, 어윈은 페름기 말 사건이 300만~800만 년 동안 지속했다고 추정했다.[101] 불과 5년 뒤, 어윈과 공동연구자들은 그 기간이

100만 년 이하라는 견해를 내놓았다.[102] 그리고 2000년이 되자 멸종시간 대는 50만 년 이하로 줄어들었고, 심지어 순간이었다는 주장까지 나왔다.

7년 동안, 점진주의에서 격변론으로 바뀌어간 의견의 추이는 단순히 기존관점을 바꿔치기한 것으로만 볼 수는 없다. 1990년에 이르러 KT 경계 연구가 급진전되었고, 대규모 운석충돌로 급격한 멸종이 일어났을 가능성이 폭넓게 수용되었다. 사실 처음에 1,000만 년으로 생각했던 멸종기간이 지질학적으로 순간이랄 수 있는 시간으로까지 단축된 것은, 주로 페름기-트라이아스기 경계가 걸쳐 있는 일부 지질단면들을 더욱 정밀하게 조사한 결과였다.

그런데 과연 1990년까지 페름기-트라이아스기 경계가 잘 이해되고 있었을까? 로더릭 머치슨이 페름계를 명명했던 때는 1841년이었고, 그로부터 160년 동안이나 지질학자들은 트라이아스기와 경계를 이루는 정확한 지점이 어디인지를 짚어내려고 애를 썼다. 놀랍게도 그들은 실패하고 말았고, 논쟁은 2000년까지 이어졌다. 곧 보게 되겠지만, 2000년은 바로 중국 남부 메이산煤山의 한 단면에 '골든 스파이크'를 박아 넣은 해이다.

100년에 걸친 논쟁

페름기를 정의하는 문제를 놓고 벌어진 논쟁은 상당히 난해하다. 게다가 무의미하게까지 보일 수 있다. 그러나 참고 살펴보다보면, 학문적으로 어떤 방법을 이용하는지, 국제적인 합의가 왜 중요한지, 이 경우에는 국제적인 합의를 이끌어내는 데 러시아의 격동의 역사가 어떻게 걸림돌이 되었는지를 헤아릴 수 있을 것이다. 또한 누군가 나타나 지질학적으로 순간에 불과한 시간 동안 일어났던 어떤 특정 사건—이를테면 대멸종—에 초점을 맞추기 이전에, 이미 그 같은 문제를 모든 이들이 입에 올리고 있었음을 확실히 해두는 것이 중요하다.

1841년 처음 페름계를 정의할 때, 머치슨은 오늘날 페름계의 중부와 상부라고 부르는 부분만을 포함시켰고, 페름계의 하부(보통 페름계-석탄계로 부른다)는 모두 내버려두었다. 선을 어디에 그어야 할지 확신하지 못했기 때문이다. 머치슨의 페름계를 구성하는 것은 오늘날 러시아 암석계의 쿵구르조, 우핌조, 카잔조, 타타르조였는데,[104] 오늘날 페름계의 절반 정도에 불과하다(그림 23).

머치슨 이후에도 페름계의 마루 경계와 바닥 경계 위치를 두고 오랫동안 논쟁이 이어졌다. 1874년, 러시아의 지질학자 카르핀스키A. Karpinskiy는 머치슨이 지정했던 페름계 아래의 아르틴스크조와 사크마르조를 페름계에 포함시켰다.[105] 그는 머치슨이 우랄 산맥 서쪽을 답사할 당시 이 단위층들을 잘못 식별했음을 보여주었다. 머치슨은 아르틴스크 마을 주변의 해성사

페름계	로핑통(상부)	창싱조(=도라샴조)
		우치아핑조(=줄프조)
	과달루프통(중부)	카피탄조(=마오커우조)
		워드조(=치스조)
		로드조
	시스우랄통(하부)	쿵구르조
		아르틴스크조
		사크마르조
		아셀조

그림 23 페름계의 구성연대. 국제적인 구분명을 보여준다. 페름계 하부는 러시아의 암석층서를 기준으로 하고, 페름계 중부는 북아메리카의 암석층서(이 가운데 둘은 중국의 암석층서와 상응한다), 페름계 상부는 중국의 암석층서(이 가운데 둘은 러시아의 암석층서와 상응한다)를 기준으로 한다.

암과 석회암이 영국의 밀스톤 그릿과 비슷하다고 생각했다. 밀스톤 그릿은 머치슨이 잉글랜드 북부에서 보았던 친숙한 암석단위로서 석탄계 상부에 속하는 것이 분명했다. 그런데 카르핀스키의 화석조사에 따르면, 아르틴스크 암석은 그 위에 놓인 쿵구르조와 더 공통점이 많았으며, 석탄기 후기보다 연대가 더 낮은 것이 분명했다. 그래서 그는 아르틴스크조를 페름계의 단위층으로 지정했다.

머치슨의 러시아 답사 이후 약 100년이 지나서야 러시아의 지질학자들과 고생물학자들의 상세한 조사를 통해 페름계의 진정한 저부底部가 점점 분명하게 드러났다. 카르핀스키의 사크마르 암석을 재조사했던 루젠체프V. E. Ruzhentsev는 사크마르조가 자연스럽게 두 단위로 나뉘며, 고유의 화석으로 각 단위층을 구분할 수 있음을 알아챘다. 그래서 1950년에 사크마르조를 두 단위로 구분하여 아랫부분을 아셀조로 명명하고, 윗부분은 그대로 사크마르조라고 했다.[106]

19세기에는 북아메리카의 지질학자들이, 지난 20세기에는 중국의 지질학자들이 페름계 암석층서를 구분하는 각자 나름의 체계를 발전시켰다. 그 결과 지금은 각각 독립적인 세 개의 도식을 쓴다(그림 23). 그러나 이렇게 해서는 범세계적인 척도로 특정 시간대를 확인하는 데 아무 도움도 되지 않는다. 대체 이 세 가지 중 무엇을 선택해야 한단 말인가?

1937년 레닌그라드 회의

러시아, 북아메리카, 중국이 각기 그 나름의 암석층서 명명체계를 가질 수밖에 없었던 이유가 무엇일까? 국가주의가 작용하고 있음은 분명하다. 지질학자들은 세계적으로 자기 나라 이름이 쓰이기를 간절히 원한다. 1840년대의 머치슨도 그랬다. 당시 그는 범세계적인 이로움과 모든 외국인들의 진보를 위해 영국의 명명체계를 세계적인 체계로 확대하는 것이 올바르고 적절한 태도임이 분명하다고 주장했다.

　국가주의 외에 암석단위 짝 맞추기에 관한 국제적인 합의에 이르기 힘든 이유로는 지질학적인 측면도 있다. 각 순간마다 퇴적되는 암석은 여러 종류이다. 예를 들어 지금 이 순간에도 사하라에는 사막의 모래가 퇴적되고 있고, 카리브 해에는 산호가 풍부한 석회암, 미시시피 강에는 강모래와 진흙, 인도 북부에는 토양과 호수의 퇴적물, 캐나다 북부에는 빙하성 모래가 퇴적되고 있다. 이렇게 만들어진 퇴적암이 모두 같은 연대라고 미래의 지질학자들이 어떻게 말할 수 있을까?

　페름계 층서학자들의 문제도 마찬가지이다. 러시아 우랄 산맥의 페름계 하부암석은 주로 바다에서 형성된 것으로, 전형적인 해성화석들을 함유하고 있다. 같은 시기 텍사스 주와 뉴멕시코 주에서는 양서류와 파충류 동물상을 모두 갖춘 육성적색층이 누적되고 있었다. 지질학자가 새로운 지역에 처음 도착하면, 먼저 암석구분에 이용할 표시층과 화석을 선택해야만 한다. 머치슨이 처음으로 러시아 페름계를 조사하고 약 160년이 지난 지금에 와서야 러시아, 중국, 북아메리카 사이의 상호대비가 정밀하게 이루어질 수 있었다. 이때 필수적인 비교연구를 지연시킨 데 한몫했던 것이 바로 정치였다.

　층서학자의 중요한 임무는 해당 암석단위의 저부를 정의하는 것이다(앞에서 살펴본 것처럼, 단위층의 마루는 무시된다. 그 위에 이어진 단위층의 저부를 정의하면 자연히 아래 단위층의 마루가 정의되기 때문이다—만일 자연히 마루가 정의되었다고 해도 무슨 연유인지 위에 놓인 단위층의 저부와 상응하지 않을 경우에는 큰 논란이 생길 수 있다). 1841년 페름계를 명명할 당시에도 머치슨은 새로운 암석층서의 저부를 정의해야만 했을 것이다. 머치슨은 우랄 산맥 서쪽 측면에 있는 오카와 카잔 사이, 그리고 페름 인근의 적색층과 암염 광상을 포함시킴으로써 저부를 정의했다고 여겼다. 하지만 지금은 석탄계가 확실한 층서와 이 단위층들 사이에 자리한, 화석이 풍부하고 엄청나게 두꺼운 해성석회암과 사암도 페름계에 해당되는 것으로 알고 있다. 머치슨이 무려 3킬로미터 두께의 암석 누적량, 곧 2,500만 년에 해당하는 암층을 생략해버렸던 것이다!

이 때문에 러시아의 지질학자들뿐만 아니라, 전 세계의 학자들까지 그 여파에 휩싸였다. 미국의 층서학자들도 당황스럽기는 마찬가지였다. 미국의 확장된 페름계-석탄계 암석층서에서 나온 화석들을 러시아의 것과 비교할 필요가 있었기 때문이다. 러시아 학자들이 페름계-석탄계 경계를 확정하기 전까지 미국의 학자들은 꼼짝달싹 못 할 처지였다.

1937년에 가서야 비로소 세계 각국의 학자들이 러시아 페름계를 진지하게 검토할 수 있게 되었다. 비록 스탈린 정권이 최고조에 이르렀던 시기였지만, 마침 그해 레닌그라드(상트페테르부르크)에서 제17차 국제지질학회의가 열렸다. 장기현장답사 일정이 잡혀 있었기 때문에, 외국의 지질학자들이 러시아 고전 페름계의 전모를 살필 수 있었다.[107] 당시 각기 자기 나라의 페름계 암석층서에만 익숙해 있던 미국과 유럽의 지질학자들로서는 머치슨이 페름계를 명명한 근거로 삼았던 암석을 검토할 유일한 기회였기에 필사적이었다. 자기 나라를 떠날 권한이 없었던 러시아의 지질학자들 역시 다른 나라 학자들과 의견을 나눌 수 있는 유일무이한 기회였다.

예일대학 고생물학·층서학 교수이자, 국립연구협회 층서학위원회의 페름계 분과위원회 회장이었던 칼 던바Carl O. Dunbar에게 러시아 여행은 대단히 인상적이었다. 1940년에 그는 러시아에서 보았던 것들을 상세히 개괄한 「결코 잊을 수 없는 페름계 답사의 나날들」이란 글을 썼는데, 머치슨 이래 실로 100년 만에 영어로 쓰인 최초의 상세한 보고서였다.[108] 그런데 그는 많은 부분에서 불일치가 있다고 언급했다. 그 보고에 따르면, 러시아 지질학자들은 유럽과 북아메리카 석탄계에 대비시킬 수 있는 암석이 무엇인지, 또 어디까지를 페름계라고 불러야 할지 여전히 합의를 이루지 못한 상태였다. 던바뿐 아니라 러시아 지질학자들도 지금의 아셀조를 여전히 석탄계에 속한 것으로 생각했던 것이다.

골든 스파이크

던바의 분과위원회는 지질단위층을 정의할 국제표준을 확정할 목적으로 설립되었던 수많은 위원회 중 하나였다. 유네스코 산하에서 1961년 국제지질학연합, 1972년에 국제지질대비 프로그램의 일부로 편입되면서 이 위원회들은 국제적인 수준으로 변모되었다. 세계 각국의 관련 지질학자들로 구성된 위원회들의 임무는 합의된 지질단위층 경계들에 '골든 스파이크'를 박아 넣는 것이었다. '골든 스파이크'란 특정 지역을 찾아가 조사한 뒤 정밀하게 확정한—한번 정해지면 변함이 없다—지질경계를 이르는 비유적인 표현이다. 정말로 금으로 만든 스파이크를 암석에 박아 넣는 것이 아니다.

머치슨 시절에는 새로 명명된 단위에 포함시키려는 암석이 있으면 일반적인 기준으로 지시하면 그만이었다. 1940년까지 지질학자들은 좀더 정밀한 기준을 찾으려 애썼으나, 결코 쉽지 않을 것임을 깨달았다. 그러려면 전세계를 다 뒤져서 조사 가능한 최상의 암석단면을 선택해야 했기 때문이다. 게다가 복잡하게 얽힌 수많은 암석층서들, 여러 나라에서 각기 다르게 국지적으로 쓰는 학명들에 정통해야만 했다. 또 러시아에서 아르헨티나, 아르헨티나에서 중국에 이르기까지 곳곳의 암석 지평층들을 정확하게 대비(correlate)해야만 했다. 곧, 암층끼리 서로 짝을 맞춰야 한다는 얘기이다. 그 다음에는 지질학적으로 가장 적합한 단면을 선택해서 국제표준단면—모든 지질학자들이 영구히 쓰게 될 단일한 기준점—으로 지정해야 했다. 이론상으로는 이렇게 이루어져야 한다.

지질학자들은 합의를 거쳐 해성층서상의 경계들에 골든 스파이크를 박아 넣는다. 육지보다는 얕은 바다에 화석이 더 풍부하고 퇴적작용도 더 규칙적이기 때문이다. 표준단면은 두껍고 연속적이어야 하며, 공백기가 분명한 주요 틈이 있어서는 안 된다. 화석은 암모나이트(감긴 모양의 껍데기를 가진 연체동물)나 코노돈트(미세한 이빨 모양의 화석으로 해성암석의 연대를 추정하는 데 광범위하게 이용된다)처럼 양이 풍부하고 종류가 여럿인 것이 이상적이다. 화석이 풍부하면 고생물학자들은 특징적인 화석이 처음 나타나는 지점에 즉시 골든 스파이크를 박을 수 있다. 그런 뒤 각국의 고생물학자들이 자기 나라의 암석층서에서 그 화석종이 처음 나타나는 지점을 찾으면, 상당히 자신 있게 층서를 대비할 수 있게 된다. 설령 암모나이트가 없더라도, 코노돈트를 찾아서 암석연대를 표시하면 된다.

러시아 층서학자들과 던바를 비롯한 서구 지질학자들이 힘을 합치면 석탄계-페름계 경계를 설정할 수 있을 것으로 보였다. 그러나 2차 세계대전 이후, 러시아와 서구 지질학자들 사이의 교류가 어려워졌고, 학술적인 교환방문 가능성도 극히 적었다. 1950년대와 1960년대에 서구의 많은 학자들이 현장조사를 더 실시하려고 러시아로 갔으나, 모스크바를 벗어나기 힘들었다. 모스크바에서 정중한 안내를 받으며 크렘린과 붉은 광장을 돌아보는 것으로 그쳤던 것이다. 교외로 나가 암석을 보게 해달라고 줄기차게 요구했지만, 돌아온 것은 냉담한 거절뿐이었다. 또는 서류절차가 잘못 처리될 뿐이었다.

상황이 좋아졌던 1990년 이후에 숱한 회의와 논쟁이 이어진 결과, 마침내 2000년에 골든 스파이크를 박을 페름계의 저부에 대한 합의가 이루어졌다. 우랄 산맥에서 남쪽으로 한참 떨어진 카자흐스탄 북부 악퇴베 지역의 아이다랄라슈크리크층(Aidaralash Creek) 하천단면에 골든 스파이크가 박혔다. 그 자리는 스트렙토그나토두스 이솔라투스 *Streptognathodus isolatus* 종의 코노돈트가 처음으로 나타나는 지점이다. 이렇게 해서 마침내 페름계의 저부가 합의되었다. 그런데 페름기 말 대멸종을 이해하려면 페름계의 마루가 훨씬 더 중요하다. 과연 마루는 어디에 자리하고 있을까?

트라이아스계의 저부를 찾아서

러시아 암석층서로는 트라이아스계의 저부(페름계의 마루)를 확정하기가 어려울 것임은 금방 분명해졌다. 모스크바와 카잔 사이, 우랄 산맥에 있는 타타르조의 최상층은 대부분 옛 강에서 퇴적되었거나 지류 사이의 토양이 쌓인 적색층, 사암, 이암이었다. 화석이 있기는 했지만, 주로 고대 양서류와 파충류 뼈들이었고, 식물화석과 연못에 서식했던 작은 생물화석들이 공반되었다. 머치슨이라면 그 파충류 화석에 깊은 인상을 받았을지 모르지만(1장 참조), 현대의 층서학자들은 그렇지 않다. 그들이 찾아내야 할 것은 바로 페름기-트라이아스기 경계가 걸쳐 있는 해성암석층서였다.

유럽 서부의 상당 지역은 대상에서 제외되었다. 영국, 프랑스, 독일의 페름기-트라이아스기 암석은 충분히 잘 알려져 있었지만, 대부분 지역에서 해성체히슈타인층에서 육성적색층으로 바뀌는 퇴적상의 큰 전환이 있었기 때문이다. 사실상 경계지점에서 상당한 시간에 해당하는 구간이 탈락되었을 혐의도 짙었다. 반면 유럽 남부에는 해성암석으로만 이루어졌고 페름기-트라이아스기 경계가 걸쳐 있는 층서가 일부 있다. 과연 이것들이 열쇠가 될 수 있었을까?

이탈리아 북부 돌로미티케 산맥(남부 알프스 산맥의 일부)의 암석층서는 전반적으로 수심이 깊어지고 있었음을 보여준다.[109] 페름기 최후기의 벨레로폰층(Bellerophon Formation)은 저위갯벌환경에서 퇴적된 백운암 ― 성질이 변한 석회암 ―으로 이루어져 있다(썰물 때의 해안선과 밀물 때의 해안선 사이의 지대를 '조간대'라고 하는데, 조간대 아래에 썰물 때에도 물에 잠겨 있는 지대를 '저위갯벌' [조하대]이라고 한다. 또 조간대 위에 밀물 때에도 바깥에 드러나 있지만, 파도의 영향을 받는 지대를 '고위갯벌' [조상대]이라고 한다: 옮긴이). 그 위에는 테세로울라이트층(Tesero Oolite Horizon)의 어란상魚卵狀 석회암이 있다. 어란상 암석('알 모양의 돌'이라는 뜻)은 자그마한 공 모양의 석회암으로, 모래입자나 조가비 파편 주변에 석회암이 침전되어 얇게 껍질을 두르고 있다. 일반적으로 난대성 바다의 갯벌에서 형성된다. 그 위에 자리한 마친층(Mazzin Member)은 얇게 층진 어둔 회색의 석회암으로 구성되어 있는데, 황철석이 풍부하게 함유되어 있다. 이는 수심이 더 깊어졌다는 증거이다. 페름기 – 트라이아스기 경계는 바로 테세로올라이트층 내에 자리하고 있다. 경계 아래에는 페름기 최후기의 화석들이 풍부하지만, 그 위에는 모두 사라져버린 것으로 보인다.

수심만 깊어졌던 것이 아니라, 산소수준도 떨어졌다. 보통 '바보의 금'으로 불리는 황철석은 철과 황으로 구성된 광물로, 산소가 없는 환경에서만 형성된다. 그런데 마친층의 암석에 이 광물이 풍부하게 함유된 것이다. 산소가 없다는 것은, 그런 물에서는 아무것도 살 수 없음을 뜻한다(가장 하등한 바다생물도 생존하려면 산소가 필요하다).

시칠리아의 소시오 계곡에서도 이와 비슷한 암석층서가 발견된다. 하지만 유럽의 단면들 중 어느 것도 트라이아스계의 저부를 표시하는 국제기준으로 삼기에는 부적격으로 보였다. 일부 결정적인 화석군들이 없기 때문이다. 그래서 얼마나 완전한 단면인지 분간할 수 없었던 것이다. 북아메리카의 상당 지역에도 이와 비슷한 공백(아마 공백이 훨씬 클 것이다)이 있는 것으로 나타나는데, 아예 페름계 후기가 대부분 없는 것처럼 보인다. 그러자 1960년대에 층서학자들은 아시아로 눈을 돌렸다.

아시아 지질탐사여행

1961년, 미국의 지질학자 커트 테이처트와 버나드 쿰멜Bernhard Kummel은 페름기–트라이아스기 경계문제에 진지하게 매달려보기로 마음먹었다. 기존에 발표된 모든 논문을 읽은 두 사람은 가능한 모든 단면들을 찾아가 조사할 필요가 있다고 생각했다. 그들이 점찍은 핵심지역은 중국 남부, 카시미르, 파키스탄 북부, 이란 – 아르메니아 – 아제르바이잔 3국의 북쪽 국경, 그린란드 북동부였는데, 거의 모든 지역을 직접 찾아갔다. 그야말로 테마가 있는 지질탐사여행의 인상적인 사례였다.110) 그런데 불행히도 중국 남부는 갈 수가 없었다. 주로 정치적인 이유 때문이었다.

테이처트와 쿰멜은 이란-아르메니아-아제르바이잔 암석층서에서 여러 문제들에 봉착했다. 경계층의 정확한 위치를 두고 여러 해 동안 지질학자들이 논의해왔던 그 어떤 것에도 들어맞지 않았던 것이다. 그보다 더 나쁘지는 않았지만, 인도와 파키스탄 사이에 자리한 카시미르의 구룰 협곡에서도 똑같은 상황을 만났다. 1909년 이후 고생물학자들이 자신 있게 점찍었던 페름기-트라이아스기 경계층은 무려 일곱 수준이나 되었다. 가장 낮은 수준부터 높은 수준까지 높이 차이가 400미터나 되었다. 그처럼 혼란스러운 논쟁의 와중에서, 테이처트와 쿰멜은 서로 모순되는 다량의 증거들을 모두 세밀히 살펴 선별해야 했다. 그 결과 두 사람은 가장 낮은 위치를 선택했다. 이매패류 클라라이아*Claraia*가 처음 나타난 지점 아래였다. 하지만 구룰 협곡의 단면에도 암석층서상의 공백들이 있었기 때문에, 이상적인 국제표준단면으로 삼기에는 부적합했다.

파키스탄으로 건너간 쿰멜과 테이처트는 파키스탄 북부 솔트 산맥의 전형적인 단면들을 찾아갔다. 19세기에 독일의 암모나이트 전문가 바아겐W. Waagen이 화석이 풍부한 페름기-트라이아스기 층서임을 확인한 바 있는 바로 그곳이었다. 또 1950년대에 오토 신데볼프와 제자들이 페름기 말 대멸종과정을 조사하기 위해 다시 찾아간 곳이기도 했다ー그때는 신데볼프의 '신격변론' 관점이 눈에 띄게 위축되었던 시기였다(4장 참조).

1991년에 영국의 퇴적학자인 리즈대학의 폴 위그널Paul Wignall과 버밍엄대학의 토니 핼럼Tony Hallam이 솔트 산맥 단면을 다시 찾았다. 처음에는 솔트 산맥 단면의 페름기-트라이아스기 경계 바로 아래에 퇴적상의 큰 공백이 있다고 생각했지만, 코노돈트 화석을 더 면밀히 조사한 뒤에는 견해를 바꿨다.[111] 페름기 최후기의 치드루층(Chhidru Fromation)은 벨레로폰티드 복족류, 이끼벌레, 유공충, 바다나리, 성게, 완족동물, 조류藻類 따위의 화석을 풍부하게 함유한 모래질 석회암으로 이루어져 있다. 당시 얕은 바다에 동물상이 다양하고 풍부했음을 보여주는 증거이다.

그 위에 자리한 카트와이층(Kathwai Member)—페름기-트라이아스기 경계가 있는 층—은 페름기의 완족동물과 벨레로폰티드를 함유한 모래질 석회암으로 시작하는데, 위로 올라가면 얇게 층진 모래질 사암으로 전환되는 것이 보인다. 아마 수심이 깊어졌음을 암시할 것이다. 이런 퇴적양식의 전환은 대멸종수준과 일치한다. 그 위에 자리한 미티왈리층(Mittiwali Member) 역시 일반적으로 얇게 층진 형태인데, 곳곳에서 흑색 셰일이 나타난다. 위그널과 핼럼은 이것을 수심이 깊어지고 산소수준이 떨어진 증거로 해석한다.

이렇게 해서 위그널과 핼럼은 페름기 최후기의 두꺼운 석회암 단위층들이 트라이아스기 최초기의 좀더 얇게 층진 석회암과 검은 이암층들로 전환되었음을 확증했다. 그러나 솔트 산맥에서 페름기-트라이아스기 경계 위치를 정확하게 확인하기에는 문제가 많았던 터라, 세밀한 멸종패턴을 짚어내기는 더욱 어려웠다. 두 사람이 코노돈트 화석증거를 해석한 결과가 올바르다면, 파키스탄에서는 페름기 말 대멸종이 실제로는 트라이아스기 최초기에 일어났음을 의미할 것이었다.

골든 스파이크를 박다

페름기-트라이아스기 경계에서 일어난 사건을 보여주는 최상의 증거는 고테티스 해(그림 24)의 북부 해안에서 나오는 것으로 보인다. 이탈리아 북부, 이란-아르메니아-아제르바이잔, 파키스탄, 카시미르, 중국 남부의 단면들은 모두 이 광활한 육지에 자리하고 있다. 그리고 이탈리아에서 카시미르까지의 경계단면들은 모두 페름기 최후기의 정상적인 석회암층이 경계지점에서 얇게 층진 황철석질 석회암으로 전환된 것으로 나타난다.

쿰멜과 테이처트를 비롯한 지질학자들의 아시아 단면조사는 주로 층서분류에만 기여했을 뿐, 멸종사건의 정확한 패턴에 대해서는 말할 만한 것이 별로 없었다. 지질학자라면 줄을 서서라도 이처럼 중요한 조사를 하고

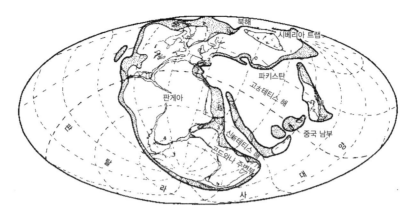

그림 24 페름기 후기의 세계. 대륙분포를 비롯하여, 페름기-트라이아스기 경계가 걸쳐 있는 중요한 충서가 있는 지역들의 분포상황도 보여준다.

싫어할 것이다. 그러나 불행히도 당시는 그럴 형편이 못 되었다. 1993년의 책에서 더그 어윈이 지적했던 것처럼, 이 단면들이 위치한 대부분의 지역들이 얄궂게도 영토분쟁과 내전의 한가운데 자리하고 있다.[112] 중앙아시아 일부 지역의 전형적인 단면들에 접근하기 어렵다는 것은, 결정적인 조사가 이루어질 때까지 기다려야만 한다는 뜻이다. 다시 말해 충별로 상세하게 표본추출하여 각기 다른 화석군들이 어떻게 멸종했는지를 기록하는 것과 아울러, 세밀한 연대측정과 지구화학적 연구가 이루어지기만을 기다려야 한다는 얘기이다.

1961년, 쿰멜과 테이처트는 페름기-트라이아스기 경계를 찾아 세계 곳곳을 여행했지만, 중국만큼은 들어가지 못했다. 정치가 학문의 발전을 가로막는 또 하나의 사례이다. 문화혁명(1966~1976)이 일어나는 동안 중국에서는 그 누구도 현장조사가 불가능했으며, 그 결과 중국 지질학자들이 활동을 재개하기까지는 시간이 한참 걸렸다. 1980년 이후 중국의 정치상황에 숨통이 트이면서 정식 학술교류가 허용되었고, 페름기-트라이아스기 경계가 걸쳐 있는 중국의 여러 암석층서에 대한 집중적인 현장조사가 완료되었다.

마침내 2000년, 상당한 로비와 캠페인을 거친 뒤, 힌데오두스 파르부스 *Hindeodus parvus*종의 코노돈트가 처음 출현하는 곳에 골든 스파이크를 박음으로써, 중국 남부 저장성浙江省의 메이샨 단면이 트라이아스계 저부를 나타내는 국제표준단면으로 채택되었다.[113] 중국에서 페름계의 마루만 정의된 건 아니다. 그곳의 해성암석층서의 질적 상태가 훌륭한 까닭에 페름기 후기의 다른 하부단위들까지도 정의되었다(그림 23). 이렇게 해서 머치슨이 페름계를 명명한 지 159년 만에, 페름계의 범위가 마침내 확정되었다.

메이샨 단면

메이샨 단면은 인접한 다섯 곳의 채석장에 노출되어 있다. 각 채석장에서 얻은 정보를 합쳐보면, 단면의 두께는 50미터 정도이고, 저부 위 40미터 지점에서 결정적인 경계층이 나타난다(그림 25). 층서 하부는 바오칭층保青層이라고 불리는데, 두꺼운 석회암 단위층들로 이루어져 있고, 각 단위층들 사이에는 석회암이 얇게 층져 있다. 중력에 의한 이동 증거와 유공충, 완족동물, 코노돈트 같은 풍부한 화석들을 보면 해양사면에서 퇴적된 석회암임을 알 수 있다. 두족류(감긴 모양의 연체동물), 극피동물(정형성게와 불가사리), 패충류(작은 갑각류)—이것들도 모두 얕은 바다에 전형적인 동물들이다—같은 화석들은 드물다.

퇴적물을 보면 퇴적 당시의 환경을 알 수 있다. 여기서는 폴 위그널과 토니 핼럼의 견해에 따르겠다.[114] 두꺼운 석회암과 얇은 석회암은 따뜻하면서 얕은 바다환경을 가리키는 증거이다. 해저에서는 조가비 같은 생물 유해들이 최종적으로 암석의 일부가 되기 전에, 물의 흐름 때문에 여기저기 떠밀린다. 얇은 층에는 약간의 진흙질 석회암이 포함되어 있다. 이것들이 검은색을 띠는 까닭은 퇴적물에 남은 유기물 때문이다. 이는 퇴적 당시 환경이 무산소환경이었음을 보여준다. 유기물은 보통 청소부 생물들에 의해

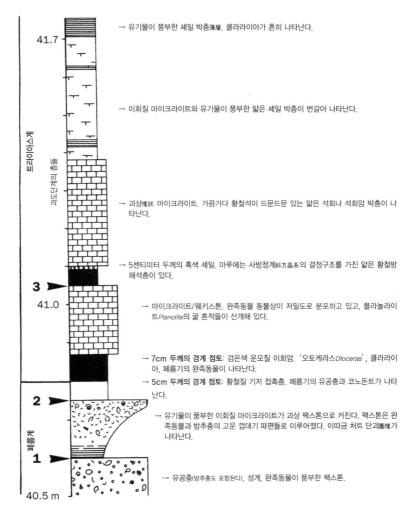

41.7 → 유기물이 풍부한 셰일 박층薄層. 클라라이아가 흔히 나타난다.

→ 이회질 마이크라이트와 유기물이 풍부한 얇은 셰일 박층이 번갈아 나타난다.

트라이아스계

하부층군

→ 괴상塊狀 마이크라이트. 가끔가다 황철석이 드문드문 있는 얇은 석회나 석회암 박층이 나타난다.

→ 5센티미터 두께의 흑색 셰일. 마루에는 사방정계斜方晶系의 결정구조를 가진 얇은 황철방해석층이 있다.

3 ▶

41.0 → 마이크라이트/웨키스톤. 완족동물 동물상이 저밀도로 분포하고 있고, 플라놀라이트Planolite의 굴 흔적들이 산개해 있다.

→ **7cm 두께의 경계 점토**: 검은색 운모질 이회암. '오토케라스Otoceras', 클라라이아, 페름기의 완족동물이 나타난다.

→ **5cm 두께의 경계 점토**: 황철질 기저 접촉층. 페름기의 유공충과 코노돈트가 나타난다.

2 ▶

→ 유기물이 풍부한 이회질 마이크라이트가 괴상 팩스톤으로 커진다. 팩스톤은 완족동물과 방추충의 고운 껍데기 파편들로 이루어졌다. 이따금 처트 단괴團塊가 나타난다.

페름계

1 ▶

→ 유공충(방추충도 포함된다), 성게, 완족동물이 풍부한 팩스톤.

40.5 m

그림 25 메이산 단면. 2000년에 국제적 합의에 따라 정의된 결정적인 페름기-트라이아스기 경계층이 자리하고 있다. 화살표(1, 2, 3)는 멸종수준들을 표시한다.

완전히 분해되기 마련인데, 이 생물들 역시 산소가 있어야만 생존할 수 있기 때문이다. 또 검은색 이암 사이에 얇게 층진 석회암에는 굴 흔적이 전혀 나타나지 않는다. 이 역시 퇴적 당시 해저에 생명체가 없었다는 증거이다. 해저의 모래 위에는 언제나 연충과 조개가 기어 다니며 먹이나 숨을 곳을 찾아 굴을 파기 때문이다.

바오칭층 퇴적물 마루에 메이샨층 퇴적물이 있는데, 페름기에 가장 마지막으로 퇴적된 층들이다. 메이샨층의 암석도 석회암이고, 퇴적조건도 바오칭층과 비슷했던 것으로 보인다. 마루 가까이의 석회암에는 굴 흔적이 광범위하게 나타나는데, 이는 산소가 다시 충만한 환경으로 복구되었음을 가리킨다. 그러다가 갑자기 모든 것이 달라진다. 굴 흔적이 있는 두꺼운 석회암은 사라지고, 풍부했던 화석도 사라져버린 것이다.

메이샨층의 가장 높은 석회암층(24번 층, 그림 26)에 이어 29센티미터의 점토와 석회암이 더 나타난다. 점토에서는 먼저 희끄무레한 회층과 점토층이 나타난 다음, 유기물이 풍부한 어둔 이암이 나타나고, 그다음엔 진흙질 석회암이 나타난다. 중국 암석계에서 이것들은 각각 25번, 26번, 27번으로 번호가 매겨진다. 27번 층 위에는 얇은 석회암과 흑색 셰일이 길게 이어지는데, 이를 한데 묶어 칭룽층靑龍層이라고 부른다. 여기에는 작은 굴 흔적만 아주 드문드문 있을 뿐이다. 칭룽층은 100만~200만 년에 걸쳐 있는 주요 저산소 암석층서이다. 칭룽층서 전반에 걸쳐 황철석 결정질 층들이 풍부하게 산재해 있는 것으로 보아 당시가 저산소환경이었음을 분명하게 알 수 있다. 페름기 말에 일어났던 모든 일이 25번, 26번, 27번 층에 담겨 있다. 이를 좀더 자세히 살펴보기로 하자.

경계층들

메이샨 채석장의 암석들이 사상 최대 규모의 대멸종을 표시한다고 해도 다른 암석과 특별히 달라 보이지는 않는다. 그저 회색과 검은색 석회암과 이암이 연이어 있을 뿐이다(그림 26). 그러나 밀리미터 단위로 면밀히 조사해보면 색다른 이야기가 펼쳐진다.

페름계의 전형적인 마지막 단위층인, 메이산층의 24번 석회암층에는 페름기의 화석들—크게 허물어진 완족동물과 유공충 화석—이 들어 있다. 24번 층의 마루에는 황철석과 석고로 이루어진, 광물이 풍부한 층이 있다. 황철석은 당시 환경이 무산소환경이었음을 확실하게 보여주는 것이다. 석고의 의미에 대해서는 의견이 분분했다. 석고는 보통 바닷물의 증발로 만들어진 소금형태로 발견된다. 그런데 위그널과 핼럼은 이 층에서 발견되는 석고는 단순히 현대에 풍화작용이 일어나는 동안 황철석과 석회암이 상호작용했음을 가리킬 뿐이라고 주장했다.

이른바 하부경계 점토층인 25번 층은 희끄무레한 점토로 이루어진 얇은 층이다. 두께는 겨우 5센티미터로, 페름기의 유공충과 코노돈트가 드문드문 있을 뿐이다. 현미경으로 보면, 점토에 철분이 풍부한 작은 덩어리들과 부식된 석영조각들이 함유되어 있음을 볼 수 있다. 이는 산성을 띤 응

그림 26 중국 북동부 메이산 단면의 페름기–트라이아스기 경계를 찍은 사진. 24번부터 28번까지 번호가 매겨진 층들을 볼 수 있다. 서로 가까이 인접해 있는 24번 층 저부와 마루, 27번 층 마루에서 대멸종이 일어났다. 트라이아스계의 저부를 나타내는 국제표준경계는 27번 층의 가운데에 정해졌는데, 힌데오두스 파르부스 코노돈트가 처음 나타나는 지점이다.

회암(폭발성 화산분출에서 나온 화산석 파편들과 화산재가 혼합된 암석)이 변형된 것임을 보여준다.

상부경계층인 26번 층은 7센티미터 두께의 유기물이 풍부한 어둔 색의 석회질 이암으로 이루어져 있으며, 페름기와 트라이아스기의 화석들—페름기의 완족동물과 고니아타이트goniatites, 트라이아스기의 이매패류(백합)와 암모나이트—이 뒤섞여 있다. 연체동물문 두족류에 속하는 고니아타이트와 암모나이트는 현대의 오징어와 문어의 먼 친척뻘 된다. 26번 층의 퇴적환경은, 비교적 다양한 화석들과 지구화학적 증거로 볼 때 산소수준이 낮기는 했지만 무산소환경은 아니었다.

25번과 26번, 이 두 이암층은 독특한 흑백 표지층을 형성하고 있는데, 이를 회층灰層이라고 부른다. 지금까지 중국 전역에 걸쳐서 12개 성에서 이 회층이 발견되었으며, 지역별 암석대비를 하려는 지질학자들에게는 쓸모가 많다. 흑백 회층을 만들어냈던 이중퇴적은 중국 내 100만 제곱킬로미터에 걸쳐서 일어났던 것이 틀림없다. 무슨 일이 있었기에 회층이 그처럼 광활한 지역을 뒤덮었던 것일까?

17센티미터 두께의 석회암층인 27번 층에는 곳곳에 황철석 결정들이 함유되어 있지만, 굴 흔적도 가득 있다. 당시 해저환경의 산소수준이 특별히 낮지는 않았음을 보여주는 증거이다. 27번 층의 저부로 갈수록, 이른바 27a번 층과 27b번 층에서는 페름기의 완족동물이 드물게 나타난다. 그러다가 아예 사라져버린다. 그리고 세부단위층인 27c번 층의 저부에서 힌데오두스 파르부스 코노돈트가 처음으로 나타난다. 중국의 지질학자들은 27번 층 저부에서 5센티미터 위에 있는 이곳이 바로 트라이아스계의 저부를 표시하는 골든 스파이크가 자리해야 할 위치임을 전 세계 지질학자들에게 확신시켰다.

페름기 말기의 연대

구식 지질연대표에서는 페름기-트라이아스기 경계시점을 대략 2억 2,500만~2억 5,000만 년 전 사이로 잡고 있다. 1980년 이후에 발표된 글들에서는 2억 4,500만 년이나 2억 4,800만 년, 또는 2억 5,000만 년으로 귀착되었다. 그러나 그리 정밀한 연대는 아니고, 단순히 내삽한 것들에 불과했다. 트라이아스계 중부(2억 3,800만 년 전), 페름계 하부에 속한 아르틴스크조의 저부(2억 6,800만 년 전)에 대해서는 방사성 연대측정값을 얻을 수 있었기 때문에, 페름기-트라이아스기 경계를 2억 4,500만 년에서 2억 5,000만 년 전 사이로 말하는 것이 합당하게 들렸다. 그러나 대강의 추정에 불과했다. 방사성 측정법으로 측정된 두 고정된 시점 사이의 3,000만 년 시차는 지나치게 길었다.

그런 상황에서 중국의 단면들이 연대측정문제를 해결할 기막힌 기회를 제공했던 것이다. 화석만으로 경계를 규정할 수 있는 것은 아니었다. 경계에 가까운 25번 층의 점토/회층, 페름기-트라이아스기 경계 위아래의 점토층은 과학적으로 연대를 측정할 수 있는 것들이었다. 중국의 단면들로 몰려간 지질학자들은 단면에서 추출한 다량의 점토를 중국을 비롯한 세계 곳곳의 연구실로 서둘러 보냈다.

1991년과 1992년에 발표된 최초의 연대측정값은 우라늄-납 연대측정기법을 활용한 것으로, 각각 2억 5,000만±600만 년, 2억 5,110만±340만 년이라는 값을 내놓았다.[115] 우라늄-납 연대측정법은 우라늄238(^{238}U) 동위원소가 납206(^{206}Pb)으로 바뀌는—반감기가 45억 년인 전이—현상을 이용한 기법이다. ±수치는 실험적 오류값이다. 곧, 연구실에서 반복적으로 분석한 결과 얻어진 연대오차범위를 표시한 것이다. 연대추정치들의 가능한 최대범위가 얼마일지 아무도 모른다는 점을 감안하면, 큰 오차가 아니다. 여러 연구실에서 여러 계열의 동위원소와 여러 장비를 써서 연대측정을 되풀이해보는 것이 방사성 연대측정값의 정확도를 검증하는 최선의 방법이다.

1995년에 그런 검증이 이루어졌다. 미국의 한 연구팀이 새로운 아르곤39-아르곤40(^{39}Ar/^{40}Ar) 측정법을 이용해서 2억 4,990만±150만 년이라는 측정값을 내놓았다.[116] 우라늄－납 측정법으로 얻은 범위 안에 훌륭히 드는 수치였다. 그러나 거기서 그치지 않고 더욱 상세한 조사가 이루어졌다. MIT의 샘 보링Sam Bowring이 이끄는 미－중 연구팀이 우라늄－납 측정법을 다시 시도했는데, 이번에는 두 개의 동위원소계열을 이용했다. 다시 말해 우라늄238이 납206으로 붕괴하는 현상 외에, 우라늄235가 납207로 붕괴하는—반감기가 7억 년으로 앞의 것보다 더 짧다—현상도 이용했던 것이다.[117] 이렇게 두 가지 동위원소계열을 이용함으로써, 연구팀은 각각의 측정값들을 효과적으로 비교·검토할 수 있었다. 그 결과 25번 층의 회층은 2억 5,140만±30만 년 전으로 측정되었고, 페름기－트라이아스기 경계 바로 위의 28번 층은 2억 5,070만±30만 년 전으로 측정되었다. 따라서 26번 층과 27번 층—27번 층에는 공식적으로 인정된 트라이아스계의 저부가 포함되어 있다—의 연대는 그 사이였다. 연대차는 70만 년이고, 이 차를 나누어보면 페름기－트라이아스기 경계의 연대는 2억 5,100만 년 전이 된다.

측정을 철저히 했음에도, 보링과 동료들이 납의 손실오차와 고유오차, 표본 내에 미미한 연대차이가 있는 알갱이들이 뒤섞인 데서 비롯된 오차를 고려하지 않았다는 주장이 나왔다. 2001년, 버클리 지질연대센터의 롤런드 먼딜Roland Mundil과 동료들이 그 분석을 다듬은 결과, 보링의 연대에 200만 년을 더해야 한다고 주장했다. 곧, 페름기－트라이아스기 경계의 연대가 2억 5,300만 년 전이라는 것이다. 그러나 먼딜의 수정값이 검증되기 전까지, 우리는 2억 5,100만 년이라는 연대를 이용할 것이다. 24번 층의 바닥과 마루, 27번 층의 마루에 나타난 세 차례의 멸종박동은 총 100만 년 정도에 걸쳐 있다. 비교적 짧은 시간이랄 수 있는 이 시기 동안에 무슨 일이 벌어졌던 것일까?

탄소동위원소의 치우침

동위원소의 지구화학적 성질을 이용하면 암석의 연대뿐 아니라 고古환경에 대한 증거도 얻을 수 있다. 고환경의 경우, 지구화학자들은 탄소와 산소의 동위원소들에 초점을 맞춘다. 주 멸종수준에 해당하는 25번 층의 희끄무레한 이암에서 탄소동위원소의 예리한 마이너스 편위가 나타난다(그림 27). +2나 +4천분율(ppt)에서 −2천분율로 뚝 떨어지는 것이다. 무엇을 의미하는 걸까?

근사하게 보이는 $\delta^{13}C$항은 표준탄소를 기준으로 천분율로 측정된 두 개의 안정된 탄소동위원소 ^{13}C와 ^{12}C(12와 13은 원자량이다)의 비를 나타낸다. 식물이 광합성작용을 할 때, 토양(육상식물)이나 바닷물(부유하는 식물성 플랑크톤)에서 ^{12}C를 흡수하는데, 그 결과 토양이나 바닷물의 ^{13}C 비율이 증가하게 된다. 미래의 지질학자가 오늘날 퇴적되고 있는 토양이나 해저의 퇴적

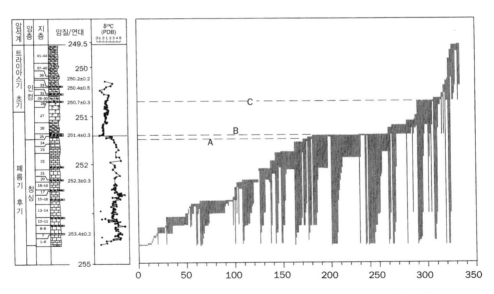

그림 27 중국 페름기 말의 생명 멸종. 방사성 연대, 탄소동위원소 곡선, 메이산 채석장의 90미터 두께의 암석에서 확인한 333종의 화석범위가 나타나 있다. A, B, C는 세 차례의 멸종박동을 표시한다.

물에서 $\delta^{13}C$를 측정하면, 아마 비교적 높은 값들을 얻게 될 것이다. 그리고 높은 수준의 생물활동도('생물생산성'이라고 부르기도 한다)를 보여주는 것으로 해석할 것이다.

$\delta^{13}C$비에서 4~6천분율 정도의 마이너스 치우침은 상당히 미미한 편위로 보일 수도 있다. 곧, 국지적인 효과에 불과한 것으로 볼 수도 있다는 뜻이다. 하지만 전 세계의 페름기-트라이아스기 단면들에서 발견되기 때문에, 마이너스 편위는 광범위한 현상으로 보인다. 그리고 사실 결코 미미한 편위도 아니다. KT 경계에서 나타난 마이너스 편위는 이보다 작은 2~3천분율 정도에 불과하다. 따라서 페름기-트라이아스기 경계에서 나타나는 $\delta^{13}C$비의 하강은, 바로 대멸종으로 예상되는 정도의 생물생산성의 크나큰 감소가 있었다는 증거로 해석될 수 있을 것이다. 그러나 나중에 보게 되겠지만, 제아무리 멸종수준이 놀랍다고 해도 그 정도 하강은 나타날 수 없다.

석회암의 산소동위원소에서도 비슷한 마이너스 치우침이 나타난다. 페름기 후기에서 −3~−1로 높은 수치를 보였던 것이, 경계에 이르면 −7로 뚝 떨어진다. 산소동위원소 비 $\delta^{18}O$는 고古기온을 보여주는 온도계로 자주 이용된다. 4천분율이 떨어졌다는 것은 16℃ 정도의 기온상승이 일어났음을 암시할 수 있다.

따라서 위의 내용을 간추려보면, 탄소동위원소의 경우 생물생산성이 크게 감소했고(그러나 그 이상의 의미가 있음이 틀림없다), 산소동위원소의 경우 기온이 급격하게 상승했음을 암시할 수 있다. 하지만 이는 지구화학데이터를 지극히 단순하게 해석한 것에 불과하며, 그 외에도 복잡하게 얽힌 요인들이 많이 있다. 2억 5,100만 년 전에 일어난 일을 정확히 알기 위해서는 이 요인들까지 살펴야만 한다(11장). 우리는 이제까지 메이샨 단면을 통해 해양환경의 몇 가지 놀라운 변화를 보여주는 증거를 살폈다. 그렇다면 당시의 생명은 어땠을까?

사상 최대의 멸종을 해부하기

중국과 서양의 고생물학자들은 과거의 정확한 진상을 알아내기 위해 메이샨 단면 전체에 걸쳐서 집중적으로 화석을 수집했다. 초기의 보고서들은 세 수준의 멸종이 있었으며, 전체적인 시간범위가 50만 년인 것으로 제시했다. 이것에 대해서는 가능한 한 자세하게 평가할 필요가 있었다. 그래서 난징南京 지질고생물학연구소의 Y. G. 진Jin과 동료들, 워싱턴 국립자연사박물관의 더그 어윈이 공동으로 대규모 표본채취를 수행했다.[118]

그들은 메이샨 채석장에서 표준적인 방식으로 층서번호가 매겨진 1번 층부터 46번 층까지 페름기-트라이아스기 경계가 걸쳐 있는 90미터 두께의 암석에서 화석을 수집한 결과 64개 수준들에서 화석을 찾아낼 수 있었다. 유공충, 방추충, 방산충(이것들은 모두 미소한 유기체들로서, 일부는 해저에서 살고, 일부는 수면에서 부유한다), 뿔산호와 이끼벌레(이 두 동물군은 수많은 개체들이 모여 군체를 형성한다), 완족동물, 이매패류, 두족류, 복족류(해저나 해저 가까이에서 사는 패류), 패충류(껍데기가 있는 새우 모양의 유영생물), 삼엽충, 코노돈트, 어류와 조류(바닷말) 등 모두 해서 25개 해양화석군 333종이 동정되었다. 학자들은 층서단면을 기준으로 화석군들의 정확한 범위를 도표로 작성했다(그림 27).

도표를 보면, 단면 아래에서 다수의 소규모 멸종수준이 있음을 볼 수 있다. 경계층들(24번부터 27번 수준까지) 아래에서는 모두 161종이 멸종되었다. 이는 페름기 말 400만 년 이전 동안에 일어난 일이다. 특정 층들에서는 멸종비율이 33퍼센트 이하에 달했다. 페름기-트라이아스기 경계 바로 아래인 24번 층과 25번 층의 접촉면에서는 나머지 종의 대부분이 사라져버렸다. 그 수준에서는 94퍼센트라는 어마어마한 멸종비율을 보인다. 그렇다면 대멸종의 박동은 한 번일까, 세 번일까?

사이너-립스 효과와 앞 번짐

페름기 말 대멸종이 한 수준—지질학적으로는 한순간—에서 일어났는지, 아니면 여러 박동으로 일어났는지 판가름하는 것이 중요하다. 메이샨 단면을 통해 보건대, 과연 단 한 번의 멸종사건—화석범위로 보았을 때 2억 5,100만 년 전에 해당하는 주 멸종단계—이 있었던 것일까, 아니면 세 수준(A, B, C)에서 각각 따로 일어났던 것일까? 설사 A와 C의 멸종단계가 B보다 훨씬 규모가 작다 하더라도, 있는 것은 있는 것이다. 그러나 고생물학자들은 암석기록을 곧이곧대로 읽는 것에 대해 늘 신중을 기한다.

경솔한 연구자들은 암석을 잘못 읽을 수 있다. 멸종비율이 변함없다고 생각해보자. 다시 말해 평균적으로 10만 년마다 종이 하나씩 사라진다고 해보자. 그런데 만일 퇴적작용이 비교적 한결같지 않다면, 규칙적인 배경 멸종패턴은 교란될 것이다. 퇴적상에 50만 년의 공백이 있다면, 당연히 다섯 종이 돌연 멸종한 것처럼 보일 것이다. 그러나 그게 전부가 아니다.

고생물학자들은 한 가지만큼은 확신할 수 있다. 특정 종의 마지막 생존자는 결코 찾지 못하리라는 사실이다. 개별 생명체가 모두 화석이 될 가능성이 사실상 낮으며, 화석화가 이루어질 수 없거나 전혀 찾아낼 수 없는 외진 장소에 최후의 생존자가 숨어 있을 수도 있기 때문에, 그 같은 판단을 내리는 것이다. 대멸종이 일어나서 한순간에 100개의 종이 사라졌다고 치자. 몇 달을 쉬지 않고 암석을 쪼개며 화석을 조사했다 해도, 고생물학자가 바랄 수 있는 최선의 패턴은, 멸종수준에서 실제로 사라진 종은 20여 개이고, 나머지 80여 개의 종은 멸종수준의 아래 수준들에서 사라진 것으로 보인다는 것뿐이다. 그래서 고생물학자들은 멸종사건의 뒤 번짐(backwards smearing)을 찾아내려 한다. 겉으로는 종들이 하나씩 점진적으로 사라지는 패턴을 기대하는 것이다. 이것이 바로 사이너-립스 효과(Signor-Lipps effect)이다. 미국의 고생물학자 필립 사이너Philip Signor와 제레 립스Jere Lipps의 이름을 딴 것으로, 통계적인 맥락에서 처음으로 이 생각을 제시했던 인물들

이다.[119]

번짐효과는 앞 방향으로도 일어날 수 있다. 곧, 화석이 멸종수준 위에서도 우연히 발견될 수 있다는 얘기이다. 1미터 깊이까지 모래와 진흙을 휘젓고 다닐 수 있는 연충류와 새우가 퇴적물에 굴을 팠을 경우에 보통 이런 일이 일어난다. 메이산 같은 단면에서는 1미터 두께의 페름기–트라이아스기 경계층들이 수십만 년의 세월을 나타낼 수 있다. 굴 흔적이 있는 암석에 묻힌 화석은 굴 파기 생물들에 의해 위나 아래로 이동할 수 있다. 신중하게 암석을 조사해서 화석의 위치가 제 위치인지, 아니면 굴 파기 생물들에 의해 이동된 것인지 보여줄 수 있어야 하며, 이때는 대량멸종수준의 위 번짐 (upwards smearing)도 고려해야만 한다.

2000년의 논문에서 진과 동료들은 A수준과 C수준(그림 27)에서 보이는 멸종의 신뢰도를 산정했다. 과연 A와 C는 2억 5,140만 년 전 B수준에서 일어난 한 차례의 대멸종이 단순히 앞뒤로 번진 것에 불과하다고 볼 수 있을까? A와 C단계는 B단계보다 확실히 규모가 훨씬 작다. 따라서 A와 C가 실제 멸종사건을 가리킬 가능성이 없다고 곧바로 생각해볼 수 있다. 신중하게 계산을 해본 결과, 그들은 낮은 수준 A가 그냥 사라져버렸음을 알아냈다. 여섯 종이 사라진 것으로 보였던 A수준의 기록이 잘못임이 거의 확실하다는 것이었다. 바로 사이너–립스 효과를 보여주는 증거이다.

C수준의 경우에도—이를테면 27번 층—굴 흔적이 있지만, 이곳의 화석들은 17센티미터의 석회암을 뚫고 위치 이동한 것들이 아니었다. B수준과 C수준 사이에서 45개 종이 사라진 것으로 보였고(C수준에서는 17종), 그위 수준들에서 종들이 더 사라졌다. 퇴적관찰과 통계검증을 통해, 진정한 멸종수준으로부터 앞 번짐된 것이 아니라는 사실을 알게 되었다. 이 사실들을 토대로 그림을 그려보면, B수준에서 한 차례 대량멸종이 일어났고, 그때 살아남았던 종들이 그다음 약 100만 년에 걸쳐 죽어갔다고 할 수 있다. C수준에서 따로 멸종사건이 있었는지는 사실상 분간할 수 없으며, 주

멸종사건이 일어난 뒤에 진행된 것으로 볼 수 있다.

그런데 이는 메이샨에서만 발견되는 국지적인 패턴일 수도 있다. 만일 그렇다면 2억 5,100만 년 전에 일어난 사건에 대해 그리 많이는 알아낼 수 없을 것이다. 그러나 메이샨에서 나타난 것과 똑같은 지구화학적 변화들과 종의 사멸이 세계 곳곳에서 발견된다면, 페름기 말 대멸종의 바탕에 광범위한 과정들이 깔려 있을 거라고 기대해볼 만하다.

중국과 파키스탄의 멸종사건

메이샨을 방문한 뒤인 1991년, 폴 위그널과 토니 핼럼은 계속해서 중국 남부의 다른 지역들도 조사해나갔다.[120] 메이샨 북쪽으로 200킬로미터 떨어진 안후이성安徽省의 후샨湖山 단면은 "사실상 메이샨에서 보았던 것과 동일한, 트라이아스기 최초기에 일어난 일련의 사건들을 기록하고 있다." 흑백의 점토층들이 경계를 표시했고, 페름기와 트라이아스기의 화석들이 뒤섞여 있었다. 화학적 변화들도 똑같이 기록되어 있었다. 곧, 트라이아스기 최초기에 일어난 해양생물생산성의 큰 감소, 기온상승, 점차적으로 무산소환경으로 바뀌어간 증거들이 있었다. 중국 내 다른 많은 단면들에서도 이와 똑같은 패턴이 나타나기 때문에, 각 단면에서 동시에 멸종이 일어났던 것으로 보인다.

그런데 앞서 보았듯이 파키스탄에서는 페름기 말 대멸종이 좀더 늦은 트라이아스기 최초기에 일어났을 수도 있다. 중국과 파키스탄의 대멸종 시간대에 어떻게 이런 차이가 생길 수 있는지는 오리무중이다. 주지하다시피 오늘날 중국 남부와 파키스탄 북부는 거리가 약 4,000킬로미터로 상당히 멀리 떨어져 있다. 아마 페름기 후기에는 훨씬 더 멀었을 것이다. 퇴적물을 살펴보면, 당시(그림 24) 두 지역은 바다 밑에 있었다. 파키스탄은 테티스 해의 북쪽 해안에 있었고, 중국은 그 동쪽에 있는 미소대륙의 일부였다.

파키스탄과 중국의 퇴적층서는 각기 다른 대륙의 해안에서 누적된 것들이었다. 그러나 대멸종 시간대의 차이 때문에, 정확히 같은 시기에 사건들이 일어났던 중국의 멸종모델과는 전혀 다른 모델로 2억 5,100만 년 전 파키스탄에서 일어난 사건을 설명해야 할 지경이다. 그렇다면 다른 지역들의 상황은 어떨까?

판탈라사 대양

광활한 판탈라사 대양에서 어떤 일이 있었는지는 알려진 바가 별로 없다. 대륙들을 에워싸고 있는 이 대양(그림 24)은 오늘날의 태평양에 해당하지만, 아직 대서양이 존재하지 않았기에 태평양보다 훨씬 넓었다. 일본 남서부 미노−탄바 벨트(판탈라사 대양의 서쪽 해안에 있었다)의 경계암석은 적색 처트층으로 이루어져 있다. 다시 말해 경질硬質 실리카가 풍부한, 거의 유리질에 가까운 암석으로, 미소한 플랑크톤성 동물인 방산충이 죽어 해저에 가라앉아 수백만 년에 걸쳐 천천히 바닥에 누적된 골격으로 구성되어 있다. 다른 것이 섞이지 않고 이 처트만 연속되다가, 페름기−트라이아스기 경계가 걸쳐 있는 도이시 셰일에 이르면 그 패턴이 깨져버린다. 정확히 그 경계지점엔 흑색 셰일이 있다. 퇴적상에 왜 이런 변화가 생겼던 것일까?

퇴적물이 붉은색을 띠면 산소가 풍부했음을 가리키고, 검은색을 띠면 보통 무산소환경이었음을 가리킨다. 회색은 그 중간의 환경을 가리킨다. 지질학자들에게는 색깔이 쓸모가 많은 진단도구이다. 색깔은 보통 신뢰할 만하다. 대부분의 경우 암석의 동일한 특성들로 인해 색깔이 만들어지기 때문이다. 사암이나 이암 또는 처트가 붉은색을 띠면, 적철석의 형태로 산화철이 존재하고 있음을 가리킨다. 저산소조건에서 퇴적암에 적철석이 퇴적되면, 산소의 상당 부분을 잃으면서 다른 철광물로 변환되는데, 이때 색깔은 회색이나 초록색을 띤다. 검은색은 보통 상당량의 유기탄소가 있음을 의미한다. 유기탄소는 죽은 식물과 동물의 잔해로, 분해자에 의해 처리되지 않거나, 산소와 결합해서 이산화탄소로 변환되지 않은 경우에 그대로 남게 된다.

일본의 단면을 단순하게 해석하면 이렇게 말할 수 있다. 페름기 후기의 해양은 산소가 풍부한 조건이었고(적색 처트), 그다음에는 산소수준이 떨어졌고(회색 처트), 도이시 셰일 하부에 이르면 극히 낮은 수준으로 떨어졌으며(회색 셰일), 그러다가 경계에 이르면 거의 무산소수준이 되었다(흑색 셰일). 그다음 1,500만 년에 걸쳐 트라이아스기 초기와 중기로 갈수록 산소수준이 높아지면서 층서가 정확히 반대로 나타난다. 다시 말해 흑색 셰일에서 회색 셰일로, 회색 처트로, 결국 다시 적색 처트가 나타난다.

아직은 페름기 말 멸종의 진상을 확신할 수 있을 만큼 일본 단면의 연대가 제대로 측정되지 않은 형편이다. 산소수준이 떨어지면서 페름기 후기의 방산충이 사라져갔다는 것, 그게 우리가 아는 전부이다. 일본의 멸종사건이 중국의 주 멸종수준과 같은 시기에 일어났는지, 아니면 그 전이나 후에 일어났는지는 아직까지 규명되지 못했다. 하지만 대륙 북부에서는 멸종사건 사례를 더 많이 살펴볼 수 있을 것이다.

그린란드

쿰멜과 테이처트 이후, 지질학자들은 눈을 북쪽의 그린란드로도 돌렸다. 페름기 후기에 거대한 북해에서 발원한 한 줄기 좁은 해로가 아래로 로라시아 대륙까지 뻗어 들어갔는데(그림 24), 그 때문에 로라시아 대륙 북동부 해안으로 얕은 바다의 퇴적물과 동물상이 유입되었다.

그린란드 암석층서는 슈헤르트달층(Schuchert Dal Formation)으로 불리는 일련의 암석들—연대상으로는 기본적으로 페름기 최후기에 해당한다—로 이루어져 있고, 그 위에는 보르디크리크층(Wordie Creek Formation)으로 불리는 트라이아스기 암석층이 있다. 슈헤르트달층은 해성석회암, 셰일, 석고가 뒤섞여 있는데, 화석들이 많이 발견되고, 굴 흔적의 밀도도 높다. 보르디크리크층을 구성하는 것은 어둔 회색사암과 미사암인데, 황철석이 함유된 곳도 일부 있다. 화석은 드물다. 특히 아래로 내려갈수록 화석은 찾아보기 힘들고, 굴 흔적도 거의 없다. 따라서 처음에는 석회암과 화석동물상이 풍부하게 섞여 있는 퇴적물이었던 것이, 페름기 말 멸종사건이 일어난 이후에는 생명의 흔적이 별로 없는 심해 무산소조건의 이암으로 전환된 모습이 보인다. 그런데 그린란드 암석층서의 화석에는 수수께끼가 하나 있다.

페름기에 해당하는 화석들—완족동물, 산호, 유공충, 바다나리, 성게, 이끼벌레—이 '트라이아스기' 보르디크리크층의 20미터 높이에서까지 발견된다는 것이다. 한 가지 가능한 설명은, 북해의 페름기 생물들의 최종 멸종이 적도지역보다 약간 늦게 일어났다고 보는 것이다. 그런데 커트 테이처트와 버나드 쿰멜은 그런 설명을 받아들일 수 없었다. 페름기 말에, 다시 말해서 슈헤르트달층의 마루에서 페름기 화석들이 사라져야 하는 게 당연하지 않은가? 그런데 페름기 화석들이 보르디크리크층의 높은 지점까지 풍부하게 완전한 형태로 있다는 것을 어떻게 설명할 수 있을까?

두 사람은 갑옷 진흙 공(armoured mudballs)을 생각했다.[121] 테이처트와 쿰멜은 보르디크리크층에 있는 페름기의 섬세한 화석들이 트라이아스기 초기에 다시 자리잡은 것이라고 주장했다. 그 생물들이 실제로 죽은 때는 페름기 말이었고, 따라서 골격은 슈헤르트달층에 남았다. 그런데 보르디크리크층 시기에 해저의 조류에 의한 침식으로 슈헤르트달층이 깎였고, 그 때문에 조가비 따위의 유해들이 노출되었을 것이다. 그런데 어떻게 이 유해들이 아무 손상도 입지 않고 위치를 바꿀 수 있었을까? 테이처트와 쿰멜은 거대한 진흙 공들이 암석 위를 굴러다니다가 섬세한 조가비 따위의 유해들이 표면에 들러붙었고, 그 뒤 공들이 멈췄을 때 어떤 식으론가 와해되어서 새로 생긴 퇴적물에 오랜 화석들이 남게 되었을 거라고 설명했다.

핼럼과 위그널은 "솔직히 얼토당토않은 시나리오"라고 짤막하게 견해를 밝혔다. 그들은 전혀 말도 안 되는 생각이라고 주장했다. 와해되어가는 거대한 진흙 공이 있다는 사례가 전혀 보고된 적도 없을뿐더러, 페름기 생물화석들이 살았을 적 자세 그대로 보르디크리크층 20미터 지점에 보존되어 있기 때문이었다. 곧, 살아 있을 때처럼 조가비들이 등 위에 얹혀 있는 형태로 남아 있으며, 산호와 이끼벌레는 작은 나무처럼 곧추선 채로 남아 있다는 말이다. 굴러다니는 진흙 공으로는 결코 그렇게 할 수 없을 것이었다.

그렇다면 그린란드에서는 중국보다 늦게 멸종이 일어났던 것일까? 위도에 따른—아마 기후에 따른—결과일까? 아닐 것이다.

페름기 말 멸종사건의 시간대

시간대를 알아볼 실마리는 메이샨 단면에 있다. 메이샨 단면에서 페름기 말의 대멸종은 원래 지질학적으로 한순간에 일어났지만, 처음의 사건이 있고 나서 수천 년에 걸쳐 종들이 지속적으로 사라져갔다(그림 27). 아마 그보다 나중에 일어난 것처럼 보이는 파키스탄과 그린란드의 멸종은 이 쇠퇴기의 일부에 해당할 것이다. 놀랍게도 고도로 압축된 중국의 단면들(50미터 정도의 두께가 600만 년을 기록하고 있다)과 그렇지 않은 그린란드의 단면들(600만 년을 기록하는 퇴적물의 높이는 500미터 이상이다)이 동일한 패턴을 보여준다.

2001년에 발표된 새로운 연구가 멸종사건의 시간대 문제에 깊은 통찰력을 던져주었다. 당시 서던캘리포니아대학에 있었던 리처드 트위쳇Richard Twitchett, 위트레흐트대학의 신디 루이Cindy Looy와 동료들이 그린란드 단면들을 집중적으로 조사하고 있었다.[122] 거기서 그들은 사실상 해양생태계의 붕괴를 기록하는 50센티미터 구간을 발견했다. 슈헤르트달층의 마루에서는 생태계가 정상이었다. 페름기 최후기의 전형적인 완족동물, 산호, 암모나이트, 유공충 화석군집이 보존되어 있었다. 또 퇴적물에는 굴 흔적의 밀도도 높았는데, 이는 산소가 풍부한 환경이었음을 가리킨다.

그러다가 그다음 50센티미터의 초록색과 회색 진흙질 미사암 전체에 걸쳐 생명이 황폐화되었다. 굴 흔적은 사라지고, 화석도 거의 없다. 불과 바로 몇 센티미터 아래에서만도 존재했던 해저의 모든 생명체들이 사라져버렸으며, 경계층들 위에서는 겨우 몇 종만이(메이샨의 최후 생존동물들, 그린란드의 '갑옷 진흙 공' 동물상) 다시 출현한다. 그런데 그 페름기의 생존자들마저 빠르게 사라져버린다. 보르디크리크층의 저부에는 무산소환경의 검은 이암들이 있는데, 사실상 그 어떤 종류의 화석도 찾아볼 수 없다. 트위쳇과 루이는 퇴적속도를 계산한 결과를 바탕으로 그 50센티미터의 층이 나타내는 시간이 1만 년에서 6만 년 사이인 것으로 산정했다.

하지만 이 연대가 전 세계적으로 적용된다고 확신하기에는 아직 너무 이르다. 사건의 정확한 추이를 살피는 데 필요한 상세한 층서조사가 이루어진 곳은 메이샨과 그린란드의 단면뿐이다. 지질학자들과 고생물학자들이 다른 지역의 단면들에까지 눈을 돌려 센티미터 단위로 화석을 수집하고, 첨단분석장비를 동원해 훌륭한 방사성 연대측정치를 얻기 전까지는, 아무것도 확신할 수 없다.

지금으로서는 중국과 그린란드 단면에 나타난 패턴들을 읽어 해석의 기준으로 삼는 것이 가장 합당할 것이다. 우리는 이제까지 완족동물, 산호, 이끼벌레, 유공충 같은 다양한 생물군들이 사라져갔음을 보았다. 멸종사건이 얼마나 막심했는지를 이해하기 위해서는 그 해양동물들을 살피는 것이 중요하다. 갈가리 찢겨져나간 생태계의 원래 모습은 과연 어땠을까?

08

생명계가 처한
최대의 도전

더그 어윈은 페름기 말 대멸종을 "모든 대멸종의 어머니"라고 불렀다. 어윈은 그 멸종이 생물에게 미친 효과를 다음과 같이 표현했다. "바다동물종의 90퍼센트 이상, 육지척추동물과의 70퍼센트 정도를 쓸어버리는 일은 이만저만 어려운 일이 아니다. 과거 6억 년 동안 있었던 멸종 가운데 페름기 말 대멸종은 후생동물이 완전히 전멸한 것이나 다름없는 사건이었다. 그 멸종의 후유증은 아직까지도 우리에게 미치고 있다. 캄브리아기의 생명방산 이후 있었던 그 어떤 사건보다도 훨씬 심각하게 해양군집들의 구조와 구성을 변화시켜버렸기 때문이다."

워싱턴 스미소니언연구소의 더그 어윈은 페름기 말 대멸종을 "모든 대멸종의 어머니"라고 불렀다. 1990년에 이라크의 대통령 사담 후세인이 걸프전을 "모든 전쟁의 어머니"라고 불렀던 표현을 빌린 것이었다. 어윈은 그 멸종이 생물에게 미친 효과를 다음과 같이 표현했다.

바다동물종의 90퍼센트 이상, 육지척추동물과의 70퍼센트 정도를 쓸어버리는 일은 이만저만 어려운 일이 아니다. 과거 6억 년 동안 있었던 멸종 가운데 페름기 말 대멸종은 후생동물이 완전히 전멸한 것이나 다름없는 사건이었다. 그 멸종의 후유증은 아직까지도 우리에게 미치고 있다. 캄브리아기의 생명방산 이후 있었던 그 어떤 사건보다도 훨씬 심각하게 해양군집들의 구조와 구성을 변화시켜버렸기 때문이다.[123]

극적인 연출이긴 하지만, 결코 허풍은 아니다. 위 인용문에서 부각된 세 가지 논제가 바로 이번 장에서 우리가 살펴볼 것들이다.

첫째, 바다에서 살았던 각기 다른 동물군들을 검토하는 것이 필요하다. 곧, 멸종사건이 일어나기 직전 페름기 후기에 그들이 어떻게 살았으며, 생태계에서 어떤 몫을 담당했는지 살펴볼 필요가 있다. 그런 다음 각 동물군에게 어떤 일이 벌어졌는지 규명하는 것이 중요하다. 과연 그들은 한순간에 모두 사라져버렸을까? 다른 것들에 비해 멸종에 더 저항력이 강한 것들이 있었을까?

둘째, 사건의 규모를 산정하는 것이 중요할 것이다. 고생물학자들은 75퍼센트, 80퍼센트, 90퍼센트, 96퍼센트 등 당시 사라진 종의 비율을 두고 쏟아져 나오는 별의별 수치들과 씨름하고 있다. 어떤 의미에서는 사소한 문제일 수도 있다. 어떤 수치를 들먹이든 결국 의미하는 것은 전체 종의 극히 일부에 불과한 4~25퍼센트의 종만이 살아남았다는 얘기이기 때문이다. 하지만 KT 사건을 비롯한 다른 사건들과 비교하기 위해서라도, 그리고 현재의 종의 손실비율과도 비교할 필요가 있기 때문에, 올바른 수치를 얻는 것도 중요하다.

셋째, 간신히 위기를 극복하고 살아남은 식물과 동물이 무엇인지 구체적으로 그려보는 일이 필요하다. 살아남은 군은 어떤 것이고, 완전히 사라져버린 군은 어떤 것인가? 페름기 말 사건 이후의 복구과정에 대해서는 나중에 좀더 광범위하게 알아볼 것이지만(11장), 여기서는 죽음과 생존 문제만큼은 살펴볼 작정이다. 희생자와 생존자를 판가름하는 문제 이외에, 어떤 선택성이 작용한 증거가 있는지 여부를 캐 들어가는 것도 중요하다. 과연 생존자들은 희생자들과는 차별되는 특징들을 나눠 갖고 있었을까?

이전과 이후

페름기 말 사건을 기준으로 이전과 이후의 풍경을 비교해보면, 대멸종의 정도가 얼마나 심각했는지 볼 수 있다(그림 28, 29). 페름기 최후기의 '이전' 풍경에서는 산호, 이끼벌레, 바다나리 따위의 동물상이 풍부한 초礁군집들과 주변의 암모나이트, 그 위를 헤엄치는 어류를 볼 수 있다. 완족동물, 정형성게, 달팽이, 유공충은 바다에 가만히 정지해 있거나 느린 속도로 움직인다. 테티스 해 해안(이를테면 중국)이든, 북해의 가장자리(이를테면 그린란드)이든 생태계는 다채롭고 복잡하다.

그런데 트라이아스기 최초기로 넘어가면 초들은 사라지고, 초를 중심으로 살아가던 생물들도 모두 죽어버렸다. 그 결과 풍부하게 쌓이던 조가비 잔해들도 사라져버리고, 사방을 둘러봐도 보이는 것은 이매패류 클라라이아 하나뿐이다. 트라이아스기 최초기에 그린란드의 동물상은 중국의 동물상보다는 더 풍부했던 것으로 보인다. 작은 상어와 조그마한 어류도 있고, 몇 가지 암모나이트도 있으며, 드문드문 있는 클라라이아와 몇 마리 작은 달팽이 위로 코노돈트가 헤엄치고 있다.

대규모 멸종을 전후로 한 이런 풍경들만 봐도 페름기 말에 일어난 사건이 얼마나 극심했는지 알 수 있다. 주요 바다생물군들을 전체적으로 살펴보면 그 막대함을 더욱 확신하게 될 것이다.

미소한 부유동물들

일부 중요한 바다생물은 맨눈으로는 보이지 않는다. 플랑크톤인 이들은 식물과 동물 형태의 미소한 유기체들로서 해수면 근처에서 떠다닌다. 육상의 녹색식물과 마찬가지로 식물성 플랑크톤은 광합성작용으로 햇빛에서 에너지를 얻으며, 동물성 플랑크톤의 먹이가 된다. 플랑크톤성 유기체들은 놀라운 기능을 가진 특수한 기관들—너비가 넓은 플랜지(몸체 주변에 있는 원반 형태의 불룩한 테두리: 옮긴이), 스파이크, 공기주머니 따위—을 이용해 가라앉지 않고 떠다닌다. 어떤 것들은 나선 형태의 몸을 갖고 있어 천천히 회전하기도 한다. 수많은 독특한 군들이 여기에 해당한다. 평생을 한 형태로 살아가는 군도 있고, 게, 성게, 산호 같은 전형적인 해양동물의 유생들—다 자라면 성체로 탈바꿈하는 것들—도 있다. 바다의 먹이사슬에서 플랑크톤은 기초를 이룬다. 새우나 물고기의 먹이가 되고, 다시 이 동물들은 그보다 몸집이 큰 물고기, 상어, 물범, 고래의 먹이가 된다. 따라서 플랑크톤을 죽이면 바다의 모든 생명을 죽이는 것이나 마찬가지이다.

보통 실리카(이산화규소를 말하며, 모래와 플린트의 주성분이다) 성분의 가벼운 골격을 갖추고 그물 모양을 띤 섬세한 작은 유기체인 방산충은 세균과 식물성 플랑크톤을 먹고산다. 골격은 실리카 성분의 미세한 침상골(바늘 모양의 골격)로 구성되어 있고, 다공성 공 모양을 하고 있는데, 어떤 것은 크리스마스 장식물을 축소시킨 것 같은 스파이크가 나 있다. 또 어떤 것들은 벽한 구석에 걸린 끈 달린 장바구니처럼 생겼다. 형태야 어떻든 하나같이 수많은 구멍들이 규칙적으로 뚫려 있다. 죽으면 작은 플린트질 골격은 심해

중국

페름기 후기

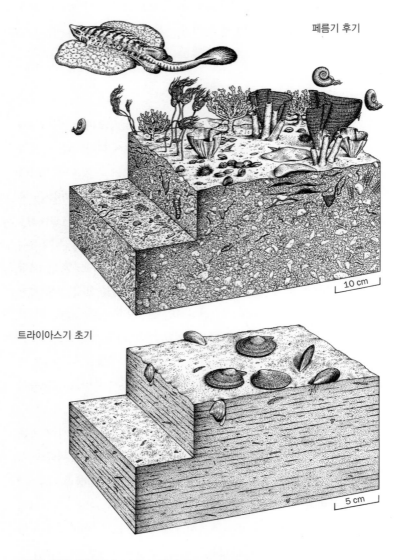

10 cm

트라이아스기 초기

5 cm

그림 28 대멸종 전후의 열대바다 풍경. 페름기 최후기의 해저(위)와 격변이 일어난 직후인 트라이아스기 최초기의 해저(아래) 풍경을 중국 메이산 단면에서 얻은 정보를 토대로 재구성한 것이다.

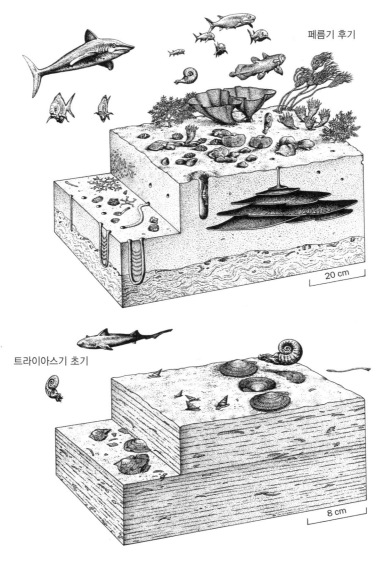

그린란드

페름기 후기

20 cm

트라이아스기 초기

8 cm

그림 29　대멸종 전후의 북극해 풍경. 페름기 최후기의 전형적인 해저풍경(위)과 격변이 일어난 직후인 트라이아스기 최초기의 해저풍경(아래)을 그린란드 동부 아메손에서 얻은 정보를 토대로 재구성한 것이다.

저로 가라앉아 1,000년에 4~5밀리미터 꼴로 천천히 누적된다. 그러다가 수백만 년의 세월이 흐르면서 방산충 주검들은 유리질의 순수 실리카 퇴적물인 처트로 경화된다. 오늘날 해저의 약 3퍼센트를 차지하는 것이 바로 이 처트이다.

중국, 일본, 캐나다의 페름기 후기 해성암석층서에서는 방산충 처트가 꽤 흔하게 발견된다. 그런데 페름기 말에 이르면 완전히 사라져버린다. 그러다가 800만 년 정도 뒤인 트라이아스기 중기에 다시 나타난다. 이 '처트 공백'은 페름기 말에 모든 종의 방산충이 사실상 절멸한 시기와 일치한다. 그 사건이 특별히 두드러지게 보이는 까닭은, 방산충이 페름기 말을 제외하고는 그 이전 4억 5,000만 년 동안 특이하게도 평온한 역사를 유지했기 때문이다. 전 세계적으로 개체수만 해도 어마어마했을 그토록 미소한 플랑크톤성 유기체들을 깡그리 몰살시키려면 보통의 환경재앙으로는 어림도 없는 일이다. 반면 몸집도 크고 개체수도 적은 공룡 같은 동물을 멸종시키기는 훨씬 쉽다.

오늘날 플랑크톤을 이루는 또 하나의 구성원은 유공충이다. 나선형이나 사리형의 달팽이를 축소시킨 것 같은 꼴을 한 유공충은, 탄산칼슘(방해석) 성분의 껍데기나 모래알들이 점착된 껍데기가 단세포의 연약한 부위들을 감싸고 있다. 껍데기 모양은 세로로 길쭉한 나선형, 평평한 사리나 원반 모양, 또는 작은 구상체 모양이고, 내부는 여러 개의 방으로 나뉘어 있다. 페름기에는 모든 유공충이 해저에서 서식했다. 수면에서 가라앉는 유기물질과 식물성 플랑크톤을 먹고살았다. 페름기에 우점했던 유공충군은 방추충이었다. 방추충의 껍데기는 수많은 미세한 방해석 결정들로 이루어졌다. 어떤 것은 길이가 10센티미터까지 이르렀는데, 단세포 동물치고는 대단히 예외적인 사례이다. 페름기에 번성했던 방추충은 빠르게 진화해 종의 수가 5,000개가 넘을 정도였다. 방추충은 지극히 빨리 진화해서 엄청난 다양성을 이룩했기 때문에, 페름기 해성암석의 연대를 측정할 때 중요한 길잡이 화석 구실을 한다. 그런데 그것들이 모두 사라져버렸던 것이다.

최근까지 방추충의 멸종은 페름기 후반기의 대부분인 2,000만 년 이상에 걸쳐 지속적으로 일어났다고 생각되었다. 말하자면 장기적인 기후변화와 결부된 점진적인 멸종으로 생각되었던 것이다. 그런데 새로운 연구의 결과, 초기 조사들이 지극히 제한된 범위에서 이루어졌고, 화석기록을 곧이곧대로 읽는 것에 의존했던 것으로 밝혀졌다. 다시 말해 앞에서 언급했던(7장) 뒤 번짐 현상, 곧 사이너-립스 효과가 문제가 되었던 것이다.

최근에 오스트리아의 페름기-트라이아스기 경계를 조사했던 뉴욕대학의 마이클 램피노Michael Rampino와 앤드레 애들러Andre Adler는 매우 상세한 화석수집을 기초로 해서 대부분의 방추충종들이 바로 페름기-트라이아스기 경계에서 멸종했음을 보여주었다.[124] 암석기록에 의하면 다른 방추충종들은 경계 아래 16미터까지 내려간 지점에서 사라졌는데, 이는 장기간에 걸친 멸종을 의미하는 것으로 해석될 수 있었다. 하지만 이 종들은 보기 드문 형태를 하고 있어서, 소수의 표본들을 통해서만 알려진 것들이었다. 램피노와 애들러는 이것이 바로 데이터를 잘못 해석한 것이라고 주장했다. 곧, 그 종들이 사라졌다고 해서 멸종을 가리키는 것은 아니라는 얘기였다. 만일 이들의 형태가 좀더 일반적이었다면, 아마 페름기-트라이아스기 경계까지 올라가서도 충분히 표본추출이 되었을 것이다. 앞서 언급했듯이, 누더기 같은 화석기록을 가지고는 특정 종의 마지막 구성원을 찾아낼 가능성은 없다. 한순간에 100종이 절멸했다 하더라도, 화석기록상으로는 여전히 장기간에 걸친 점진적인 소멸로 나타날 수 있다. 특히 희소한 종들은 일찍 사라진 것으로 잘못 나타나기 십상이다. 사이너-립스 효과가 적용되는 것이다.

페름기 말에 모든 유공충이 사라졌던 것은 아니다. 일반적으로 몸집이 큰 방추충은 완전히 사라졌지만, 해저퇴적물에 굴을 파서 잔사물을 먹고살았던 몸집이 작은 형태와 납작한 형태의 일부 종들은 살아남았다. 또 저산소조건에서 살아가는 데 적응했던 것들도 살아남았다. 페름기 말기의 환경 상태를 이해할 실마리가 바로 이것일 것이다.

초

페름기의 얕은 열대바다에서 초礁는 흔했다. 이를테면 텍사스 주 서부와 뉴멕시코 주의 상당 부분까지 거대한 초가 뒤덮고 있었다. 페름기 중기에 열대바다의 수심이 깊어지면서, 옛날의 델라웨어분지 가장자리를 중심으로 초들이 형성되었고, 높이가 무려 600미터까지 이르렀다. 오늘날의 산호초와 마찬가지로, 초의 상부를 구성하는 살아 있는 산호와 다른 동물들은 해수면과 거의 닿아 있었고, 그 덕분에 초와 어울려 사는 식물성 유기체들이 광합성을 할 수 있었다. 깊이 잠긴 초의 아랫부분을 구성하는 것들은 웃자란 산호의 죽은 골격, 조가비, 기타 잔해들이었다.

당시 초를 중심으로 살아가는 생명은 대단히 다양했다. 수백 종의 생물들이 밀접하게 연을 맺으며 살아가고 있었다. 초의 뼈대를 이룬 것은 석질 골격을 두른 해면동물, 산호, 이끼벌레였다. 초에 붙어 생활하는 다양한 연체동물과 연충류는 죽은 산호를 먹이로 삼았다. 산호의 잎들 사이에는 달팽이 모양의 연체동물, 성게, 불가사리, 새우가 기어 다녔다. 초 위에는 분사식으로 추진하는 앵무조개와 암모나이트(오징어와 문어의 친척들이다), 다양한 종류의 유영성 절지동물과 어류가 헤엄치고 다녔다. 오늘날처럼 페름기 후기의 초들은 생물다양성이 대단히 높아, 보통 이상으로 종이 풍부했다.

지금은 바다가 멀리 물러나 있지만, 과거 2억 5,000만 년 동안 텍사스 서부의 풍경은 크게 변하지 않았다. 오늘날 그곳을 찾은 관광객은 사실상 페름기 후기의 해저에 서서 우뚝한 과달루페 산맥을 둘러보는 셈이다. 이 산맥은 초礁석회암으로 이루어져 있어서, 카피탄라임스톤층(Capitan Lime-stone Formation)이라고 부른다. 눈만 돌리면 엄청난 크기의 초—두께는 수백

미터, 길이는 400킬로미터에 이른다—를 뚜렷이 볼 수 있고, 페름기 중기 열대의 풍부했던 초 생명체들도 분명하게 볼 수 있다. 페름기 말기 즈음에는 중국에도 그처럼 크고 다양한 초들이 나타났던 것으로 알려져 있다.

그런데 페름기 말 사건으로 초들이 완전히 사라져버렸다. '처트 공백'처럼 '초 공백'도 있는데, 트라이아스기 초기의 약 700만~800만 년 동안 공백기가 지속되었다. 별다른 영향을 받지 않고 살아남은 해면동물군들은 많았지만, 다른 군들, 특히 열대의 초와 관계를 맺고 살았던 동물들 대부분이 죽었다.

산호는 훨씬 큰 타격을 입었다. 사건 이전 2억 년 동안 퇴적된 열대 석회암층에는 뿔산호와 판상산호 골격들로 넘쳐난다. 아무리 초보 화석수집가라 할지라도 금방 수십 개의 산호표본을 모을 수 있을 정도이다. 작은 크기의 단독성 뿔산호의 아이스크림 콘 모양 화석, 벌집이나 별 모양 방들이 수십 개씩 규칙적으로 나 있는 주먹만한 둥근 판상산호 군체화석은 기본이고, 태양이 폭발하는 것 같은 모양의 화석도 있다. 그런 것들은 '태양석'이라는 뜻의 헬리오라이트Heliolites라고 부른다. 단독성 산호는 포식자로부터 부드러운 몸을 보호하기 위해 몸 둘레를 빙글빙글 돌면서 쌓아올리며 방해석 성분의 관 모양 집을 손수 지었다. 작은 것은 길이가 몇 밀리미터, 큰 것은 석탄기의 카니니아Caninia종이 지은 원뿔 형태의 집처럼 몇 미터까지 이르렀다. 단독성 산호는 대부분 해저의 바위나 다른 단단한 물질에 붙어 곧추선 모습으로 붙박여 있었다.

뿔산호나 판상산호 군체들은 화석 중에서도 가장 아름다운 축에 든다. 산호가 자라는 과정은 다음과 같다. 첫 개척자 산호동물이 해저에 골격을 접합시키면, 들어가 살 석질 방을 짓기 시작한다. 그리고 무한히 분열하면서 자신과 똑같은 복제산호를 무수히 만들고, 그 각각은 또 저마다 작은 방을 구축한다. 그렇게 정렬해나가는 방식은 경제적으로 효율이 높다. 뒤이어 생겨난 산호는 이미 만들어진 군체의 부분들을 이용해서 측벽을 몇 개

만들기만 하면 되기 때문이다. 마지막 단계에 이르면, 대부분의 군체들이 양배추 모양의 볼록한 구조물을 이루거나, 트럼펫처럼 길쭉한 자루 모양으로 서서히 넓어지면서 넓은 판 모양의 구조물을 이룬다. 각각의 산호동물은 독자적으로 살아간다. 저마다 끈적끈적한 촉수를 뻗어 먹이입자들을 포획해서 먹는다. 위험이 닥치면, 석질 집 속 깊숙이 몸을 숨긴다.

고생대 2억 년 동안 전 세계적으로 초의 대들보 구실을 했던 뿔산호와 판상산호는 페름기 말에 모두 죽고 말았다. 겉보기에는 종말이 닥치기 오래전부터 장기적인 쇠퇴기를 거쳤던 것처럼 보인다. 처음에는 덩치 큰 군체들이 사라졌고, 마지막으로는 군생밀도가 낮은 관 모양 군체들과 단독성 산호가 사라졌다. 처음에 산호군 일부가 사라진 것은 서식지의 변화와 관련된 것으로 보인다. 예를 들어 텍사스와 뉴멕시코를 덮었던 따뜻한 열대 바다가 페름기 후기에는 후퇴했다. 이것은 페름기 말 위기의 일부라기보다는, 단순히 해수면과 대륙위치가 변화한 것에 불과했다. 반면 남중국해 같은 곳에서 페름기 최후기의 산호초들이 발견되는 것으로 보아, 텍사스와 뉴멕시코에서 사라진 것처럼 보였던 산호가 페름기 말기까지 살아 있었음을 알 수 있다.

초를 형성했던 다른 동물들에 대해서는 알려진 바가 적다. 이끼벌레도 규칙적인 형태의 집을 만들어 군체를 이룬다. 대체적으로 지름이 1밀리미터 이하로 집 크기가 미소하며, 각각의 집 속에 작은 개체가 한 마리씩 들어가 산다. 이끼동물 군체들은 해저에서 수직으로 자라는 켜 모양의 구조를 이루는 경우가 많고, 산호나 조가비를 미세하게 그물세공해서 외피를 만드는 것들도 있다. 페름기에 살았던 네 가지 주요 이끼동물군들 중 위기 동안에 멸종한 것은 하나였고, 나머지 세 군들은 심각한 종의 손실을 입었다.

'초 공백'이 지난 다음, 트라이아스기 중기에 형성된 최초의 초들은 해저에 붙은 작은 쪼가리들이었다. 이탈리아 북부 돌로미티케 산맥의 얕은 바다퇴적물을 통해서 알게 된 사실이다. 그러나 텍사스 과달루페 산맥의 거대한 카피탄보초 같은 대규모 틀을 갖춘 초가 다시 나타나기까지는 아주 오랜 세월이 걸렸다. 트라이아스기 최초의 초들을 형성했던 것은 일부 살아남은 이끼벌레, 석질조류(바닷말의 먼 친척이다), 해면동물, 새로운 돌산호군의 첫 타자들이었다. 오늘날 우점하는 초가 바로 돌산호이다. 다채로운 색깔의 육질 몸과 촉수를 석질 방이 둘러싸고 있는 이 돌산호는 페름기 말 대멸종의 여파로 처음 생겨난 군이었다.

해백합 숲과 병목현상

극피동물(가시모양의 피부를 가진 동물)에는 정형성게, 불가사리, 해삼, 해백합이 해당된다. 모두 방해석 판들로 이루어진 골격, 5방 대칭성의 특징을 갖고 있다. 페름기 말 위기로 극피동물은 특히 심각한 타격을 입었다—사실상 위기가 있기 수백만 년 전에 대부분이 사라지고 말았다.

고착성 극피동물 대부분이 사라져버렸다. 고생대에 해백합(바다나리로 부르는 게 더 적절하다)은 산호나 해면동물에 직접 달라붙거나 주변에 붙어서 자라며 거대한 초의 일부를 이루기도 하고, 아니면 독자적으로 거대한 바다나리 숲을 형성하면서 대단히 훌륭하게 번성했다. 바다나리의 전형적인 모습은 식물처럼 생겼다. 길고 유연한 줄기가 뿌리 모양의 구조에 고정되어 있고, 줄기 끝에는 병부柄部가 달려 있으며, 윗부분에선 촉수 모양의 팔들이 해류를 따라 흐느적거린다. 바다나리의 먹이는 물속의 작은 유기물질이다. 끈적끈적한 팔이 유기물질을 포획하면 팔의 위 표면에 파인 가운데 홈을 따라 몸의 중심에 있는 입으로 흘러들어간다. 줄기 끝에 달린 병부가 바로 몸이다. 페름기 말에 바다나리의 두 아강亞綱이 사라졌고, 트라이아스기에 바다나리가 회복된 기반은 아마 그 위기를 견디고 살아남았던 단일 속이었던 것 같다. 오늘날에도 줄기가 있는 바다나리가 일부 있지만, 대부분은 자유유영성으로, 호리호리하고 다채로운 색깔의 팔들이 놀치는 힘으로 해저를 굴러다니거나 기어 다닌다.

한때 고생대의 해저에 대단히 많았던 줄기 달린 다른 극피동물도 사라졌다. 이 중 두드러진 것이 바로 블라스토이드blastoids로, 돌로 만든 튤립이나 막대기 끝에 구스베리가 달린 모양을 하고 있었다. 대부분의 바다나리보다 깊은 곳에서 서식했으며, 석탄기와 페름기에 초 주변에서 뾰족뾰족한 숲을 크게 이루고 있었다. 그런데 페름기 말에 흔적도 없이 사라져버렸다.

이렇게 해서 매우 이색적이었던 고생대 해저의 극피동물 숲들이 철저하게 파괴되고 말았다. 바다나리와 블라스토이드뿐만 아니라, 그 숲에 의지하고 살았던 다른 모든 작은 생명체들에게도 재앙이었다. 어떤 면에서 보면 해저에 우거졌던 극피동물 숲을 잘라낸 것이나 육지의 진짜 숲을 벌목해버린 것이나 다를 바가 없다. 수많은 생물들이 숲에 생계를 의존하는 것처럼, 석탄기와 페름기의 바다나리－블라스토이드 숲에 생계를 의존했던 생물들도 많았던 것이다. 그들이 사라졌다는 것은 독특했던 서식지가 끝장났음을 의미했고, 그 뒤 다시는 해저에서 그 모습을 볼 수 없었다.

불가사리와 정형성게 역시 거의 전멸에 가까운 타격을 입었다. 이 두 군에게 페름기 말의 위기는 병목현상과 같았다. 진화론의 맥락에서 병목현상은 군의 다양성이 극도로 축소된 시기를 말한다. 병목현상 시기를 전후해서 그 군은 번성했지만, 이후에 출현했던 것들은 원래 개체군의 일부만을 대표할 뿐이다. 그래서 고생대 이후의 정형성게와 불가사리는 고생대의 선조들과는 상당히 달랐다. 불가사리에게는 가장 눈부시게 분화된 능력이 있다. 위장의 위치를 안팎으로 바꿀 수 있어서, 먹잇감을 삼키기도 전에 소화를 시작할 수 있다. 그런데 이 능력은 트라이아스기와 쥐라기에 와서야 생긴 것이었다. 페름기 불가사리는 그보다 불연속적이고 내장된 위장으로 만족해야만 했다.

정형성게 가운데 페름기 말의 위기를 견디고 살아남은 것으로 알려진 유일한 속은 미오키다리스Miocidaris속이다. 전체 다양성이 20~30종에서 한

두 종으로 싹둑 잘려나가 버린 극도의 병목현상이었다. 이후 다양해진 정형성게는 모두 이 하나의 속에서 생겨난 것으로 보인다. 불가사리와 정형성게의 경우에는 병목현상이 긍정적인 결과를 낳았다. 두 군은 트라이아스기를 거치면서 그 수를 크게 불려나갔고, 오늘날 보는 것처럼 해저동물상의 중요한 구성원으로 부상했기 때문이다. 그렇지 않았다면, 이를테면 병목현상을 이겨내고 페름기에서 트라이아스기로 넘어갔던 소수의 종들마저 모두 절멸했다면, 부정적인 결과가 되었을 것이다. 그러나 그렇게 되면 두 군 모두 완전히 전멸해버렸을 가능성이 높다.

조가비가 있는 동물

지질학과 신입생에게 늘 불평거리가 되는 것이 있다. 바로 화석군들을 배워야 한다는 것이다. 학생들이 반드시 이해해야 하는 것이 바로 완족동물과 이매패류의 차이이다. 이 두 조가비 동물군의 조상은 각기 다르지만, 겉보기에는 비슷하게 생겼다. 완족동물은 두 장의 조가비—판(valve)이라고 부르는 게 더 적절할 것이다—가 안쪽의 몸을 감싸서 보호하고 있다. 한쪽 판의 끝에서 나온 질긴 섬유로 조가비가 해저에 고착된다. 두 장의 판이 경첩선을 따라 결합되어 있어서, 근육운동으로 판들을 열어 먹이입자들을 빨아들이고 노폐물을 배출할 수 있다.

완족동물과 이매패류는 쉽게 구분할 수 있다. 완족동물의 판들은 서로 크기가 다르지만, 이매패류의 판들은 거울상처럼 똑같다. 완족동물의 한쪽 판은 다른 쪽 판보다 커서, 로마시대의 기름램프 모양을 할 때가 자주 있다. 다시 말해 눈물방울 모양으로, 경첩 끝으로 갈수록 크기가 커지고, 고착용 섬유가 들고 날 수 있게 커다란 원형 구멍이 뚫려 있다(꼭 로마시대 기름램프에 심지를 넣는 구멍처럼 생겼다). 다른 쪽 판은 둥글고 크기가 더 작다. 반면 이매패류의 판들은 보통 모양이 서로 정확히 일치하며, 크기도 똑같다.

페름기의 완족동물과 연체동물은 대멸종으로 큰 타격을 입었다. 백합, 굴, 홍합, 물레고둥, 문어, 오징어 같은 연체동물은 오늘날 해저에서 흔히 볼 수 있지만, 완족동물은 상대적으로 드물다. 비교적 깊은 물속에서만 발견되며 분포지역도 몇몇 곳에 한정되어 있다. 그런데 고생대에는 상황이 반대였다. 아마 페름기 말 위기가 이런 상황의 대역전에 큰 몫을 했을 것이다.

사람의 눈으로 보면 완족동물은 별 능력이 없는 것처럼 보인다. 그저 해저에 붙박여서 판들을 여닫는 일 외에는 하는 일이 없다. 섭식할 때에는 조가비 안으로 물을 빨아들이는데, 물과 함께 먹이입자들도 함께 딸려 들어온다. 그런 다음 고리 모양의 여과기관인 촉수관을 통과시켜 다른 쪽으로 내뿜는다. 하지만 완족동물에게 페름기는 놀라운 변혁의 시기였다. 원뿔 모양의 리히토페니드richthofenids는 산호를 흉내내서, 원뿔 꼭지로 바위나 다른 조가비에 부착시키고 곧추서는데, 바투 무리지어 소형 초를 형성했다. 작은 쪽 판은 페달 달린 휴지통 뚜껑처럼 작은 뚜껑 구실만 해서, 그 뚜껑을 열고 섭식했다. 페름기에는 뚱뚱하고 몸집이 큰 편에 속하는 완족동물도 번성했다. 그때는 두드러진 가시 모양의 형태가 새롭게 출현한 때였다. 가시들은 섬세한 관 모양 구조로, 하판 위로 아무렇게나 자랐다. 이 이색적인 완족동물은 틀림없이 가시들을 이용해서 부드러운 진흙질 해저에 몸을 고정시켰을 것이다. 이 두 군들은 훌륭하게 번성하면서 새로운 서식지들을 정복해갔고, 습성도 새롭게 바뀌나갔다. 그랬으니 대멸종이 아니라면, 그 완족동물이 어디로 사라져버렸는지 영문을 알 수가 없는 것이다.

페름기 말 사건으로 완족동물은 철저하게 유린되었다. 상과上科 수준에서 보면 26개 중 10개가 사라졌는데, 38퍼센트의 손실률에 불과하기에 그다지 심각하게 보이지 않을 수도 있다. 그런데 과 수준에서 보면 55개 중 50개가 사라져버렸다(91퍼센트의 손실률). 속 수준에서 보면 95퍼센트 정도, 종 수준에서 보면 99퍼센트 정도가 멸종의 타격을 입은 것으로 추정된다. 대단히 다양했고 풍부했던 이 동물군 가운데 극소수만 빼고는 모두 괴멸되고 말았던 것이다.

완족동물의 몰락과는 대조적으로 일부 연체동물은 페름기 말 위기를 아주 잘 헤쳐나갔다. 연체동물에는 이매패류('두 개의 판'이라는 뜻), 복족류('배가 발'이라는 뜻), 두족류('머리가 발'이라는 뜻), 이렇게 세 가지 주요 군이 있다. 복족류와 두족류 이름의 유래는 상당히 기상천외하다. 실제로는 복족류의 위장은 발에 있다. 그런데 사실상 몸의 거의 전부가 발이다. 전문적으로 말하면, 바닥 위를 기어 다니는 달팽이나 물레고둥의 부드럽고 끈적끈적한 부분이 발이고, 앞부분의 눈 자루에서부터 뒷부분의 항문까지 몸 전체가 발로 감싸여 있는 셈이다. 두족류에는 문어와 오징어뿐만 아니라, 감긴 모양의 껍데기를 가진 화석 암모나이트도 포함된다. 커다란 눈이 달려 있고, 먹이를 입으로 가져가는 비대한 촉수고리가 있는 앞부분이 '머리'이고, 빠르게 몸을 추진시키거나 적을 교란시키기 위해 물이나 먹물을 분출할 수 있는 촉수와 수관으로 이루어진 부분이 '발'이다. 따라서 전문적으로 말하면 머리와 발이 긴밀하게 연관되어 있으며, 암모나이트나 문어의 '몸'은 위장 따위의 내장을 담고 있는 자루 같은 구조이다.

대부분의 이매패류 과들은 40개 중 셋만이 멸종했을 뿐, 상대적으로 그 사건을 별 피해 없이 견뎌냈다. 페름기 후기의 해저동물상에서 이매패류는 완족동물보다 구성비율이 낮았지만, 모래와 진흙질 해저면에서 살아가거나 퇴적물 속으로 굴을 파고 살아가는 등 넓은 범위의 서식지를 차지했다. 멸종이 있었다고 이런 습성이 사라진 것은 결코 아니었다. 그러나 여느 경우처럼 종의 다양성은 심각한 타격을 입었다.

복족류에는 이매패류와 절지동물처럼 껍데기가 있는 해저의 동물들을 먹고사는 포악한 포식자에 가까운 동물들도 일부 있다. 포식자들은 일련의 신체적인 수단과 화학적인 수단을 써서 먹잇감을 공격하여, 조가비 방어막을 부수거나 뚫어 그 속의 부드러운 육질을 빨아먹는다. 또 어떤 것들은 바위 위를 기어 다니면서 튼튼한 긁개형 치설로 바위에 붙은 녹조류를 갉아

먹는데, 마치 목수의 사포벨트를 연상시킨다. 페름기 후기에 복족류는 다양하기는 했지만(종의 수는 많았지만) 드물었다(어디를 보든 개체수는 그리 많지 않았다). 그리고 페름기 말 위기로 이매패류보다 더 심각한 타격을 입었던 것 같지만, 이후에는 훌륭히 복구되었다. 복족류의 속 가운데 90퍼센트 정도가 절멸했던 것으로 추정되는데, 이 정도면 16개 과들 중에서 세 개가 손실된 것에 해당한다. 사라진 대부분의 종들은 지리적으로 분포가 제한되었거나, 좁은 식성을 가진 것들이었다. 다시 말해서 분포지역이 넓을수록 생존 가능성이 컸고, 잡식성 잔사섭식자가 생존 가능성이 더 컸다.

연체동물 가운데 세 번째 주요 군은 두족류로, 대멸종으로 심각한 타격을 입었다. 감긴 모양의 껍데기를 가진 자유유영성 암모나이트는 거의 전멸되고 말았다. 암모나이트는 언제나 진화의 호·불황 패턴을 잘 보여준다. 상황이 좋을 때는 빠른 속도로 진화해서 수백 종에 이르기까지 다양해졌지만, 환경의 위기가 닥치면 어김없이 사라져버렸다. 페름기 최후기의 중국 단면들을 보면, 페름기가 끝났을 때 21개 속 중 20개가, 103개의 종 중 102개가 사라져버렸음을 알 수 있다. 그 뒤 간신히 살아남은 소수의 종이 트라이아스기에 다시 빠른 속도로 방산되었지만, 트라이아스기 말의 대멸종을 거치면서 사실상 흔적을 감춰버렸다. 그러다가 쥐라기에 들어서 다시 성공적으로 대규모 복구가 이루어졌지만, 결국 KT 사건을 거치면서 완전히 전멸해버렸다. 페름기 말 위기 때 다른 두족류는 암모나이트보다는 훨씬 피해가 덜했다.

멸종 이후, 세상에 살아남은 완족동물과 이매패류의 다양성은 한심한 수준이었다. 전 세계 어디에서나 거의 비슷비슷한 것들만 보였다. 완족동물 화석군집을 이루는 것은 링굴라*Lingula*와 크루리티리스*Crurithyris*이다. 둘 다 페름기가 남긴 유산으로, 트라이아스기 초기에는 세계 어디서나 볼 수 있었다. 링굴라는 특히 잘 알려진 재난종인데, 저산소조건이나 저염도조건 같은 모든 종류의 조건에서 생존할 수 있는 능력이 있다. 링굴라는 가장 놀라운 '살아 있는 화석'의 하나로서, 지난 5억 년 동안 사실상 아무런 변화 없이 살아온 생물 중 하나이다. 그렇게 긴 세월을 생존해왔으니 무언가 놀라운 특징이 있을 거라고 생각하기 쉽지만, 그렇지 않다. 링굴라는 대충 새끼손가락 손톱처럼 생긴 완족동물로, 진흙 속에 숨어서 산다. 기다란 육질 발로 몸을 고정시키고 조용히 체공體孔을 통해 바닷물을 펌프질하면서 그 속의 먹이입자들을 걸러 먹는다. 링굴라가 성공적으로 살아남은 비밀은 아마 여러 환경조건에 대한 폭넓은 내성, 극히 적은 먹이만으로도 생존할 수 있는 능력 때문일 것이다.

멸종 후의 이매패류 다양성 역시 낮았다. 트라이아스기 초기에 곳곳에서 볼 수 있는 이매패류는 네댓 속에 불과했다. 비록 네댓 속이라고 해도 100여 종에 이르지만, 대부분이 클라라이아*Claraia*와 에우모르포티스*Eumorphotis*에 속했다. 두 속 모두 얇은 조가비를 가진, 가리비와 비슷한 종이가리비였다('종이가리비'라고 불리는 까닭은 두 속 모두 오늘날의 가리비와 같이 분류되고, 종이처럼 얇기 때문이다). 고운 섬유를 내어 울퉁불퉁한 면에 부착해서 살았던 이들은 트라이아스기 초기의 흑색 무산소 진흙층에서 발견된다. 트라이아스기 초기에는 두족류가 드물었던 반면, 미소복족류는 전 세계적으로 갑자기 영문 모르게 엄청나게 다양해졌다. 그 뒤 모든 것이 바뀌어버렸다.

트라이아스기 중기에는 세계 곳곳을 단조롭게 채웠던 완족동물, 이매패류, 미소복족류의 재난종들이 물러나고, 모든 군에서 진화의 폭발이 일어났다. 특히 이매패류를 비롯한 다른 연체동물이 폭발적으로 방산되었다. 새로운 습성을 가진 종이 출현했고, 상당수가 해분에 분포했다. 트라이아스기 말에 이를 때까지 연체동물은 페름기의 다양성 수준으로 회복되었고, 심지어 그 수준을 능가하기 시작했다. 반면 충분히 빠르게 대처하지 못했던 것으로 보인 완족동물은 페름기의 다양성 수준에 다시는 도달하지 못했다. 이 점에 기초해서 이매패류와 완족동물의 상대적인 성패를 놓고 오랫동안 논쟁이 이어졌는데, 이는 진화의 역사를 바라보는 관점에 큰 불일치가 있음을 보여주는 사례이다.

패턴 찾기

과연 역사에는 규칙이 있을까? 인류 역사를 놓고 볼 때, 일부 역사학자들은 국가의 흥망성쇠에서 어떤 끔찍한 필연성을 보기도 한다. 곧, 어느 국가든 부의 축적, 승승장구의 정복전쟁, 쇠퇴, 몰락의 주기를 겪는다는 얘기이다. 마르크스주의 역사학자들은 사회-경제력, 지배계급과 피지배계급 사이의 긴장에 의해 이루어지는 어떤 미리 예정된 계획이 있다고 주장한다. 또 어떤 이들은 군사적 은유를 써서, 군사력의 정도에 따라 국가가 흥하거나 망한다고 설명한다. 다시 말해 사기가 높고 병기의 서슬이 퍼러면 그 나라는 승리한다는 뜻이다.

1923년, 러시아의 천문학자이자 고고학자였던 치제프스키A. L. Tchijevski가 「인간의 집단적인 흥분성의 지표Index of Mass Human Excitability」를 발표했다. 그의 주장에 따르면, 한 세기마다 아홉 차례씩 인류는 흥분상태에 빠져 폭력적으로 행동한다고 한다. 각 흥분성 주기는 11.1년 동안 지속되며, 최대 수준의 폭력성은 태양흑점의 활동과 관련되어 있다는 것이다. 1943년, 캔자스대학의 미국 심리학자 레이몬드 휠러Raymond P. Wheeler는 내전이 170년 주기로 일어난다는 주장을 펼쳤다. 세 번째 주기에 이를 때마다 보통 때보다 더욱 극적으로 일어나며, 결과적으로 510년마다 극도의 폭력국면이 펼쳐지는 것으로 추정된다고 주장했다. 그 원인으로 가정한 것은 170년마다 찾아오는 가뭄주기였다. 다른 역사학자들은 그런 생각을 아무런 근거도 없는 얼토당토않은 생각으로 치부한다.

역사 속 패턴과 의미 찾기는 대단한 흥미를 끄는 주제이다. 인터넷을 슬쩍 검색해보기만 해도, 역사가 패턴을 따른다고 주장하는 수백 개의 웹사이트를 찾을 수 있다. 그 이론들을 살펴보면 미치광이 이론들에서부터 멀쩡하게 보이는 이론들까지 다양하다. 패턴 찾기가 그처럼 인기를 얻는 이유는 무엇일까? 역사적으로 벌어진 일련의 사건들을 아무거나 충분히 깊이 들여다보면 주기, 패턴, 규칙성을 찾아볼 수는 있다. 그러나 미래에 대해 예측할 수 있어야만 그런 주장은 정당화될 수 있다. 이를테면 천년왕국을 신봉하는 사람은 칭기즈칸, 나폴레옹, 히틀러 같은 인물의 생일을 계산해서 다음번 국가주의 정복자가 언제 나타날지 예측해서 보여줄 수 있어야만 한다.

역사 속의 패턴을 찾는 이유는 그런 패턴이 있길 바라는 마음 때문일 수 있다. 인간은 정연한 동물이어서, 정보들을 의미 있는 정보체로 정리하는 것을 좋아한다. 이를테면 영국의 역대 왕과 여왕의 목록을 모두 작성해서, 좋은 군주였는지 나쁜 군주였는지—결코 그 사이의 어중간한 성격이어서는 안 된다—분류하는 것을 편안해 한다. 아무런 손질도 거치지 않은 통제되지 않은 변화들, 극도로 복잡하고 의미가 결여된 변화들을 받아들이느니, 역사 속에서 패턴을 찾는 것이 훨씬 안심이 될 것이다. 진화의 경우도 마찬가지이다.

진화론 이전의 학자들에게나, 또 사실상 현대의 창조론자들에게도 진화의 역사는 기분 좋은 현상이었다. 신이 모든 것을 계획했으며, 신이 분명한 패턴을 부여했던 것이다. 모든 화석은 만물의 질서에 따라 제자리에 있으며, 여러 동식물군들이 나타났다 사라지는 것처럼 보이는 것은 모두 완전성을 향한 여정의 일부였다. 진화에 의한 이런 변화들을 일방향적(시간의 화살)으로 보든 순환적(찰스 라이엘의 입장)으로 보든, 그 변화에는 어떤 목적이 있었고, 예측 가능한 흐름이 있었다.

장 밥티스트 라마르크Jean Baptiste Lamarck의 용불용설 같은 초기의 진화이론들은 너나없이 목적지향적이었다. 철학자들의 말을 빌리면 '목적론적'이었다. 단순한 유기체가 복잡한 유기체로 진화하는 것처럼, 존재의 대사슬에서 진화는 아래에서 위로 향하는 현상이었다. 그런데 다윈이 등장해서 그런 생각들이 틀렸음을 보여주었던 것이다. 만일 자연선택에 의해 진화가 이루어진다면, 미래를 예측할 방법은 없었다. 그러나 다윈조차도 자연에 패턴이 있다는 생각을 완전히 버리지는 못했다. 진화론 이전에 나온 충전성充全性—말 그대로 '꽉 차 있다'는 뜻이다—개념을 그대로 썼던 것이다. 자연 안에서 이루어질 수 있는 것들은 모두 이루어지고 있다는 생각을 아우르는 개념이 바로 충전성이었다. 다시 말해 지구는 동식물종들로 가득 채워져 있으며, 그 수는 단단히 고정되어 있다는 얘기이다. 유명한 비유를 들어 다윈은 이렇게 썼다.

> 자연이란 것은 만 개의 날카로운 쐐기들로 덮인 표면으로 비교해볼 수 있을 것이다. 각각의 쐐기는 각기 다른 종을 나타낸다. 모두 촘촘하게 표면을 채우고 있다. 그리고 부단히 이어지는 타격에 의해 이리저리 몰려간다……. 어떤 때는 이쪽 쐐기가, 또 어떤 때는 다른 쪽 쐐기가 가격을 당한다. 하나가 크게 밀려나면 다른 것들까지 밀어낸다. 충격은 종종 아주 먼 곳에 있는 다른 쐐기들에게까지 사방팔방으로 전달된다.[125]

또 다윈은 다른 비유를 들어, 어느 시대나 생명이란 것은 물로 가득 찬 거대한 통의 수면에 떠 있는 사과들로 비교할 수 있다고 말했다. 만일 그 사과들 속에 사과 하나를 새로 집어넣으면, 기존의 사과를 위나 아래로 밀어낼 수밖에 없다는 것이다.

쐐기가 되었던 사과가 되었든, 결국 다윈의 관점에서 보면, 진화의 과정을 거치며 종이 나타났다가 사라질 수는 있지만, 기존의 종을 먼저 밀어내지 않고서는 새로운 종은 나타날 수도 자리를 잡을 수도 없다는 것이다. 일리 있는 소리처럼 들린다. 그런데 과연 그럴까?

경쟁?

사실 충전성을 뒷받침하는 증거는 없다. 오랜 세월 이어져온 생명의 역사를 살펴보면, 종의 다양성이 거듭해서 커졌음을 볼 수 있다. 새로운 생명권이 생길 때마다 다양화의 물꼬를 틀 기회가 열리곤 했다. 이를테면 생명이 처음으로 육지에 상륙했을 때, 숲이 최초로 나타났을 때, 하늘을 나는 곤충이 처음 출현했을 때, 바다에서 산호초가 생겨나기 시작했을 때, 척추동물이 온혈성으로 진화했을 때 생물다양성이 크게 증가했다. 과거 오랜 세월 동안 멸종했던 동식물을 조사해보면, 빈 생태자리가 곳곳에 있음을 볼 수 있다. 1만 년 전까지만 해도 북아메리카와 유럽의 마스토돈, 매머드, 털코뿔소가 차지했던 생태자리를 오늘날에는 어떤 생명체가 대신하고 있을까? 또 백화채나무와 겨자식물을 먹고살았다가 11,000년 전에 사라진 남북아메리카의 자이언트땅늘보의 생태자리는? 어쩌다가 이 세상에 나타난 우리가 자연 속 우리 자리를 걱정하고 있는 지금 이 순간, 생명이 새로운 서식지와 생태자리를 찾아 퍼져나갈 수 있는 모든 가능성이 종언을 맞게 되었다고 가정하는 것은 지나치게 뻔뻔한 생각일 것이다. 다윈의 사과통 비유는 우리 인간의 상상력의 한계와 더 관련 있을 뿐, 자연의 참모습과는 거리가 먼 비유이다.

그렇다면 페름기 말 위기, 완족동물과 이매패류의 경우는 어떨까? 충전성이 작용하고 있다는 열쇠가 되는 사례로 오랫동안 거론되어온 것이 바로 이것이다. 완족동물이 사라질 수밖에 없었던 까닭은 바로 그보다 우등한 이매패류가 고생대를 거치면서 하나씩 하나씩 완족동물을 몰아냈기 때문이라는 것이었다. 현대의 완족동물과 이매패류를 비교해보면 이런 관점을 뒷받침해주는 것처럼 보일 수도 있었다. 완족동물이 제한된 생활습성을 가진 반면, 이매패류는 세계 곳곳의 해저, 해안, 강, 호수에서 유영하고, 기어 다니고, 굴을 파는 등 넓은 범위의 서식지에서 다양한 방식으로 살아가고 있다. 완족동물은 아주 조금밖에 먹지 않고, 이렇다 할 활동도 하지 않는 반면, 이매패류는 그보다 훨씬 많이 먹고, (적어도 일부는) 대단히 활동적이다. 이것이 바로 큰 규모에서 벌어지는 경쟁의 예였다. 단순히 짝짓기 상대를 둘러싸고 벌어지는 두 개체 간의 경쟁이나 먹이 또는 서식공간을 둘러싸고 벌어지는 두 종간의 경쟁이 아니라, 완족동물 전체와 이매패류 전체 사이에서 벌어지는 경쟁이라는 것이다. 막강한 백합류가 흥기하고, 대신 불쌍한 완족동물이 몰락하는 것은 어떤 의미에서는 정당한 결과처럼 생각되었다.

1980년, 스티븐 제이 굴드Stephen Jay Gould와 잭 캘러웨이Jack Calloway가 이런 태평한 생각에 도전장을 던졌다.[126] 첫째, 그들은 완족동물과 이매패류 사이의 군비경쟁이 어떻게 3억 년 동안이나 고생대의 해저 연니軟泥(플랑크톤의 골격성 잔해로 구성된 해저의 부드러운 퇴적물: 옮긴이)에서 지속될 수 있었는지를 물었다. 현대의 유기체들 사이의 경쟁을 연구하는 생태학자들은, 시간적인 면에서 선택적 이점을 가지는 기간은 기껏해야 몇 년에서 몇십 년 정도에 불과할 것으로 예상한다. 수억 년의 세월을 놓고 보면, 그런 선택적 이점이라는 게 지극히 미미해서 정상적인 개체군의 통계변동에서는 무의미해질 것이다. 이렇게 물은 다음 굴드와 캘러웨이는 고생대와 고생대 이후의 완족동물과 이매패류 속의 수를 계산해보았다. 그러자 기대했던 이매패류의 지속적인 흥기와 완족동물의 지속적인 쇠락은 일어나지 않았던 것으로 밝혀졌다(그림 30). 고생대 동안에 양쪽 동물군은 상당히 안정적인 다양성 수준을 유지했던 것이다. 곧, 완족동물은 150~200속, 이매패류는 50~100속에서 별 변화가 없었다는 것이다. 그러다가 페름기 말의 위기가 닥쳤다. 앞서 보았듯이 양쪽 동물군은 큰 타격을 입었고, 각각 50속 정도만이 살아남아 트라이아스기로 넘어갈 수 있었다. 여기서 결정적인 것은 바로 멸종 이후의 복구가 어떻게 이루어졌는가 하는 것이다.

트라이아스기에 이매패류는 회복되었지만, 완족동물은 그러지 못했다. 이매패류의 다양성은 꾸준히 늘어나서, 처음에 50속이었던 것이 트라이아스기 말에 이르면 100속 이상으로 늘어났고, 계속 번성해서 400속 이상이 되었다. 반면 완족동물의 다양성은 50속 정도에서 고정된 채로 있었다. 따라서 굴드와 캘러웨이는 이렇게 결론을 내렸다. 완족동물과 이매패류는 고

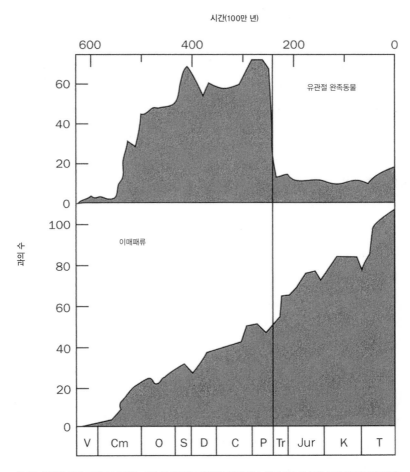

그림 30 경쟁에 의한 대체를 보여주는 것으로 가정된 고전적인 예의 하나. 과거 5억 년 동안 이매패류가 꾸준히 흥기했기 때문에 대부분의 완족동물군들이 종언을 고하게 되었다고 생각했던 적이 있었다. 하지만 완족동물과 이매패류는 크게 눈에 띄는 상호작용을 보여주지 않는 것 같다. 두 동물군에 큰 타격을 입히고, 결국 이매패류만이 회복될 수 있게 된 계기는 바로 페름기 말 위기였다. 하단의 약자는 그림 17을 참고하라.

생대 전체에 걸쳐서 일어났다던 경첩 대 촉수관의 부단한 경쟁에 연루된 적이 없었다는 것이다. 사실 그 둘의 생활습성은 상당히 다른 경우가 많다. 그렇기 때문에 평균적인 완족동물과 평균적인 이매패류 사이에 경쟁이 있었다고 말하는 것은, 토끼와 달팽이가 함께 있고 둘 다 식물을 먹이로 하는 것을 보았다는 이유만으로 두 동물군이 경쟁한다고 주장하는 것만큼이나 얼토당토않을 것이다. 굴드와 캘러웨이의 말을 빌리면, 완족동물과 이매패류는 '밤바다를 항해하는 선박들'로 볼 수 있다. 쉽게 말해, 서로 곁에서 살아가기는 했지만 크게 상호작용하지는 않았다는 얘기이다. 굴드와 캘러웨이의 이런 분석이 나오자 경쟁론자들은 격분했다. 그러나 결국은 경쟁이론을 접을 수밖에 없었다.

'태평한 경쟁'이라고 표현하니 낱말을 부조리하게 병치시킨 것으로 보일 수도 있다. 그러나 진화생물학에서는 경쟁(곧, 어느 수준에서든 한 쌍의 유기체 사이에서 벌어지는, 상대를 희생시킴으로써 이득을 얻어내는 상호작용을 말한다)이 진화의 굵직한 패턴을 이끌어왔다는 견해가 만연해 있다. 이를테면 동식물군들의 흥망성쇠, 이동, 시간에 따른 생물군들의 진화순서, 멸종 같은 큰 패턴들을 경쟁을 기준으로 설명한다. 경쟁의 원리는 비교적 다루기가 쉽기 때문에, 많은 생물학자들과 이론가들이 경쟁을 편안하게 생각하는 것이다.

경쟁 운운하는 것은 예측 가능성과 패턴을 찾고자 하는 욕구가 반영된 것으로 볼 수도 있다. 치제프스키가 인간 흥분성의 주기 운운했던 것처럼, 인류의 역사든 생명의 역사든, 우리는 수와 의미가 선사하는 안도감을 그냥 지나치기가 매우 어렵다. 아무런 패턴도 없이, 서로의 운명을 결정짓는 아무런 내적 체계도 없이 국가들이 그냥 흥했다가 망하고, 동식물군들이 그냥 나타났다 사라진다고 한다면, 그만큼 공허할 수가 없는 것이다.

오래전 전도서의 저자 역시 이 사실을 올바로 직시했던 것 같다.

내가 또다시 하늘 아래서 벌어지는 일을 살펴보았더니, 발이 빠르다고 달음

박질에 우승하는 것도 아니고, 힘이 세다고 싸움에서 이기는 것도 아니며, 지혜가 있다고 먹을 것이 생기는 것도 아니고, 슬기롭다고 돈을 모으는 것도 아니며, 아는 것이 많다고 총애를 받는 것도 아니더라. 누구든 때가 되어 불행이 덮쳐오면 당하고 만다. 사람은 아무도 자기가 죽을 날을 모른다. 모두들 그물에 든 물고기 같고 덫에 치인 새와 같은 신세라, 갑자기 액운이 닥치면 벗어날 길이 없다(전도서 9:11-12).

삼엽충은 어땠을까?

고생대 해양생명을 기술하는 고전적인 보고서들을 살펴보면, 페름기 말에 사라진 동물군 가운데 가장 두드러진 것의 하나로 하나같이 삼엽충을 꼽는다. 그런데 좀더 자세히 들여다보면, 페름기 말의 사건과 삼엽충은 아무 상관도 없다는 정반대의 보고서도 있다. 두 관점 모두 옳다. 그런데 어떻게 그처럼 모순되는 설명이 나올 수 있을까?

삼엽충은 캄브리아기부터 실로 해저를 우점했던 동물이었다.[127] 몸이 세 엽葉—중축부와 좌우 양쪽에 측면부가 있는데, 몸이 다리를 덮고 있고, 앞쪽에는 눈, 뒤쪽에는 아가미가 있다—으로 이루어진 삼엽충은 고생대 동물 가운데 가장 활동적이었고, 또 가장 복잡한 외양을 하고 있었다. 삼엽충은 절지동물문에 속하는데, 절지동물문은 곤충과 거미를 비롯해서 게와 가재 같은 해양동물까지 포함하는 광범위한 동물군이다. '절지節肢'라는 말은 '마디가 있는 다리'라는 뜻으로, 단단한 외골격을 갑옷처럼 두르고 있고, 다리를 따라 유연한 마디들이 있는 동물을 이르는 적절한 이름이다. 삼엽충의 크기는 미소한 것에서부터 길이가 30센티미터 이상 되는 것까지 다양했다. 상당수가 겹눈을 가지고 있어서, 시력이 뛰어났을 것으로 짐작된다. 또 전기감각기관도 갖추고 있었다. 대부분 해저에서 살았던 삼엽충은 해저면의 진흙을 휘젓고 다니며 유기퇴적물을 먹고살았다. 상당수가 유영능력이 있었고, 일부는 활동적으로 사냥을 했을 것으로 생각된다.

삼엽충은 특히 고생대 초기에 널리 다양하게 분포했고, 페름기까지 살아남았다가, 트라이아스기가 되기 전에 사라져버렸다. 그렇다면 삼엽충이 페름기에 멸종되었다고 말하는 것이 옳을 것이나, 사실은 페름기가 시작되기 전부터 이미 크게 위축된 상태였다. 페름기에 알려진 삼엽충은 겨우 소규모의 세 과에 불과하다. 중국의 페름기 최후기 단면들에서 한두 종의 삼엽충이 알려져 있는데, 사실상 페름기-트라이아스기 경계에서 모두 사라져버렸다. 삼엽충의 역사에서 볼 때, 페름기 말에 삼엽충이 마지막으로 사라진 것은 지극히 미미한 사건에 불과했다. 곧, 장기간에 걸친 쇠퇴의 끝을 표시한 것이었다. 따라서 비록 삼엽충의 지배가 페름기 말에 끝났다 할지라도, 더 면밀히 분석해보면 이미 오래전부터 크게 스러져가고 있었음을 볼 수 있다.

삼엽충 외에 오늘날의 게와 가재의 조상들을 비롯한 다른 절지동물군들은 큰 피해를 입지 않은 것처럼 보이는 반면, 이색적인 절지동물군인 패충류는 비교적 큰 타격을 입었다. 패충류는 보통 크기가 1밀리미터 이하로 작고, 움직이는 작은 콩처럼 생겼다. 몸은 두 개의 꽉 맞물린 판들로 감싸여 있고, 그 판들을 열어 섬세한 작은 다리들과 아가미를 물속으로 뻗어 유영하면서 섭식한다. 패충류에 대해 내 학생들이 기억하는 유일한 사실은, 수컷의 성기가 몸길이보다 더 긴 경우가 많다는 것뿐이다. 페름기 말 위기 때 얕은 바다에 살았던 패충류는 어느 정도 큰 멸종을 입었지만, 깊은 바다에 살았거나 분포지역이 더 넓었던 군들은 별다른 영향을 받지 않았다.

어류: 멸종인가, 아니면 나사로 분류군인가?

절지동물의 경우처럼, 어류의 화석기록도 지금까지 두 가지 방향으로 해석되어왔다. 어떤 주석가들은, 어류가 대부분의 다른 대멸종 시기에도 별다른 영향을 받지 않은 것처럼 보이기 때문에, 페름기 말에도 그냥 유유자적 헤엄치고 다녔다고 말한다. 또 다른 사람들은 어류 역시 다른 군들처럼 멸종의 시련을 겪었다고 주장한다. 어느 쪽이 옳을까?

어류생존을 지지하는 이들의 주장에는 근거가 있다. 그들은 페름기의 모든 주요 어류군들이 트라이아스기에서도 그대로 발견된다는 점을 주목한다. 반면 어류멸종을 지지하는 이들은 상어 크기의 주요 변화를 근거로 댄다. 페름기 후기에 살았던 다양한 크기의 중형 상어와 대형 상어들이 트라이아스기 초기에 오면 소형 상어들로만 이루어진 동물상으로 축소되었다(그림 28과 29). 작은 상어들만 가까스로 살아남았던 것인지, 아니면 어떤 진화의 압박 때문에 다양한 크기의 생존자들이 왜소해졌던 것인지는 불확실하다. 또한 경골어류—해덕대구에서 금붕어까지, 참치에서 해마까지 오늘날 모든 어류를 포함하는 군이다—가운데서도 여덟 과 중 두 과가 사라져 버렸다. 그런데 그들이 정말로 사라졌던 것일까?

어류멸종을 옹호하는 사람들은 나사로 분류군의 가능성을 지적한다. 나사로 분류군(Lazarus taxa)이란 사라진 것처럼 보였던 종이나 속, 또는 과가 기적적으로 다시 나타난 것을 말한다. 그러나 아마 '기적'에 의한 것은 아닐 것이다. 그들의 일시적인 부재는 단지 화석으로 보존되지 못했기 때문일 수 있다. 나사로 분류군이란 용어는 성서의 유명한 나사로 이야기에서 유래한 것이다.

> 예수께서는 그곳에 이르러 보니 나사로가 무덤에 묻힌 지 이미 나흘이나 지난 뒤였다……. 죽었던 사람이 밖으로 나왔는데 손발은 베로 묶여 있었고, 얼굴은 수건으로 감겨 있었다. 예수께서 사람들에게 "그를 풀어주어 가게 하여라" 하고 말씀하셨다(요한복음 11:17-44).

고생물학의 견지에서 볼 때, 어떤 군이 사라진 듯 보였다가 나중에 다시 나타났다면, 사실 그 기간 내내 존재했을 가능성이 훨씬 크다. 그리고 부재, 곧 죽음으로 보였던 것은 단순히 화석기록상의 공백을 나타낸 것에 불과할 수 있다.

따라서 페름기 말 어류의 경우, 아홉 과가 새로 나타났던—또는 '나타난 것처럼 보였던'—트라이아스기 초기에 이미 경골어류는 다양해진 것으로 보인다. 멸종이 있고 얼마 되지 않아 다양해졌다는 것이 바로 화석기록상에 단순히 공백이 있었을 뿐임을 말해준다. 과도기에도 계속 살고 있었지만, 단지 골격이 화석으로 보존되지 않아 기록상으로 드러나지 않았을 뿐이라는 얘기이다. 그런데 사실 이런 설명으로는 충분하지 못하다. 페름기 말에 사라진 것으로 보인 어류의 과들이 그 어디에서도 다시 나타나지 않았기 때문이다. 트라이아스기 초기에 등장했던 새로운 과들은 정말로 새로운 것들이다. 그리고 트라이아스기 초기 어류에서 왜소화국면이 진짜로 있었던 것으로 보인다. 아마 그 이상한 상황을 살펴보면 그 당시 환경이 어떤 위기를 맞았는지 무언가 알아낼 수 있을 것이다.

생존동물과 희생동물

개별 군들에 대해서는 아직도 논쟁이 치열하지만, 요즘의 연구에 따르면 페름기 말에 사실상 모든 해양생명체들에게 대규모 멸종이 일어났던 것으로 본다. 별다른 영향을 받지 않은 것으로 보이는 어류 같은 동물군들도 면밀히 조사해보면 다른 군들과 마찬가지 정도의 시련을 겪었음을 알 수 있다. 일부 군들이 무사히 생존했다는 기존의 주장들 가운데 불완전하고 일반적 수준에 불과한 자료조사에 기초한 것으로 밝혀지는 경우도 자주 있다. 더욱 세밀하게 지역별로, 층별로 현재 진행되는 면밀한 조사를 통해 당시의 진상을 더욱 정확하게 살펴볼 수 있다.

생존동물과 희생동물을 비교해보면 그 위기를 이해할 실마리를 얻을 수 있다. 육식동물, 열대동물, 몸집이 큰 동물, 또는 편식성 동물 따위가 더 심각한 타격을 입었다는 증거를 발견할 것이라고 기대할 수도 있지만, 사실은 이런 유의 선택이 있었다는 증거를 찾기는 매우 힘들다. 말할 나위 없이 대개는 지리적으로 널리 분포하는 종이 제한된 지역에서만 분포하는 종보다 더 잘 살아남기는 한다. 나아가 폭넓은 내성을 갖춘 종—여러 기후조건에서 생존할 수 있고 다양한 식성을 갖춘 동물들—역시 살아남기가 더 쉬울 것이다. 매우 좁은 서식지에만 적응하고 편협한 식성을 갖춘 식물이나 동물은 어떤 위기가 닥쳐도 피해를 입을 가능성이 크다.

바다의 희생동물과 생존동물을 자세히 조사했던 토니 햄럼과 폴 위그널은 페름기 말 위기를 견뎌낸 생존동물에게서 한 가지 중요한 특징이 보인다고 주장했다.[128] 다시 말해 그들 모두 저산소조건에서 살아갈 수 있는 능력을 갖췄다는 것이다. 살아남은 유공충, 완족동물(적어도 링굴라와 크루리티리스의 경우), 이매패류(종이가리비인 클라라이아와 에우모르포티스), 패충류의 경우를 보면 이 말이 사실임을 알 수 있다.

왜소화도 생존동물들이 보인 또 하나의 특징이었다. 패충류와 어류의 경우에 왜소화가 가장 뚜렷하게 나타났다. 페름기 후기에는 갖가지 크기의 패충류와 어류가 있었다. 트라이아스기 중기에도 마찬가지였다. 그런데 트라이아스기 초기의 경우에는, 전 세계적으로 미소복족류 그레인스톤이라는 새로운 유형의 암석이 발견된다. 이것은 밀리미터 크기의 복족류 껍데기 수십억 개가 빽빽하게 모여 만들어진 석회암이다. 이보다 극적이지는 않겠지만, 트라이아스기 초기의 상어와 경골어류도 모두 그 이전이나 이후에 비해 크기가 작았다.

아마 저산소조건에서 생존하는 능력과 왜소화는 모두 바다의 생물생산성이 떨어진 데 대한 대응으로 나타났을 것이다. 페름기 말 위기가 쓸어버린 유기체들이 너무 많았기 때문에—90퍼센트 이상의 종이 사라져버렸다—기존의 먹이망과 먹이사슬이 완전히 무너졌다. 플랑크톤부터 몸집 큰 포식자까지 정상적으로 이루어져야 할 에너지와 탄소 전달과정이 파괴되어버렸던 것이다. 아마 크기가 작고 에너지와 탄소 수요가 적은 유기체들, 그래서 먹이나 산소가 많이 필요치 않은 유기체들만이 재앙 이후의 조건들을 견디고 살아남을 수 있었던 것으로 보인다.

희박화?

페름기 말 멸종의 규모를 추정한 어림값은 이미 이 장의 첫 부분에서 제시했다. 해양동물과의 50퍼센트 정도가 죽었고, 종의 수준에서는 90~96퍼센트가 멸종했다. 96퍼센트라는 가장 높은 수치를 내놓은 사람은 1979년 시카고대학의 고생물학자 데이비드 라우프였다.[129] 그는 희박화라는 수학적 방법을 이용했는데, 이는 낮은 수준의 효과들(이를테면 개별 종들의 손실)이 그보다 높은 수준의 현상(이를테면 과의 멸종)에 어떤 결과를 미치는지를 산정하는 방법이다. 완족동물 상과 수준에서 보았을 때 비교적 낮았던 멸종비율이 속과 종의 수준에서는 대단히 높은 멸종비율을 함축했음을 살피는 자리에서 우리는 이런 식의 범위조정 효과를 본 바 있다.

비판자들은 라우프가 다소 지나치게 흥분했다고 주장했다. 폴란드의 고생물학자인 토니 호프만Toni Hoffman은 희박화 방법은 신뢰할 수 없다고 주장하며 75퍼센트 종의 손실이라는 좀더 신중한 수치를 내놓았다. 또 다른 비판자인 마이크 매키니Mike McKinney는 희박화 방법의 타당성을 인정하면서도, 90퍼센트라는 개정된 수치를 내놓았다. 그 수치는 희박화 방법을 면밀하게 다시 고려한 결과 나온 것이었다. 그는 라우프가 종의 멸종수치를 과도하게 어림했다고 생각했다. 라우프는 진화의 나무를 가로질러 종의 멸종이 무작위적으로 분포한다고 가정했던 것이다. 그러나 매키니에 따르면 이는 올바른 접근법이 아니다.

매키니는 정형성게의 진화를 연구하면서 속들 내에서 종의 멸종패턴이 균일하지 않음을 주목했다. 달리 말하면, 각각의 속은 여러 종들을 포함하고 있는데, 어떤 속은 다른 속에 비해 멸종될 가능성이 더 컸다는 뜻이다. 만일 종의 손실이 무작위적으로 분포하지 않는다면, 다른 속에 비해 멸종 가능성이 큰 속도 있고, 생존 가능성이 큰 속도 있을 것이다. 전체적으로 비무작위성이 의미하는 바는, 완전히 무작위적 분포를 고려할 때보다 더 낮은 비율의 종의 멸종률을 토대로 해도 일정 수준의 과나 속의 멸종을 말할 수 있다는 것이다.

따라서 결과적으로 페름기 말의 종의 손실을 나타내는 가장 훌륭한 추정치는 90퍼센트이다. 96퍼센트보다는 덜 극적인 수치이긴 하지만, 그래도 전 시대를 통틀어 그만한 멸종비율을 보인 때는 페름기 말 외에는 없었으며, 생명이 완전한 절멸에 가까이 갔음을 확실하게 보여주는 수치이다.

해양생명의 경우 페름기 말기에 큰 위기가 있었음을 부인하는 고생물학자는 없다. 그런데 육지생명의 멸종에 관해서는 생각이 크게 엇갈린다. 육지에서는 별다른 일이 일어나지 않았다고 주장하는 사람들도 있었다. 그러나 새로운 연구결과로 그 같은 생각은 뒤집혀버렸다. 다음 장에서 살펴볼 것이 바로 육지생명의 멸종이다.

09

두 대륙의 전설

멸종을 견디고 살아남는 것은 달리기 경주에서 우승하는 것과는 다른 문제이다. 달리기의 경우, 선수들은 어떻게 달려야 할지 미리 알고 있다. 훈련을 통해 운동능력을 연마하여 최대한으로 능력을 끌어올리려 애쓴다. 경기 당일, 당연히 최고의 선수가 우승한다. 멸종사건은 장애물이 이곳저곳 예기치 못한 곳에 놓여 있고 달려야 할 거리조차 모르는 경주와 같다. 선수들은 장애물이 있다는 통고도 미리 받을 수 없고, 게다가 아무거나 치명적이 될 수 있다. 그래서 이 경주에서는, 선수들 모두 트랙의 끝에 1등으로 도달할 기회가 아주 동등하게 주어진다. 그뿐이다. 과거 대멸종의 경우도 이와 마찬가지이다.

바다에 미친 페름기 말 위기의 영향이 어느 정도였는지는 별다른 의심의 여지가 없는 것 같다. 1840년대의 존 필립스 이후, 고생물학자들은 해양생명의 역사에서 페름기 말이 대전환기였음을 인정했다. 그런데 육지에서는 어땠을까? 사람마다 하는 이야기가 대단히 달랐다. 앞서 보았듯이(4장) 한때 많은 고생물학자들이―아마 대부분이라고 해도 될 것이다―파충류와 양서류 역사에 큰 변화가 있었다는 얘기를 가뿐하게 웃어넘겼다.

　화석식물과 화석곤충을 연구하는 전문가들 생각도 마찬가지였다. 페름기와 트라이아스기 암석에서 제각각 좋아하는 화석군들을 찾던 그들 역시 별다른 차이를 알아채지 못했다. 그러나 요즘 더욱 면밀한 조사가 이루어지면서, 육지도 바다만큼이나 심각한 위기를 겪었음이 밝혀지고 있다. 오랫동안 진상이 파악되지 못했던 까닭이 무엇일까?

　늘 그렇듯이 누더기로 악명 높은 육지화석기록이 문제가 되었다. 해양고생물학자들은 엄청난 두께의 암석을 흐뭇한 시선으로 바라본다. 고대의 대륙붕에 한 해 한 해 켜켜이 퇴적된 수백 미터, 심지어 수 킬로미터 두께에 이르기도 하는 석회암과 이암, 게다가 그 속엔 화석들도 가득 담겨 있다. 그러나 대륙화석기록의 경우에는 사정이 딴판이다. '대륙'은 '해양'이라는 용어에 알맞게 대응되는 용어이다. '대륙'이란 육성陸成(고대의 토양, 암설巖屑, 산사태), 호성湖成(호수), 하성河成(강) 퇴적물을 모두 합친 의미이다. 설령 관심대상이 되는 식물과 동물이 전적으로 육지에서만 살았다 하더라도, 화석은 고대의 강이나 호수에 의해 퇴적된 퇴적물 속에서 발견되는 게 보통이다. 육지의 대부분은 퇴적작용과는 무관하기 때문이다. 오히려 정반대의 작용이 일어난다. 산과 언덕에서는 침식작용이 일어나기 때문에 화석이 발견되기 힘들다. 저지의 토양에도 화석은 드물다. 설사 퇴적이 일어난다 해도 비가 오면 쓸려가고 다시 퇴적되고 쓸려가고, 결국엔 바다로 운반되는 등 변화가 끊이질 않기 때문이다. 강은 퇴적물을 모아 가차 없이 쓸어내며 진행하다가, 끝에 가서는 염하구를 거쳐 바다로 들어간다. 강을 통해 바다로 들어간 퇴적물은 함몰사태와 저탁류에 의해 대륙붕까지 가로질러 종국에는 멀리 심해의 심연까지 흘러들어갈 수 있다.

곰곰 생각해보면, 대륙성 화석을 발견할 희망이 거의 없는 것처럼 보일 수도 있다. 그러나 다행히 그렇지는 않다. 육지에는 퇴적물이 상당한 두께로 누적될 수 있는 곳들이 일부 있다. 가장 유망한 곳은 침강된 분지의 고대 호수계이다. 예를 들어 지구대는 대륙이 갈라진 지형을 말하는데, 오늘날의 가장 좋은 예가 바로 동아프리카 지구대로, 에티오피아부터 모잠비크까지 아프리카 대륙의 동쪽 절반을 아래로 관통한다. 아프리카 대륙을 이고 있는 대륙판은 계속해서 갈라지는 과정에 있다. 언젠가는 갈라진 틈으로 대양의 물이 흘러들 것이다. 하지만 과거 2,000만 년 이상 지구대를 채운 것은 퇴적물이었다. 깊이가 수 킬로미터에 이르는 곳도 곳곳에 있다. 그곳에서 고생물학자들은 달팽이든, 풀이든, 인간이든, 관심대상이 되는 대륙 화석군들의 진화를 짧은 시간간격으로—심지어 1년 단위로도—켜켜이 추적할 수 있다.

카루대분지

페름기 후기에 아프리카 남부는 남극 근처에 있었고, 기반암은 수십억 년 전 용융된 암석으로 형성되었다. 페름기 동안 아프리카는 초대륙인 곤드와나Gondwana의 일부였다. 곤드와나는 단일한 대륙으로, 육괴가 아직 분리되지 않고 융합된 채로 있었다. 그래서 그 위에 오늘날 대륙들의 윤곽을 그려보는 일은 다소 잘못될 수 있다. 그렇지만 오늘날 대륙들의 친숙한 형태를 이용해서 마음속 조각 맞추기를 해보지 않고서는 곤드와나의 본모습을 그려보는 것은 불가능하다. 남아메리카는 아프리카 서해안 쪽으로 다가붙었는데, 브라질 동부의 돌출부가 콩고분지와 깔끔하게 맞물린다. 아프리카 동해안부터 땅이 이어져, 지금은 섬이 된 마다가스카르를 거쳐 인도까지 뻗었다. 오늘날 삼각형 모양을 한 인도는 고대 곤드와나에 자리했던 위치와 관련 있다. 아프리카 동해안과 마다가스카르 쪽으로 밀어 넣으면 마치 쐐기처럼 쏙 들어가는 것이다. 남쪽으로는 남극 대륙이 남아메리카, 아프리카, 인도의 남단 주변을 둘러쌌다. 곤드와나의 동쪽 경계를 이룬 것은 호주였다. 호주 남해안이 서쪽을 향하도록 회전시키면, 인도와 남극 대륙의 동쪽 면과 깔끔하게 맞물린다.

카루대분지는 오늘날 남아프리카의 심장부를 이루고 있다. 관목으로 뒤덮이고 푹 꺼져 있는 이 거대한 사막 같은 땅은 농부들에게는 별 가치가 없지만, 지질학자들과 고생물학자들에게는 옥토나 다름없다. 페름기에 그 땅의 남쪽은 산맥이 두르고 있었다(지금의 남극 대륙에 자리했다). 카루분지는 지름이 1,500킬로미터, 페름기 초기부터 쥐라기 초기까지 누적된 퇴적물의 두께가 무려 10킬로미터에 이르는 곳이다. 이 시기 동안 분지 전체가 내려앉았다. 고대 단층계의 활발한 활동으로 밑에 깔린 기반암이 점점 깊이 꺼졌던 때문이기도 했고, 퇴적물이 누적되면서 무게가 가중되어 아래로 누르는 압력이 커졌던 때문이기도 했다. 퇴적물이 가장 두껍게 쌓인 곳은 카루분지의 남쪽이다. 퇴적물이 흘러들어온 주요 방향이 남쪽이었음을 보여주는 훌륭한 증거이며, 지질학의 근접성 원리가 적용되는 사례이기도 하다. 곧, 화산의 용암이든 하천퇴적물이든 관계없이, 암석의 근원에 가까이 다가갈수록 두께가 더 두꺼워진다는 얘기이다. 따라서 페름기-트라이아스기에 남아프리카를 흘렀던 강으로 유입되었던 암석, 모래, 진흙의 근원지인 산들이 비록 오래전에 사라졌다고 해도, 당시 그 산들이 있었다는 사실과, 게다가 남쪽을 향해 뻗어 있었다는 사실에는 의심의 여지가 없다.

카루분지의 퇴적물에는 페름기-트라이아스기 경계도 걸쳐 있다. 게다가 식물, 곤충, 파충류의 화석들로 그득하다. 그래서 페름기 말 사건이 육지에 미쳤을 효과를 연구하기에는 더없이 좋은 장소이다.

오언 교수와 스코틀랜드인 토목기사

1845년, 처음으로 카루분지의 파충류가 사람들의 이목을 끌었다. 1844년, 런던지질학회의 '외무간사'였던 헨리 드 라 베슈—어룡 교수를 그렸던 사람이다(그림 8)—는 남아프리카의 그레이엄스타운에서 온 장문의 편지를 한 통 받았다. 발신자는 스코틀랜드인 토목기사 앤드루 게데스 베인Andrew Geddes Bain(1797~1864)으로, 케이프콜로니(지금의 케이프 주)에서 군사도로건설을 맡고 있었다.[130]

1830년대에 찰스 라이엘의 『지질학 원리』를 읽은 뒤부터 열렬한 지질학자가 되었던 베인은, 외출 시에는 반드시 해머와 수집가방을 챙겼다. 1838년, 베인은 카루분지의 남쪽지역에서 일하다가 우연히 열몇 개의 파충류 화석을 발견하고는 조심스럽게 바위에서 화석들을 떼어냈다. 그렇게 해서 수많은 종의 화석들을 수집했다. 어떤 것은 크기가 쥐만했으나, 어떤 것은 코뿔소만큼이나 컸다. 베인은 드 라 베슈에게 보낸 편지에서 파충류 화석들을 기술한 글과 함께 화석들이 발견된 암석의 지질에 관해서도 보고했다. 그레이엄스타운에서 여러 꾸러미로 포장해서 배편으로 보낸 화석은 편지와 때맞춰서 도착했다.

지질학회의 위원회는 즉시 베인에게 조사기금으로 총 20기니(20파운드)의 울러스턴보조금을 지급하고, 계속해서 화석을 수집해줄 것을 독려했다. 베인이 수집한 화석들은 기술문 작성을 위해 리처드 오언에게 보내졌다. 얼마 지나지 않아 베인의 편지에서 뽑아낸 카루분지의 지질에 관한 논문 한 편이 지질학회에서 발표되었고, 뒤이어 카루분지의 파충류 표본들에 대한 오언의 소견발표가 있었다.[131]

베인처럼 오언 역시 그 새로운 남아프리카 표본들 대다수가, 자기가 디키노돈트라고 불렀던 군에 속함을 알아차렸다. 이 동물들은 앞뒤로 짧고 위아래로 긴 머리뼈를 가졌으며, 뿔로 덮인 듯이 보이는 거북이 같은 턱을 가졌다(그림 31). 또 이빨이 보통 두 개밖에 없었다(그래서 베인은 '두 이빨 동물'

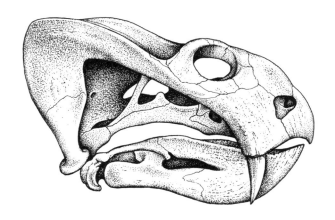

그림 31 초식 단궁류 디키노돈의 머리뼈.

[bidentals]이라고 불렀다). 오언이 지은 용어인 디키노돈*Dicynodon*이란 말도 '두 개의 개 이빨'이란 뜻인데, 한 쌍의 송곳니가 있다는 사실을 가리킨 것이 었다. 오늘날 육식포유류와 인간에게서 보이는 유독 기다랗고 날카로운 송 곳니는 이웃한 앞니와 뒤쪽의 어금니보다 더 돌출되어 있다. 디키노돈트는 상당히 육중했고, 다리는 땅딸막했다. 몸길이도 짧은 데다, 보잘것없다고 할 만큼 볼품없는 꼬리가 달려 있었다.

카루 파충류 표본에 대한 오언의 소견발표는 1845년 3월에 러시아에서 발견된 파충류 뼈들에 대한 소견발표보다(1장) 먼저 이루어졌다. 그가 베인 이 보낸 뼈들을 살펴본 것은 1844년 말이었고, 처음으로 런던지질학회에 서 발표한 때는 1845년 1월이었다. 그 정체에 대해 아는 바가 별로 없었지 만, 어쨌든 오언의 손에는 러시아와 남아프리카에서 보내온 증거, 곧 새로 운 주요 파충류군이 있다는 증거—고생물학적 이해를 완전히 뒤바꿔버릴 수 있는 증거—가 들려 있었다. 그러나 러시아 화석들이 너무 불완전해서, 남아프리카 화석들과 유사한 점을 찾기 힘들었다. 몇십 년 뒤에야 둘 사이 의 연관성이 밝혀진다.

베인은 더 많은 화석들을 수집해서 런던으로 보냈고, 덕분에 오언은 더 많은 기술문을 발표할 수 있었다. 오언은 앤드루 베인과 나중에는 그의 아들 토머스 베인까지 영국 정부의 기금으로 훌륭한 보상을 받을 수 있도록 해주었다. 예를 들어 1877년에 토머스 베인은 200파운드를 보조받아 우마차를 타고 카루분지로 대규모 화석수집 탐사여행을 떠난 적이 있었다. 공교롭게도 혹독한 가뭄이 들어, 베인은 일꾼들에게 줄 충분한 물을 찾아내는 데 애를 먹었다. 그런 어려움 속에서도, 베인은 '거의 280두頭'에 이르는 페름기–트라이아스기 파충류를 수집해 돌아왔다고 오언에게 보고하고, 그 모두를 오언이 기술하고 명명할 수 있도록 런던으로 보냈다.

19세기 말엽에는 영국의 고생물학자 토머스 헨리 헉슬리와 해리 고비에 실리Harry Govier Seeley(1839~1909) 역시 새로운 남아프리카 표본들을 기술하고 명명하는 일에 착수했다. 1889년에 실리는 박물관 소장표본을 직접 보기 위해 남아프리카로 건너가기도 했다. 그러나 가장 좋은 상태의 표본들은 이미 런던의 대영박물관으로 보내진 터였다. 그래도 실리는 표본들을 더 수집해서 런던으로 가져갔다.

윙칼라와 화석중독

20세기로 넘어오자 모든 상황이 바뀌었다. 전반적으로 식민지 화석들이 유럽으로 보내지는 일이 뜸해졌다. 영국, 프랑스, 독일 등 어디나 상황은 마찬가지였다. 남아프리카는 보어전쟁을 거쳐 1902년에 영국으로부터 독립했다. 게다가 스코틀랜드 태생의 의사였던 로버트 브룸Robert Broom(1866~1951)이라는 이름의 정열적인 고생물학자가 남아프리카로 갔다는 사실 자체가 이미 영국을 거점으로 하는 고생물학자들의 조언을 구할 필요가 없어졌음을 의미했다. 브룸은 글래스고에서 의사교육을 받은 뒤, 처음에는 지방의사 경력을 쌓기 위해 호주로 건너갔다.132) 틈나는 대로 귀화국의 화석과 유대동물을 연구했다. 그러다가 1896년에 런던을 방문하던 중, 대영박물관에서 남아프리카 화석 파충류를 보고는 마음을 빼앗겼다. 그래서 호주로 돌아갈 결심을 접고, 대신 남아프리카로 이민 가서 그곳에서 지방의사 생활을 다시 했다. 그러나 그의 관심은 당시 불붙고 있었던 페름기─트라이아스기 파충류 수집에 쏠려 있었다. 그는 언제나 점잖은 차림이었다. 현장조사를 나갈 때에도 에드워드풍의 정장코트, 모자, 빳빳한 윙칼라 차림으로 임했다. 아프리카의 폭양 아래서도 여전했다. 하지만 일설에 따르면, 그마저도 견딜 수 없이 더울 때면, 이따금 몸을 식히기 위해 발가벗곤 했다고 한다.

1900년까지 남아프리카의 화석수집가들은 사방에 널린 화석표본들에 경도된 나머지 단순히 머리뼈를 거둬들이는 일에만 신경을 썼다. 다른 골격들은 속절없이 내버려져 그대로 침식될 수밖에 없었다. 얼마 지나지 않아 브룸은 남아프리카의 페름기─트라이아스기 파충류를 기술한 보고서와 평문을 런던의 학술지에 보내기 시작했고, 귀화국의 과학학회에서 발행하는 학술지에도 점점 많이 글을 보내기 시작했다. 1900년대 초엽에는 일 년에 네댓 편씩만 간신히 쓰곤 했던 것이, 금방 해마다 스무 편 정도씩 꾸준히 논문을 발표할 정도까지 되었다. 1951년 죽을 때까지, 그가 쓴 논문은 총 400편이 넘었고, 여러 권의 책도 집필했다.

아마 브룸은 굉장히 빠르게 작업했고, 경이로운 기억력을 갖고 있었던 듯하다. 전하는 이야기에 따르면, 그는 한 번 쓰거나 본 것, 그리고 사실상 읽어본 모든 것을 기억할 수 있었다고 한다. 또 그는 신이 내린 소명, 곧 새로운 화석을 찾아내고 명명하고 기술하는 일에 열정을 다해 임했고, 속도도 엄청났다. 보통 그는 화석을 새로 찾아내면 며칠 만에 그것을 기술하고 자재화自在畵를 그린 뒤, 원고를 보내면 일주일 만에 인쇄되어 나왔다. 이렇듯 일을 급하게 처리하기는 했지만─그 과정이 보통 느리고 고되게 진행되는 오늘날과는 상당히 대조되기는 하지만, 당시에는 흔한 일이었다─브룸의 관찰은 대체적으로 정확했다. 다만 결점이 있다면, 지나치게 많은 수의 종명과 속명을 지었다는 사실이다(지금 와서야 그게 결점이었다고 말할 수 있다. 그는 단지 선배들에게서 배웠던 후기 빅토리아 시대의 규범에 따랐기 때문이다). 화석이 완전하지 않은데도, 새로운 형태를 찾아내는 족족 명명한 결과, 그가 명명한 페름기−트라이아스기 파충류종만 200개가 넘었던 것이다.

포유류의 전신

오언과 브룸이 명명했던 카루분지 파충류의 대다수는 포유류형 파충류였다. 하지만 처음에 오언에게는 그것들의 정체마저도 분명치 않았기 때문에, 일반적으로 이빨 없는 턱, 뾰족한 코, 견고한 머리뼈 따위를 기초로, 디키노돈이 거북이의 친척일 것이라는 생각에 머물러 있었다. 그러다가 문득 현대의 도마뱀과 관련이 있을지도 모른다는 생각을 하게 되었다(이때 그의 생각은 다소 난해한 면이 있었다). 그러나 결국 그는 이 파충류가 어떤 식으론가 포유류와 관련 있음을 알아챘다. 그의 말을 빌리면, 카루의 이 포식자들은 "단연 포유강에 가까운 것으로" 보였다.

가장 눈에 띄는 실마리는 이빨에 있다. 전체적으로 고른 치열을 보이는 전형적인 파충류와는 달리, 단궁류—이 동물군을 이르는 말이다(1장)—의 턱은 육식을 하는 포유류형 이빨을 분명하게 보여준다. 앞면에는 끝이 뾰족한 작은 앞니가 있고, 그다음에 길게 휘어진 송곳니가 있으며, 그 뒤에는 여러 개의 어금니가 있다(그림 32). 게다가 개 모양의 얼굴, 눈구멍 뒤 머리뼈 낮은 곳에 뚫려 있는 하나의 구멍, 골격의 여러 특징들, 나아가 털까지 있다는 점이 포유류와 비슷하다. 페름기 후기의 그 어떤 화석을 살펴도 단궁류 털이 보존되어 있지는 않지만, 일부 초기 키노돈트는 주둥이 부위에 작은 신경구멍들이 많이 나 있었다. 이는 단궁류에게 수염이 있었음을 의미하며, 아마 감각기관의 구실을 했을 것이다. 만일 수염이 있다면, 체모

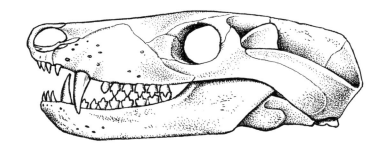

그림 32 남아프리카 트라이아스기 초기 퇴적층에서 발견된 육식 단궁류 트리낙소돈*Thrinaxodon*의 머리뼈.

도 있었을 것이다.

초기의 단궁류는 종종 반룡류盤龍類로 불리기도 한다. 반룡류 가운데 가장 대표적인 것이 그 유명한 디메트로돈*Dimetrodon*이다. 디메트로돈은 웃는 얼굴을 하고 있고, 날카로운 육식 이빨이 있으며, 등에는 넓은 지느러미가 있다. 공룡으로 잘못 분류되는 경우가 흔해서, 선사시대의 짐승들을 다룬 아동도서나 플라스틱 모형들에 꼭 끼어 있다. 등줄기를 따라 늘어선 지느러미는, 척추와 연결되어 크게 확장된 가시돌기를 넓게 덮은 피부로 이루어져 있다. (책마다 설명하는 것처럼) 그 지느러미가 체온조절 기능으로 쓰인 것이었는지는 모르겠지만, 대부분의 반룡류에게는 그런 지느러미가 없었다. 약 2억 6,000만 년 전인 페름기 중기에 이르자, 반룡류에서 수궁류獸弓類('짐승의 아치'라는 뜻)라고 불리는 새로운 단궁류가 갈라져 나왔다. 고대 그리스어에서 *ther, therion*은 '짐승'을 뜻하는데, 오늘날의 관점에서는 포유류에 해당하는 뜻으로 새기는 것이 더 올바를 것이다.

카루의 수궁류 중에는 디노케팔리아라고 불리는 초기형 초식·육식 동물군이 다양하게 포함되어 있다. 이들 중 일부는 몸집이 대단히 컸다. 초식 디노케팔리아인 모스콥스*Moschops*는 특히 괴상한 동물이었다. 당당한 어깨와 목, 작은 다리와 머리를 가진 동물이었다. 또한 대단히 두꺼운 두정골이 있어서, 짝을 두고 서로 겨룰 때 우렁찬 소리를 내며 박치기를 했을 것으로 짐작하게 한다. 육식 디노케팔리아는 그보다 몸이 더 유연했고, 겉모습은 개와 비슷했다.

가장 흔한 초식동물은 이빨이 아예 없거나 한 쌍의 엄니만 가진 디키노돈트였다(그림 31). 디키노돈트는 뿔처럼 날카로운 주둥이로 식물을 베어 물고 턱 순환운동으로 갈아먹었다. 디키노돈트와 커다란 초식 디노케팔리아는 최초의 칼이빨동물인 고르고놉시아의 먹잇감이 되었다. 고르고놉시아는 육중한 엄니를 가진 단단한 체격의 동물로, 아래턱을 벌리고 커다란 송곳니를 드러내고는, 초식동물 위로 껑충 뛰어서 그 이빨로 먹잇감의 두꺼운 살갗을 꿰뚫었다.

여명이 밝아오다

오언은 모르고 있었지만, 이미 러시아의 여러 고생물학자들—방엔하임 폰 크발렌, 쿠토르가, 피셔 폰 발트하임, 폰 아이히발트—이 우랄 산맥의 페름기 후기 구리사암층에서 발견된 단궁류를 독자적으로 기술했던 상태였다(이 사람들에 대해서는 모두 1장에서 소개했다). 그러나 둘을 서로 연관짓지 못한 탓을 오언에게 돌릴 수는 없다. 이 인상적인 러시아의 독일계 학자들은 상당히 제한된 논문들만을 발표했고, 일부는 상트페테르부르크와 모스크바에서 발행된 다소 정체불명의 학술지에 발표했던 것이다. 그보다 더 중요한 사실은, 1840년대에는 그 어느 쪽도 단궁류 개념을 잡지 못하고 있었다.

계몽의 순간은 아주 느리게 찾아왔다. 비록 남아프리카의 새로운 화석들을 모두 직접 보기는 했지만, 오언은 러시아로 가서 과연 페름 파충류와 카루 파충류가 서로 본질적으로 동일한 것인지 확인하지는 못했다. 그러던 중, 1866년에 당시 독일의 원로 고생물학자였던 헤르만 폰 마이어Hermann von Meyer(1801~1869)가 폰 크발렌이 수집해서 독일로 보낸 화석들을 토대로 하여 우랄 산맥의 양서류와 파충류에 관한 묵직한 연구논문을 발표하면서 서광이 비치기 시작했다.[133] 그리고 10년 뒤, 대영박물관이 독자적으로 구리사암 파충류 화석들을 확보하고, 오언이 그것들을 좀더 복잡한 카루의 표본들과 비교할 수 있게 되면서, 두 파충류 사이의 비교작업이 완료되었다. 그 결과 오언은 러시아 구리사암에서 발견된 파충류와 남아프리카의 파충류 사이에 확실한 연관성이 있다고 결론을 내렸다.

1880년부터 1882년까지 또 다른 영국 학자 윌리엄 하퍼 트웰브트리스 William Harper Twelvetrees가 여러 해 동안 광산 토목기사로 일했던 우랄 산맥의 카르갈라 광산에서 발견한 척추동물 유해를 비롯한 여러 화석들에 관한 논문을 몇 편 발표했다. 1891년에 트웰브트리스는 호주로 이주해서, 1899년에 새로 발족했던 태즈메이니아 지질조사국 책임자가 되었다. 그러나 아프리카와 러시아를 모두 가서 페름기−트라이아스기 암석과 거기 포함된 파충류 화석 전부를 직접 살펴본 최초의 인물은 아마 해리 실리였을 것이다. 실리는 1889년에 카루분지를 방문한 뒤, 상트페테르부르크 광산연구소와 카잔대학에 소장된 러시아 파충류에 관한 논문을 한 편 발표했다.[134]

19세기 중반에 이르면서 우랄 산맥의 구리광산은 경제성을 잃어갔다. 주로 아프리카와 호주의 새롭고 더욱 경쟁력 있는 기업들과 벌어진 경쟁 때문이었다. 우랄 산맥 남부에 있던 최후의 구리광산은 1900년이 되자 문을 닫았다. 그래서 구리사암에서는 척추동물화석이 새로 발견되지 못했다. 다만 폐광의 암석더미에서 뼛조각들이 이따금 발견될 뿐이었다─지금도 여전히 가끔씩 발견된다.

페름기 말 위기가 일어난 연대

남아프리카와 러시아 파충류 표본들이 모두 있었으니, 페름기 말에 일어났던 일을 시기별로 곧장 따라가 볼 수 있을 것 같았다. 과연 고생물학자들은 곧바로 페름기 후기 동물상의 붕괴와 재앙 이후 새로운 동물상의 출현을 충별로 추적할 수 있었을까?

사실 문제는 전혀 간단하지 않다. 20세기 동안 엄청난 양의 기초조사가 이루어지고 나서야 비로소 지질학자들은 육지에서 벌어졌던 엄청난 격변의 실상을 풀어낼 수 있었다. 여기서 걸리는 문제들은 다음과 같다. 이 모든 동물들이 같은 시기에 살았을까? 아니면 수백만 년에 걸쳐 어떤 순서대로 나타났을까? 베인과 브룸 같은 학자들은 카루의 암석충서를 '대帶'로 구분하는 일에 착수했다. 각각 하나의 시간단위를 나타내는 대는 특정한 파충류의 이름을 따서 붙여졌다. 그러나 문제는 더 있었다.

너른 카루분지 전역에 걸쳐서 단궁류의 머리뼈와 골격이 출토되었다. 그런데 암석충서상의 수준들을 정밀하게 규정하기 힘들었다. 그 까닭은 카루분지 전역의 페름기-트라이아스기 암석충서가 대부분 대단히 비슷한 모습—적색사암과 이암—으로 나타났기 때문이다. 지평층을 식별할 기준이 되는 단순한 수직단면이 전혀 없었다. 기준단면만 있다면, 서로 1,000킬로미터 떨어진 곳에서 발견된 두 개의 머리뼈가 같은 종에 속하는지, 같은 연대의 암석에서 나온 것인지, 또는 같은 지역에서 발견되었더라도 두 화석이 완전히 다른 종은 아닌지, 큰 시간차가 있지는 않은지 확인할 수 있을 터였다.

두 번째 큰 문제는, 1900년에는 페름기-트라이아스기 연대를 분명히 아는 사람도 없었고, 남아프리카, 러시아 또는 영국이나 일본의 육성충서를 알프스 산맥의 해성충서와 어떻게 짝을 맞춰야 할지 아는 사람이 아무도 없었다는 점이다.

남아프리카 카루분지의 충서에 대해 알려진 사실은, 육성퇴적물이 오랫동안 흘러들어 이루어졌고, 연대가 석탄기부터 쥐라기까지 이른다는 것이었다. 충서의 기저에는 드와이카 표석점토암이 있는데, 마모된 암석이 빙하 밑에 퇴적된 것이다. 이것은 바로 석탄기 후기와 페름기 초기에 남극에서 거대한 빙하운동이 있었다는 증거였다. 드와이카 층군(Dwyka Group)에서는 표석점토암 위에 화석식물이 포함된 페름기 초기 층들도 있다. 드와이카 층군(700미터 두께) 위에는 에카 층군(Ecca Group, 2,000미터 두께)이 오는데, 주로 연대상으로 페름기 중기에 해당한다. 그다음에는 보퍼트 층군(Beaufort Group, 두께가 4,500미터까지 이른다)이 오는데, 연대상으로 페름기 후기에서 트라이아스기 중기까지 걸쳐 있다. 유명한 카루 화석 파충류는 사실상 모두가 보퍼트 층군에서 발견된다. 이 위에는 스톰버그 층군(Stormberg Group, 500미터 두께)이 자리하는데, 트라이아스기 후기부터 쥐라기 초기까지의 층서로, 육성 적색층 퇴적물이다. 일부 지평층에서는 골격과 발자국 형태로 초기 공룡의 유해가 발견되기도 한다. 층서 마루에는 드라켄즈버그 화산층(Drakensberg volcanics)이 있다. 다시 말해 쥐라기 초기에 곤드와나가 현대의 대륙들로 갈라지기 시작하면서 분출된 현무암질 용암이 자리하고 있다. 1900년 당시 카루분지의 페름기–트라이아스기 암석층서에 관한 지질학적 이해는 러시아의 것보다 많이 앞서 있었다. 그러나 1950년에 이르자, 러시아의 형편도 크게 나아졌다. 주로 한 사람의 덕이었다.

러시아 페름기–트라이아스기의 아버지

이반 안토노비치 에프레모프Ivan Antonovich Efremov(1907~1972)는 적절한 시대에 적절하게 나타난 인물이었다(그림 33).[135] 종합적인 사고력이 뛰어났던 그는 겉으로 보기엔 아무런 연관도 없었던, 광활한 러시아의 곳곳에서 발견된 페름기–트라이아스기 척추동물 화석기록들을 한데 모아 의미 있는 층서표로 만들어냈다. 뿐만 아니라 1940년에 그가 화석학—화석보존에 관한 학문—이라고 일렀던 고생물학의 새로운 갈래를 창시한 업적도 있다. 그는 또한 공상과학 소설가이기도 했다. 러시아에서는 에프레모프의 소설들이 대단히 인기가 높았는데, 상상력이 풍부한 줄거리 때문이기도 했고, 여성의 은근한 포르노 그림들을 삽화로 쓴 덕분이기도 했다.

에프레모프의 학술활동은 18세였던 1925년에 시작되었다. 레닌그라드의 광업박물관에서 화석표본 제작자로 일했던 그는, 곧장 화석수집 탐사여행을 이끌기 시작해서 남쪽으로는 카스피 해, 동쪽으로는 우랄 산맥의 페름－트라이아스계, 북동쪽으로는 드비나 강까지 탐사를 떠났다. 북드비나강은 우랄 산맥의 고지에서 발원하여 처음에는 남쪽으로 흐르다가, 동쪽으로, 북동쪽으로 방향을 틀어 아르항겔스크 동항凍港을 거쳐 북극해로 들어가기까지 장장 1,000킬로미터를 달리는 거대한 물줄기이다. 에프레모프는 폴란드 바르샤바대학의 지질학 교수였던 V. P. 아말리츠키Amalitskii (1860~1917)가 이끌었던 북드비나 대탐사임무를 이어받았다. 아말리츠키는 온갖 난관을 뚫고, 그리고 처음에는 터무니없이 적었던 자금만으로 탐사를 벌이며, 북드비나 강을 따라 페름기 후기 층들이 풍부하게 있음을 증명해낸 인물이었다. 몇 년에 걸친 왕복여행을 하면서 아말리츠키와 그의 아내

그림 33 이반 안토노비치 에프레모프의 초상화. 러시아의 페름기－트라이아스기 척추동물의 총서표를 완성한 인물이다.

는 전혀 새로운 계열의 양서류와 파충류 골격 수백 점을 발굴했다. 이들 중 일부는 러시아에만 있는 독특한 것들이었는데, 양서류에는 드비노사우루스*Dvinosaurus*와 코틀라시아*Kotlassia*, 칼이빨 고르고놉시아에 해당하는 이노스트란체비아 *Inostrancevia*가 있었다(그림 35). 그 뒤를 이어 드비나 강을 따라 더 많은 양서류와 파충류 화석을 수집했던 에프레모프가 아말리츠키의 미완의 작업을 끝마쳤다.

에프레모프는 가깝게는 모스크

바 북쪽 지역들을 발굴해서, 러시아 트라이아스기 초기 척추동물 몇 점을 처음으로 찾아냈다. 여기에는 어류를 먹고사는 양서류인 벤토수쿠스 *Benthosuchus*의 머리뼈도 있었다. 또한 남부 우랄 산맥의 구리광산도 재조사 했던 그는 새로운 화석이 있을까 하는 희망에서 일부 낡은 수갱들을 기어 다니기도 했다. 별 성과가 없어서 실망하기는 했지만, 그때까지 발견되었던 화석들과 그 화석들이 보존된 조건들을 전체적으로 개괄한 보고서를 내 놓았다. 거기보다 더 가망성이 있었던 곳은 우랄 산맥 남부 주변에 있는 페름기-트라이아스기 적색층이었다. 1841년에 머치슨이 찾아가 오언에게 보낸 파충류 뼈들을 수집했던 바로 그곳이었다. 그러나 머치슨 이후에는 별다른 성과가 없었다. 에프레모프와 동료들은 우랄 강과 사크마라 강 양 안에 수없이 산재한 화석산지를 확인하는 일에 착수했다. 그리고 규칙적으로 함께 출현하는 경향의 종들이 있는지 살폈다. 사실상 상당히 독특한 동물상의 천이가 나타나는 것으로 보였던 것이다.

그 결과 에프레모프는 일곱 개의 대를 알아낼 수 있었다.

대 I, II: 디노케팔리아dinocephalian(페름기 후기)
대 III, IV: 소형 파충류와 파레이아사우르pareiasaurian(페름기 후기)
대 V: '네오라키톰Neorachitome' 동물상(트라이아스기 초기)
대 VI: 카피토사우루스*capitosaurus*(트라이아스기 초기)
대 VII: 마스토돈사우루스*mastodonsaurus*(트라이아스기 중기부터 후기)

대 IV와 V 사이는 페름기 말 위기를 표시한다. 각 대를 정의하는 기준은 해당 층에 나타나는 전형적인 화석군집의 일부인 지표 파충류나 양서류이다. 페름기 후기 대 I~IV는 특정 파충류의 이름을 땄지만, 트라이아스기 대 V~VII은 수생양서류종에 기초하고 있다. 이렇게 구분한 대들이 모스크바에서 우랄 산맥까지, 심지어 그보다 훨씬 먼 시베리아까지 러시아 전역을 아우르는 것으로 보였다.

에프레모프는 소련 고생물학연구소에서 출세의 가도를 달렸다. 1937년 스탈린이 고풍스런 제국의 수도였던 상트페테르부르크(거의 100년 전에 머치슨이 차르 니콜라스 곁에서 온갖 호사를 누렸던 곳이다)에서 모스크바로 권좌를 옮겼을 때, 에프레모프는 연구소의 이전을 감독했다. 그리고 자신이 하던 페름기-트라이아스기 연구뿐 아니라, 자기 지위를 이용해 공룡화석이 풍부한 몽골 대탐사여행을 최초로 발족시켰다.

1972년에 에프레모프가 사망할 무렵, 고생물학연구소는 여전히 모스크바 중심에 있는 18세기 건축의 걸작 네스쿠치니 궁전에 자리하고 있었다. 에프레모프는 좀더 크고 현대적인 박물관 건립을 계획했지만, 그의 사후 15년 뒤인 1987년에야 고생물학자들이 모스크바 변두리에 있는 신축건물을 인수할 수 있었다. 그 새로운 박물관은 광범위한 대중전시와 100명이 넘는 직원을 자랑했다. 에프레모프의 영향력과 권위가 남긴 인상적인 유산이다. 나는 러시아 탐사를 시작했던 1990년대에 그곳을 방문할 수 있었다(10장).

최초의 복잡한 생태계

에프레모프와 제자들이 러시아의 페름기-트라이아스기 층서를 분류하던 시기, 남아프리카의 지질학자들도 카루분지의 층서를 붙들고 씨름하고 있었다. 그러다가 1995년에 이르러 상세한 층서표가 작성되었다.[136] 그 덕분에 우리는 페름기 말의 위기가 육지에 미친 영향을 꽤 자세하게 해부해볼 수 있게 되었다. 이 자리에서 우리는 카루분지의 보퍼트 층군의 각 대에서 알아낸 생명을 모두 살피지는 않을 것이다. 다만 페름기 말 직전의 디키노돈대만 살펴보려 한다. 지금의 우리는 이 생명의 성장기가 오래 지속되지 못했음을 알고 있지만, 정작 그 시기를 살펴보면 재앙이 임박했다는 아무런 낌새도 볼 수 없다.

만일 디키노돈대의 시기로 거슬러 올라가본다면, 우리는 아마 열대의 기후와 장마를 만나게 될 것이다. 거대한 강들이 평원을 가르면서, 남쪽의 산맥에서 다량의 사암을 휩쓸어 오고 있다. 이따금 강들이 기슭을 범람하면, 미세퇴적물 홍수가 일어나기도 한다. 곳곳에 자리한 호수들은 물고기들의 집이다. 호수 가장자리를 따라 늘어선 나무와 덤불이 잎사귀를 수면에 떨어뜨리면, 그 잎들은 가라앉아 호수 바닥의 어둔 진흙 속에 묻히게 된다. 호수변과 강변의 전형적인 식물은 이끼, 속새, 양치류다. 여기저기에 서 있는 덤불성·목본성 침엽수가 상당한 높이의 군엽을 이루고 있다. 특히 흔하게 보이는 식물이 바로 일종의 '종자고사리'인 글로솝테리스*Glossopteris*이다. 보통 목질 줄기를 가진 나무는 키가 4미터 정도이지만, 키가 작고 덤불성인 종도 있다. 글로솝테리스의 잎은 가운데에 잎줄기가 있는 혓바닥 모양의 부드러운 구조이다. 가지 끝에는 스무 개 정도의 잎들이 별 모양의 다발을 이루고 있다.

덤불 아래에서는 지네, 노래기, 거미, 좀, 바퀴벌레, 딱정벌레가 바삐 돌아다니고 있다. 호수 위에는 하루살이와 잠자리가 알록달록한 햇빛에 반짝거리며 이리저리 날아다닌다. 노린재와 파리는 나뭇잎과 동물 배설물을 먹고산다. 흰개미, 개미, 벌, 말벌은 보이지 않는다. 이들은 모두 훨씬 나중에 등장하는 것들이다. 달팽이와 연충류는 호수 가장자리의 진흙 속을 기어 다니면서 축축한 퇴적물 속에 흔적을 남겨놓는다.

건기가 되면 호수는 말라붙고, 물속에 사는 동물과 식물은 죽어 없어진다. 노린재와 딱정벌레는 다른 곳으로 이동할 수 있다. 잠자리와 하루살이는 죽겠지만, 크게 줄어든 웅덩이에 남은 몇 개의 알과 유충에 의해서 혈통은 유지될 것이다. 물고기들도 죽는다. 다만 어쩌다가 남쪽의 추운 고산지대에서 흘러오는 물줄기에 사는 물고기들은 살아남는다. 그 밖의 다른 강들은 실개울로 쪼그라들다가 결국 사라져버리고, 보이는 것은 움푹 들어간 메마른 건곡뿐이다.

　건기의 시련을 이겨낼 전략을 가진 동물들도 있다. 그들은 차가운 진흙 속 깊이 굴을 파고 그 속에 몸을 숨긴다. 디키노돈대의 폐어류肺魚類가 그런 능력을 가졌을 것이다. 오늘날의 폐어류에게는 확실히 이런 능력이 있다. 굴속에 몸을 숨긴 그대로 폐어화석이 발견되기도 했다. 몸담고 있는 웅덩이나 연못물이 빠르게 말라가는 것을 감지하면, 폐어는 가능한 한 많은 먹이를 먹어 몸을 불린다. 그다음 진흙층 아래로 1미터나 굴을 파고 들어가 방을 만든다. 그러고는 점액을 분비해 방수질 고치를 하나 만들고, 신체의 대사체계를 대기상태로 바꾼다. 이런 하면夏眠('여름나기')의 과정은 동면冬眠('겨울나기')의 과정과 비슷하다. 카루의 일부 파충류도 하면을 했던 것으로 보인다. 강기슭의 굴에서 몸을 돌돌 만 골격들이 발견되기도 하는데, 이는 분명 태양의 열기로부터 몸을 보호하고자 한 것이 틀림없다. 그렇게 화석화된 것들은 건기를 이겨내지 못했던 희생자들이다. 굶어죽거나, 아마 미처 빠져나오기도 전에 장맛비로 굴이 잠겨버렸을 것이다.

　그러나 뭐니 뭐니 해도 디키노돈대는 척추동물로 유명하다. 현재까지 식별된 종은 74종인데, 강에서 물고기를 먹고살았던 2종의 양서류와 72종의 파충류로 이루어져 있다. 초식 먹이사슬의 기저에는(그림 34) 두 종의 프로콜로포니드procolophonids가 있다. 이 파충류의 머리뼈는 삼각형이고, 뭉툭한 못 같은 치열이 있는데, 먹이식물을 으깨고 찢는 데 쓰였다. 프로콜로포니드는 아마 오늘날 거북이의 먼 사촌쯤 될 것이다. 육식 먹이사슬의 기저에는 밀레레티드millerettids가 있다. 이 군 중 디키노돈대에서 알려진 종은 두 개이다. 밀레레티드는 겉보기에는 작은 도마뱀처럼 생겼지만, 아마 프로콜로포니드의 친척일 것이다. 끝이 뾰족한 작은 이빨들은 그들의 먹이가 곤충이었음을 보여준다. 곤충을 먹고살았던 다른 동물들에는 영기나Youngina와 사우로스테르논Saurosternon종이 있다. 둘 다 도마뱀처럼 생겼지만, 사실은 그보다 훨씬 원시적이다. 이 외에도 곤충을 먹고살았을 것으로 추정되

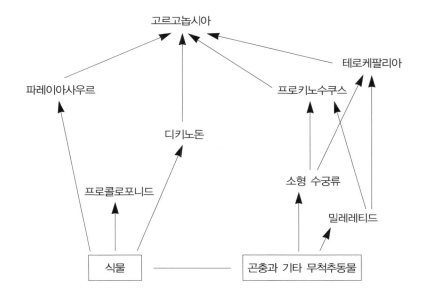

파레이아사우르

고르고놉시아

테로케팔리아

프로키노수쿠스

디키노돈

소형 수궁류

프로콜로포니드

밀레레티드

식물

곤충과 기타 무척추동물

그림 34 디키노돈대의 주요 파충류가 이루었던 먹이망을 단순화해서 그려본 것. 육지에 나타난 최초의 복잡한 생태계 중 하나이며, 페름기 말 대멸종으로 완전히 파괴되었다.

는 소형 수궁류 세 종이 더 있다.

다음으로 크기가 큰 것은 테로케팔리아therocephalians이다. 지금까지 디키노돈대에서 15종이 보고되었다. 테로케팔리아는 크기가 고양이만하고, 머리뼈는 앞뒤로 길고, 날카로운 이빨이 앞면에 몰려 있다. 테로케팔리아와 같은 식성을 가진 것으로는 초기 키노돈트인 프로키노수쿠스Procynosuchus와 키노사우루스Cynosaurus가 있다. 둘 다 크기는 테리어만하고, 턱 전체에 걸쳐서 완전한 한 벌의 이빨이 있다. 이것들은 모두 2차 포식자였던 것 같다. 자기보다 몸집이 작은 초식 프로콜로포니드, 곤충을 먹는 무궁류, 이궁류, 단궁류를 사냥했을 것이다.

디키노돈대의 이름은 당연히 디키노돈의 이름을 딴 것으로, 지금까지 아홉 종이 식별되었다. 그리고 다른 디키노돈트에 속하는 아홉 종도 더 알려져 있다. 이빨이 없는 이 초식동물—1845년 남아프리카에서 발견된 것으로 오언이 처음 기술했던 형태이다—은 크게 다양했음이 확실하다. 앤드루 게데스 베인이 처음으로 화석을 수집했을 때 눈여겨보았던 것처럼, 종마다 크기가 다소 다양했다. 각각의 종은 서로 약간씩 다른 식물을 먹었음이 틀림없고, 그 덕분에 서로 가깝게 관련된 18개의 다양한 종이 공존할 수 있었다. 오늘날 아프리카의 사바나 초원에 겉보기에는 비슷해 보이는 수많은 영양종들이 함께 공존하는 것처럼 말이다.

가장 몸집이 큰 초식동물에는 파레이아사우르pareiasaurs에 속하는 두 종이 있다. 각각 몸길이가 2미터 정도이고, 드럼통 같은 육중한 몸뚱이, 그에 비해 연약해 보이는 굼뜬 네 다리를 가진 중량감 있는 이 파충류는 몸집이 훨씬 작은 프로콜로포니드의 가까운 친척이다. 파레이아사우르는 넓적한 주둥이, 대략 삼각형 꼴의 머리뼈, 머리 전체를 뒤덮은 수많은 돌기들 등 그 볼품없는 외모로 유명하다. 보잘것없는 생김새에 걸맞게 지능도 낮았다. 몸집에 비해 상대적으로 크기가 작은 머리, 머리보다 훨씬 작은 머리뼈의 왜소한 골격을 보면 알 수 있다. 차분하게 글로솝테리스 잎사귀를 우적우적 씹어 먹었을 것이고, 공격을 받으면 육중한 몸집과 울퉁불퉁한 머리로 맞섰을 것이다.

디키노돈트와 파레이아사우르는 25종 정도의 잔인한 고르고놉시아의 먹잇감이 되었다. 이 포식자들은(그림 35) 대체적으로 몸길이가 1미터 정도로 먹잇감보다 몸집이 작은 경우도 있었지만, 대단히 뛰어난 사냥꾼이었다. 모두 극도로 기다란 송곳니가 있었고, 송곳니를 칼처럼 움직일 턱 메커니즘과 근육도 갖추고 있었는데, 지금은 찾아볼 수 없는 공격방식이다. 1만 년 전, 마지막 빙하기가 끝날 무렵까지 유럽과 북아메리카에서는 다양한 칼이빨 고양잇과 동물이 15센티미터까지 이르는 굽은 칼 모양의 송곳니로 두꺼운 피부를 가진 커다란 매머드, 마스토돈, 털코뿔소를 사냥했다. 그들은 자기보다 훨씬 덩치 큰 먹잇감의 등 위로 훌쩍 뛰어올라, 피부 깊숙이

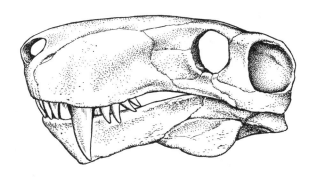

그림 35 러시아 페름기 최후기에 살았던 고르고놉시아 이노스트란체비아.

이빨을 박아 넣었다. 그리고 이빨을 비틀거나 살갗을 찢어서 치명적인 상처를 입혔다. 페름기 최후기의 고르고놉시아도 아마 이와 비슷한 전략을 썼을 것이다. 곧, 디키노돈트나 파레이아사우르의 피부를 칼이빨로 꿰뚫고, 잡아 찢은 다음, 먹잇감이 피 흘리며 죽을 때까지 기다렸을 것이다.

디키노돈대가 보여주는 중요한 사실은 바로 척추동물상의 생태적 성숙도이다. 먹이망(그림 34)은 복잡했다. 넓은 범위의 식물을 먹고사는 다양한 크기의 초식동물들이 있었고, 세 단계 이상의 포식자들이 저마다 크기에 맞는 초식동물을 먹이로 했다. 육지척추동물이 보여주는 이런 식의 복잡성과 다양성은 오늘날에도 얼마든지 흔히 볼 수 있다. 그러나 그 정도 수준에 처음으로 도달했던 때가 바로 페름기 후기였다. 그 이전에는 초식 파충류는 드물었거나 아예 존재하지 않았으며, 육식동물은 크기가 전혀 다양하지 못했다. 3차 포식자였던 칼이빨 고르고놉시아는 전혀 새로운 부류의 동물이었다.

억척스러웠던 파레이아사우르의 최후

페름기 말 위기로 그 복잡했던 생태계가 깡그리 무너지고 말았다. 그 순간
의 모습이 어땠는지, 우리는 마치 젖빛유리를 여러 장 겹쳐놓고 보는 것처
럼 부분 부분만 볼 수 있을 뿐이다. 그런데 근래 이루어진 연구에서 나온
놀라운 성과에 따르면, 페름기 말의 위기가 바다생명체보다 육지생명체에
더 심각한 타격을 입혔을 가능성이 점쳐지고 있다. 불과 15년 전까지만 해
도 육지에서는 아무 일도 일어나지 않았다는 견해가 지배적이었음을 감안
한다면, 극적인 전환이랄 수 있다.

카루의 화석기록이 부실하기 때문에 식물과 곤충의 몰락패턴을 정확하
게 풀어내기는 힘들다. 하지만 전 세계적으로 보았을 때, 11개의 과였던 육
상식물이 페름기-트라이아스기 경계를 거치면서 세 개의 과로 줄어들었
다. 종의 수는 140개 정도에서 50개 이하로 뚝 떨어졌다. 그러나 확신하기
에는 증거가 질적으로 떨어진다. 반면 척추동물의 경우에는 더 분명하게
보일 것이다.

카루의 디키노돈대에서는 74종의 양서류와 파충류가 발견되었지만, 그
위에 있는 리스트로사우루스대—트라이아스기의 가장 이른 단계이다—에
서는 불과 28종에 지나지 않았다. 이 중에서 페름기-트라이아스기 경계를
견디고 살아남은 파충류는 디키노돈트에 속하는 리스트로사우루스*Lystro-
saurus*(여기서 발견된 종은 미확인 종이다)와 테로케팔리아에 속하는 모스코리누
스 키칭기*Moschorhinus kitchingi*, 두 종에 불과하다. 리스트로사우루스대에서
나온 나머지 26종은 모두 과도기에 출현한 것들이다. 그렇다면 종의 수준
에서 보면, 페름기 말의 위기는 74종의 척추동물 가운데 72종에게 영향을
미친 것으로 보이며, 이는 무려 97퍼센트의 손실에 해당한다. 그러나 이는
과도한 추정치이다.

트라이아스기까지 살아남은 파충류군은 프로콜로포니드, 초기형 이궁
류, 디키노돈트, 키노돈트 등 몇 가지가 알려져 있다. 따라서 적어도 페름

기-트라이아스기 경계를 거치고 나타나야만 할 세 종이 더 있을 것이다. 어쩌면 그 종들의 화석이 아직 발견되지 않았거나, 아니면 사실상 카루분지에서는 절멸했으나 다른 곳에서 생존했을 수도 있고, 위기가 지난 뒤 트라이아스기 최초기에 남아프리카에서 다시 번식했을 수도 있다.

세계적으로 보면 더 뚜렷한 그림이 그려지는 것 같다.[137] 페름기 마지막 500만 년 동안 존재했던 48개의 양서류와 파충류의 과들 가운데 36과가 절멸했는데, 이는 75퍼센트의 손실에 해당한다. 일반적으로 받아들여지는, 해양동물과의 50퍼센트 손실에 비해 높은 수치이다. 따라서 페름기 말 위기 때, 적어도 척추동물의 경우에는 해양동물의 경우보다 더 심각한 타격을 입은 것처럼 보인다. 만일 바다의 50퍼센트 과의 손실이 90퍼센트 종의 손실에 해당한다면, 육상척추동물과의 75퍼센트 손실은 종 수준에서는 95퍼센트 정도의 손실에 해당한다고 볼 수 있다. 남아프리카든 어디 다른 곳이든, 파레이아사우르, 밀레레티드, 고르고놉시드를 비롯해서 수많은 다른 군들도 영원히 사라져버렸던 것이다.

육상의 환경변화를 확인하는 데 도움이 될 연구가 최근에 카루분지에서 있었다. 케이프타운 남아프리카박물관의 퇴적학자 로저 스미스Roger Smith와 시애틀 워싱턴대학의 고생물학자 피터 워드Peter Ward가 보퍼트 층군에서 페름기-트라이아스기 경계의 위치를 정확히 짚어냈다.[138] 디키노돈대와 리스트로사우루스대의 퇴적물 사이의 경계에는 20미터 두께의 하도河道 사암과 곱게 층진 얇은 사암과 셰일이 있다. 디키노돈대의 끝은 디키노돈 화석과 글로솝테리스 화석이 마지막으로 나타나는 것을 표시한다. 이는 또한 리스트로사우루스대의 시작을 표시한다. 그러나 한 수준에서만 이 모든 일이 일어났던 것은 아니다. 사실 최후의 디키노돈 화석은 단면의 마루에서 나타나는 반면, 최초의 리스트로사우루스는 저부에서 나타난다. 둘 사이에 중복이 있는 것이다. 하지만 대체적으로 그 두 디키노돈트는 각각 다른 층에서 발견된다.

마지막 디키노돈 화석들은 보통 녹색과 올리브색 이암과 고운 사암에서 발견되는 반면, 리스트로사우루스는 적색 퇴적물에서 발견된다. 더 넓게 보면, 디키노돈대의 녹색 퇴적물 일부분이 적색층으로 대체되어 있는 것이다. 따라서 스미스와 워드는 퇴적조건상에 단계별 변화가 있었음을 의미한다고 해석한다. 이 변화는 15미터 두께의 과도적인 대에서 자세히 볼 수 있다. 대체 무슨 일이 일어났던 것일까?

식물의 고사와 재앙적인 침식

디키노돈대 시기의 적색과 녹색 퇴적물은 너비가 넓은 곡류하천들에 의해 퇴적되었다. 곧, 남쪽의 산악지역에서 비교적 꾸준한 비율로 퇴적물이 운반되어 쌓인 것이었다. 리스트로사우루스대 하부의 퇴적물은 이와 상당히 달라, 사암이 더 많고 이암이 더 적다. 그 사암은 따로따로 떨어져 있는 하도의 토사에서는 보이지 않는 대신, 좀더 두껍고 복잡한 퇴적물이 덩어리를 이루는데, 망상網狀하천에 의해 퇴적된 것이 틀림없다. 망상하천이란 개개의 하도들이 크게 꼬이고 굽은 하천을 말하는데, 선상지扇狀地에서 흔히 볼 수 있다. 선상지는 하계河系의 일부인 하천 상류에서 물이 큰 에너지로 빠르게 흘러 산 아래로 돌진하다가 완만한 비탈면을 만나면 형성된다.

스미스와 워드는 페름기-트라이아스 경계시기 카루분지에 퇴적패턴의 큰 변화가 일어났다고 주장한다. 두 사람은 퇴적속도가 극적으로 증가했다고 생각한다. 15미터 두께의 과도기 단면을 보면, 디키노돈을 함유한 저지의 녹색층이, 빠르게 밀려오는 리스트로사우루스 공반 적색사암에 의해 점차적으로 침범당했고, 결국 후자의 퇴적물과 화석이 우세하게 되었다는 것이다.

그렇다면 무엇 때문에 퇴적속도가 증가하게 되었을까? 한 가지 마땅한 원인은, 퇴적물의 공급원이었던 산맥이 어떤 대규모 구조활동으로 융기되었다고 보는 것이다. 하지만 그 생각을 뒷받침할 어떤 증거도 없다. 그래서 스미스와 워드는 식물의 대대적인 고사枯死가 그 원인이라고 제안했다. 식물은 뿌리로 암석을 감고, 여러 토양층을 형성함으로써 침식을 억제해준다. 만일 어디든 전형적인 육지에서 식물을 모두 제거해버린다면, 침식속도는 10~20배 정도 급증할 것이다. 최근 히말라야 산맥 기슭의 숲을 없애자 일어났던 재앙적인 결과를 보면 알 수 있다. 목재나 장작으로 쓰기 위해 나무들을 벌채해버리자, 비가 내릴 때마다 엄청난 양의 토사와 암석이 비탈면에서 흘러내려, 결국 거의 해마다 방글라데시에 재앙적인 홍수를 일으키는 것이다.

스미스와 워드가 밝혀낸, 퇴적상의 대규모 변화가 있었다는 훌륭한 증거는 오직 카루분지에서만 찾아낸 것이었다. 그러나 그들은 다른 곳의 육성 페름기–트라이아스기 경계들도 비슷한 현상을 보여줄 것이라고 믿는다. 그렇다면 아마 페름기 말 위기가 전 세계적으로 영향을 미쳤음을 보여주는 증거가 될 것이다. 두 사람의 가설은 너른 지역에 걸쳐 식물이 크게 손실되었다는 점에 기대고 있다. 그 증거가 무엇일까?

페름기–트라이아스기 경계에 걸친 고대의 토양과 식물을 상세히 연구해보면, 스미스–워드 가설을 뒷받침해주는 것으로 보인다. 곤드와나(남극, 호주, 뉴질랜드)의 페름기–트라이아스기 토양천이를 연구해온 오리건대학의 그렉 리톨랙Greg Retallack은 토양과 식물유형의 변화를 찾아냈다.[139] 페름기 최후기의 토양에는 석탄과 뿌리가 얽힌 모래가 포함되어 있는 반면, 트라이아스기 최초기의 토양은 주로 뿌리가 가득 채워진 이암이다. 이는 글로솝테리스, 양치류, 속새, 이끼 따위가 우점했던 한온대성 활엽 늪지 식물상이 냉온대성 침엽림으로 바뀌었음을 암시한다. 페름기–트라이아스기 경계를 지나면서 기온과 강우 수준이 약간 올라갔는데, 침식의 증가와 유거수流去水(지표의 하천으로 유입되는 물의 양: 옮긴이)와 관련되어 있다.

트라이아스기가 시작될 무렵 한동안 늪지 식생이 소멸했던 것은 그 유명한 '석탄 공백'과 연관된다. 세계 어디를 찾아봐도 트라이아스기 초기와 중기 2,000만 년 동안 석탄이 형성된 곳은 없다. 반면 기후가 따뜻하고 습한 곳이면 보통 어디서나 석탄이 형성된다. 트라이아스기 초기 식물상에서 다수를 차지했던 것은 내성이 강한 기회성 식물로, 흔히 '잡초'라고 부르는 것들이었다. 양분이 부족한 저질의 토양에도 적응하여 빠르게 퍼져 살아가며, 거친 땅에서도 제일 먼저 자라는 것이 이런 식물이다. 이를테면 버려진 건물터 같은 곳을 서식지로 삼는 협죽도나 분홍바늘꽃 같은 식물이다. 때가 되면 잡초들이 비켜나고 좀더 성숙된 식물상의 천이를 보여주는 식물들이 자리잡게 된다.

이 외에도 트라이아스기 최초기에 지표면의 식물이 대거 손실되었음을 뒷받침하는 증거가 몇 가지 더 있다. 이스라엘 지질조사국의 고생물학자 요람 에셰트Yoram Eshet는 현미경으로 퇴적물 표본들을 검사하다가, 페름기–트라이아스기 경계를 거치면서 꽃가루와 포자 형태에 엄청난 변화가 있었음을 주목했다.[140] 이스라엘 전역에서 추출한 페름기 최후기 표본들을 조사한 그는 폭넓은 범위의 육상식물에게서 전형적인 꽃가루와 포자 선택이 있었음을 발견했다. 그보다 높은 수준의 트라이아스기 초기에서 추출한 표본들의 경우도 마찬가지였다. 그런데 트라이아스기가 시작될 무렵의 몇 미터 퇴적물에서는 전형적인 식물이 거의 모두 사라져버렸고, 그가 볼 수 있었던 것은 균류의 세포들뿐이었다. 달리 말하면, 페름기 말의 위기를 표시하는 것이 균류 스파이크가 있었다는 것, 곧 버섯이 이스라엘 전역으로 극적으로 퍼져나갔다는 것이다.

이스라엘뿐만 아니라 세계 다른 곳들도 마찬가지였다. 에셰트는 유럽, 북아메리카, 아시아, 아프리카, 호주에서도 균류 스파이크가 탐지되었음을 알게 되었다. 아직까지 그린란드에서만큼은 관찰되지 않는데, 아마 그린란드의 단면들이 너무 두꺼워서 균류 점유율의 증가가 몇 미터에 걸쳐서 퍼져 있기 때문일 것이다. 따라서 무언가가 일시적으로 정상적인 식물상을 제거했고, 그 결과 균류가 번성할 기회를 주었거나, 아니면 적어도 균류의 균사와 포자를 널리 퍼지게끔 했다고 할 수 있다. 에셰트는 극도의 긴장을 유발한 사건이 일어나 다른 대부분의 식물이 죽은 결과, 균류의 갑작스런 증식이 일어났다고 주장했다. 균류는 부패하는 유기물질이 있을 때 번성하는데, 다른 식물들이 대규모로 죽자 균류에게는 완벽한 성장조건이 갖춰졌을 것이다. 그러나 식물이 완전히 절멸한 것은 아니었다. 고립된 지역에서 살아남은 식물이 틀림없이 있었을 것이다. 긴장상황이 사라지자, 식물의 정상적인 다양성은 회복되었고, 균류는 다시 자기의 생태자리로 물러났다.

식물 생태계의 붕괴

최근에 위트레흐트대학의 신디 루이와 당시 서던캘리포니아대학에 있었던 리처드 트위체트가 식물 생태계의 붕괴과정을 상당히 자세하게 단계적으로 추적하는 연구를 했다.[141] 연구결과, 식물이 하룻밤 사이에 사라진 것이 아니라 심각한 환경적 긴장상태가 있었던 국면에도 정상적인 생태과정이 한동안 지속되었음을 상당히 설득력 있게 보여주었다. 그들이 근거로 삼았던 자료는 우리가 7장에서 살펴본 바 있는 그린란드의 페름기-트라이아스기 암석층서였다. 페름기 최후기의 슈헤르트달층에서 트라이아스기 최초기의 보르디크리크층으로 전이되는 층서를 기초로 했던 것이다. 이 퇴적물들은 얕은 바다에서 퇴적된 것이었기에, 해양화석들로 유명한 곳이다. 그러나 해안에서 충분히 가까운 거리에 있었기 때문에 육상식물이 앞바다로 날려 보낸 꽃가루와 포자가 풍부하게 함유되어 있다. 따라서 그곳에서는 바다와 육지에서 일어났던 일을 함께 살펴보고, 퇴적물을 센티미터 단위로 조사하면서 시간대를 맞춰볼 수 있는 흔치 않은 기회를 얻을 수 있다.

식물멸종을 살펴보자. 첫 번째 단계에서는 닫힌 삼림지대가 손실되고 초질草質 식생이 자리하게 되었다. 나무보다 덤불이 더 많았다는 얘기이다. 그와 함께 균류의 활동도 증가했는데, 아마 죽어가는 나무들이 부패하는 것과 관련이 있었을 것이다. 나무들이 점하던 자리는 기회성 잡초종들—크기는 작지만 빠르게 성장하는 종들—이 차지해서, 한때 끝없이 숲이 펼쳐져 있던 곳의 공백을 채워나갔다. 잡초성의 석송石松 같은 종들은 목질 나무, 종자고사리, 침엽수가 우점하고 있을 때에는 기를 펴지 못했다. 햇빛이 숲 바닥까지 비치는 걸 차단했던 것이다. 그런데 나무들이 사라지면서, 그동안 숨죽이고 살았던 작은 녹색 식물들이 활개를 펴고 퍼져나갔다.

두 번째 단계에서는 양치류가 점점 서식공간을 넓혀나갔다. 양치류는 예전에도 있었으나 풍부하지는 못했다. 또한 남쪽에서 새로운 형태의 양치류가 일부 넘어오기도 했다. 소철 같은 식물들은 이전에는 북아메리카에서만 알려진 것들이었으나, 페름기 말 위기 동안 갑자기 그린란드 식물상에도 나타났던 것이다. 아마 죽음과 파멸의 순간에 기회성 종들이 위기를 틈타 자리를 잡았던 것으로 보인다. 그러나 오래 가지는 못했다.

마지막 단계에서는 대부분의 침입자가 사라져버렸다. 마지막 남은 목질 나무와 덤불도 함께 사라져버렸다. 남은 것은 크게 위축된 석송 식물상뿐이었다. 곧, 여기저기 습한 골짜기 틈에서 살아남았을 키 작은 식물들뿐이었다. 이 세 단계를 거치는 동안 전반적인 꽃가루와 포자의 양이 극적으로 줄어들었다. 이는 마지막 단계에서 식물이 거의 모두 사라져버렸음을 의미할 것이다. 그 이후 퇴적된 몇 미터 두께의 트라이아스기 최초기 퇴적물의 경우도 마찬가지였다.

그런데 이 모든 일이 벌어지기까지 시간이 얼마나 걸렸을까? 루이와 트위체트는 세 단계에 걸친 식물상의 붕괴가 페름기-트라이아스기 경계가 걸친 50만 년에서 60만 년 정도 지속되었을 것으로 추정했다. 이는 중국의 메이샨 단면에서 나타난 해양생물의 쇠퇴기간과 일치한다.

리스트로사우루스, 생존자의 면모

육지에서 위기를 이겨내고 살아남은 파충류들은 어땠을까? 가장 눈에 띄는 파충류는 리스트로사우루스로, 1장에서 만나본 바 있는 보통 크기의 디키노돈트이다. 그리고 앞에서 보았듯이, 페름기 최후기의 전형적인 파충류였던 친척 디키노돈과 잠깐 동안 중복되어 나타나기도 했다. 그런데 리스트로사우루스에게서 정말 이상한 사실은 그것이 살아남았다는 것이 아니라, 잠깐 동안 전 세계에 널리 퍼져 있었다는 사실이다. 남아프리카뿐만 아니라, 남아메리카, 남극 대륙, 인도, 중국, 러시아에서 (아마 호주에서도) 리스트로사우루스종들이 기술되었다. 남아프리카의 리스트로사우루스대는 그 모든 대륙의 해당 암석단위층과 일치한다. 다른 곳에서 리스트로사우루스가 나타나지 않는 것처럼 보이는 까닭은 아마 해당 암석을 아직까지 찾아내지 못해서일 것이다. 리스트로사우루스는 진정 전 세계에 분포하고 있었다. 말 그대로 '돼지가 지구를 지배했을 때'였다.

리스트로사우루스는 분포지역만 넓었던 게 아니라, 개체수도 엄청났다. 남아프리카에서는 고생물학자들이 리스트로사우루스 머리뼈를 발견하기만 하면 좌절의 외침을 내지른다. 남아프리카 최고의 화석수집가 중 한 사람인 제임스 키칭James Kitching이 추정한 바에 따르면, 지금까지 카루분지에서 다섯 종의 리스트로사우루스 머리뼈가 2,000개 이상 수집되었으며, 그보다 훨씬 많은 수가 해머에 의해 깨져나갔다고 한다. 수집가들은 필사적으로 다른 화석들을 찾고 있다. 그러나 리스트로사우루스와 공반된 다른 파충류나 양서류는 믿을 수 없을 정도로 드물다. 리스트로사우루스보다 몸집이 작지만 친척 디키노돈트인 미오사우루스*Myosaurus* 몇 종만이 발견될 뿐이다. 리스트로사우루스대에서 발견되는 다른 동물들의 경우도 사정은 다를 바 없다. 몇 종의 양서류, 두어 종의 프로콜로포니드, 초기형 이궁류 화석, 물고기를 먹는 소형 테로케팔리아와 키노돈트 10종 정도만 드문드문 발견되는 형편이다. 말하자면 최소한 리스트로사우루스대에서 발견된

동물의 총 95퍼센트를 리스트로사우루스가 차지하고 있다.

단일동물이 이렇게 우점하는 현상은 상궤를 크게 벗어난 경우이다. 만일 전체 동물상의 95퍼센트 이상을 한 종이 차지하고, 나머지 20~30종들이 5퍼센트 이하만을 구성한다면, 인간이 개입해서 만들어낸 풍경과 닮은 매우 부자연스러운 모습을 보는 것이다. 예를 들어 소를 키우는 목장은 농업적으로 보면 전형적인 단일경작지이다. 목장 한 구석에 토끼 몇 마리가 있을 수도 있고, 서너 마리의 들쥐, 밭쥐, 족제비가 산울타리 어름에 몸을 숨기고 있을 수도 있겠지만, 그 풍경을 지배하고 있는 것은 소들이다. 그런 단일경작지 같은 모습은 사람의 도움이 없이는 유지될 수가 없다. 먹이가 풍부하면 생명도 다양해지는 것이 자연의 모습이다. 어느 한 종이 압도적으로 우점하는 일은 결코 일어나지 않으며, 적어도 다섯에서 열 종이 다양성을 이루며 공존하게 된다.

리스트로사우루스 수가 부자연스럽게 많았다는 것은 그것이 잡초성 식물 같은 재난종이었음을 확인시켜준다. 하지만 트라이아스기 최초기의 균류 스파이크나 잡초성 식물과는 달리 '정상적인' 동물상은 스스로 복구될 수 없다. 식물의 경우에는 곳곳에 충분히 다양하게 생존해 있어서 트라이아스기 초기에 비교적 신속하게 정상적인 식물상으로 스스로 복구될 수 있었던 게 분명하지만, 리스트로사우루스는 외딴 존재였다. 몸길이가 1미터 정도에 불과했는데도, 지구상에서 가장 큰 동물이었다. 다른 동물들은 모두 그보다 훨씬 몸집이 작았다. 몸집이 큰 수많은 종의 디키노돈트, 파레이아사우르, 고르고놉시아가 있었던 페름기 최후기와 비교해보면 엄청난 변화였다. 그런데 그 모두가 사라지고 말았던 것이다.

리스트로사우루스는 어떻게 살았을까? 여느 디키노돈트처럼, 리스트로사우루스 역시 두 개의 위 송곳니가 있었고, 그 외에는 이빨이 없는 턱이 틀림없이 뾰족한 주둥이를 따라 자리했을 것이다. 리스트로사우루스 역시 표준적인 디키노돈트 섭식 메커니즘에 따랐다. 곧, 주둥이 앞쪽으로 한입 가득 잎사귀를 물고—아마 송곳니를 갈퀴처럼 써서 잎사귀를 다발채로 모았을 것이다—아래턱을 닫은 다음 잡아당겨서 조각을 냈을 것이다. 그런 다음 대충 잘라진 줄기와 잎사귀를 거의 통째로 삼켰다. 좌우 턱 운동으로 씹을 수 없었기 때문이다. 틀림없이 질긴 식물을 소화하는 대부분의 과정은 거대한 위장 안에서 이루어졌을 것이다. 대부분의 초식동물처럼 리스트로사우루스 역시 커다란 늑골괘와 큼직한 위장을 갖고 있었다(식물은 고기보다 소화시간이 더 길다). 트라이아스기 초기에는 꿀꿀거리고 꺽꺽대는 소리가 사방에서 들렸을 것이다.

1903년, 리스트로사우루스를 명명한 로버트 브룸은 난쟁이하마처럼 유영능력이 뛰어난 수생동물로 분류했다.[142] 이런 견해가 지배적이었다가 1990년대에 상황이 바뀌었다. 케이프타운 남아프리카박물관의 질리언 킹Gillian King과 마이클 클러버Michael Cluver가, 리스트로사우루스가 실제로는 다른 디키노돈트와 더 가까우며, 육상에 거주했던 것이 거의 확실하다고 지적한 것이 그 계기였다. 최근에 러시아 사라토프대학의 고생물학자 미하일 수르코프Mikhail Surkov는 적어도 러시아종인 리스트로사우루스 게오르기Lystrosaurus georgi와 다른 리스트로사우루스종들은 유영능력이 있었을 것이라고 주장하면서 반론을 펼쳤다. 다른 디키노돈트보다 앞다리가 상대적으로 더 크고, 근육의 분포를 따져봤을 때에도, 그 동물이 앞다리를 노처럼 거세게 휘저었고 뒷다리는 그냥 뒤에서 끌려갔을 것으로 생각된다는 것이다. 또한 여느 디키노돈트처럼 육상생활도 잘해나갔다. 알 수 있는 게 그리 많지는 않지만.

뛰어난 능력을 갖춘 돼지 모양의 파충류?

그런데 왜 하필이면 리스트로사우루스였을까? 당연히 이런 의문이 든다. 전 대륙에 걸쳐 발견된 십몇 종들을 보건대, 리스트로사우루스가 그 나름대로 전 시대를 통틀어 가장 성공적인 파충류의 하나였으며, 트라이아스기가 시작될 무렵 수백만 년 동안 생존했음이 틀림없기 때문이다. 그러나 왜 하필이면 리스트로사우루스였는지 특별한 이유를 찾는 것은 아마 잘못일 것이다. 그냥 부득이했던 경우였다. 페름기 최후기에 살았던 다른 모든 동물들 가운데에서 이 속이 죽지 않고 살아남은 것은 순전히 우연에 불과했을 가능성이 크다. 우연히 유일하게 살아남은 보통 크기의 생존자가 텅 빈 세상을 홀로 독차지했을 것이다. 아마 리스트로사우루스가 특별히 생존능력이 더 뛰어났다고는 할 수 없으리라. 그저 근근이 먹고살기에 충분한 능력만 지녔을 거라고 보는 게 합당하다. 먹이를 두고 경쟁할 다른 주요 초식동물들도 없었고, 뒤를 쫓아오는 커다란 포식자도 없었기 때문이다.

1장에서 보았듯이 누구나 이런 물음에 사로잡힌다. 그러나 멸종을 견디고 살아남는 것은 달리기 경주에서 우승하는 것과는 다른 문제이다. 달리기의 경우, 선수들은 어떻게 달려야 할지 미리 알고 있다. 훈련을 통해 운동능력을 연마하여 최대한으로 능력을 끌어올리려 애쓴다. 경기 당일, 당연히 최고의 선수가 우승한다. 멸종사건은 장애물이 이곳저곳 예기치 못한 곳에 놓여 있고 달려야 할 거리조차 모르는 경주와 같다. 선수들은 장애물이 있다는 통고도 미리 받을 수 없고, 게다가 아무거나 치명적이 될 수 있다. 그래서 이 경주에서는, 선수들 모두 트랙의 끝에 1등으로 도달할 기회가 아주 동등하게 주어진다. 그뿐이다. 과거 대멸종의 경우도 이와 마찬가지이다.

다시 소련으로

카루분지 연구를 통해 몇 가지 비밀들이 풀렸다. 브룸, 키칭, 스미스, 워드 같은 많은 학자들 덕분에, 지금 우리는 육지에 닥친 페름기 말 위기의 진상을 어느 정도 알게 되었다. 파충류의 멸종비율은 바다에서 일어난 여느 멸종만큼이나 높았다. 따라서 페름기-트라이아스기 경계시기에 육상의 유기체들에게는 별다른 일이 일어나지 않았다는 낡은 생각들은 완전히 뒤집어졌다.

러시아의 페름기-트라이아스기 층서도 카루분지만큼 훌륭하고, 곳에 따라 화석도 풍부하다. 1990년대 초, 로저 스미스와 피터 워드가 카루 암석층서 연구결과를 발표하기 전에, 나는 러시아를 방문할 기회가 있었다. 공산정권은 무너졌고, 보리스 옐친Boris Yeltsin이 권좌에 올랐다. 러시아와 서구의 과학자들은 교류를 원하고 있었다. 그 덕분에 나는 1992년에 프랑스 몽펠리아르에서 열린 한 회의에서, 지금은 은퇴했지만 러시아 포유류형 파충류의 대가였던 레오니드 타타리노프Leonid P. Tatarinov를 만날 수 있었다. 타타리노프는 브리스틀대학과 모스크바 고생물학연구소가 협력할 것을 제안했고, 우리는 협정서에 서명을 했다.

마음을 들뜨게 하는 기회였다. 우리는 이미 에프레모프 같은 러시아 학자들이 발표한 연구를 알고 있던 터였다. 그렇다면 카루분지 암석층서를 근거로 해서 내놓은 가설을 훌륭하게 검증할 만한 근거를 러시아에서 찾아낼 수 있지 않을까? 페름기 당시 남아프리카와 멀리 떨어져 있었던 곳을 들여다볼 좋은 기회가 되지 않을까? 서로 비견될 수 있는 멸종패턴이 나타날까, 아니면 지역적인 차이를 보여줄까? 러시아에서 발견된 많은 파충류들이 남아프리카 파충류와 대단히 비슷한 점을 보이고 있지만, 혹 다른 곳에서는 볼 수 없는 러시아 동물군만의 독특한 특징이 있지 않을까? 그렇다면 일부 멸종패턴이 다를 수도 있지 않을까? 카루분지에서는 지표면 식물의 대대적인 손실이 있었고, 그 때문에 침식률이 급증했던 것으로 보이는데, 과연 러시아에서도 이 사실을 확인할 수 있을까?

1993년, 이런 물음들을 가슴에 담고 우리는 러시아로 떠났다.

10

사크마라 강에서

남부 우랄 산맥 인근 지역을 서둘러 돌아다니면서, 우리는 양서류와 파충류 골격이 출토된 유적지를 하나하나 살펴보았다. 그토록 많은 양의 새로운 정보를 어떻게 해야 할지 모를 지경이었다. 러시아 동료들과 함께 카드목록을 번역하고, 페름기-트라이아스기 경계를 기준으로 파충류의 흥망을 담은 정보를 정리하는 일이 앞으로의 큰 과제가 될 것이다. 그 정보를 예비 검토해보니, 흥망의 패턴이 남아프리카의 패턴과 똑같다고 할 수 있었다. 다시 말해 다양성에 급격한 하락이 있었고, 오래고도 더딘 생태계의 복구가 뒤이었다는 것이다.

머리 위로 잠자리들이 날아다니고 있었다. 어스름 속에서 모기를 쫓아 지그재그 공중을 누비다가 모기에게 와락 덤벼들곤 했다. 낮에는 잠자리 모습을 볼 수 없었으나, 해질녘이 되면 모습을 드러냈다. 먹잇감이 활동하는 시간인 것이다. 커다란 날개가 쌍으로 달린 잠자리들의 그림자 같은 모습은 차라리 곤충이라기보다는 새에 가까웠다.

"우비바요트 카메리. 하라쇼아!" 러시아 동료 한 사람이 이렇게 중얼거렸다. "저들이 모기들을 잡아먹고 있군. 좋아!"라는 뜻이다.

탁탁 소리 내며 타는 모닥불을 둘러싸고, 무는 곤충들을 피할 요량으로 우리는 둥그렇게 모여 앉았다. 매일 밤이 이런 모습이었다. 해가 있을 때 식사를 했고, 이른 저녁에는 피에 굶주린 모기들의 먹잇감이 되지 않으려 애쓰다가 시간을 다 보냈다. 영국이나 미국에서 흔히 보던 것보다 훨씬 몸집이 큰 것들이었다. 우리가 가져간 로션은 아무런 쓸모가 없었다. 탐사여행 지도자인 사라토프 지질연구소의 발렌틴 트베르도흐레보프Valentin Tverdokhlebov가 모기를 막아주는 러시아제 혼합크림을 건넸다. 분홍색 로션으로 아기용 크림처럼 보였고, 특이한 냄새가 났다. 그 속에 뭐가 들었는지 알 길이 없었지만, 확실히 효과가 있었다.

1995년 7월. 우리는 러시아 우랄 산맥 남부의 사크마라 강가에 있었다. 사크마라 강은 우랄 산맥 기슭에서 발원하여 남서쪽으로 흐르다가 우랄 강 본류와 합수한다. 그렇게 남쪽으로 흘러 카스피안 해에 도달한다. 우리의 캠프가 자리한 곳은 18세기와 19세기에 화석들을 쏟아냈던 몇 곳의 옛 구리사암 광산에서 그리 멀지 않았다. 오랫동안 인적이 끊긴 곳이었다. 우리는 주변 언덕과 강기슭의 적색사암과 이암에서 새로운 화석들을 찾아낼 꿈에 부풀어 있었다.

우리의 목적은 러시아의 페름기-트라이아스기 암석층서를 자세히 탐사해서 2억 5,100만 년 전에 일어났던 사건의 전말을 밝힐 수 있는지 여부를 확인하는 것이었다.

전시관에서

우리가 처음 러시아를 찾은 것은 그로부터 2년 전이었다. 글렌 스토스Glenn Storrs 박사와 나는 모스크바 외곽 프로프소유즈나야 가에 있는 고생물학연구소(Paleontologicheskii Instituta Nauk의 첫 글자를 따서 보통 PIN으로 알려져 있었다)에서 일주일을 보냈다. 이곳은 이반 에프레모프가 그토록 꿈꿨지만, 살았을 적에는 완공을 보지 못했던 바로 그 연구소였다. 당시 글렌은 브리스틀대학에서 연구를 하고 있었고, 지금은 신시내티 자연사박물관의 화석척추동물분과 큐레이터로 있다.

우리가 묵었던 곳은 모스크바 중심에 있는, 러시아 과학아카데미 소유의 한 호텔이었다. 호텔에 들어서자 우리에게 각자 1만 루블씩 지급되었다. 엄청난 액수인 것처럼 보였으나, 당시 돈으로 70파운드 정도에 불과했다. 러시아 동료 중 안드레이 세니코프Andrey Sennikov가 그 돈의 용도를 설명해주었다. "이 돈은 학술적 목적으로 지급된 돈입니다. 창녀들에게 써서는 안됩니다." 우리는 안드레이의 충고를 유념해두고, 일주일을 PIN의 놀라운 화석 파충류 소장품들을 조사하면서 보냈다.

PIN은 연구소이자 박물관이다. 소련의 마지막 몇 년, 페레스트로이카, 고르바초프, 옐친 이후 몇 년 동안 전성기를 누렸을 때는 고용된 고생물학자만 100명 정도에 이르러, 모스크바 중심의 옛 건물과 1987년에 프로프소유즈나야 가에 문을 연 새로운 박물관에 각각 배정되어 연구했다. 그러다가 점차 수가 줄어들었다. 봉급은 지급되지 않았고, 경제적인 이유 때문이든 다른 이유 때문이든 사람들은 도리 없이 연구소를 떠날 수밖에 없었다. 새로운 박물관은 멋진 벽돌건물이다. 넓은 지하수장고에는 엄청난 수의 뼈들이 보관되어 있고, 두 층은 전시관으로 개방되어 있다. 공공전시관들은 경이 그 자체이다. 건축가는 건물의 구조와 장식물을 이용해 주제 전시물의 그림을 꾸며 넣었다. 벽에는 포유류형 파충류, 공룡, 매머드를 새긴 거대한 테라코타 조각들이 늘어서 있고, 익룡, 실러캔스, 고대의 인류를 본

뜬 도기 이미지들, 트롱프뢰유 충서 주상이 있었다. 특히 충서 주상은 거울을 이용해서 지질시대의 아득함을 깊이 내려다보는 듯한 놀라운 인상을 주었다. PIN의 전시관에는 소련의 태곳적 보물들로 가득하다. 시베리아의 선캄브리아 시대 지층에서 발견된 최초의 생명체들뿐 아니라, 몽골에서 발굴한 공룡과 포유류 화석도 있다. 글렌과 내가 거기 간 목적은 페름기-트라이아스기 파충류와 양서류를 살펴보기 위함이었다.

페름기-트라이아스기 제1전시관에 들어섰을 때, 우리는 입을 다물 수가 없었다. 중점 전시물로 20개의 파레이아사우르 머리뼈와 골격 화석군집이 전시되어 있었다. 앞 장에서 이미 살펴보았듯이, 파레이아사우르(그림 36)는 카루분지에서 처음 기술되었지만, 나중에 러시아에서도 풍부하게 발견되었다. 키로프 인근 채석장에서 수를 헤아릴 수 없이 많은 파레이아사우르 스쿠토사우루스 *Scutosaurus* 화석들이 발굴되어 모두 모스크바로 옮겨졌다. 러시아 학자들은 그것들을 15개 정도의 종으로 구분했는데, 뒷날 연구에 의하면 국가적 자긍심이 더 많이 반영된 분류로 밝혀졌다. 아마 실제로는 두 종밖에 없었을 것이다.

페름기-트라이아스기 전시관 벽에는 다른 많은 종류의 양서류와 파충류 골격들이 늘어서 있었다. 모두 남부 우랄 산맥, 우랄 산맥 북부지방, 북극 러시아, 모스크바 북부, 특히 북드비나 강을 따라 출토된 것으로, 20세기 초에 아말리츠키의 발굴이 거둔 성과들이다. 눈에 번쩍 띄는 것은 단궁류였다. 카루의 것들과 아주 비슷했다. 곤충을 잡아먹었던 소형 키노돈트와 테로케팔리아에서부터 돼지나 하마 크기의 커다란 디키노돈트까지 모두 있었다. 페름기 후기의 가장 놀라운 단궁류는 고르고놉시아 이노스트란체비아였다. 늑대나 호랑이만한 우람한 골격을 보면 얼마나 강력한 동물이었는지 짐작할 수 있었다. 개처럼 앞뒤로 긴 머리뼈는 지능이 있었음을 보여준다. 특히 전체 길이가 50밀리미터인 송곳니에서 시선을 뗄 수가 없었다. 아마 아래턱을 90도가 넘는 각도로까지 벌릴 수 있었을 것이다. 이 고

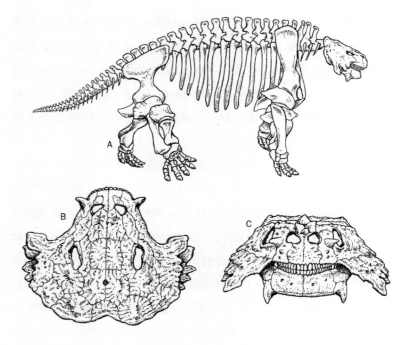

그림 36 러시아에서 발견된 페름기 최후기의 파레이아사우르인 스쿠토사우루스. A는 전체 골격이고, B와 C는 위와 앞에서 본 머리뼈이다.

르고놉시아는 카루에서 알려진 것과 비슷했다.

　러시아 페름기 후기를 다룬 전시관에는 앞 장에서 살펴본 바 있는 남아프리카의 디키노돈대의 것과 매우 흡사한 화석군집이 있다. 북드비나 강과 남부 우랄 산맥에서 발견된 러시아 페름기 최후기의 동물상인 비야츠크 화석군집(그림 37)은 풍부하고 다양한 모습을 보여주었다. 파레이아사우르 스쿠토사우루스, 디키노돈트 디키노돈, 이노스트란체비아를 비롯한 네 종의 고르고놉시아, 두 종의 소형 육식파충류인 테로케팔리아와 키노돈트가 있다. 다른 부분을 보면, 작은 삼각형 머리뼈의 파충류 프로콜로포니드가 있다. 프로콜로포니드는 페름기 최후기 파충류로서 조룡아강에 속하는, 쉽게

326

그림 37 페름기 최후기의 러시아 비야츠크 동물상. 맨 뒤에는 고르고놉시아 이노트란체비아가 초식동물인 파레이아사우르 스쿠토사우루스를 앞에 두고 사냥할 기회를 노리고 있다. 디키노돈트 한 마리가 물가 앞에 서 있고, 육식을 하는 단궁류 안나테랍시두스가 통나무 위에 앉아 있고, 밑에는 드비니아가 있다. 모래톱에는 템노스폰딜 양서류인 크로니오수쿠스가 있고, 물속에는 코틀라시아가 있다. 맨 앞에는 왼쪽에 작은 프로콜로포니드 미크로폰이 있고, 오른쪽에는 템노스폰딜 라파노돈이 있다.

말해 악어와 공룡이 포함된 '지배 파충류' 군에 속하는 가장 오랜 파충류인 아르코사우루스*Archosaurus*, 파레이아사우르(1미터 길이의 호리호리한 몸집에 물고기를 먹고살았던 종)와 친연성이 있지만 겉모습은 다소 뚱뚱한 도마뱀처럼 생겼다. 물가에는 서너 종의 양서류가 있다.

풍부하고 복잡한 생태계였다. 오늘날의 육서군집처럼 많은 동물들이 있었던 것이다. 제각기 다른 종류의 식물을 먹는 초식동물, 물고기를 먹는 양서류, 곤충을 먹는 단궁류, 작은 동물을 먹는 육식동물, 가장 큰 초식동물을 먹는 이른바 으뜸 포식자 고르고놉시아가 있었다. 그런데 페름기 말 위기가 닥치자 이 모든 동물들이 사라져버렸다. 대체 무슨 일이 일어났던 것일까? 우리는 이 뼈들이 나온 암석을 좀더 살펴볼 필요가 있었다.

볼가 강 기슭에서

모스크바를 처음 방문했을 때, 우리는 리빈스크 시 인근의 그 유명한 티흐빈스크 유적지를 찾아볼 수 있었다. 기차를 타고 갔는데, 러시아에서는 기차가 장거리를 여행하는 주요 수단이다. 특별히 빠르지는 않았지만, 깨끗하고 효율적이다. 글렌 스토스와 나, 안드레이 세니코프와 PIN의 부관장인 이고르 노비코프*Igor Novikov*, 이렇게 네 사람은 4인용 침대칸에 자리를 잡았다. 그 여행은 공동연구계획의 일환으로 런던의 왕립학회와 모스크바의 러시아과학아카데미의 자금을 지원받아 이루어진 것이었다.

기차표는 쌌다. 그래서 우리는 과감히 2등급 객실을 잡았다. 3등급 객실의 여행객들은 3층 침대들로 칸막이가 된 지붕 없는 객차에서 잠을 잤다. 우리가 들어간 객실에는 영국이나 프랑스의 침대차와 아주 흡사한 2층 침대가 마련되어 있었다. 우리는 짐을 풀고 식사준비를 했다. 안드레이가 옅은 흰색의 작고 둥근 빵과 호밀빵 몇 개, 말린 민물고기, 싱싱한 오이를 꺼냈다. 우리가 몇 루블을 주고 고용한 급사가 도자기 찻주전자와 머그컵을 가져왔다. 객차 한쪽 끝 구석에 끔찍이도 작은 보일러에서 뜨거운 물을 조달했다. 언제나 끓는 물이 준비되어 있었던 것이다. 우리는 달콤한 차, 빵과 물고기로 성찬을 즐겼다. 그리고 천천히 흔들거리는 여행 내내 잠을 잤다. 아침 여섯 시에 눈을 떠보니 리빈스크에 도착해 있었다.

리빈스크는 볼가 강과 셱스나 강이 합수하는 지점에 위치해 있다. 바로 아래에는 길이가 120킬로미터나 되는 거대한 인공호수인 리빈스크 저수지가 있다. 1940년대에 두 강에 댐을 쌓아 수력발전을 할 요량으로 만든 것이었다. 우리는 라켓('로켓')을 타고 하류 쪽으로 몇 킬로미터를 내려갔다. 라켓은 기발한 러시아제 수중익선으로, 볼가 강이 거치는 작은 마을들을 위아래로 정기적으로 오고가는 교통수단이었다. 라켓은 이쪽저쪽 강변 선착장들을 들러 가면서, 우리를 목적지인 티흐빈스크로 데려다주었다.

티흐빈스크 유적은 멋진 양서류 머리뼈로 유명한 곳이다. 처음으로 그 머리뼈를 수집한 사람은 1930년대의 이반 에프레모프였다. 페름기-트라이아스기 양서류는 주로 템노스폰딜로, 오늘날의 개구리와 도롱뇽의 선조가 포함된 것으로 생각되는 동물군이다. 오늘날의 개구리처럼, 템노스폰딜 역시 좌우로 길고 위아래로 짧은 머리뼈, 주둥이 쪽에 크게 굽어진 안면부위, 물고기를 덥석 물기에 알맞은 적당히 날카로운 십몇 개의 이빨들이 늘어선 턱을 가지고 있다. 템노스폰딜은 개울이나 호수 바닥, 또는 얕은 물의 수초 사이에서 잠복해 있다가 먹이를 빨아들여서 삼켰던 것으로 생각된다. 물밑에 있다가 넓은 입을 재빨리 벌리면 안쪽에 압력이 낮은 지역이 만들어지고, 근처에 있던 물고기나 다른 유기물이 입 안으로 빨려 들어가는 것이다. 머리골격은 조그마해서, 머리뼈와 아래턱의 깊이가 비슷하다. 이 역시 오늘날의 개구리, 도롱뇽과 마찬가지이다. 머리뼈를 위로 쳐들어서 턱을 벌릴 수 있는데, 바닥에서 흡수섭식을 하기에 이상적인 조합이다.

러시아 층서학자들은 티흐빈스크 유적의 퇴적물을 리빈스크 지평층(Gorizont, 영어의 'horizon'에 해당한다)의 일부로 분류했다. 이 지평층은 트라이아스기 초기에 쌓인 암석의 한 단위로서, 대멸종 이후 300만~400만 년의 기간을 나타낸다. 리빈스크 지평층은 모스크바 지역 곳곳에서 찾아볼 수 있고, 볼가 강 남부와 우랄 산맥 지역에서도 그에 상응하는 단위층들이 나타난다. 셰일에는 식물유해와 연체동물이 함유되어 있어, 하천과 호수에서 퇴적된 것임을 보여준다. 그러나 아마 발트 해 지역의 트라이아스기 초기 바다의 영향도 일부 작용했을 것이다.

리빈스크 동물상에서(그림 38) 볼 수 있는 놀라운 사실은 바로 페름기 후기의 비야츠크 화석군집—모스크바 박물관에서 보았던 파레이아사우르, 디키노돈트, 키노돈트 같은 파충류가 우글우글했던 모습—에 비해서 동물상이 크게 감소했다는 것이다. 가장 흔하게 보이는 동물은 템노스폰딜 양서류인 벤토수쿠스*Benthosuchus*와 투수쿠스*Thoosuchus*로, 각각 몸길이가 0.7~1.5미터이다. 아르코사우르인 카스마토수쿠스*Chasmatosuchus*는 극히 드물게 나타난다. 이 종은 템노스폰딜이나 물고기, 또는 도마뱀처럼 생긴 프로콜로포니드 티흐빈스키아*Tikhvinskia*를 먹고살았을 것으로 생각된다. 페름기에 우점했던 동물군인 포유류형 파충류는 리빈스크 동물상에서 작은 몸집의 스칼로포그나투스*Scalopognathus*—사실 턱 하나만 발견된 형편이다—한 형태만 나타난다. 러시아 학자들이 다른 파충류도 보고했지만, 유해가 파편적이고 의심스럽다.

우리가 카루분지에서 보았던 그 모습 그대로였다. 카루분지에서는 페름기 최후기 디키노돈대의 복잡한 생태계가 갑자기 사라졌고, 트라이아스기 최초기인 리스트로사우루스대 동물상은 디키노돈트 리스트로사우루스가 독차지하고 있었다. 공반된 파충류는 극히 드물었고, 그나마 모두 소형이었다. 그런데 러시아의 동물상은 사뭇 달랐다. 티흐빈스크에는 리스트로사우루스가 나타나지 않았고, 대부분이 양서류였던 것이다. 그러나 아마 그까닭은 환경 때문이었을 것이다. 흑색 셰일 퇴적물을 보면 그곳이 깊은 호수였음을 짐작케 한다. 또는 리스트로사우루스가 이미 멸종해버렸을 수도

그림 38 티흐빈스크 지역에서 볼 수 있는 트라이아스기 최초기의 러시아 리빈스크 동물상. 멀리서 초기형 아르코사우르인 카스만토수쿠스가 디키노돈트 리스트로사우루스를 지나쳐 가고 있다. 가운데에는 몇 마리 작은 파충류들이 있다. 테로케팔리아(왼쪽)가 쳐다보는 쪽에 프로콜로포니드 티흐빈스키아와 곤충을 입에 문 프롤라세르티포름 보레아프리케아가 있다. 그 아래에는 양서류가 있다. 육중한 템노스폰딜 웨틀루가사우루스가 기슭에 엎드려 있고, 벤토수쿠스는 헤엄을 치고 있다.

있다. 러시아의 리스트로사우루스 게오르기는 보흐미 지평층(Vokhmian Gorizont)에서 나오는데, 트라이아스계의 저부이며, 티흐빈스크의 리빈스크 지평층보다 몇백만 년 더 앞선 층이다.

사크마라 강의 첫인상

이렇게 러시아를 처음 방문하고 난 우리는 러시아에 구미가 당겼다. 글렌 스토스와 나는 우랄 산맥의 고전 화석층이 몹시 보고 싶었다. 모스크바분지의 페름기-트라이아스기 층들도 훌륭했고, 지난 세기 전반에 걸쳐 훌륭한 화석들이 출토되었지만, 화석산지들은 따로따로 떨어져 있었고 규모도 작은 데다 식생, 농장, 마을들로 둘러싸여 있었다. 지질학자들은 암석이 노출된 사막이나 해변, 협곡을 더 좋아한다. 우리는 1994년 7월에 러시아를 두 번째로 방문했다. 이번에는 우랄 산맥 행을 앞두고 있었다. 우리를 초청한 사람은 사라토프의 발렌틴 트베르도흐레보프와 비탈리 오체프Vitaly Ochev였다. 오체프는 뛰어난 고생물학자로, 1950년대 후반부터 우랄 산맥의 페름기-트라이아스기 화석 양서류와 파충류를 연구해오고 있었다. 글렌과 나는 익히 명성을 들어 그를 알고 있었다. 그는 러시아뿐 아니라 국제 학술지에도 폭넓게 논문을 발표했던 터였다. 트베르도흐레보프는 약간 생소한 인물이었다. 현장지질학자인 그는 퇴적학이 전공이다. 고대의 퇴적물을 조사하고, 퇴적물에 담긴 당시의 환경과 기후에 대한 증거를 해석하는 일을 했다. 소련 지질조사국—지금은 러시아 지질조사국—에서 수십 년 동안 지질도를 작성했고 가치 있는 광물과 광석을 찾아다녔던 터라, 남부 우랄 산맥 지역을 샅샅이 알고 있었다.

안드레이 세니코프가 모스크바의 웅장한 카잔 역까지 우리를 태워다 주었다. 거기서 기차를 타고 오렌부르크로 갈 예정이었다. 러시아의 장거리 기차 대부분이 그렇듯, 우리가 탄 기차도 자정쯤에 출발했다. 여느 때처럼 우리는 찻주전자와 침구를 빌려서 잠자리에 들었다. 아침에 일어나 살펴보니 류베르치, 콜롬날, 랴잔을 지나 모스크바 남동부의 대평원으로 들어서고 있었다. 자작나무 숲과 농경지가 사방으로 수백 킬로미터씩 펼쳐져 있었다. 이른 오후에 시즈란을 지나고 나니, 처음으로 볼가 강이 시야에 들어왔다. 강폭이 좁은 지점에서 철도가 볼가 강을 가로지르고 있었지만, 그 철교도 길이가 무려 거의 3킬로미터나 되었다. 강이 너무 넓어 건너편 기슭이 눈에 들어오지 않을 정도였다. 우리는 곧 볼가 강의 동쪽 기슭에 있는 사마라에 도착했다. 주민이 100만 명이 넘는 공업도시이자 주요 행정 중심지였다. 공장마다 'Slava Oktyabr'skoi Revolyutsii' ('10월 혁명이여 영원하라') 는 현수막이 걸려 있었다. 이 도시도 다른 많은 도시처럼 최근에야 이름이 바뀐 터였다. 오래된 지도책을 보면 쿠이비셰프라고 나와 있다.

사마라에 도착한 뒤, 오후의 태양을 받으며 사람들이 기차에서 내리는 걸 지켜보던 우리는 또 한 대의 기차가 남쪽에서 들어오는 것을 보았다. 중앙아시아의 한 나라인 우즈베키스탄의 수도 타슈켄트에서 온 기차였다. 문이 열리자 엄청난 수의 커다란 멜론들이 승강장으로 굴러 떨어졌다. 사실 3등 칸들은 모두 멜론으로 채워져 있었다. 바닥뿐 아니라, 침대와 복도까지 멜론 천지였다. 갈색 피부의 키 작은 우즈베키스탄 농부들이 기다란 어둔 색 로브와 양털 모자를 걸치고 가족들과 함께 멜론의 뒤를 따라 승강장으로 내렸다. 동행의 말인즉슨, 멜론을 팔러 값싼 표를 사서 이틀간 여행을 하여 러시아의 심장부로 오는 것이 저들로서는 경제적으로 이득이 된다는 것이었다. 상업용 화물차에 농산물을 맡기는 것보다 훨씬 안전한 방법이라는 얘기였다.

서른 시간을 여행하면서 침대칸에서 이틀 밤을 보낸 뒤, 마침내 오렌부르크 역에 도착했다. 발렌틴 트베르도흐레보프와 비탈리 오체프를 비롯해 몇몇 사람들이 우리를 마중 나와 있었다. 트베르도흐레보프는 키가 크고 다부진 체격에 검은 머리와 볕에 그을린 얼굴을 하고 있었다. 분명 사무실보다는 현장에 더 어울리는 생김새였다. 그는 러시아어로만 말을 했기에, 나는 겨우겨우 의사소통을 할 수 있었다. 글렌이 유창하게 러시아어로 말을 하자 러시아 사람들이 깜짝 놀랐다. 학창시절 러시아어를 배웠던 그는 러시아 합창단에서 노래하는 것이 큰 꿈이었다. 오체프는 여기저기 정력적으로 뛰어다니며 영어와 독일어를 섞어서 말을 했다. 다른 나이 많은 러시아 지식인들처럼, 그 역시 어렸을 때 서양언어를 하나 이상 배웠다. 오체프의 나이가 일흔이 넘었다는 것이 믿기지 않았다. 대단히 활력이 넘쳤기 때문이다. 나머지 사람들 중 레오니드 시민케Leonid Shminke의 영어가 훌륭했기 때문에 우리의 통역사가 되어줄 예정이었다. 우리는 우아스 미니버스에 우르르 몰려 타고 출발했다. 어디에서나 볼 수 있는 우아스 미니버스는 색깔이 한결같이 카키색이었다. 우아스Waz란 이름은(원래는 UAZ) Ul'yanovskii Avtomobil'nyi Zavod(울리야노브스크 자동차 공장)을 뜻했다. 이 버스는 9인승인데, 1960년대의 고풍스런 폭스바겐 캠프차와 꼭 닮았다.

오렌부르크를 출발한 우리는 사크마라, 코르니 오트로그를 지나 동쪽으로 콜호스 프라브다Kolhoz Pravda('진실 집단농장'이란 뜻)까지 갔다. 가브릴로프카 마을을 지나쳐 그라이다라고 불리는 잘 닦인 비포장도로를 달리다가, 옆길로 빠져 농장의 밭을 가로질러 사크마라 강기슭에 당도했다. 나무들 사이로 트베르도흐레보프와 동료들이 마련해놓은 근사한 야영지가 있었다. 대여섯 개의 실속 있는 텐트가 개간지를 빙 둘러쳐져 있었다. 그 지점에서 사크마라 강의 너비는 20미터 정도였다. 높은 기슭 사이로 강물이 세차게 흐르고 있었다. 러시아인들은 기슭의 옆면을 깎아 깔끔하게 계단을 내고 작은 선착장을 지어놓았다. 그때 "대체 당신들 여기서 뭐하는 거요?"라는 활기찬 외침이 들렸다. 보트를 탄 한 늙은 러시아인이 물고기로 가득 찬 동이를 들고 강변으로 다가왔다. 그 사람은 바로 페름기-트라이아스기의 단궁류 파충류 전문가인 저명한 고생물학자 표트르 추디노프Pyotr Tchudinov였다. 그는 완벽한 영어로 자신은 이미 은퇴한 처지며, 낚시할 때만 이곳을 찾는다고 말했다.

서서히 드러나는 전모

우리가 사크마라 강기슭에서 보낸 시간은 일주일뿐이었다. 그런데 사라토
프 사람들은 매년 이곳을 찾는 눈치였다. 옛날 소련 시절에 트베르도흐레
보프는 지질도를 완성하는 임무를 맡았다. 그 일대를 탐사해 특정 광물을
찾아내는 일이었다. 우랄 산맥 지역은 전체가 철, 구리, 아연, 우라늄뿐 아
니라 석유와 천연가스도 풍부한 곳이다. 그래서 주요 산업자원을 개발할
때 지질학자들의 임무가 막중했다. 어쨌든 우리는 그곳에서 현장조사를 할
기대에 부풀었다. 아마 20세기 들어서 러시아의 화석 파충류 산지들을 돌
아본 최초의 서구인들이 우리였을 것이다. 1841년에는 머치슨이, 1880년
대에는 트웰브트리스가 잠깐 동안 일부 화석산지들을 돌아본 적이 있었지
만, 소련 시절에는 외국인들이 자유롭게 러시아 깊숙한 곳까지 여행하는
일이 사실상 불가능했다.

우리의 목적은 우랄 산맥의 페름기-트라이아스기 암석에 나타나는 동
물들의 천이과정을 이해하는 것이었다. 이미 우리는 러시아 학술지에 발표
된 수많은 논문들을 읽은 터였다. 다행히도 일부는 영어로 번역되어 있었
다. 그 논문들은 화석산지를 하나하나 열거했고, 각 유적에서 발굴된 종들
의 목록도 제공했다. 그러나 글로 쓰인 논문만으로는 생명의 역사의 한 단
면을 실감하기가 매우 어려웠다. 게다가 논문의 정확도도 의심스러웠다. 만
일 러시아 학자가 오래전에 발표된 보고서들을 읽어서 영국이나 북아메리
카, 또는 남아프리카의 고생물학을 이해하려 든다면, 그 사람은 아마 상당
히 미심쩍다는 인상을 받을 것이다.

현장조사 첫날, 우리는 다시 주도로를 타고 오렌부르크로 되돌아간 다
음, 남쪽으로 카자흐스탄 국경을 향해 죽 달렸다. 오렌부르크에서 불과 몇

킬로미터 안 떨어진 곳이었다. 남쪽으로 향하던 중 오렌부르크 중심에 있는 우랄 강을 건넜다. 그것으로 우리는 유럽에서 아시아로 넘어간 셈이었다. 목적지는 솔레츠크 지방이었다. 그곳 동구스 강과 베르댠스크 강기슭에는 화석 양서류와 파충류 유해들이 풍부해서, 1940년대와 1950년대에 이반 에프레모프와 후계자들이 발굴한 바 있었다. 그 후계자 중에는 우리와 함께한 오체프와 추디노프도 있었다.

한 유적에서 우리는 양서류 크로니오수쿠스*Chroniosuchus*의 뼈를 열 점도 넘게 찾아냈다. 그것은 템노스폰딜이 아니라 페름기의 다른 주요 양서류군에 속하는 안트라코사우르였다. 머리뼈는 템노스폰딜보다 좌우 너비가 좁았다. 오체프는 동구스 강을 따라 1950년대와 1960년대에 자신이 불도저를 써서 커다란 디키노돈트 골격을 발굴한 적이 있었던 유적들을 하나하나 안내해주었다. 불도저는 확실히 중요한 혁신이었다. 오체프는 틀림없이 불도저 덕분에 골격을 다량으로 발굴할 수 있었을 것이다. 말이 나와서 말이지, 그는 우리가 보지 못하는 것도 찾아내는 귀신같은 재주를 가진 듯했다. 이어서 오렌부르크 남쪽에 있는 상부 페름계의 오래된 구리광산 몇 곳도 둘러보았다. 아직도 구리광석 덩어리들을 주울 수 있었고, 오래된 작업장도 그대로 있었지만, 광물 부스러기 속에서는 뼈가 거의 발견되지 않았다.

다음 날은 하부 트라이아스계를 조사했다. 캠프에서 그라이다로 빠져나가 서쪽으로 15킬로미터쯤 떨어진 사락타슈로 향했다. 차를 타고 가던 중, 우리는 상부 페름계 암석층서를 지나 트라이아스계로 접어들었다. 목적지는 페트로파블로프카 마을 북쪽이었다. 고대에 사크마라 강굽이에서 형성된 우각호牛角湖 자리 강기슭에는 일련의 유명한 화석유적들이 있었다. 유적들은 러시아 작가 이름을 따서 페트로파블로프카 I, II, III, IV, V, VI으로 번호가 매겨졌다. 러시아 지질학 논문들에 이 유적지 번호들이 등장했고 각각의 화석목록도 실렸지만 지도는 없었다. 그곳을 방문하기 전까지 우리는 갈피를 잡지 못하고 있던 터였기에 대단히 중요한 기회였다.

트베르도흐레보프는 그곳 전역을 표시한 소련 지질도를 챙겨 가지고 왔는데, 우리는 그것을 보고 큰 인상을 받았다. 질적으로 대단히 훌륭한 지도들이었다. 어떤 면에서는 영국이나 미국의 지질도보다 나았다. 지형, 도로, 마을뿐만 아니라 암석단위층과 지질구조를 보여주는 오버레이도 있었고, 하천과 하천식생 입지의 높고 낮음도 표시되어 있었다. 해마다 얼음과 눈이 녹으면서 우랄 강을 비롯해 우랄 산맥에서 발원한 강의 하천들이 모두 범람한다. 홍수 날짜뿐 아니라 범람지역과 실트의 퇴적정도도 상당히 예측 가능하다. 홍수가 일어나면 강가를 따라 덤불과 갈대가 주기적으로 크게 성장한다. 이 모든 것들이 그 지도 안에 들어 있었던 것이다.

각 지도마다 번호가 매겨졌고, 굵은 펜으로 'Sekretna'라는 글자가 진하게 그어져 있었다. 과연 그 지도들을 살 수 있을까? 페레스트로이카, 글라스노스트도 거쳤으니 괜찮을 것 같은데? 그러나 불가능하다. 오랜 세월 애써서 지도를 훌륭하게 작성했지만, 사본은 각각 100개뿐이었다. 번호가 매겨진 지도들은 특정 관공서에서 보관했다. 오렌부르크 지역 지도를 직접 숱하게 제작했던 발렌틴 트베르도흐레보프조차도 자기 것이 없었고, 관공서에 가서 서명하고 대출한 다음 다시 반납해야 했다. 그러니 우리가 그 지도를 가질 수 있었겠는가? 턱도 없는 일이었다.

우리는 페트로파블로프카 유적들을 모두 찾아가서, 티흐빈스크처럼 양서류와 프로콜로포니드 따위의 성긴 동물상이 출토된 곳들을 돌아보았다. 그러나 티흐빈스크와는 달리 몸집이 큰 포식자 아르코사우르 가르자이니아Garjainia도 있었다. 몸길이가 2미터 정도로 앞뒤로 긴 머리뼈를 가진 가르자이니아는 중형 양서류와 파충류를 잡아먹고 살았음이 분명했다. 페르토파블로프카층들은 티흐빈스크층들보다 연대가 다소 떨어지고, 야렌스크 지평층(Yarenskian Gorizont)을 대표하며, 동물상이 다양했다. 네댓 종만 있었던 티흐빈스크층과는 달리, 야렌스크층에는 열 종에 가까운 동물상이 있었다. 페름기 말 사건 이후 생명이 복구되고 있었지만, 위기 이전의 풍부한 생태계에 견줄 정도가 되기까지는 아직도 한참이 더 걸려야 했다.

페름기–트라이아스기 경계

휴일 저녁에는 그 지역 농부들과 흐드러진 술잔치를 즐겼다. 다음 날 우리
는 다시 현장으로 떠났다. 보드카를 한 파인트(대략 0.5리터: 옮긴이)씩 단숨에
들이키는 데 익숙하지 못했던 글렌과 나는 여전히 얼굴이 하얗게 질린 채
차 뒷좌석에 앉아서 갔다. 우리가 향한 곳은 캠프 근처의 삼불라Sambula라
고 불리는 절벽이었다. 퇴적물 층서를 샅샅이 살펴보았던 그날은 전체 일
정 중에서도 가장 놀라운 날이었다.

　삼불라 암석층서에는 중간에서 위쪽으로 큰 변화가 나타나 있었다. 기저
부분은 육상에 퇴적된 이암과 석회암이 번갈아가며(각각의 암층은 침식층으로
시작해서 토양으로 끝났다) 나타났는데, 아마 수천 년에 걸쳐 우기와 건기가 반
복되었음을 보여주는 것으로 생각된다. 이어서 우리는 과거에 파충류 골격
들이 발굴된 곳곳을 둘러보았다. 마루에는 굉장히 두꺼운 역암이 있었다.
녹색을 띠는 편암, 분홍색을 띠는 화강암, 흰색의 규암 등 이색적인 거대
한 표석들로 구성된 거칠거칠한 단위층이었다. 이 표석들은 200~300킬로
미터 정도 떨어진 우랄 산맥의 중심부에서 온 것이 확실했다.

　발렌틴 트베르도흐레보프는 역암층 분포를 조사한 적이 있었는데, 역암
층이 광활한 선상지, 곧 주요 하천계 선단에 쌓인 유수퇴적층流水堆積層을
이루고 있었다. 2억 5,000만 년 전 원시 우랄 산맥 전역에 걸쳐 쏟아진 폭
우 때문에 빠르게 침식되어 아래로 흘렀던 것이 틀림없었다. 범람한 큰 강
들이 육중한 표석들을 평지까지 운반했을 것이다. 마루에는 아무것도 없었
다. 그 위에 있던 부드러운 암석들이 닳아 없어져 훨씬 나중에서야 오늘날
의 지형을 형성했을 것이다. 그러나 그 지역을 가로지르다 보면, 원래의 사
암과 이암을 발견할 수 있었다.

"각 지평층(Kak Gorizont)인가요?" 나는 이렇게 물었다.

"에타 그라니차 페르모-트리아스." 트베르도흐레보프가 무심하게 이렇게 대답했다.

무슨 소린지 알아먹는 데 시간이 좀 걸렸다.

나는 글렌에게 이렇게 반문했다. "페름기-트라이아스기 경계라고? 저 사람 말이 그 경계라는데, 어떻게 그걸 알지? 무슨 증거가 있지?" 글렌은 좀더 유창한 러시아어로 발렌틴 트베르도흐레보프에게 자세히 물었다. 만일 이것이 정말로 페름기-트라이아스기 경계라면, 정확히 어떻게 연대측정을 했는지, 건기·우기 주기에서 대규모 선상지를 만들어낸 기후로 바뀌면서 환경에는 어떤 변화가 있었는지, 그리고 동식물은 어떤 영향을 받았는지 아는 것이 중요했다.

그날 밤 캠프로 돌아와서, 모기들이 우리 덕분에 포식하고, 잠자리들이 날아올라 모기들을 덮치고 있을 때, 글렌과 나는 서로 많은 얘기를 나누었다. 정말로 이것이 페름기-트라이아스기 경계라면, 뒷받침할 명확한 증거를 찾아야만 했고, 그래야 당시 무슨 일이 있었는지 세밀하게 조사해볼 수 있을 것이었다. 그러나 우리는 다음 날 사크마라 강을 떠나 머나먼 귀국길에 올라야 하는 형편이었다. 어떻게 해서든 다시 그곳으로 와야 했다.

경계를 질러서

1994년의 러시아 탐사는 가벼운 입가심에 지나지 않았다. 글렌과 나는 1995년 7월과 8월, 트베르도흐레보프와 오체프와 협력하여 좀더 진지한 탐사계획을 짰다. 이번에도 같은 장소에서 캠프를 꾸렸으나, 인원은 전보다 훨씬 많았다. 내 제자 중 앤디 뉴월Andy Newell(지금은 영국지질조사국에서 일한다), 패트릭 스펜서Patrick Spencer(소형 파충류 전문가이다)는 미리 가서 러시아 팀과 합류해 있었다. 글렌과 나는 또 한 사람의 제자인 데이비드 고워David

Gower(지금은 런던자연사박물관에서 일한다), 수의사이면서 화석광인 대런 파트리지Darren Partridge와 함께 2주 뒤에 러시아로 갔다.

캠프에는 13개의 숙박텐트와 커다란 취사텐트가 마련되어 있었다. 가스를 연료로 하는 대형 요리도구들이 갖춰진 취사텐트에는 두 명의 요리사와 개 두 마리가 있었다. 지질학자를 포함하여 러시아 쪽 인원은 모두 18명이었는데, 대부분 강가에서 유급휴가를 즐기러 온 것이 틀림없었다. 우리는 캠프에 들어갈 비용을 우리 측에서 지불하기로 합의했다(1994년에는 사라토프의 지질학자들이 전액을 부담했다). 그래서 우리는 총 5,000달러를 루블화로 그들에게 건넸다. 나는 달러를 소액권으로 마련하여(신권 1달러와 5달러짜리 지폐) 러시아로 가지고 가서, 공항에서 루블화로 환전했다. 벽돌만큼이나 두꺼운 1,800만 루블 뭉치를 목에 걸고 기차를 탔던 나는 내내 안절부절못했다.

우리는 금방 캠프생활에 적응했다. 아침 일찍 일어나면 대량으로 요리한 아침식사를 했다. 메뉴는 보통 카샤와 연골요리였다. 러시아의 전통곡물인 카샤는 메밀처럼 생겼는데, 스텝 토양에서 잘 자라는 키 작은 식물에서 수확한 것이었다. 맛은 약간 쌀과 비슷했다. 카샤 위에는 언제나 약간의 고기와 육즙이 둘러 있었다. 아침식사뿐 아니라, 보통 점심과 저녁에도 카샤를 먹었다. 더운 날씨가 주를 이루었기에, 현장에서 하루의 고된 일과를 마치고 난 다음에는 매일 저녁 캠프로 돌아가 강에서 수영하는 것이 낙이었다.

우리가 예정한 현장조사 기간은 4주였다. 4주 동안 퇴적상태를 꼼꼼히 기록해서, 페름기 후기에서 트라이아스기 초기로 넘어가는 동안 환경과 동물상에 어떤 변화가 있었는지 정확히 알아낼 수 있기를 기대했다. 매일 우리는 새로운 유적으로 나갔다. 발렌틴 트베르도흐레보프는 이미 전에 다 돌아본 곳들이었지만, 우리는 모든 것을 우리 눈으로 직접 보길 원했기 때문에, 페름기-트라이아스기 암석을 계속해서 더 보여 달라는 우리의 요구를 모두 받아주었다. 우리는 다투듯이 협곡을 오르내리며 퇴적일지를 작성했다. 한 층 한 층 퇴적물의 특징뿐 아니라, 함유된 화석이나 퇴적구조도 모두 기록했다. 퇴적구조는 퇴적환경을 알려주는 분명한 길잡이가 될 수 있다. 예를 들어 여러 종류의 연흔漣痕(지층 표면에 새겨진 물결 모양의 흔적: 옮긴이)을 보면 물의 이동방향을 알 수 있고, 모래가 퇴적된 곳이 해변인지 하천인지도 알 수 있다. 건열乾裂과 우흔雨痕은 해당 퇴적물이 공기에 노출되었음을 가리킨다. 고대의 뿌리흔적이 나타나면 토양이 있었다는 증거이다. 크고 작은 하도들은 하천의 유형을 알려준다. 다시 말해 곡류하천이었는지 망상하천이었는지 따위를 구분할 수가 있다.

두 명씩 조를 짠 우리는 빠르게 일을 진행했다. 페름기 후기와 트라이아스기 초기 전체에 걸친—페름기-트라이아스기 경계가 포함될 때도 자주 있었다—수백 미터의 퇴적층서를 빠르게 기록해갔다. 한 사람이 줄자를 가지고 다니며 층의 두께, 암석유형, 퇴적구조나 화석을 큰 소리로 외치면, 다른 사람은 모두 그대로 받아 적었다.

퇴적기록이 도움이 되는 까닭은, 현장일지에 써넣은 모든 측정값들과 급하게 휘갈겨 쓴 암석유형들을 연구실에서 간단한 도표로 바꿔볼 수 있기 때문이다. 수백 미터, 아니 수 킬로미터에 이르기도 하는 두꺼운 퇴적물을 그림 형태로 요약해놓은 도표를 보면(그림 39) 즉각 모든 것을 읽어낼 수 있다. 땅에서 덤불과 관목들을 헤치며 구불구불한 협곡을 올라가다 보면, 큰 패턴은 눈에 잘 잡히지 않을 수 있다. 그러나 커다란 종이나 컴퓨터 모니터로 그려내면 좀더 큰 그림을 분명하게 볼 수 있다.

대선상지

현장에서 눈에 바로 들어온 것이 하나 있었다. 지난번 탐사여행 중 삼불라에서 보았던 것처럼 괴상塊狀 역암이 갑작스럽게 출현하는 것으로 보였던 것이다. 그 유적에서만 국지적으로 나타나는 특징이 아니라, 남부 우랄 산맥 전역에서 나타났다. 무언가 극적인 현상이 일어났음이 틀림없었다. 퇴

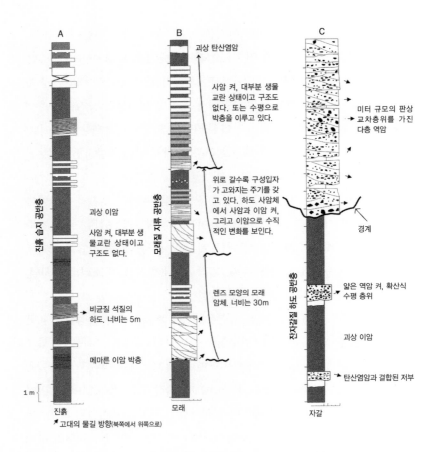

B

괴상 탄산염암

사암 켜, 대부분 생물
교란 상태이고 구조도
없다. 또는 수평으로
박층을 이루고 있다.

C

미터 규모의 판상
교차층위를 가진
다층 역암

진흙 습지 공반층

괴상 이암

사암 켜, 대부분 생
물교란 상태이고
구조도 없다.

위로 갈수록 구성입자
가 고와지는 주기를 갖
고 있다. 하도 사암체
에서 사암과 이암 켜,
그리고 이암으로 수직
적인 변화를 보인다.

경계

모래질 지류 공반층

비균질 석질의
하도. 너비는 5m

렌즈 모양의 모래
암체. 너비는 30m

메마른 이암 박층

얇은 역암 켜, 확산식
수평 층위

잔자갈질 하도 공반층

괴상 이암

1 m

진흙

모래

자갈

탄산염암과 결합된 저부

↗ 고대의 물길 방향(북쪽에서 위쪽으로)

그림 39 전형적인 퇴적기록. 페름기 후기와 트라이아스기 최초기에 우랄 산맥에서 강을 따라 쓸려 내려와 퇴적된
암석층서를 보여준다. 층서는 세 단으로 나누었다. 층서는 왼쪽 단 바닥에서 시작해서 오른쪽 단 꼭대기에서 끝난다.
퇴적물을 보면 아래 하부에서는 진흙 습지(A단), 가운데에서는 모래질 하도(B단), 자갈질 하도, 그리고 큰 자갈질 하
도(C단)의 증거가 나타나 있다.

적패턴에 대규모 변화가 일어났던 것이다.

퇴적학자인 앤디 뉴월은 모든 퇴적기록을 살펴보고 러시아에서 페름기-
트라이아스기 경계시점에서 일어났던 일의 규모를 설정할 수 있었다.[143]
암석층서는 진흙 습지로 시작한다. 균질한 이암이고 얇은 사암이 아주 드

물게 나타난다. 진흙이 퇴적된 환경은 얕은 수역이었다. 식물들로 둘러싸여 있고, 몇몇 발자국 화석에서 드러난 것처럼 파충류와 양서류가 가끔씩 건너다니곤 했던 곳이었다. 수많은 진흙층에 나타난 엉그름은 그 수역이 이따금씩 메말랐음을 보여준다. 그리고 소금 결정의 흔적을 보여주는 인상 화석은 적어도 부분적으로는 염분이 있었음을 보여주는 증거이다. 아마 여러 차례 범람하고 메마르면서 염분이 농축되었던 것 같다.

진흙 습지 다음에 오는 층서에는 훨씬 많은 사암이 포함되어 있는데, 이는 모래질 지류계를 나타내는 것이다. 사암들은 하도와 모래 켜들로 나타나는데, 다양한 유형의 하천이 있었음을 암시한다. 오랫동안 존재했던 하도의 분명한 흐름에서부터, 너른 지역에서 엄청난 양의 모래를 쓸어와 전 지역을 덮어버린 것으로 추정되는 극적인 홍수에 이르기까지, 그 흔적을 보여주는 것이었다. 이런 종류의 홍수가 있었다는 것은 당시가 반건조 기후였음을 암시한다. 다시 말해 주변 구릉들을 깎아내고 전 지역에 걸쳐서 다량의 모래를 쓸어버리는 폭우가 가끔씩 있었다는 뜻이다.

이 하천모래와 홍수모래에 이어 나타나는 층서는 제3퇴적 공반층으로, 잔자갈질 하도들이다. 하도들의 너비는 100미터 정도, 깊이는 1~2미터이며, 손바닥만한 크기의 규암, 석회암, 대리암 자갈들로 이루어져 있다. 이는 강폭이 크고 깊이가 얕은 하천들이 상당한 속도로 흐르면서, 100킬로미터 떨어진 우랄 산맥 기슭에서 암석들을 운반해왔음을 보여준다. 자갈들이 매끄럽게 둥글둥글한 것으로 봐서, 강을 타고 상당히 먼 곳에서부터 데굴데굴 굴러왔음이 확실하다.

그다음에 바로 우리가 삼불라에서 처음 보았던 육중한 역암이 나타난다. 아래의 어떤 것들보다도 규모부터가 상당히 다르다. 그 시점에 분명 무언가 극적인 일이 일어났음이 분명하다. 개개의 층들은 깊이가 1~3미터 정도로 비교적 얇지만, 너비는 무려 3~5킬로미터까지 가는 것도 있다. 함유된 암편岩片들은 주로 자갈이지만, 표석도 흔하게 나타난다. 삼불라에서 보았던 모습과 같다. 곧, 아래에 자리한 얇은 역암처럼, 그 자갈들은 규암, 석회암, 대리암이다. 자갈들이 원래 있던 곳은 우랄 산맥의 서쪽 가장자리이다. 이 외에도 처트와 화성암 표석들도 운반되었는데, 근원지는 우랄 산맥 깊숙한 곳으로서, 동쪽으로 무려 900킬로미터나 떨어져 있다.

발렌틴 트베르도흐레보프는 육중한 역암에서 무작위로 뒤섞여 발견되는 암석유형들이 원래 있었던 곳을 추적해서 우랄 산맥 심장부까지 가볼 수 있었다. 각각의 역암체는 여러 곳에서 온 물질이 섞인 것이 분명하다. 이는 당시 여러 개의 거대한 급류가 산의 측면을 빠르게 흘러내리며 거대한 표석들을 굴려 내렸다는 증거이다. 그러다가 경사가 낮은 비탈면에 이른 급류는 더 넓은 하천과 합류했을 것이고, 급류에 쓸려온 대리암과 처트, 화성암 표석들은 넓은 하천이 운반하는 엄청난 양의 암석들과 서로 뒤섞였을 것이다.

신중하게 지도를 작성해보니, 트베르도흐레보프는 거대한 유수퇴적층계의 정확한 형태를 그려낼 수 있었다.[144] 이 계는 보통 선상지라고 불리지만, 대선상지大扇狀地라고 부르는 게 더 적절할 것이다. 아래의 자갈질 선상지보다 10의 몇 제곱 배는 더 크기 때문이다. 트베르도흐레보프가 그린 지도에 따르면(그림 40), 각각의 대선상지 넓

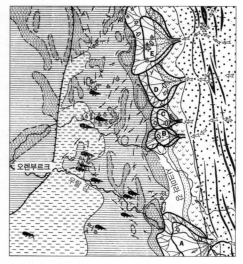

그림 40 트라이아스기 최초기의 대선상지 분포도. 오른쪽에 있는 우랄 산맥에서 쓸려온 모습이다. 하천 흐름의 방향은 화살표로 표시되어 있는데, 모두 선상지로 향하고 있다. 지도에 표시된 선상지는 다섯 개이다(A~E). 선상지의 앞부분, 지도의 왼쪽 부분은 좀더 고운 하천·호수 퇴적물이 있다.

이는 300제곱킬로미터 정도이고, 우랄 산맥 기슭에서 무려 15킬로미터나 뻗어 있다.

위기

대체 퇴적패턴에 이런 엄청난 변화가 생긴 까닭이 무엇일까? 뉴월은 페름기 최후기에 이암에서 모래질 지류계로, 다시 잔자갈질 선상지 층서로 이어지는 것은 서로 연관된 퇴적양상이라고 주장한다. 모두 동일한 과정을 함축하고 있다는 얘기이다. 다시 말해 남부 우랄 산맥 지역에서 주변의 구릉들로 퇴적물이 강우비율과 침강비율에 따라 각기 다른 비율로 쓸려 내려왔다는 것이다.

페름기 말 이전 약 6,000만 년 전에 오늘날의 유럽과 아시아의 전신격인 두 개의 거대한 구조판이 서로 만나 천천히 서로를 밀어댔다. 두 판이 서로 힘을 가하면서 우랄 산맥이 융기했다. 오늘날에도 비슷한 과정이 진행 중임을 볼 수 있다. 인도가 아시아를 밀어내며 당당하게 북쪽으로 진행하면서, 히말라야 산맥이 계속해서 높이 융기되고 있다(그러나 100년에 몇 센티미터 정도밖에 안 된다).

석탄기 후기에는 우랄 산맥이 융기하기 시작하면서 주변 지형이 함몰했다. 처음에는 상당 부분이 바다로 뒤덮여 있었고, 두꺼운 해성퇴적물이 쌓였다. 이 퇴적물이 해분을 채워나가면서, 마침내 페름기 후기에 육지가 형성되었다. 페름기 동안에는 우랄 산맥이 안정되어가면서 침강률도 줄어들었다. 오랫동안 이어진 판 운동이 멈추었다. 페름기 최후기에 이암에서 사암으로, 그리고 잔자갈질 하도로 변화된 것은 해분이 채워지는 마지막 국면을 나타낸다. 여기저기 웅덩이가 팬 저지대였던 것이 우랄 산맥의 구릉들과 견줄 만한 높이까지 이르렀던 것이다.

그다음에는 육중한 역암이 나타난다. 강우량의 증가가 있었다고 말하면,

역암의 존재를 가장 쉽게 설명할 수 있을 것이다. 그러나 퇴적물에 나타난 증거는 모두 오히려 강우량의 감소와 건조한 환경의 확산을 보여준다. 이보다 가능성이 큰 설명이라면, 그 당시, 정확히 말하면 페름기-트라이아스기 경계시점에서 지표면 식생에 대대적인 축소가 있었으며, 남아프리카의 로저 스미스, 피터 워드 같은 학자들이 제안했던 것처럼 식물의 손실로 말미암아 대량의 유거수가 있었다고 보는 것이다. 우선 식물뿌리에 붙들려 있던 토양이 모두 사라져버렸을 것이다. 당시 민둥산에는 비만 조금 내려도 참담한 결과를 가져왔을 것이다. 지표로 드러난 암석은 순식간에 부서져 깊은 협곡으로 굴렀을 것이고, 표석들을 운반하는 급류가 암석들을 때려 자리를 더 이탈하게 했을 테고, 결국 하천은 암석 부스러기 강이 되었을 것이다.

남아프리카와 러시아는 아주 멀리 떨어져 있다. 그런데 남아프리카에서 스미스와 워드 같은 학자들이 본 것과 러시아에서 우리 팀이 본 것은 정확히 똑같은 과정이었다. 그렇다면 페름기-트라이아스기 경계시점에서 무언가 식물세상을 쓸어버린 일이 일어났음이 확실했다. 뒤이어 나타나는 '석탄 공백'과 '균류 스파이크'를 통해 이를 확인할 수 있다. 페름기 말 위기를 설명해낼 방도를 찾아내려면(다음 장), 이 사실들을 명심해야 한다.

온데간데없이 사라진 파충류

남부 우랄 산맥 인근 페름기 후기 암석층서 전역에서 양서류와 파충류 골격들이 발견된다. 그런데 이암-사암-잔자갈질 선상지 층서의 마루에 이르면 화석들이 돌연 사라져버린다. 그러다가 대선상지 퇴적층 위에서 다시 나타난다. 어떻게 보면 국지적인 현상으로 볼 수도 있다. 격변기의 홍수퇴적물에서 비교적 섬세한 뼈들을 발견할 기대는 하기 어려울 것이기 때문이다. 그렇지만 대선상지 층들 위에서 나타난, 곧 위기를 견뎌내고 트라이아스기 최초기까지 살아남았던 러시아의 양서류와 파충류 화석군집은 보잘 것없다. 이는 앞 장에서 이미 살펴보았다.

소형 프로콜로포니드, 그보다 몸집이 큰 초식동물 디키노돈트와 파레이아사우르, 다양한 형태의 포식자 테로케팔리아, 키노돈트, 그리고 이노스트란체비아 같은 칼이빨 고르고놉시아 등 복잡했던 페름기 최후기의 군집들이 붕괴되었다. 이른바 하부 베틀루가(보흐미) 군집이라 불리는 트라이아스기 최초기의 화석군집—에프레모프의 구분에서는 대 V—는 보통 크기의 초식동물 리스트로사우루스, 프로콜로포니드 한 종, 곤충을 잡아먹거나 작은 파충류를 잡아먹었던 테로케팔리아와 이궁류가 일부 드물게 있는 등, 크게 축소되었다.

이런 정보는 에프레모프와 동료들, 미국의 뛰어난 척추고생물학자 에버렛 올슨Everett C. Olson—1950년대와 1960년대에 러시아를 여러 차례 방문했던 인물이다—이 영어로 소개한 바 있었다. 그러나 지금 와서 보면 그 사람들 글은 한참 시대에 뒤떨어졌으며,[145] 그 이후 새로운 사실들이 많이 발견되었다. 문제의 일부는 언어에 있었다. 글렌은 러시아어를 잘했지만, 나는 의사소통에 애를 먹었다. 게다가 러시아어를 읽는 것도 무척 더뎠다. 그래서 우리는 러시아의 페름기–트라이아스기 파충류에 대해서 알려진 모든 것을 요약한 책을 영어로 낼 계획을 세웠다. 많은 진통과 열띤 논쟁을 거친 끝에 마침내 2000년 12월에 책이 나왔다.[146] 거의 700쪽에 가까운 분량에, 러시아와 서구의 지질학자 34명이 협력해서 작성한 30편의 글이 실려 있다. 그러나 그것은 그것일 뿐이었다. 여전히 우리는 동물상의 변화를 명확하게 그려내지 못했던 것이다.

남부 우랄 산맥 인근 지역을 서둘러 돌아다니면서, 우리는 양서류와 파충류 골격이 출토된 유적지를 하나하나 살펴보았다. 그토록 많은 양의 새로운 정보를 어떻게 해야 할지 모를 지경이었다. 그래서 시대에 따른 각 동물군의 흥망을 실태조사한 사람은 없는지 물어보았다. 발렌틴은 자기가 모든 유적지 목록을 집계해놓았다고 말했다. 탐사를 마치고 사라토프로 돌아가서—
장장 700킬로미터의 여행을 거대한 가스Gaz 66 트럭 앞좌석에서 보냈다—
발렌틴은 우리에게 자기가 작성한 카드목록을 보여주었다. 400여 개의 유적
목록, 각 유적별로 지질연대와 발견된 화석들의 목록이 들어 있었다.

러시아 동료들과 함께 카드목록을 번역하고, 페름기–트라이아스기 경
계를 기준으로 파충류의 흥망을 담은 정보를 정리하는 일이 앞으로의 큰
과제가 될 것이다. 그 정보를 예비 검토해보니, 흥망의 패턴이 남아프리카
의 패턴과 똑같다고 할 수 있었다. 다시 말해 다양성에 급격한 하락이 있었
고, 오래고도 더딘 생태계의 복구가 뒤이었다는 것이다.

최종 결론

그렇다면 이런 사상 최대의 멸종을 일으킨 원인이 무엇이었을까? 지금은
예전보다(말하자면 1990년보다) 사건의 진상이 훨씬 분명해졌다. 신중하게 연
대를 측정한 결과, 사건이 일어났던 시기는 2억 5,100만 년 전으로 추정되
었고, 종의 손실률은 90~95퍼센트 사이였다. 그리고 국지적으로 일어난
현상도 아니었다. 중국에서 스피츠베르겐까지, 그린란드에서 남아프리카
까지, 러시아에서 호주까지 세계 전역의 암석에서 포착되는 현상이다. 육
지를 살피든 바다를 살피든, 어디서나 종의 손실률이 엄청났던 것으로 보
인다. 안전한 곳은 어디에도 없었고, 숨을 곳도 없었다.

생존동물들이 대체적으로 분포지역이 넓었다는 것 외에는, 어떤 선택성
이 작용했다는 증거도 없다. 미미한 생존률—위기를 극복한 종은 10퍼센
트 이하였다—을 놓고 볼 때, 적응력과는 거의 상관없이 동식물이 사라졌
음이 분명하다. 육지에서 대형 동물들이 모두 사라진 것은 확실하지만, 우
연한 과정의 일부로 설명할 수도 있다. 만일 종의 수가 100개이고 그중 대
형 종이 10개라면, 95퍼센트의 종이 손실되었다고 할 때 대형 동물이 모두

죽었을 가능성이 높다. 게다가 오늘날 동물들을 보면, 대형 동물은 소형 동물에 비해 드물다(곧, 개체군 크기가 작다). 그렇다면 코뿔소와 코끼리 같은 동물이 모두 사라질 가능성은 높은 반면, 쥐와 다람쥐가 모두 사라질 가능성이 낮은 이유를 이해하기 쉬울 것이다. 그렇다고 개개의 쥐와 다람쥐가 적응력이 높아서 위기를 이겨낸 거라고 생각하면 오산이다. 종을 유지할 수 있는 까닭은 아마 단지 그 엄청난 개체수 때문일 것이다.

환경의 변화를 보여주는 증거도 일부 있다. 해성암석은 무산소화의 증가를 보여준다. 살아남은 바다생물 중 많은 수가 특별히 저산소조건에서 살아가는 적응력을 가졌던 것으로 보인다. 낮은 생물생산성을 보여주는 증거도 있다. 곧, 먹이사슬에서 유기물이 부족하다는 뜻이다. 그렇다면 짐작컨대 살아남은 종 가운데 많은 종이 극히 적은 먹이로도 생존할 능력이 있었을 것이다.

최근 남아프리카와 러시아에서 벌인 조사가 보여주듯이, 육지에서는 퇴적상의 급격한 변화가 페름기 말 사건을 표시한다. 거대한 표석들로 이루어진 대선상지층이 나타나는 것이다. 강우량의 극적인 증가로는 설명해낼 수 없다. 퇴적증거에 따르면 당시 건조도가 증가했기 때문에, 침식과 유거수 수준이 극도로 높아진 이유는 아마 전 세계적인 식물과 토양의 돌연한 손실로 설명하는 것이 최선이다. 토양을 보면 기후가 점점 따뜻해졌음도 알 수 있다.

이런 참사의 원인이 무엇이었을까? 틀림없이 갑작스럽게 사건이 일어났을 것이다. 전 세계에서 산소수준이 낮아진 반면 기온은 상승했고, 강우량이 줄었을 것이며, 따라서 모든 생명을 사실상 벼랑 끝으로 내몰 수 있었을 것이다. 얕은 바다, 깊은 바다 할 것 없이 어디에나 죽음의 마수가 미쳤다. 육지에서는 저지대 분지, 산악지역, 강과 호수에서 모두 죽음이 일어났다. 대체 어떤 위기였기에 육상의 파충류를 없애버리고 해저의 완족동물과 산호를 없애버릴 정도로 막심한 타격을 입힐 수 있었을까? 잠깐 동안이었지만, 식물 세상마저도 싹 쓸어버렸다. 핵폭탄이든 대량 삼림벌채든, 지금까지 인류가 가해온 그 어떤 위협보다도 막심했다. 산업공해와 지구온난화 때문에 지구 기온이 100년에 0.5도씩 상승한다고 하지만 2억 5,100만 년 전의 위기와 견주면 가뭇없이 무의미해져버린다.

11

사상 최대 멸종의 원인

페름기 말의 폭주하는 온실효과는 다음과 같이 간단하게 설명할 수
있다. 시베리아 트랩 분출로 이산화탄소가 배출되자 지구의 기온
이 6℃ 정도 상승했다. 추운 극지역이 따뜻해지고, 얼었던 툰드라
가 해빙되었다. 그 해빙과정은 극지 해양 곳곳에 위치하던 냉동상
태의 기체수화물 저장고까지 영향을 미쳤을 수 있다. 그 결과 막대
한 양의 메탄이 거대한 거품을 일으키며 해수면으로 올라와 터졌
을 것이다. 이렇게 대기 중으로 탄소가 더 유입되면서 더욱 따뜻해
졌을 것이다. 그리고 다시 더 많은 기체수화물 저장고를 녹였을 것이
다. 그렇게 그 과정은 계속되고, 가속되었다.

어렸을 때 나는 아서 미Arthur Mee의 『아동백과사전Children's Encyclopaedia』을 즐겨 읽었다. 책에는 영국의 왕과 여왕들 목록이 실려 있었다. 헨리 8세는 나쁜 왕이었다. 아내를 무려 여섯 명이나 거느렸기 때문이다. 그런데 딸인 엘리자베스 1세는 좋은 여왕이었다. 불행한 어린 시절을 보냈고―어머니는 참수당한 데다, 의회는 그녀를 사생아로 선언했다―여왕이 되어서는 천연두, 암살시도, 스페인의 무적함대 때문에 고통을 받았다. 헨리는 불행한 최후를 맞았지만, 엘리자베스는 길고 영광스러운 권좌를 누렸다.

이런 식으로 역사를 얘기하면 아이들이 이해하기 쉬울 것이다. 그 속에 도덕적인 이야기들까지 끼워 넣으면, 아이들에게 장차 훌륭한 시민이 되겠다는 꿈을 심어주는 좋은 방법이 되기도 한다. 그러나 지금은 이런 식의 접근방식이 큰 비난을 산다. 역사학자들은 오늘날의 가치로 과거를 평가하지 말라고 배운다. 찰스 다윈은 어떤 인종은 다른 인종에 비해 우월하다고 말했다. 현대의 기준으로 보았을 때 다윈은 분명 인종주의자였다. 그러나 1850년대 영국의 기준으로 본다면, 다른 많은 사람들과는 달리 다윈은 아마 아주 온건한 축에 들었을 것이다.

이런 식으로 역사를 해석하는 것을 일컬어 '휘그Whig'라고 부른다. 이 말은 허버트 버터필드Herbert Butterfield가 1931년에 출간한 작은 책자의 제목으로 만들어 붙인 것이었다.[147] 버터필드가 관심을 둔 것은, 역사는 마치 미리 예정된 결말이 있는 것처럼 씌어질 때가 자주 있고, 그 속에서 도덕적 교훈을 배울 수 있다는 것이었다. 나는 늘 버터필드가 왜 '휘그'라는 말을 택했는지 궁금했다. 19세기 초반 영국의 주요 정당이 휘그당과 토리당임은 알고 있었다. 휘그당은 1860년경 이후부터는 자유당이 되었다. 버터필드의 용어는 1830년대의 역사서술 관습에서 유래한 것으로 보인다. 그때는 정치적으로 휘그였던 토머스 매콜리 경Thomas, Lord Macaulay(1800~1859)이 훈계적이고 도덕적인 접근법을 채택했던 때였다. 그에 맞서 대토리당의 총리이자 저술가였던 벤저민 디즈레일리Benjamin Disraeli(1804~1841)

는 영국역사를 바라보는 대안적인 관점을 구축하여, 휘그식 접근법을 풍자했다('휘그'라는 이상한 용어는 아마도 17세기에 가톨릭교회의 왕위계승을 반대했던 스코틀랜드의 장로교파를 부르는 경멸적인 말에서 비롯된 것으로 보인다. 원래 그 말은 'whiggamore'였는데, 옛 스코틀랜드어의 '도발하고 나서다'는 뜻의 'whig'와 '암말'을 뜻하는 'more'에서 기원한 것으로 보인다).

왕과 여왕의 역사의 경우는 과학에도 마찬가지로 적용된다. 1970년, 1980년, 1990년의 페름기 말 위기에 대한 이해상태를 돌아보면, 우리는 거기서 판단의 오류들을 쉽게 지적할 수 있다. 왜 당시 고생물학자와 지질학자들은 진실을 보지 못했던 것일까(그런데 지금 우리는 과연 진실을 알고 있다고 확신할 수 있을까)? 그들은 생명과 지구의 역사에서 가장 규모가 컸던 위기를 보고 있었으면서도, 보지 못했다. 그들은 틀림없이 미혹되었거나 무능했거나, 둘 다일 것으로 볼 수도 있다. 그런데 그렇지 않다. 여느 사람들과 마찬가지로 과학자 역시 자기가 배워왔던 것을 모두 내던지기는 힘들다. 게다가 맨눈으로 보기 힘든 증거를 놓고 과학자들이 조심성 없이 잘못을 저지른다 해도 이해해줄 만하다.

설득력 있는 보수의견

앞서 보았듯이 1960년대에는 페름기 말에 아무 일도 일어나지 않았다고 보는 견해가 지배적이었다. 페름기 말에 놀라운 격변이 실제로 있었다고 주장한 독일의 오토 신데볼프 같은 이들의 목소리는 허허벌판에서 외롭게 울리고 있을 뿐이었다. 그러나 1970년대에 이르자 각 바다동물군의 흥망을 신중하게 기록했던 노먼 뉴월과 짐 발렌틴의 연구를 통해서 페름기 말 대멸종의 윤곽이 서서히 드러나게 되었다. 1840년대에 존 필립스가 뛰어난 직관을 보였지만, 고생대와 중생대 사이 생명의 단절은 단순히 화석보존의 실패로는 설명해낼 수 없었다.

하지만 당시 지질학자들은 그 엄청난 죽음이 격변에 의한 것이라고는 생각지 않았다. 어떤 증거도 없었던 것이다. 우리 눈으로 보면 신데볼프의 생각이 대체적으로 옳았지만, 그가 판단의 기초로 삼았던 증거는 사실 아주 부적절했다. 1960년대에는 페름기-트라이아스기 경계의 연대측정이 지금보다 훨씬 오류가 컸고, 중국, 이탈리아, 그린란드의 단면들처럼 질 좋은 페름기-트라이아스기 경계단면들에 대한 상세한 조사도 이루어지지 않았다. 사실 일반적으로 당시 지질학자들은 퇴적상의 공백이 경계를 표시한다고 가정했는데, 거기서 끄집어낼 수 있는 것은 별로 없었다.

1967년, 코넬대학 총장이 되었던 영국의 고생물학자 프랭크 로드스Frank Rhodes가 페름기 말 사건에 대해 당시로서는 최선의 설명을 제시했다. 곧, "다양하고 광범위한 물리적·생물적 인자들이 복합적으로 상호작용한 결과" 그 사건이 일어났다는 것이었다.[148] 심지어 1993년에 뛰어난 평문을 썼던 더그 어윈조차도 거기서 크게 더 나아가지는 못했다. "멸종의 원인을 단일한 원인에서 찾을 수 있다고는 생각지 않는다. 그보다는 다수의 사건들이 함께 일어난 것이 원인이었다고 생각한다."[149] 이런 생각들이 나오기까지 학자들은 수없이 갈팡질팡했다. 모든 증거와 부합하는 합의된 모델이 있을 거라는 낌새는 전혀 없었다.

대륙의 융합

1970년경에는 2,000만 년에 걸쳐 장기적으로 일어났을 것으로 생각되는 멸종사건의 원인을 대륙융합에서 찾는 것이 큰 지지를 받았다. 일찍이 1952년에 노먼 뉴월은 페름기 후기 동안에 해양의 대규모 후퇴가 있었음을 주목했다.[150] 그는 전반적인 해수면의 하강으로 대양의 부피가 줄었고, 따라서 해저와 물속의 서식 가능 지역도 감소했을 것이라고 주장했다. 해수면이 하강하면서 해양동물종들이 점차 사라져갔고, 마침내는 그 수가 크게 줄었을 것이라는 얘기이다. 말할 나위 없이 그 당시에는 페름기 말 멸종의 진정한 규모가 아직 평가되지 못했다.

뉴월은 처음엔 해수면의 하강원인을 설명하지 못했으나, 곧 판구조론에서 답을 찾았다. 독일의 기상학자 알프레드 베게너Alfred Wegener(1880~1930)가 1915년에 대륙이동설—그가 기초로 삼은 최상의 증거 중 일부는 페름기-트라이아스기 동식물에서 나왔다—을 제시했지만, 많은 지질학자들이 지각은 단단하고 부동적이며, 그 어떤 경우에도 판들을 움직이게 할 메커니즘은 없다고 주장하며, 그런 생각 자체를 아예 거부했다.

그런데 1960년에 중앙해령中央海嶺의 기능이 알려지고 해저에 대칭적인 암석층서가 있음이 발견되면서 베게너의 생각이 옳았음이 증명되었다. 대서양 한가운데 아래에 좁고 길게 뻗은 대서양 중앙해령은 마그마가 활발하게 상승하는 지대이다. 마그마가 상승하면서 해령 양편으로 암석이 새롭게 형성되고, 대양의 동반부와 서반부를 이고 있는 판들이 천천히 옆으로 움직인다. 이 사실은 동쪽 판과 서쪽 판 대양저에 연대추정이 가능한 대칭적 암석층서가 발견됨으로써 증명되었고, 약 2억 년에 걸쳐서 대서양이 천천히 벌어져왔음을 보여주었다. 대서양판들이 동쪽과 서쪽으로 이동하면서 북아메리카와 남아메리카를 이고 있는 대륙판들은 서쪽으로, 유럽과 아프리카를 이고 있는 판들은 동쪽으로 이동한다. 지구의 크기는 한정되어 있기 때문에, 다른 편에 있는 판들도 서로 밀고 밀리고 있다.

구조판들의 이동속도는 사람 머리카락이 자라는 속도와 같다고 알려져 있다. 그 정도면 대략 1년에 5센티미터 정도에 해당한다. 대륙판과 해양판의 이 웅대한 행보는 대륙의 현재 위치에서 예전 위치로 소급 계산하는 역산법으로 확인되었고, 레이저를 달로 쏘아 반사각을 측정하는 방법으로 확증되었다. 북대서양이 벌어지면서 북아메리카가 서쪽으로 밀려나 러시아로 다가붙는다. 동쪽 가장자리에 샌프란시스코와 로스앤젤레스를 얹고 있는 태평양판은 북서쪽으로 일본을 향해 이동하고 있다. 인도와 호주는 꾸준히 북향으로 이동 중이다.

1960년대에 판구조론이 수용되면서, 베게너가 제시한 고대의 초대륙 판게아모델도 올바름이 인정되었다. 페름기 동안, 서로 떨어져 있던 대륙들이 하나로 합쳐지기 시작했다. 앞서 보았던 것처럼, 유럽과 아시아는 이미 석탄기 중기에 우랄 산맥이 융기되면서 서로 합쳐져 있었다. 북쪽 대륙인 로라시아는 곤드와나와 합쳐졌고, 페름기 후기 동안에 대부분 완결되었다. 그래서 짐 발렌틴과 엘드리지 무어스Eldridge Moores는 대륙이 합쳐지면서 고대의 바닷길이 닫혔다고 주장했다.[151] 계산에 따르면, 전 세계적으로 해수면이 200미터 이상 하강했던 것으로 나왔다. 이것이 어떻게 대량멸종으로 이어졌을까?

발렌틴과 무어스는 멸종모델에 두 가지 요소가 있다고 논했다. 첫째, 뉴월이 주장했던 것처럼, 전 세계적인 해수면 하강으로 해저와 물속 서식지 수가 전반적으로 줄어들었다는 것이다. 그러나 지난 6억 년 동안에도 여러 차례 해수면의 큰 변화가 있었지만, 큰 수준의 멸종과 연관된 것은 별로 없었다. 페름기 후기 사건에 특별히 적용되는 것은 두 번째 멸종 메커니즘으로, 고유성의 감소였다. 생물학 용어인 고유성(endemism)은 어떤 종이 제한된 지리적 분포를 보이는 것을 말한다. 대륙이 서로 합쳐지면서 육지의 동식물은 자유롭게 이곳저곳 넘나들었을 것이다. 다시 말해서 고유종(토종)이 범지역적인 종이 되거나, 아니면 다른 곳에서 유입된 침입자들에게 밀려나 사라졌을 거라는 뜻이다. 바다에서도 마찬가지였을 것이다. 서로 떨어져 있던 바다와 해분이 사라지면서 고유종 역시 모두 사라졌을 것이다. 발렌틴과 무어스의 말대로, 지중해, 카리브 해, 지나해, 호주와 동남아시아 인근 바다가 모두 사라졌다고 상상해보자. 각 바다에 분포하던 산호, 연체동물, 어류 따위의 다양한 고유종이 사라지고 전 세계적으로 균일한 동물상으로 변모했을 것이다. 전 세계적으로 다양성이 붕괴되었을 거라는 얘기이다.

이 이론은 처음에는 호소력이 있는 것처럼 보였고, 정말로 육지와 바다에서 일어난 멸종을 설명해내는 것 같았다. 또한 안전하기도 했다. 곧, 우주선宇宙線이나 운석충돌을 얘기할 필요가 없었던 것이다. 하지만 그 이론이 페름기 말 위기를 설명해내지 못하는 세 가지 이유가 있다. 첫째, 그 이론에서 제시한 몇 가지 개체수 조사는 오늘날 해양유기체들의 분포를 기초로 하는데, 일부 내해에서 조사한 손실률로는 90~95퍼센트 종의 손실을 결코 설명해내지 못함을 보여주었다. 둘째, 페름기 후기 동안에 바다가 크게 후퇴했다는 가정도 문제가 되었다. 일부 지질학자들은 아예 바다 후퇴설 자체를 거부한 반면, 다른 지질학자들은 기껏해야 미미한 정도였다고 주장한다.[152] 육지의 출현이나 대규모 침식이 있었다는 증거가 별로 없기 때문이다. 사실 멸종시기에 해수면은 급격히 상승하고 있었다.

판게아/바다 후퇴설이 거부되는 세 번째 이유는, 그 과정이 충분히 빠르지 않기 때문이다. 1973년에 그 이론이 제기되었을 당시, 모든 사람들은 멸종이 2,000만~3,000만 년 동안 지속되었다고 확신하고 있었다. 그렇다면 페름기의 상당 기간 동안 내내 느리게 진행되었다는 얘기가 된다. 그러나 지금은 페름기 말 사건이 훨씬 빠르게 일어난 것으로 생각하고 있다. 바다 후퇴나 대륙 융합은 그 정도 빠르기로 진행될 수 없을 것이다.

그렇다고 해도 페름기 후기 멸종이 1,000만 년 이상 지속되었다는 공인된 견해를 버리고 한순간에 일어났다는 견해를 취할 수 있는 사람이 누가 있겠는가? 만일 페름기 말기에 멸종이 집중적으로 일어났다면, 그 이전의 멸종은 어떻게 설명할 수 있을까? 만일 일종의 사이너-립스 효과를 대대적으로 보정하면(멸종이 일어난 것으로 보이는 시기들을 인위적으로 뒤 번짐시키면), 과연 모든 멸종이 페름기 말기 멸종으로 포섭될까? 아니면 한 번 이상의 사건이 있었던 걸까?

사건은 몇 번이나 일어났을까?

7장과 8장에서 보았듯이, 페름기 말 대멸종이 일어난 시기는 2억 5,100만 년 전으로 추정된다. 그리고 중국의 메이샨 단면을 면밀히 조사한 결과, 사건이 있고 80만 년 동안 95퍼센트의 종이 절멸했음이 나타났다. 아직도 정확한 시간대에 관해서는 논란이 일고 있으며, 과연 동시에 모든 곳에서 일어났는지, 육지와 바다에서도 동시에 일어났는지 논의가 분분하다.

사실 페름기-트라이아스기 경계에 걸쳐 세 차례의 멸종박동이 있었던 것으로 보이며, 각각 시간차가 상당하다. 하나는 페름기-트라이아스기 경계시점에서 500만~1,000만 년 전에 일어났고, 다른 하나는 500만~1,000만 년 뒤에 일어났다. 멸종이 두 차례 더 있었음을 처음으로 보여준 것은 대륙척추동물 조사였다. 해양 생물다양성 변화를 표시한 일람도가 페름기 후기 내내 점진적인 쇠퇴를 보여준 반면, 양서류와 파충류 다양성 일람도에서는 세 번의 멸종고조기가 두드러졌다. 각각 카피탄조 말기, 창싱조 말기, 올레넥조 동안에 있었다.[153] 창싱조는 페름기의 마지막 시간단위인데, 메이샨 단면의 암석단위층 이름을 딴 것이다. 페름기 후기의 하부에 자리한 카피탄조—텍사스의 카피탄 초의 전형적인 단면이름을 딴 것이다—말기는 연대가 2억 5,500만 년이나 2억 6,000만 년 전으로 다양하게 추정된다. 올레넥조—남부 우랄의 올레넥 강의 이름을 딴 것이다—말기는 트라이아스기 초기의 끝부분에 해당되는 시기로, 연대가 2억 4,000만 년에서 2억 4,500만 년 전으로 추정된다. 그렇다면 정말 멸종이 세 차례 있었을까?

존스홉킨스대학의 스티븐 스탠리와 난징대학의 X. 양Yang의 계산에 따르면 카피탄조 말기의 대멸종은 해양동물속의 58퍼센트가 손실된 것으로 나타났다. 페름기 말 사건 자체보다는 낮은 수치이지만, KT 사건보다는 높은 수치이다. 암모나이트, 뿔산호, 이끼동물, 방추충형 유공충, 유관절 완족동물의 다양성이 크게 축소되면서, 수많은 과와 속이 사라져버린 게 확실했다. 주요 해양동물군 가운데 사라진 것은 블라스토이드뿐이었다. 중국의 페름기 후기 산호류 753종의 운명을 상세히 조사한 결과, 카피탄조 말기에 과의 76퍼센트, 속의 78퍼센트, 종의 82퍼센트가 절멸했음이 나타났다. 그 멸종은 특히 중위도 구區인 테티스 해에서 일어났다. 북쪽 수역에서 멸종이 있었다는 증거는 극히 적다.

육지에서도 카피탄조 말기 즈음에 눈에 띄는 멸종이 있었다. 카루분지의 타피노케팔루스대에 나타나는 거의 30속에 이르는 초식과 육식동물인 디노케팔리아 파충류가 사라져버렸던 것이다. 초기형 디키노돈트 친척들을 비롯하여 물고기를 잡아먹는 단궁류군들의 일부도 사라졌으며, 러시아에서도 기본적으로 같은 손실패턴을 보인다.

트라이아스기 초기가 끝나기 직전에 있었던 올레넥조 멸종사건은 종종 무시되곤 한다. 어쨌든 트라이아스기에 생명은 복구되고 있었다. 그러나 페름기 말 사건이 있고 500만 년 뒤에 세 번째 재난이 덮쳐, 암모나이트뿐 아니라 이매패류에서도 높은 비율의 멸종이 있었던 것으로 보이고, 양서류군들도 많이 사라졌다. 그러나 아직은 해양단면들을 좀더 자세히 조사할 필요가 있다. 육지의 경우, 카루분지는 큰 도움이 되지 못한다. 보퍼트 층군의 퇴적물이 이 시기에 걸쳐 퇴적된 것인지 불분명하기 때문이다. 그러나 러시아 암석층서에서는 양서류종의 큰 손실이 나타난다.

페름기 말의 대멸종을 전후해서 500만 년 정도의 시차를 두고 벌어진 이 두 차례의 멸종이 중요하긴 하지만, 현재로서는 아직 명확하지 않다. 그러나 페름기 말 사건에 비해 규모가 작은 것은 확실하다. 만일 페름기 말 대멸종이 지리적으로 빠르게 진행되었다고 한다면, 과연 지구 바깥의 메커니즘에서 원인을 찾을 수 있을까? 그렇게 생각하는 사람들이 일부 있다.

우주선과 운석충돌

KT 운석충돌가설이 제기되자(5장 참고) 연구자들은 즉시 눈을 돌려 다른 대멸종시기에도 운석충돌의 증거가 있는지 찾기 시작했다. 아무리 희미한 증거라도 2억 5,100만 년 전에 거대한 소행성이나 혜성이 지구와 충돌했다는 힌트라도 찾아내길 바라며 집중적인 노력을 기울였다. 그 결과 최근에 강력한 경쟁이론이 제시되었다. 이에 대해서는 책 첫 부분에서 살펴본 바 있다. 또한 외계원인에 의한 격변이라는 생각은 예전에도 제기된 적이 있었다.

1954년 오토 신데볼프는 우주선의 작렬 때문에 페름기 말 대멸종이 일어났다고 주장했다.[154] 그는 파키스탄 솔트 산맥에서 페름기-트라이아스기 경계를 조사한 결과 경계가 돌연 나타나고, 순식간이라 할 정도로 생명이 빠르게 절멸했음을 확신했기 때문에, 우주선이 아니고서는 설명할 수 없다고 생각했다. 4장에서 보았듯이, 신데볼프의 파격적인 생각은 조롱받았고, 게다가 지금까지도 우주선가설을 뒷받침해줄 그 어떤 독립적인 증거도 찾아내지 못하고 있다. 그렇다면 운석충돌의 경우는 어떨까?

1984년, 중국의 페름기-트라이아스기 경계에서 이리듐 이상이 있음이 공표되자 큰 흥분이 일었다.[155] 그때는 루이스 앨버레즈 연구팀의 획기적인 KT 운석충돌모델이 발표된 지 불과 4년밖에 되지 않은 때였다. 당시 희귀 원소 이리듐의 증가는 운석충돌을 뒷받침하는 중요한 증거였다. 중국의 두 연구팀이 보고한 바에 따르면, 경계층에서 이리듐의 함량이 8ppb와 2ppb였으며, 이는 정상적인 배경수준에 비해 10배에서 40배까지 높은 수치였다는 것이다. 그런데 1986년에 미국의 두 연구팀이 중국 경계층의 점토를 재분석한 결과, 이리듐 함량이 거의 검출할 수 없을 정도로 미미한 수준임을 알아냈다. 설사 검출되었다 해도, 정상적인 퇴적물에서 기대할 정도보다 낮은 수치였다.

운석충돌을 뒷받침할 것으로 보였던 다른 증거들도 반박되었다. 중국 단면들에서 철이 풍부한 소구체小球體가 일부 발견되었다고 보고되었지만, 운석충돌보다는 화산활동의 전형적인 산물에 가까운 것으로 보인다.[156] 더

군다나 KT 경계에서 운석충돌이 있었다는 강력한 증거였던 충격받은 석영이 전혀 나오지 않았다.

그러다가 뉴스가 하나 터졌다. 1995년 미국지질학회 연례회의에서 오리건대학의 저명한 고토양 전문가인 그렉 리톨랙이 호주와 남극의 페름기-트라이아스기 경계에서 충격받은 석영을 찾아냈다고 주장하며 사진 몇 장을 선보였다. 과학 저널리스트인 리처드 커Richard Kerr는 그때의 분위기를 이렇게 전했다.[157]

복도 여기저기에서 고생물학자들과 지질학자들이 서로 리톨랙의 사진에 관한 의견을 나누었다. 말을 들어본즉슨 그 사진들이 석영 입자 내에 유리로 채워진 희미하게 파쇄된 띠들을 보여준다는 얘기였다. 리톨랙은 그 파쇄흔들이 대규모 운석충돌의 충격으로 형성되었다고 생각하며, 그와 비슷한 입자들이 백악기-제3기 멸종과 연관되어 있음에 주목하고 있다는 것이다. 복도의 웅성거림은 신중함에 더 가까웠다…….

당시 베를린의 훔볼트박물관에 있었던 필립 클레이스Philippe Claeys를 비롯한 리톨랙의 비판자들은 리톨랙의 입자들이 추후에 있었던 압력손상으로 겹쳐져 있으며, 대부분의 입자들이 평면적 변형특징들(planar deformation features, PDFs)을 한 벌만 보여준다고 지적했다. KT 단면들에서 나온 충격받은 석영은 보통 서너 벌의 선형특징들을 보여준다. 커는 계속해서 이렇게 썼다.

리톨랙은 클레이스를 비롯한 비판자들이 봐야 할 것을 모두 보지 않았다고 반박한다. 그는 현미경으로 보면[현미경의 초점심도를 바꾸면 석영입자의 완벽한 피사체심도를 볼 수 있다] 모든 입자들에서 적어도 세 벌의 PDF들을 볼 수 있다고 말한다. 일곱 벌이나 볼 수 있는 입자도 있다고 한다.

완전한 보고서는 3년 뒤에 발표되었다. 여기서 리톨랙과 동료들은 충격받은 석영 입자를 그린 삽화들을 실었는데, 일부 입자들에서는 두 벌의 PDF들이 나타난다. 호주와 남극의 페름기-트라이아스기 경계에서는 이리듐 스파이크도 나타났다. 하지만 논문의 저자들은 대부분의 KT 단면들에 비해 이리듐 수준이 낮고, 충격받은 석영의 PDF도 그리 분명하지 않기 때문에 증거는 여전히 불확실하다고 인정했다.

버키볼과 운석충돌

프롤로그에서 보았던 것처럼, 2001년 2월에 운석충돌 공표와 함께 흥분할 만한 증거가 더 제기되었다. 중국, 일본, 헝가리의 페름기-트라이아스기 경계에서 나타난 풀러렌fullerene 속에 외계에서 유래한 비활성기체가 있다는 증거였다. 풀러렌이란 60~200개의 탄소원자들이 육각형 모양으로 규칙적으로 배열된 속이 텅 빈 공 모양의 거대한 탄소분자이다. 다른 말로는 버키볼buckyball이라고도 부르는데, 측지선 돔을 개발한 리처드 버크민스터 풀러Richard Buckminster Fuller(1895~1983)의 이름을 딴 것이다. 그가 만든 돔의 구조와 풀러렌의 자연적 구조가 닮았던 것이다. 풀러렌은 운석충돌뿐 아니라 산불로도 형성될 수 있으며, 질량분석기 안에서도 만들어질 수 있다.

2001년 『사이언스』 논문에서 워싱턴대학의 루앤 베커와 동료들은 비활성기체에 속하는 헬륨과 아르곤이 탄소원자들이 짜놓은 '우리' 속에 갇혀 있음을 발견했다고 보고했다.[158] 표본들을 추출한 곳은 헝가리, 중국(메이샨 단면), 일본의 페름기-트라이아스기 경계였다. 헝가리 표본들은 별다른 징후가 나타나지 않았지만, 중국과 일본의 표본들에서는 운석충돌을 뒷받침하는 강력한 증거가 나왔다. 베커 팀이 중국과 일본의 경계단면에서 나온 헬륨과 아르곤을 분석하자, 운석에서 유래한 헬륨과 아르곤과 화학적으로 동일하다는 점이 밝혀졌다. 게다가 비교적 다량으로 존재했다. 따라서 그들은 페름기-트라이아스기 경계의 풀러렌은 틀림없이 운석충돌로 생긴 것이라고 주장했다. 논문이 발표된 후, 지질학자들과 지구화학자들 사이에 서는 찬반의견이 팽팽하게 맞섰다.

상황이 몹시 불확실했지만, 언론에서는 전혀 아랑곳 않고 열광했다. 런던의 「더 타임스」의 나이젤 호크스Nigel Hawkes는 현명하게도 신중한 입장을 취해 그 연구결과들만 간단히 기사로 썼지만,[159] 기사란 옆에는 육중한 소행성이 지구를 강타하는 섬뜩한 색상의 삽화가 함께 실렸다. 「데일리 메일」의 마이클 핸런Michael Hanlon은 호크스만큼 신중하지 못했다.

> 아무런 경고도 없었다. 잠깐 동안 지구는 평온했다. 셀 수 없이 많은 밀레니엄을 그래왔던 것처럼…… 그러다가 그게 다가왔다. 하늘에서, 지옥의 문이 쾅하고 닫히는 소리 같은 굉음을 내면서, 지구상의 생명의 길을 영원히 뒤바꿔 버리게 될 천체 하나가 다가왔다. 그것이 지구를 때리자, 뒤이은 참상은 상상을 넘어선 것이었다. 지진 파괴력의 100만 배나 되는 충격으로 땅이 뒤흔들렸고, 지각에는 지름이 수백 킬로미터나 되는 거대한 구덩이가 파였다.[160]

이렇게 해서 사건이 종결된 것으로 보였다. 그런데 사실은 아직 그렇지 않다.

실험절차와 연대측정의 문제

베커 팀의 첫 발표가 있자 비판자들이 대거 들고일어선 것은 뻔했다. 여러 지구화학자들은 실험절차에 문제를 제기했다. 미량의 화학물질을 다루는 복잡 미묘한 분석이었기 때문이다. 다른 이들은 신중할 것을 촉구했다. 「사이언스」에 논문이 실리고 얼마 안 돼, 더그 어윈은 "이는 까다로운 문제니, 확증되기 전까지는 그리 야단을 떨 필요가 없다"고 말했다. 베커는 이런 반응을 보였다. "우리가 파멸을 향해 가고 있거나, 아니면 영웅의 길을 가고 있다는 느낌이 든다."161)

일곱 달이 지난 뒤인 2001년 9월에 『사이언스』에 신중한 비판론이 발표되었다. 캘리포니아 패서디나 칼텍의 K. A. 팔리Farley와 S. 무코패디에이Mukhopadhyay는 베커 팀과 정확히 똑같은 장소에서 추출한 표본들을 정확히 똑같은 실험절차를 써서 재분석했으나, 그 결과를 다시 얻지는 못했다고 적었다. 칼텍의 과학자들이 조사했던 물질은 전형적인 메이샨 단면의 경계층들, 곧 경계단위층인 25번 층(7장 참고)에서 추출한 것이었다. 그들은 퇴적물 표본을 건조시켜 질량을 재고 으깬 다음, 1,400℃까지 가열해 유리로 융합시켰다. 그리고 1,800℃까지 가열시켜 헬륨이 빠져나오도록 했다. 그 결과 베커 팀이 보고했던 양의 100분의 1 정도에 불과한 미량의 헬륨만을 얻어냈다. 운석충돌 영향을 받지 않은 정상적인 암석에서 기대되는 바로 그 수치였다. 팔리와 무코패디에이의 결론은 다음과 같았다.

> 우리는 베커 팀이 보고했던 운석충돌에서 유래한 [헬륨]에 대한 증거를 발견하지 못했다. 우리가 이용한 [헬륨] 분석절차는 베커 팀의 것만큼 민감하고 정밀하다……. 따라서 우리가 얻은 결과와 베커 팀이 얻은 결과 사이의 불일치는 분석문제로 돌릴 수는 없을 것 같다……. 25번 층의 풀러렌에 붙들린 [헬륨]을 확증하지 못한다면, 외계의 운석충돌이 일어났는지의 문제와 대멸종의 원인문제는…… 미해결문제로 남을 수밖에 없다.162)

루앤 베커와 동료들은 헝가리에서 추출한 표본들에서는 헬륨 함량의 증가를 발견할 수 없었다. 그리고 팔리와 무코패디에이는 중국 단면의 표본들에서 높은 수준의 헬륨을 확인하는 데 실패하고 말았다. 그렇다면 나머지 일본의 경우는 어땠을까? 베커는 일본 남서부의 사사야마篠山 단면에서 추출한 표본을 입수했지만, 도쿄대학의 이소자키 유키오磯崎行雄는 『사이언스」를 통해 사사야마 단면에는 페름기-트라이아스기 경계가 빠져 있다고 비판했다. 그는 베커 팀이 분석했던 표본은 적어도 경계 아래 80센티미터 지점에서 추출된 것이었으며, 해당 암석층서상에 주요 지질교란이 있다고 지적했다. 이소자키는 이렇게 결론을 내렸다. 일본의 표본들은 "메이샨 25번 층에 비해 상당히 오래된 것"이며, 페름기 말 사건―운석충돌이든 아니든―과 관련시킬 수는 없다는 것이다.[163]

이 두 비판이 나오자 사태가 수습될 것 같았다. 그러나 루앤 베커와 그녀의 동료인 로버트 포레다Robert Poreda의 입장은 완강했다. 그들은 칼텍 팀이 측정했던 표본이 잘못된 것으로 보인다고 주장했다. 베커와 포레다가 초점을 둔 것은 메이샨 25번 층의 저부에 있는 탄소가 풍부한 층이었다. 그리고 풀러렌과 외계에서 유래한 헬륨 수준의 증가를 찾아낸 것도 바로 그 지평층―멸종의 강도가 최대에 이르렀던 시점과 정확히 일치하는 층―이었다. 팔리와 무코패이데이는 분석했던 표본의 일부를 베커와 포레다에게 보냈다. 그 결과 주로 모래 입자들로 구성된 표본임이 밝혀졌다. 따라서 메이샨 단면 25번 층 내에서도 미미하게나마 높은 수준에서 추출된 표본임이 분명했다.[164]

그사이, 베커와 포레다는 첫 논문에서 거론했던 25번 층의 표본물질을 재분석하고, 같은 층에서 다시 추출한 표본을 분석했다. 모든 경우에서 높은 수치의 헬륨이 확인되었다. 다시 말해 정상적인 '배경' 수준보다 100배 이상 높은 수치가 나왔던 것이다. 더 많은 표본들이 여러 실험실에서 거듭 검토될 때마다 이렇게 밀고 당기는 상황은 계속될 것이다. 그 분석작업은 대단히 복잡하다. 질량측정, 건조과정, 가열과정은 말할 것도 없고, 놀라운 정밀도의 분석기구를 이용하는 데에도 세심한 주의가 필요한 작업이다. 한 순간 잘못하여 연구자가 재채기를 하거나 콧김만 한번 들어가도, 질량측정 장치의 눈금조정이 조금만 잘못 되어도, 또는 질량분석기를 제때에 이용하지 못해도, 측정결과를 읽는 일이 무의미해져버릴 것이다.

이소자키가 언급했던 일본 사사야마 단면의 연대문제가 크게 기를 꺾었다. 결국 베커와 포레다는 이렇게 인정할 수밖에 없었다. "층서대조작업이 불충분하기 때문에 일본의 어느 단면에서도 [페름기-트라이아스기 경계]를 정확하게 정의할 수 없다." 그러나 자기네가 이용한 표본들이 정확히 경계층에서 나오지 않았다고 증명할 수 있는 사람이 아무도 없기 때문에, 그 표본이 경계층에서 추출된 것으로 가정할 거라는 입장을 고수했다. 그리고 두 사람은 다음과 같이 호전적으로 결론을 내렸다.

이 새로운 결과를 토대로 볼 때, 아직까지는 지구 생명의 역사상 가장 심각했던 생물적 위기가 범세계적 규모의 운석충돌 때문에 일어났다고 보는 것이 가장 훌륭한 설명일 것이다.

그런데 예기치 않은 곳에서 두 사람을 지원사격한 경우도 있었다고 할 수 있다. 역시 이번에도 2001년 9월, 일본 도호쿠대학의 카이호 쿠니오海保邦夫와 동료들이 운석충돌의 증거로 추정되는 퇴적물 입자들과 지구화학적 변화들을 보고했다. 그러나 그들이 이용한 데이터가 전혀 결정적이지 못하기 때문에 조만간 틀림없이 반박될 것이다. 다음 주, 아니면 다음 달에 대체 논의가 어느 방향으로 진행될지 판단하기는 불가능하다.

그렇지만 당분간 나는 이 책에서 보수적인 입장을 취해, 페름기 말 위기는 운석충돌에 의한 것이 아니라고 가정할 생각이다. 충격받은 석영, 풀러렌과 헬륨 증거가 뜨겁게 논의되고 있지만, 논의가 훨씬 덜 되고 있는 다른 증거도 있다. 그 증거 역시 극적이면서도 설득력이 있을 것으로 밝혀질 것이다.

시베리아 트랩

2억 5,100만 년 전 페름기 말기, 시베리아에서 엄청난 화산활동이 일어났다. 약 200만~300만 세제곱킬로미터의 현무암질 용암이 쏟아져 나와 러시아 동부 390만 제곱킬로미터를 400~3,000미터 깊이로 뒤덮어버렸다. 시베리아 트랩으로 알려진 이 지역은 넓이가 유럽공동체와 맞먹는다. 요즘은 이런 대규모 화산활동—지속기간은 전체적으로 100만 년 이하로 보고 있다—이 페름기 말 위기의 원인이라고 생각하는 사람들이 많다.

처음 이런 주장이 제기된 때는 1980년대였다. 그 오래전부터 러시아의 지질학자들이 시베리아 트랩을 탐사해왔지만, 연대를 확신하지 못했다. 광활한 지역에 걸쳐 화산암이 분포하는 데다, 화석으로 보건대 실루리아기에서 페름기까지로 추정할 수 있는 퇴적물 마루에 여러 두께로 쌓여 있었기 때문이다. 그렇다면 적어도 화산암은 아래의 페름기 암석보다는 어린 것이 틀림없음을 의미했다.

시베리아 트랩은 검은색 화성암인 현무암으로 이루어져 있다. 현무암은 사장석, 장석, 휘석, 소량의 감람석과 자철석이나 티타늄을 함유한 철로 이루어져 있다. 현무암이 검은색을 띠는 이유는 철과 마그네슘 때문이다. 현무암을 이르는 'basalt'는 시금석을 의미하는 라틴어 *basaltes*에서 유래한다. '시금석'(touchstone)이란 화학자들이 조흔색條痕色(streak, 광물이 분말상태에서 보이는 색깔: 옮긴이)으로 은이나 금을 판별할 때 쓰는 검은 돌이다. 현무암은 1,100℃에서 1,200℃ 사이의 온도에서 형성되는데, 화강암이 형성되는 온도보다 높다.

현무암은 교과서에서 흔히 보는 원뿔 모양의 화산에서만 나오는 것은 아니다. 이를테면 하와이와 이탈리아의 전형적인 화산들에서 현무암이 만들어지기는 하지만, 그 외에도 옅은 색의 안산암질 용암과 유문암질 용암도 만들어지며, 빠르게 일어나는 폭발성 화산활동으로 분출되기도 한다. 반면 긴 열하裂罅(땅 밑 깊숙이 길게 갈라진 틈: 옮긴이)에서 분출되는 범람성 현무암의 경우, 겉으로 보면 지독히도 굼뜨다. 역사상 대규모 현무암 범람이 일어난 때는 1783년 아이슬란드 남부에서였다. 25킬로미터의 기다란 라키 산 열하에서 용암이 흘러나왔다. 아이슬란드는 대서양 중앙해령을 가로지르는 것으로 유명하다. 그래서 용암분출로 인해 새로운 대양저가 만들어진다. 다만 이 경우에는 대양저가 육지를 형성하는 경우에 해당한다. 라키 산의 용암분출은 1783년 6월부터 11월까지 계속되었으며, 그 여섯 달 동안 약 150세제곱킬로미터의 용암이 분출되었다. 널리 흘러간 용암은 600제곱킬로미터에 이르는 지역을 평균 250미터 깊이로 뒤덮었다. 범람성 현무암은 보통 여러 층을 형성하며, 수천 년에 걸쳐서 상당한 두께로 쌓이곤 한다. 그러면 트랩이라고 부르는 독특한 지형이 만들어진다. 다시 말해 세월이 흐르면서 층들이 침식되면서 층층을 이룬 일종의 계단 모양 언덕이 만들어진다. '트랩 trap'이라는 말은 계단을 뜻하는 옛 스웨덴어 *trapp*에서 유래했다.

고대의 범람성 현무암은 모든 대륙을 널리 뒤덮었으며, 대멸종과 결부된 경우도 많다. 가장 눈에 띄는 경우가 바로 인도의 데칸 트랩과 KT 멸종사건이다(5장). 초창기에 시베리아 트랩의 연대를 측정했을 때, 2억 8,000만 년에서 1억 6,000만 년까지 큰 편차가 있었다. 특별히 집중되어 있는 연대는 2억 6,000만 년에서 2억 3,000만 년 사이였다. 이런 연대범위를 놓고 1990년의 지질학자들은 시기상 페름기 초기에서 쥐라기 후기 사이 어느 시점에선가 현무암이 형성되었을 수 있지만, 대부분이 페름기-트라이아스기 경계에 걸쳐 있는 것 같다고 밖에는 말할 수 없었다. 큰 편차가 날 것임은 예상하지 못한 바가 아니었다. 곳곳의 현무암 두께가 무려 3킬로미터까지 이르렀기 때문이다. 따라서 시베리아 트랩은 수천만 년 동안 간헐적으로 분출했다고 가정할 수밖에 없었다. 데칸 트랩을 비롯하여 다른 두꺼운 범람성 현무암 층서도 연대상으로 편차가 컸다.

1990년, 지질학자들은 범람성 현무암의 의미를 두고 편이 갈려 있었다. 일부 사람들은—파리대학의 뱅상 쿠르티요Vincent Courtillot가 가장 두드러진 인물이었다—대규모 범람성 현무암과 대멸종이 일치한다고 주장했다. 생명계가 파괴된 까닭은 현무암이 직접 동식물을 덮쳤다기보다는, 분출가스가 대기와 기후를 심각하게 바꿔놓았기 때문이라는 얘기였다. 당시 다른 편에서는 모든 멸종사건을 소행성충돌로 설명하려고 애쓰고 있었다.

방사성 연대의 애매함 때문에 쿠르티요의 주장에는 힘이 실리지 못했다. 만일 대멸종이 지질학적으로 순식간에 일어났다면, 그리고 현무암 누적이 수천만 년 동안 이루어졌다면, 둘 사이의 연관성을 말할 수는 없었다. 1988 년, 쿠르티요는 데칸 트랩의 분출기간이 50만 년 이하였다고 주장했지만, 다른 연대측정 전문가들은 그의 측정치에 의문을 제기하고, 분출기간이 더 길다고 주장했다.[165]

연대측정에 모든 게 걸려 있었다. 지질학자들은 시베리아 트랩의 북서쪽 분포지역인 노릴스크 인근의 두꺼운 단면들 속에서 45개나 되는 층들을 식별해낼 수 있었다. 전체적인 분출기간을 산정하기 위해서는 바닥과 마루의 연대측정이 중요할 것이었다. 1990년대에는 좀더 정밀한 방사성 연대측정법을 새로이 이용할 수 있었다. 초기에 아조이 박시Ajoy Baksi와 에드워드 파라Edward Farrar가 측정한 결과에 따르면, 페름기 말 대멸종과 시베리아 트랩은 연관성이 없는 것으로 보였다.[166] 새로운 아르곤–아르곤 측정법을 써서 두 사람이 내놓은 연대는 2억 3,800만 년에서 2억 3,000만 년 전인 것으로 나왔는데, 이는 페름기 말 사건이 있고 한참 뒤인 트라이아스기 중기에 해당하는 연대였다. 이런 결과가 나오자 쿠르티요와 지지자들은 더는 말을 잇지 못했다.

그러나 그런 상황은 오래 가지 않았다. 다른 연구팀들이 다양한 방사성 연대측정법을 써서 다시 측정해본 결과, 정확히 경계시기에 해당하는 연대들이 나왔던 것이다. 용암층의 바닥에서 마루까지의 범위는 약 60만 년이었다. 1993년, 더그 어윈은 페름기–트라이아스기 위기를 개괄하는 글에서, 모든 증거를 고려하여 시베리아 트랩이 멸종에 한몫을 담당했음을 확인했지만, 비교적 비중은 작게 두었다. 여러 가지 이산화탄소원 중 하나에 불과한 것으로 보았던 것이다. 그는 페름기 말 사건을 애거서 크리스티 Agatha Christie의 소설 『오리엔트 특급열차 살인Murder on the Orient Express』과 비교했다. 그 이야기에서 희생자는,

> 묘하게 혐오감을 주는 사람으로, 오리엔트 특급열차 객실에서 열두 군데나 칼에 찔려 살해된 채로 발견되었다. 객차 내 승객들 한 사람 한 사람의 이야기를 듣던 에르퀼 포와로는 사람들이 서로를 용의선상에서 제외시킨다는 생각이 들었다⋯⋯. 열한 명의 승객 전원과 사환(훌륭한 영국인 배심원 역을 한다)이 그 사람을 모두 한 번씩 칼로 찔렀다. 여러 해 전에 갓 태어난 여자아이를 유괴해 살해한 죄의 대가라며 말이다⋯⋯. 증거로 보건대 페름기 말 대멸종의 경우엔 그보다 복잡한 설명이 필요할 것이다⋯⋯. 나는 그 멸종의 원인이 단 하나일 수는 없고, 여러 사건들이 함께 일어난 때문이라고 생각한다⋯⋯.[167]

어윈을 비롯하여 다른 많은 지질학자들은 아직 확신이 서지 않았다. 아마 시베리아 트랩이 멸종에 한몫을 담당했겠지만, 유일한 원인은 아니었을 것이다. 그런데 그게 정말 유일한 원인이라면?

치명적인 트랩

1992년, 호주국립대학의 이안 캠벨Ian Campbell과 동료들은 시베리아 트랩 멸종모델을 제시했다.[168] 그들의 주장에 따르면, 시베리아 트랩 분출로 엄청난 양의 이산화황과 먼지가 대기 중으로 뿜어져 멸종을 초래했다는 것이다. KT 운석충돌모델처럼 그 먼지가 햇빛을 차단했고, 분출기간 내내 암흑상태를 야기했으며, 그 결과 지구는 얼어붙었고, 육지와 바다의 생명을 대대적으로 멸종시켰다는 것이다. 캠벨과 동료들은 그 증거로 다음의 다섯

가지를 제시했다.

- 시베리아 트랩은 과거 6억 년 동안 육지에서 일어난 화산활동 가운데 가장 큰 규모였다.
- 시베리아 트랩과 공반되어 나타나는 막대한 구리−니켈−황화물 광체 鑛體를 보건대, 분출 시 이산화황 기체가 풍부했을 것이다.
- 분출된 마그마는 증발성 광물 경석고를 함유한 퇴적물을 관통해 위로 올라온다. 이 광물은 황을 풍부하게 함유하고 있어 이산화황 기체를 더욱 많이 발생시켰을 것이다.
- 현무암은 다량의 응회암과 공반된다. 응회암은 분화구에서 공중으로 내던져진 물질이다.
- 응회암은 밑에 있는 퇴적물로 이루어진 암석을 다량으로 함유한다.

범람성 현무암 분출의 경우, 응회암과 암편은 이례적인 것이다. 그래서 캠벨과 동료들은 시베리아 트랩 분출이 특히 격렬했으며, 엄청난 양의 먼지와 황산염 기체를 대기 중에 뿜어냈음을 이 물질들이 입증해준다고 주장했다. 화산이 방출하는 주요 기체는 두 가지이다. 이산화황과 이산화탄소가 그것이다. '온실가스'인 이산화황은 처음에는 온난화를 초래하다가, 곧 대기 중의 물과 반응해서 황산염 에어로졸을 만들어내 후방산란을 통해 태양복사를 흡수하여, 결국에는 냉각화를 유발한다. 또 다른 온실가스인 이산화탄소가 지각 근처에서 태양열을 가둬 대기를 따뜻하게 한다는 것은 잘 알려져 있다. 대기 중 이산화탄소의 증가는 열−갇힘 효과(heat-trapping effect)의 상승을 가져오고, 결국 세계적으로 기온을 상승시킨다. 무엇보다도 공장과 자동차에서 나오는 이산화탄소가 오늘날 상당한 기온상승 효과를 만들어내는 것으로 알려져 있다.

캠벨과 동료들이 제안한 모델을 비판하고 나선 토니 핼럼과 폴 위그널은 그 가설에서 열쇠가 되는 극적인 지구냉각화를 뒷받침하는 지질증거가 없음을 지적했다. 모든 증거들이 사실상 지구온난화를 가리키고 있다. 게다가 시간대도 일치하지 않는 것 같다. 분출이 100만 년 가까이 지속되었다면, 멸종보다 훨씬 오래 계속되었다는 얘기이기 때문이다. 마지막으로 헬럼과 위그널은 응회암과 암편을 잘못 해석했을 수도 있다고 주장했다. 현장증거를 보면, 최근에 분출된 용암이 침식된 결과, 분출 사이사이 진정국면 동안 강을 통해 운반된 것일 가능성이 높다는 것이다.

비록 결함이 있어 보였지만, 많은 지질학자들은 시베리아 트랩 분출과 대멸종을 연루시키는 관점에 깊은 인상을 받았다. 아마 대체적으로 보면 캠벨과 동료들의 생각이 옳았을 것이다. 다만 선택한 모델이 잘못되었을 뿐이다. 여기서는 사건들이 일어난 순서를 더욱 세밀하게 살피는 것이 중요하다. 페름기 최후기와 트라이아스기 최초기에 기후변화가 어떻게 진행되고 있었으며, 과연 대량 용암분출로 기후변화를 설명할 수 있을까?

지구온난화

여러 해 동안 존스홉킨스대학의 스티븐 스탠리는 대부분의 대멸종사건들이 지구냉각화에 의해 초래되었다고 주장했다.[169] 그가 제시한 증거는 네 부분으로 이루어져 있다. 주로 열대의 종들이 사라졌다는 것, 멸종은 점진적으로 일어났다는 것, 사건 이후 석회암 퇴적이 없었다는 것, 퇴적물에서 얼음이 있었다는 증거를 발견할 수 있다는 것이다.

그러나 페름기 말 사건의 경우, 그 어느 것도 맞지 않았다. 온대와 극지방의 종들도 높은 비율로 사라졌으며, 지질학적으로 보았을 때 멸종은 신속하게 일어났다. 트라이아스기 초기 내내 열대에는 광범위한 석회암층이 형성되었는데, 이는 기후가 뜨겁다 싶을 정도로 따뜻했음을 보여준다. 또한 당시의 북극과 남극지역을 제외하고는, 얼음환경을 뒷받침하는 암석상의 증거도 전혀 보잘것없다. 극지방이라면 얼음이 발견되었다고 해도 전혀 이상할 게 없다.

그런데 토니 핼럼과 폴 위그널은 카피탄조 말기의 사건이 지구냉각화와 관련이 있을지도 모른다는 주장을 펼쳤다. 이 사건은 페름기 말기에 이르기 500만~1,000만 년 전에 일어났던 소규모 대멸종이었다. 당시 멸종된 종은 열대의 종들뿐이었고, 사건 이후 석회암 퇴적이 극히 적었으며, 빙하 작용이 있었다는 퇴적상의 증거도 있다. 사실 시베리아와 곤드와나의 빙하성 표석점토암은 잘 알려져 있다. 표석점토암이란 빙하의 아래나 앞면에 퇴적되어 화석화된 빙력토를 말하는 것으로, 고운 부스러기와 암석으로 이루어진 덩어리이다. 또한 당시에는 바다도 후퇴했는데, 텍사스의 과달루페초 시기 말에 볼 수 있다. 아마 해수면 하강은 빙하작용과 관계있었을 것이다. 다시 말해 극지방 주변에 얼음이 누적되면서 바닷물이 얼었을 것이고, 따라서 바다가 후퇴했을 것이다.

토니 핼럼과 폴 위그널은 페름기 말에는 정반대의 현상—지구온난화 (global warming)—이 있었다고 강력하게 주장했다.[170] 두 사람이 쓴 책의 해당 절 제목은 'Global warning'인데, 재미있는 인쇄상의 오타이다. 기온의 극적인 상승을 보여주는 증거는 산소동위원소, 퇴적물, 식물화석기록에서 나온다.

이미 7장에서 보았듯이, 산소동위원소들은 고기온계로 써먹을 수 있다. 당시 $\delta^{18}O$비에서 6천분율 정도의 하락이 있었는데, 이는 6℃ 정도의 기온 상승에 해당한다. 이런 산소동위원소비의 변화가 처음 포착된 것은 오스트리아 가르트너코펠의 페름기-트라이아스기 경계 시추기록에서였다.[171] 그 뒤 스피츠베르겐 같은 다른 곳에서 이루어진 측정으로 확증되었다. 6℃의 상승이 그다지 크게 느껴지지 않을 수도 있겠지만, 육지와 바다의 동식물 분포에 막대한 영향을 끼칠 수 있다. 최근에 기후학자들이 지난 세기에 지구 기온이 0.5℃ 상승했다며 몹시 흥분한 일을 떠올리면 된다.

퇴적물 역시 기온상승을 보여주는 것 같다. 고토양(말 그대로 '고대의 흙')은 과거 기후를 추정할 때 매우 훌륭한 온도계 구실을 할 수 있다. 오리건 대학의 그렉 리톨랙—남극과 호주의 페름기-트라이아스기 경계에서 충격 받은 석영을 발견했다고 주장한 인물이다—은 경계를 거치면서 토양유형에 큰 변화가 있음을 보여주었다.172) 예를 들어 남극과 호주의 페름기 후기 토양은 이탄泥炭인데, 당시 그곳이 오늘날 시베리아와 캐나다 북부(북위 50~70도)에서 볼 수 있는 서늘한 여름과 혹독한 겨울환경이었음을 보여준다. 그런데 뒤이어 나타나는 트라이아스기 최초기의 고토양은 오늘날 오하이오와 미시시피, 유럽 중부(북위 35~50도)에서 볼 수 있는 토양에 더 가깝다. 생물생산성이 높았던 페름기 후기의 풍부한 습지 토양이 완전히 사라져버린 것이다. 서늘한 조건에서 따뜻한 조건으로의 변화는 암석풍화의 증가와 강우량의 증가로도 확인된다. 리톨랙은 남극과 호주에서 나온 연구결과, 트라이아스기 최초기의 남부 극지역에 '고위도 온실효과'가 전개되었음이 확증되었다고 주장했다.

"증거가 없다고 해서 그것이 없다는 증거는 아니다." 우리는 늘 학생들에게 이렇게 가르친다. 그렇지만 트라이아스기 초기 동안 세계 어느 곳에서도 얼음의 증거는 없다. 표석점토암도 없고, 빙하로 형성되었을 긁힌 흔적이나 U자형 계곡도 없고, 드롭스톤도 없다. 빙하 때문에 땅에서 깎여 나간 자갈과 표석이 바다까지 운반되었다가, 빙산의 저부가 녹으면서 해저로 가라앉는 현상을 말하는 드롭스톤은 종종 상당한 논쟁거리가 되곤 한다. 문제는 고대의 암석기록에서 드롭스톤인지 알아내기가 힘들다는 것이다. 어떤 사람 눈에는 드롭스톤으로 보일 수 있지만, 다른 사람 눈에는 이상하거나 설명하기 힘든 자갈로 보일 수도 있다. 따라서 트라이아스기 초기에 기록된 얼음의 증거가 없으면, 당시에는 얼음이 없었다는 증거로 여길 수 있다. 당연히 누군가 반례를 찾아내기 전까지는 말이다.

지구온난화를 보여주는 더욱 강력한 증거는 식물화석에서 나온다. 곤드와나 대륙 전역에 걸쳐 퍼져 있었던 목본성 종자고사리 글로솝테리스가 페름기 말기에 절멸했고, 추위에 적응했던 다른 식물들도 함께 사라졌다. 그 자리를 대신 차지하고 들어선 것은 침엽수 볼치아*Voltzia*와 볼치옵시스 *Voltziopsis*가 우점한 난대성 식물상이었다. 그러나 페름기 최후기의 다양했던 글로솝테리스 식물상과 대조적으로, 새롭게 들어선 식물상은 빈한했다. 상대적으로 종의 수가 적었다는 얘기이다. 얼마 안 되는 생존식물들은 혹독한 서식환경을 맞아 대체적으로 키가 작고, 험난한 성장조건에 적응했다. 리톨랙의 말을 빌리면, 당시 생명은 '종말 이후의 온실' 속에서 험난한 길을 걸었다.

세계적으로 일어난 초무산소화

앞서 보았듯이 페름기-트라이아스기 경계의 해성퇴적물에서도 극적인 변화가 나타난다. 열대에서 극지방까지 수많은 지역에서 페름기 최후기의 화석이 풍부한 석회암, 이암, 사암이 화석이 극히 적은 단조로운 흑색이암으로 전환된다. 무산소화가 진행된 전형적인 예이다. 변화의 규모가 대단히 크고 널리 미쳤기 때문에, '초超무산소화'(superanoxia)라고 불러도 괜찮을 것이다.

　이암의 색깔은 퇴적조건을 알려주는 훌륭한 길잡이이다. 지질학과 학생들이 암송하는 진언에는 이런 게 있다. "빨강은 산화, 초록은 환원, 검정은 무산소"—완벽히 옳은 것은 아니지만, 전반적으로는 맞는 얘기이다. 색깔을 결정하는 것은 함유광물이다. 함유광물은 퇴적 당시의 조건과 관련될 수 있다. 빨강과 초록은 이암에 산화철 종류가 함유되어 있음을 나타낸다. 빨강의 원인은 적철석인데, 녹처럼 산소가 있는 조건에서 만들어진다. 초록이나 회색은 침철석針鐵石이라 불리는 산화철이 있음을 가리킨다. 침철석은 퇴적되는 동안이나 매몰된 이후에 산소를 잃게 되는데, 이 과정을 일러

산소환원이라고 한다.

흑색이암이 검정을 띠는 이유는 대부분 유기물 속에 탄소를 높은 비율로 함유하기 때문이다. 유기물은 산소가 없는 조건에서만 그대로 남을 수 있다. 산소가 있는 정상적인 조건이라면 미생물과 기타 동물들에 의해서 소비되기 때문이다. 설사 청소부 생물이 없다 해도, 유기물 내의 탄소는 빠르게 산소와 결합하여 이산화탄소를 형성할 것이다.

흑색이암은 보통 페름기-트라이아스기 경계 위에서 나타난다. 중국의 메이샨과 다른 인근 지역의 암석층서에서 이 모습을 볼 수 있는데, 트라이아스기 최초기의 흑색 셰일에는 황철석도 함유되어 있다. '바보의 금'으로 널리 알려진 황철석은 황화철로도 불린다. 이것은 오직 무산소조건에서만 형성된다. 이를테면 고인 웅덩이 바닥의 악취 나는 검은 진흙, 또는 해저의 썩은 유기물질 덩어리에서 더 흔하게 볼 수 있다.

무산소이암은 중국에서만 발견되는 특별한 경우가 아니다. 리즈대학의 폴 위그널과 리처드 트위체트는 아시아, 유럽 등 북위도 지역 전역의 페름기-트라이아스기 경계단면을 검토하면서 똑같은 현상을 발견했다.[173] 예를 들어 노르웨이 북쪽, 그린란드 동쪽에 자리한 북위 78도의 스피츠베르겐은 페름기-트라이아스기에는 북극에 해당하는 위도에 있던 곳이었는데, 똑같은 현상이 발견되었다. 위그널과 트위체트는 그곳에서 흑색 셰일로의 전환, 황철석의 존재, 굴 흔적의 부재, 해저에 서식하는 유기체의 결핍 등 트라이아스기 최초기가 무산소환경이었음을 보여주는 풍부한 증거를 찾아냈다.

화석과 퇴적물의 공반성도 중요하다. 정상적인 조건의 얕은 바다에서는 해저와 해저 위에서 살아가는 유기체들이 무수히 많다. 산호를 비롯한 초동물들은 해저에 붙박여 있고, 복족류와 절지동물들은 먹이를 찾아 기어다니고, 연충류와 이매패류 따위는 몸을 보호하거나 먹이를 찾을 요량으로 해저의 진흙과 모래 속에 굴을 판다. 페름기 최후기의 퇴적물에는 이 모든 생물활동의 증거가 나타난다. 그러다가 돌연 끊겨버린다. 트라이아스기 최초기의 흑색이암에는 산호를 비롯해서 그 어떤 해저 고착성 동물도 들어 있지 않다. 굴 흔적도 없다. 유일한 동물이라면 해저 위 높은 곳에서 유영하던 몇 종의 어류와 클라라이아 같은 종이가리비 정도가 고작이다. 8장에서 보았던 것처럼, 클라라이아 같은 생명체는 저산소조건에서 살아갈 수 있도록 특화된 것처럼 보인다.

지구의 초무산소화 때문에 트라이아스기 최초기의 생물생산성도 무너졌다. 중국의 메이샨 단면에서 나타난 것처럼(7장) 페름기-트라이아스기 경계에서 탄소동위원소 곡선은 극적인 마이너스 치우침을 보인다. 해성이든 육성이든 지금까지 조사된 다른 모든 페름기-트라이아스기 암석층서에서도 마찬가지이다. 대멸종사건이 있고 몇십만 년이 지나서야 비로소 탄소동위원소 곡선이 다시 정상적인 수치로 돌아간다. 대체 무슨 일이 진행되고 있었을까?

탄소동위원소의 변화를 설명하고자 갖가지 이론이 제시되었다. 매장된 ^{12}C(탄소 12)의 증가를 나타내는 마이너스 치우침은 페름기 석탄의 침식으로 야기되었을 수 있다. 글로솝테리스 같은 삼림식물들에서 형성되는 석탄은 다량의 유기탄소 12를 가둬두고 있다. 침식이 일어나면 ^{12}C는 바다로 쓸려갈 것이고, 탄소비율에 변화를 줄 만큼 충분히 빠르게 누적되었을 것이다. 그런데 페름기-트라이아스기 경계에서 나타나는 탄소동위원소 곡선의 극적인 퇴행은 생물생산성의 붕괴를 가리킬 수 있다.

생물생산성은 생물적 활동성을 나타내는 척도이다. 다시 말해 생명의 많고 적음, 생명이 탄소 같은 물질을 처리하는 능력을 나타낸다. 생물 대부분이 한꺼번에 죽으면 생물생산성이 붕괴된다. 지표면은 죽은 나무들, 악취를 풍기며 썩어가는 동식물의 잔해더미로 뒤덮였을 것이다. 해저 역시 죽은 산호, 패류, 어류로 넘쳐났을 것이다. 이 동식물 속에 갇혀 있던 ^{12}C가 갑자기 퇴적물 속으로 혼합되면서, ^{12}C 대 ^{13}C(탄소 13)—^{13}C은 정상적인 무기물 상태이다—의 비율은 ^{12}C 쪽으로 극적으로 치우칠 것이다. 그런데 당시 모든 생명이 죽었다고 해서, 과연 $\delta^{13}C$비에서 나타난 4~6천분율 정도의 마이너스 치우침을 충분히 설명해낼 수 있을까?

대체 이 모든 게 어떻게 작용했을까? 시베리아 트랩 분출이 지구온난화, 무산소화, 생물생산성 붕괴의 빌미가 되지 않았을까? 아니면 그 이상의 뭔가가 또 있을까?

메탄트림

이 모두가 이산화탄소 증가와 관련 있다. 대기에서 무슨 일이 일어나면 바다에도 영향을 미친다. 이를테면 대기 중 기체 성분의 변화나 기온의 변화가 바다의 상층부까지 침투하면서 변화가 일어난다. 또한 육지의 생물생산성과 유기탄소 순환계의 변화도 바다에 영향을 미친다. 하천을 통해 육지의 물질들이 바다로 유입되기 때문이다.

격변을 단일원인으로 설명하는 것이 설득력이 있기는 하지만, 전통적인 교육을 받은 지질학자들은 신중한 태도를 보이기도 한다. 1997년, 토니 핼럼과 폴 위그널은 대멸종을 다룬 저서에서 시베리아 트랩을 비롯해 페름기 말 사건과 연관된 주요 기후변화들을 자세히 제시했다.[174] 시간대를 맞추는 문제가 있었기 때문에, 그리고 열하 현무암 분출이 충분한 양의 먼지와 기체를 대기권 높은 곳까지 뿜어낼 수 있을 만큼 폭발력이 강했는지 확신하지 못했기 때문에, 두 사람은 시베리아 트랩 분출이 멸종을 야기하지는 않았다는 결론을 내렸다. 그래서 두 사람은 사건의 순서를 그려놓은 흐름도에 시베리아 트랩을 넣지 않았다. 그러다가 4년 뒤에 폴 위그널은 약간의 단서를 붙이기는 했지만, 멸종의 주원인으로 시베리아 트랩 분출을 포함시켰다. 왜 생각이 바뀌었을까?

1997년에 걸림돌이 되었던 문제는, 시베리아 트랩 분출만으로는 기온을

6℃ 상승시켜 지구온난화를 유발하고, 당시까지 포착된 정도의 초무산소화 수준까지 이르게 할 만큼 충분한 양의 이산화탄소를 대기권에 공급하기 어려웠을 것이라는 점이었다. 그 외에 다른 이산화탄소원들이 필요했던 것이다. 1997년에는 이론적으로 필요한 이산화탄소량이 모두 곤드와나 대륙 남부의 석탄이 산화되면서 공급된 것으로 가정되었다. 엄청난 양의 석탄이 공기에 노출되면, 석탄 내 탄소의 상당 부분이 공기 중 산소와 결합하여 이산화탄소를 만들어낼 것이다. 그런데 이 점이 언제나 문젯거리였다. 과연 충분한 양의 탄소를 충분히 빠른 속도로 만들어낼 수 있을까?

단순히 새로운 이산화탄소원을 찾는 것으로는 불충분하다. 정상적인 대기권의 되먹임 체계를 압도할 수 있을 정도로 막대한 이산화탄소원이어야 하기 때문이다. 정상적인 조건에서는 동물들의 날숨, 목재와 화석연료의 연소, 화산에 의해 이산화탄소가 만들어진다. 요동현상이 일어나지 않도록 저지하는 마이너스 되먹임 체계(negative feedback system)는 어떤 요소가 과도하게 유입되면 다시 정상수준으로 되돌리는 방향으로 이루어진다. '마이너스 되먹임'이란 어떤 과정이 일어날 때 그것과 정반대 방향의 과정, 곧 마이너스 과정으로 맞받아쳐서 처음의 과정이 미치는 효과를 조절하여 정상상태를 유지하는 것을 말한다. 반면 '플러스 되먹임'(positive feedback)은 어떤 과정이 일어날 때 그것과 똑같은 과정이 한 방향으로 계속 일어나면서 처음의 과정이 증폭되는 것을 가리킨다.

대기권의 경우도 마찬가지이다. 이산화탄소가 과도해지면 식물(이산화탄소를 흡수하고 산소를 방출하는 광합성작용을 통해)에 의해 소비되고, 풍화작용을 통해서도 소모된다. 빗방울이 대기에서 이산화탄소를 포획하면 약한 탄산이 되고, 땅에 떨어지면 지상의 석회암을 용해시킨다. 탄소는 석회암이 풍화된 산물과 결합하고, 산소는 이산화탄소의 형태로 방출된다. 석회암에 산을 떨어뜨리면, 쉬잇 소리를 내며 거품을 낼 것이다. 바로 이산화탄소가 부글거리는 것이다.

2001년에 이르러 새로운 탄소원이 확인되었다. 게다가 과정도 충분히 빠른 것이었다. 기체수화물은 바구니 모양으로 짜인 물분자들로 구성된 결정질 고체로서, 내부에 기체를 가둬두고 있다. 물분자 바구니는 이산화탄소와 황화수소 같은 다양한 기체분자들을 가둘 수 있지만, 탄소와 수소로 이루어진 기체인 메탄을 가둔 형태의 기체수화물이 가장 흔하다. 기체수화물은 주로 극지역의 500미터 이상 수심에서 형성된다. 수압이 높은 곳에서 형성되는 기체수화물은 기막힌 기체농축기라고 할 수 있다. 만일 100만 리터의 메탄수화물이 수면에서 터진다면, 무려 1억 6,000만 리터의 기체가 공기 중으로 풀려날 수 있을 정도이다.

기체수화물이 처음 발견되었던 1970년대부터 대륙 대부분의 가장자리 주변의 퇴적물 깊은 곳에서 확인되었으나, 주로 극지 주변에서 발견되었다. 해저퇴적물 사이사이 구멍을 가득 채우고 있는 엄청난 양의 얼음과 압축된 기체가 광범위하게 분포하고 있음은 지구물리탐사장비로 탐지할 수 있다. 전 세계적으로 기체수화물이 가둬두고 있는 탄소량은 최소한 10조 톤으로 추정되는데, 이는 지구상의 모든 화석연료에 함유된 탄소량의 거의 두 배에 이르는 어마어마한 양이다. 기체수화물체 중 하나가 동요되어 그 속의 기체가 풀려난다면, 부글거리며 위로 올라온 엄청난 양의 이산화탄소나 메탄이 수면에서 폭발할 것이다. 그러면 일시적으로 이산화탄소나 메탄이 해당 지역 상공의 대기를 채워버릴 것이다.

과연 이것이 멸종의 원인이 될 수 있을까? 1872년 12월 3일, 아조레스 군도 멀리서 표류하던 마리 셀레스트 호가 발견되었다. 갑판 위아래 할 것 없이 배에서는 생명체가 있다는 아무런 흔적도 없었다. 선원들의 실종을 설명할 단서도 전혀 없었다. 사실 모든 것이 지극히 정상적인 상태로 보였다. 선실에 들어가 보면 옷들이 침대 위에 말끔하게 개켜 있었고, 빨래는 줄에 널려 있었다. 주방에는 아침식사가 준비되어 있었고, 일부는 벌써 식탁에 차려져 있었다. 그런데 거대한 메탄수화물 거품이 터졌다고 한다면,

과연 선원들의 실종을 설명할 수 있을까? 바다 밑에서 수백만 세제곱미터의 메탄이나 이산화탄소가 분출되었다면, 그 결과가 파괴적이긴 하겠지만, 곧 아무 흔적도 남기지 않고 대기 중으로 흡수되어버릴 것이다. 그런데도 선원들이 모두 실종된 까닭은 무엇일까? 이 수수께끼는 결코 풀리지 않을 것이다. 그러나 어쩌면 바다 밑에서 올라온 진동으로 대기가 혼탁해지자, 모두 갑판으로 올라온 선원들이 다시 신선한 공기를 찾아 배에서 뛰어내렸을 수도 있다.

만일 전 세계에 매장된 무수한 기체수화물체가 동시에 공기 중으로 풀려난다면 어떤 일이 벌어질까? 이른바 메탄트림으로 불리는 대량의 기체방출이 5,500만 년 전 팔레오세 말기에 일어났다는 증거가 발견되었다. 당시의 기온은 지난 1만 년 동안의 평균기온에 비해 5~7℃가 높은 지구온난화 시기였다. 이는 산소동위원소와 식물화석기록을 통해 알 수 있다. 그런데 이 온난기의 원인이 2조 톤의 메탄수화물이 대기 중으로 방출되었기 때문이라는 주장이 제기되었다.

온난기는 잠깐이었고, 환경은 신속하게 정상적인 상태를 회복했다. 미시건대학의 게리 디킨스Gerry Dickens와 동료들은 기체수화물로 인한 온난화 현상을 보여주는 좋은 증거라고 주장했다.[175] 급격한 고온화로 수많은 종의 동물이 죽었고, 죽은 동식물에서 나온 과도한 유기물은 바다로 쓸려갔다. 해저퇴적물에 유기물이 흡수되고, 지표를 덮었던 식물의 손실로 풍화작용이 증가하면서 대기 중 이산화탄소 수준이 빠르게 떨어졌다는 것이다.

팔레오세 말의 메탄트림은 대규모 멸종사태로까지 이어지지는 않았다. 그 효과가 전 세계에 미쳤고 수많은 종이 죽었지만, 지구는 충분히 빠르게 원래 상태를 되찾았으며, 대부분의 종도 복구되었다. 과연 메탄트림가설로 충분히 대멸종을 설명할 수 있을까?

탄소동위원소 스파이크

아마 기체수화물은 페름기 말 멸종사건의 주원인은 아니었을 것이다. 그러나 탄소동위원소 곡선이 4~5천분율이나 떨어진 큰 폭의 마이너스 치우침을 설명하는 데는 도움이 될 것이다. 가벼운 ^{12}C 쪽으로 크게 치우쳤다고 하나, 얼른 생각에 별로 대단하게 보이지는 않을지도 모르겠지만, 이는 사실상 세계 총 탄소보유량에 큰 변화가 생겼음을 말한다. 곧, 막대한 양의 ^{12}C가 바다로 유입되었다는 뜻이다.

어떤 정황을 생각해볼 수 있을까? 가벼운 탄소동위원소의 유입은 페름기−트라이아스기 경계에서 일어났던 생물생산성의 붕괴로 인해 썩어가는 동식물 주검들이 바다로 흘러들어간 데서 비롯되었을 수 있다. 그러나 폴 위그널의 계산에 따르면 이것으로도 충분하지 않았다. 오늘날 지구상의 전체 생물량이 담고 있는 탄소량은 8,300억 톤으로 추정된다. 모든 생물이 한꺼번에 죽는다면, 8,300억 톤이라는 엄청난 양의 유기탄소 12가 바다로 흘러들어가 매장될 수 있다. 그러나 이미 해양−대기계에는 약 50조 톤에 달하는 무거운 무기탄소 13이 존재하고 있다. 따라서 전체 양의 50분의 1도 안 되는 8,300억 톤이 추가로 유입된다 하더라도, 비율상으로는 별다른 차이가 나타나지 않을 것이다.

시베리아 트랩을 고려해도 탄소공급이 충분하지는 않을 것이다. 트랩 분출로 나온 현무암의 부피가 200만 세제곱킬로미터라면, 거기서 나올 탄소량은 10조 톤에 이를 것이지만, 여기에는 ^{12}C와 ^{13}C이 혼합되어 있을 것이다. 그렇다면 이것 역시 탄소동위원소 치우침의 원인으로는 충분하지 못하다. 설사 수치를 최대치로 잡는다 해도, 시베리아 트랩 분출로는 실제 일어났던 치우침의 20퍼센트밖에 아우르지 못한다.

그래서 지질학자들은 기체수화물에 큰 관심을 보였다. 거의 안도의 한숨에 가까웠다. 계산을 해보니, 기체수화물 외의 다른 어떤 요인도 충분한 양의 탄소를 갖고 있지도, 충분히 빠르게 작용할 수도 없었다. 기체수화물에 포함된 탄소는 $\delta^{13}C$값이 −65천분율일 정도로 동위원소상으로 굉장히 가볍다. 오늘날 기체수화물에 들어 있는 것으로 추정된 10조 톤의 탄소 가운데 10퍼센트만 풀려나도 $\delta^{13}C$비에 −5천분율 치우침을 충분히 일으킬 수 있었다. 그 비밀은 대단히 가벼운 탄소 구성에 있다. 시베리아 트랩 분출로 그와 똑같은 양의 탄소가 풀려난다 해도, 탄소동위원소 원자량은 훨씬 무겁고, 따라서 우리가 측정했던 마이너스 스파이크를 일으키지 못할 것이었다.

멸종모델

폴 위그널은 모든 증거를 한데 모아 하나의 흐름도로 작성했다(그림 41). 중심이 되는 위기는 시베리아 트랩 분출인 것으로 보인다. 세계적인 파괴현상은 시베리아 트랩 분출 동안에 발생한 각기 다른 기체들 때문이었다. 분출이 지속된 전체 기간 동안 이 기체들이 산발적으로 대기로 유입되었을 것으로 짐작된다. 아마 처음에 한 번 크게 분출한 것은 지구에 의해서 흡수되었을 수 있고, 대기−해양계에 일었던 단기간의 교란은 정상적인 되먹임 과정을 통해 제자리를 찾았을 것이다. 그러나 수없이 분출이 거듭되면서, 물리적 세계와 생명 사이의 모든 정상적인 상호작용이 총체적으로 붕괴되는 참담한 사태로 이어졌을 것이다.

시베리아 트랩 분출 때 뿜어져 나온 네 가지 기체가 주범일 것이다. 이산화탄소 증가효과는 장기간에 걸쳐서 미쳤다. 곧, 이산화탄소가 증가하면서 곧바로 지구온난화와 무산소화로 이어졌고, 이것이 수십만 년 동안 지속되었다. 매번 분출 때마다 이산화탄소가 대기 중으로 유입되었을 테고, 결국 어떤 정상적인 되먹임 체계도 불가능하게 만들었을 것이다. 기체수화물의 배출은 그 참상에 기름을 부었을 것이다.

이산화황도 방출되었다. 이산화탄소보다는 대기 중에 머무는 시간이 짧지만, 황산염이 일으킨 냉각화 효과는 세계 일부 지역에서 잠깐 동안 빙하

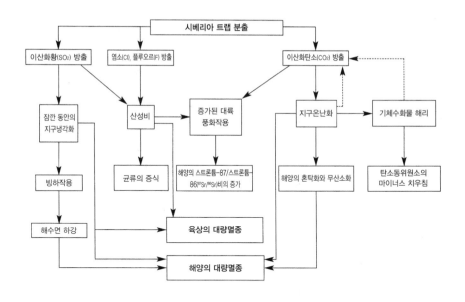

그림 41 멸종의 순환고리. 이 간략한 도표를 보면 2억 5,100만 년 전 시베리아 트랩 분출이 어떻게 대기의 대규모 변화를 초래했고 지구상의 생명 대부분을 몰락시켰는지 볼 수 있다.

작용을 초래했을 것이고, 빙하작용으로 바닷물이 얼면서 해수면이 하강했을 것이다. 정말 빙하작용이 있었는지, 있었다면 얼마나 오래 지속되었는지, 지금으로서는 말할 수 있는 것이 없다. 앞에서 살펴본 대로 빙결을 뒷받침하는 지질증거가 제한적이지만, 이론이 제시하는 것처럼 그 기간이 단기간이었다면, 암석에 보존된 증거를 찾을 기대는 포기할 수밖에 없을 것이다.

염소도 방출되었다. 염소는 황산염, 이산화탄소와 더불어 산성비의 원인이다. 염소가 물과 결합하면 염산, 황산, 탄산을 형성하는데, 플루오르화수소산도 만들어질 수 있다. 그런 시디신 산성 칵테일이 하늘에서 쏟아지면, 오늘날 산성비가 숲을 파괴하는 것처럼, 평범한 식물은 파괴되고 말 것이다. 식물이 크게 감소하면, 육지의 동물도 사라질 것이다. 아마 이 가설상의 산성폭우가 육지생물의 상당 부분을 쓸어버렸을 테고, 결국 균류 스파이크가 이루어졌을 것이다. 다시 말해 회복될 수 있었던 최초의 육상생물이 바로 버섯과 사상균이었을 거라는 얘기이다.

두말할 나위 없이 산성비는 육지의 풍화속도도 증가시킨다. 식물의 손실뿐 아니라 흙이 깎여나가면서 상황이 더욱 악화되었을 것이다. 리톨랙과 동료들은 페름기-트라이아스기 경계에 걸친 토양기록에서 이 점을 탐지했다. 퇴적물이 바다로 쓸려가는 속도가 증가했다는 것은 스트론튬 비의 변화로 알아볼 수 있다. 페름기-트라이아스기 경계를 거치면서 스트론튬 87 대 스트론튬 86의 비율이 극적으로 증가했다는 것은 엄청난 양의 육성물질이 하천을 통해 바다로 유입되었음을 암시한다.

폭주하는 온실효과 때문에 페름기 말 위기는 전체적으로 극히 악화되었을 것이다. 보통의 상황에서 대기-해양계는 탄소와 산소의 수준을 정상으로 되돌려 불균형을 바로잡곤 한다. 이것이 바로 마이너스 되먹임 과정이다. 만일 이산화탄소의 수준이 올라가면, 유기물의 매장, 풍화, 숲의 번성 등을 통해 초과된 이산화탄소를 소비할 것이다. 그러나 폭주하는 온실효과는 플러스 되먹임 체계이다. 이를테면 이산화탄소가 증가해도 그 효과를 완화시키는 과정에 의해 저지되지 않는다는 것이다. 오히려 더욱더 많은 이산화탄소를 대기에 추가시키는 과정들이 촉발된다.

페름기 말의 폭주하는 온실효과는 다음과 같이 간단하게 설명할 수 있다. 시베리아 트랩 분출로 이산화탄소가 배출되자 지구의 기온이 6℃ 정도 상승했다. 추운 극지역이 따뜻해지고, 얼었던 툰드라가 해빙되었다. 그 해빙과정은 극지 해양 곳곳에 위치하던 냉동상태의 기체수화물 저장고까지 영향을 미쳤을 수 있다. 그 결과 막대한 양의 메탄이 거대한 거품을 일으키며 해수면으로 올라와 터졌을 것이다. 이렇게 대기 중으로 탄소가 더 유입되면서 더욱 따뜻해졌을 것이다. 그리고 다시 더 많은 기체수화물 저장고를 녹였을 것이다. 그렇게 그 과정은 계속되고, 가속되었다. 이산화탄소 수준을 정상적인 수준으로 낮추었던 자연체계가 작동될 수 없었고, 결국에는 통제 불능의 상태로 빠지고 말았을 것이다. 그와 함께 생명의 역사상 최대의 파국이 일어났다.

굴 밖의 풍경

그렇다면 이 모든 일이 일어났던 당시의 풍경은 어땠을까? 9장에서 살펴보았던 카루분지의 디키노돈대 시기를 상상해보자. 당시 가장 수가 많았던 보통 크기의 초식동물 디키노돈은(그림 42) 열대-계절풍 기후에서 으레 있는 시련이 닥치면 굴을 파고 피할 수 있었을 것이다. 페름기 말의 위기가 닥쳤을 때에도 디키노돈은 강기슭을 따라 황급히 내빼서 시원한 굴속으로 들어갔을 것이다. 하루 이틀 뒤 시련이 모두 지나가면 다시 바깥을 돌아다닐 기대를 하면서 말이다.

최초의 현무암 분출은 아득히 먼 시베리아에서 수천 년 전에 시작되어, 산발적으로 이어졌다. 폭발음이 아프리카까지 들렸을 리는 만무하고, 디키노돈 역시 분출하는 용암이라든가 재, 가스를 보지는 못했을 것이다. 그러나 기온은 약간 올랐을 것이다. 분출지대 인근에서는 이산화황의 방출 때문에 잠깐 동안 추위가 찾아왔겠지만, 단기적인 현상이었다. 이산화탄소 방출로 인한 온난화 효과가 곧바로 압도했을 것이다. 어쨌든 최초의 트랩 분출은 거의 낌새도 없이 지나가버렸을 것이다.

그러다가 1~2년 뒤, 더욱 큰 규모의 분출이 일어났다. 또다시 잠깐 추위가 찾아왔다가 기온이 대폭 상승했을 것이다. 이번에는 디키노돈도 눈치를 챈다. 그때는 매년 반복되는 우기 사이의 건기로 괴로운 시기였다. 9장에서 보았던 것처럼, 건기가 되면 어떤 경우든 생명은 생사의 갈림길에서 위태로운 줄타기를 한다. 기온이 1도만 상승해도 평소보다 많은 식물들이 죽

그림 42 디키노돈이 폐허가 된 종말 이후의 풍경 속을 거닐고 있다.

어나갈 수 있다. 그러면 더 많은 초식동물들이 다음 우기까지 살아남지 못한다. 열폭풍 때문에 디키노돈은 굴속에 몸을 숨길 것이다.

이번 분출은 연쇄과정들을 촉발시킨다. 대기로 분출된 갖가지 기체들이 성층권까지 올라가서 지구를 에워싼다. 기체뿐 아니라 미세한 먼지까지 합세해서 평상시와는 다른 하늘 풍경을 연출한다. 세계 어디에서나 빨강, 노랑, 자주색이 얼룩덜룩한 이상한 해돋이와 해넘이 풍광을 볼 수 있다. 교란이 이어지던 며칠 뒤, 참혹한 산성비가 찾아온다. 화산에서 배출된 염소, 플루오르, 이산화황, 이산화탄소가 높은 구름 속 수증기와 결합하여 염산, 플루오르화수소산, 황산, 탄산 칵테일을 만들어낸다. 분출지대를 중심으로 사방 수백만 제곱킬로미터에 걸쳐 산성비가 내리면서 대부분의 식물을 태워버린다. 일차적으로 사라진 것은 나무를 비롯한 덩치 큰 식물들이다. 남아프리카처럼 멀리 떨어진 곳에서도 그 효과를 볼 수 있다. 한때 식물들이 무성하게 자랐던 자리에는 죽은 식물들이 엎어져 부패하고 있다. 디키노돈은 입맛에 맞는 먹이를 찾아 주변을 어슬렁거리지만, 좀처럼 먹이가 눈에 띄지 않는다. 그저 강기슭 부근 습한 틈을 파고든 약간의 버섯, 이끼, 양치류, 석송만이 눈에 띌 뿐.

그러다가 멀리서 우르릉거리는 소리가 들린다. 남아프리카에서는 들리지 않지만, 또 한 번의 일격을 알리는 소리다. 약 1만 년 전 분출이 시작된 이래, 대기와 해수면 온도는 2~3도 정도 올라갔고, 얼어붙었던 북쪽의 극지방이 가장자리부터 녹기 시작한다. 페름기에는 극지방이 오늘날보다 훨씬 작았다. 빙관도 얼마 되지 않았다. 그러나 극지에서 수백 킬로미터에 걸쳐 얼어붙은 툰드라가 펼쳐져 있었고, 바다 가장자리도 얼어붙어 있었다. 1~2도의 온도상승으로, 극해 가장자리 퇴적물 속에 갇혀 있던 거대한 얼음 기체수화물이 풀리면서 순식간에 무너진다. 처음에는 몇 개의 거품만 뽀글거리다가 점차 많아지더니, 급기야는 원래 부피의 100배가 될 정도로 엄청나게 팽창한다. 한때 고압상태에서 얼어붙어 있던 것이 상온과 상압상태가 되자 기화하면서, 막대한 양의 메탄과 이산화탄소가 수면 위로 올라와 파열하여 대기 속을 파고든다. 물기둥이 수백 미터 높이까지 하늘로 치솟는다.

비록 북극 근처에서 일어나긴 했지만, 어마어마한 양의 이산화탄소가 대기로 유입되면서, 그 효과가 전 지구를 뒤덮는다. 이미 기온이 2~3도 올랐음을 느꼈고, 부패하면서 악취를 풍기는 식물들 사이에서 찌꺼기라도 찾을 양으로 무기력하게 돌아다니던 남아프리카의 디키노돈은 며칠 뒤 더욱 치명적인 타격을 받는다. 이산화탄소가 증가하면서 산소수준이 내려간 것이다. 디키노돈은 가쁘게 숨을 몰아쉰다. 날이 갈수록 숨은 더욱더 막혀온다.

일주일 뒤, 더욱 거센 폭우가 쏟아진다. 장마가 시작된 것이다. 비록 산성기가 상당 부분 가셨다고는 하나, 비는 여전히 산성을 띠었다. 비가 내리면서 마른하천은 급속히 물이 채워지고, 악취를 풍기는 식물들이 모두 비탈을 타고 쓸려 내려간다. 나무줄기, 가지, 잎더미가 서로 뒤엉킨 채 바다를 향해 쓸려가다가, 삼각강 지역의 끝에 이르면서 앞바다 수 킬로미터에 걸쳐 바다 속에 부려진다. 대부분의 토양도 쓸려가 버린다. 식물뿌리가 단단히 묶어두지 못하니 흙도 속절없다. 며칠 뒤, 거의 모든 흙이 사라져버렸고, 남은 것은 민둥민둥 튀어나온 암석뿐이다. 흙이라고 해야 살아남은 이끼, 양치류, 석송이 자리한 구덩이 속에나 겨우 붙들려 있을 뿐이다. 카루 분지 전역에 걸쳐 식물과 토양 속에 붙들려 있던 어마어마한 양의 유기탄소가 바다로 휩쓸려가 버렸다. 남은 것은 거의 아무것도 없다. 토양이 사라지면서 연충류, 거미, 지네, 파리, 딱정벌레는 말할 것도 없고, 암석을 힘있게 붙들지 못한 것은 모두 급류에 휘말려버렸다.

대기 중 이산화탄소 수준은 여전히 정상보다 높은 상태이다. 게다가 마이너스 되먹임 과정도 먹통이다. 보통 때라면 광합성작용을 통해 대기 중 이산화탄소가 소비되었을 테고, 장맛비가 걷힌 뒤의 땅에는 신록이 크게 우거졌을 것이다. 메말랐던 나무에도 생명이 움트고, 옹이진 가지에서는 잎을 틔웠을 것이다. 썰렁한 흙에서는 그동안 잠자고 있던 씨앗이 싹을 틔우면서 키 작은 양치류와 종자고사리가 자라났을 것이다. 그러나 지금은 흙은 사라져버렸고, 땅은 온통 벌거벗은 암석천지이다. 그로부터 3억 년 전, 육지생명이 아직 진화하지 않았던 선캄브리아 시대 이후 이런 일이 일어난 적은 없었다.

디키노돈은 물을 찾아 바다까지 내려간다. 일주일이 넘게 먹이구경도 못하고 걸음을 계속했으니 아사 직전이다. 당시 번성할 수 있는 거라고는 버섯뿐이었던 것으로 보인다. 유일하게 먹을 수 있는 게 버섯이지만, 입맛과는 동떨어진 것이다. 본능적으로 물이 있는 곳에 먹이가 있을 것이라 여겼으나, 이번에는 잘못 생각한 것이다. 종말이 닥친 세상에서는 모든 것이 뒤죽박죽인 법이다. 육상식물이 산성비로 초토화되어버린 것처럼, 해변에서 자라고 있던 바닷말도 거의 다 죽어버렸던 것이다. 대기 중에 이산화탄소 수준이 올라가면서 해수면 아래 수십 미터까지 영향을 미쳐 플랑크톤마저 궤멸되고 말았다. 일주일 정도가 지나면서 플랑크톤을 주식으로 했던 물고기 떼들도 모두 굶어죽고, 죽음의 사태는 그렇게 먹이사슬을 타고 위로 위로 번져갔다. 플랑크톤을 먹고살던 작은 물고기도 죽고, 작은 물고기를 먹이로 하던 상어 같은 덩치 큰 어류도 죽고 말았다. 바다 전체는 오염된 상태이다. 수온이 상승하면서 무산소화가 진행되었다.

디키노돈을 비롯하여 다른 모든 동물들—친연관계가 가까운 크고 작은 디키노돈트, 굼뜬 혹투성이 초식동물 파레이아사우르, 종종걸음 치는 작은 프로콜로포니드, 테로케팔리아, 밀레레티드, 칼이빨을 가진 덩치 큰 고르고놉시아—은 거의 죽을 지경에 놓였다. 황량한 바위투성이 땅을 이리저리 배회한다. 숨쉬기는 힘들어지고, 한낮에는 보통 때보다 뜨거운 햇볕 때문에 등짝이 벌겋게 탄다.

그러다가 세 번째 분출이 일어난다. 특별히 큰 규모랄 것은 없었지만, 그것 때문에 산성비가 더 이어진다. 미미하지만 기온도 다시 상승한다. 멀리 북쪽에 얼어붙은 기체수화물 광상에서 또다시 메탄 거품이 터지고, 이산화탄소가 풀려난다. 디키노돈은 폭주하는 온실효과를 겪고 있다. 이산화탄소가 증가해도, 기온이 상승해도, 제동을 걸어줄 것이 아무것도 없다. 결국 육지의 다른 거의 모든 동물들과 더불어 디키노돈도 맥을 못 쓰고 죽어버린다.

바다의 상황도 끔찍하다. 육지에서 유입된 엄청난 양의 유기물질이—모두 죽은 동식물의 주검과 토양이다—악취를 풍기는 검은 연니가 되어 해저를 뒤덮는다. 유기물질이 부패하면서 산소를 소비하고 황화수소를 방출한다. 그 결과 초뿐 아니라 초에서 서식하는 거주자들, 바닥을 기어 다니던 연충류와 절지동물, 굴을 파는 연체동물과 새우 등 해저의 생물들도 모두 죽는다. 그들의 주검도 바닥의 냄새 고약한 검은 무산소의 연니 속으로 섞여 들어간다. 바다 위 대기에서는 산소가 사라져가고, 바다 밑바닥에서는 검은 진흙이 펼쳐져 있으니, 바다는 무산소화의 소용돌이에 빠지고 만다. 점차적으로 산소수준이 떨어져, 결국 거의 아무것도 살아남지 못하게 된다. 다만 산소가 부족한 깊은 곳에서도 생존할 수 있는 약간의 연충류, 완족동물, 연체동물만이 혹독한 조건을 견디면서 간신히 살아간다.

분출은 불규칙적으로 계속 이어지고, 시베리아에 현무암질 용암을 계속 쏟아놓는다. 새로 생긴 수백 미터 암석이 켜켜이 쌓인다. 며칠이나 몇 주 간격으로 분출이 일어나기도 하지만, 몇천 년 동안 잠잠한 경우도 있어, 얼마 안 되는 생존동식물은 다음번 파국이 시작되기 전까지 잠깐이나마 간신히 몸을 추스른다. 당연히 규모도 작고 지구에 미치는 효과 또한 제한된 분출도 있지만, 위에서 언급한 것처럼 세계적으로 파급효과를 일으킬 만큼 충분히 큰 규모의 분출도 있다. 언젠가는 좀더 정밀한 조사를 통해 시베리아 트랩의 분출국면을 하나하나 자세하게 알아내는 것도 가능해질 테고, 멸종이 분출 초기에 한꺼번에 일어났는지, 아니면 50만 년 이상 오래 끌었는지 여부도 상세히 알아낼 수 있을 것이다.

정말로 이런 일이 일어났을까?

지금까지 2억 5,100만 년 전에 있었던 격변의 모든 조각들을 하나로 모아 보았다. 과거 10년 동안의 연구결과, 지구와 지구의 거주자들이 거의 완벽한 파국을 맞았던 사건을 설명할 놀랍고도 현실적인 시나리오가 나왔다. 시베리아 트랩 분출과 대기에 미쳤던 영향들, 지구-생명계의 산소와 탄소 순환, 해양의 구성성분들, 기체수화물에 대한 오늘날의 이해를 바탕으로 한 견지에서 보면 그 멸종모델은 타당하다. 그러나 이 가운데 상당 부분이 아직은 극히 새로운 연구 분야이기 때문에, 장차 그 모델은 얼마든지 수정 될 가능성이 있다.

아직 많은 사람들에게는 거대한 외계물체와의 충돌 같은 보다 종말론적 이고, 더욱 순간적이며, 좀더 단호한 무언가를 바라는 마음이 끈질기게 남 아 있다. 그런 주장을 펴는 이들은, 만일 50퍼센트의 종이 사라졌던 KT 사 건이 하나의 거대한 운석으로 비롯된 것이라면, 90퍼센트 이상의 종을 절 멸시키려면 그보다 훨씬 격변적인 것이 필요하지 않겠느냐는 식으로 말한 다. 그러나 지금으로서는 페름기-트라이아스기 경계시점에 운석충돌이 있 었다는 증거는 얼마 되지 않는다. 그러나 헬륨/풀러렌 가설이 확증되거나, 연대가 맞는 운석구가 발견된다면, 또는 세계 곳곳의 암석층서에서 다량의 충격받은 석영과 이리듐이 모습을 나타낸다면, 언제든지 상황은 바뀔 수 있다. 하지만 나는 지금으로서는 시베리아 트랩과 기체수화물 쪽에 돈을 걸겠다.

페름기 말의 전체 상황을 놓고 볼 때, 시베리아 트랩이 뭐가 그리 특별 할까? 시베리아 트랩은 전 시대를 통틀어 최대 규모의 범람성 현무암이 아 니었다. 그보다 훨씬 규모가 큰 범람성 현무암이 2억 년 전에 중앙대서양, 1억 2,000만 년 전에 자바, 9,000만 년 전에 카리브 해-컬럼비아 지역, 6,000만 년 전에 영국-북극 지방에서 분출했다. 그러나 이 네 차례의 분 출 때에는 속 수준의 멸종률이 5~30퍼센트에 불과했다. 30퍼센트라고 해도 두드러지기는 하지만, 파국이라고 하기는 힘들다. 페름기 말의 속의 손실률에 비하면 별것 아니기 때문이다.

어쩌면 단순히 여러 인자들이 우연히 함께 일어난 결과인지도 모른다. 페름기 말은 대륙들이 완전히 하나의 초대륙으로 합쳐져 있던 유일한 시기였고, 나아가 초대륙에서 대규모 범람성 현무암 분출이 일어난 유일한 시기였다. 나중에 일어난 대규모 현무암 분출의 경우, 대륙은 서로 떨어져 있었고, 아마 각 대륙과 해양의 생명은 심각한 기후변화에 맞설 만큼 충분히 다양해졌을 것이다. 그 우연의 일치에 덧붙여야 할 한 가지가 다량의 메탄 트림임은 거의 확실하다. 비록 이를 입증할 독립적인 증거는 없는 형편이지만 말이다(놀랄 정도로 크고 급격한 탄소동위원소의 마이너스 치우침을 설명할 방도가 달리 없다는 점을 제외하고는). 예일대학의 로버트 버너Robert Berner는 모든 가설들을 철저히 검토한 결과, 다량의 메탄 방출이 극적인 탄소 변동의 주원인이어야 하며, 화산가스의 배출과 대량 죽음으로는 제대로 그 변동을 설명할 수 없음을 보여주었다.176) 그렇다고 버너의 결과가 증거인 것은 아니지만, 그는 잘 정립된 기후모델에 의지해 가능한 모든 원인들을 돌려보았으며, 이 불가해한 대규모 수치처리의 세계에서 버너의 탁월함을 의심하는 사람은 극히 드물다.

아직은 페름기 말 위기에 관해 밝혀져야 할 것이 아주 많이 남아 있다. 지질학자들과 고생물학자들은 아직 그 사건의 전모를 단계적으로 자세히 알지는 못한다. 그러나 이제까지 우리가 보아왔듯이, 1995년 이후 놀라울 정도로 생각들이 벼려져왔다. 따라서 앞으로도 더욱 그리 되리라는 점에는 의심의 여지가 없다. 하지만 한 가지만큼은 분명하다. 전 시대를 통틀어 최대 규모의 대멸종이 2억 5,100만 년 전에 정말로 일어났으며, 설사 그 원인을 완벽하게 설명하지는 못한다 할지라도, 정상적인 생물다양성의 10퍼센트 이하로까지 생명을 절단내어버렸던 사건의 결과를 살피는 게 중요하다는 것이다. 분명 거기서 배울 수 있는 것이 있다.

12

여섯 번째 대멸종?

낮은 수준의 멸종이라도 얼마든지 높은 수준의 멸종으로 바뀔 수 있다. 종과 서식지를 하나씩 파괴하면 결국 과거에 일어났던 것 같은 폭주하는 위기를 부를 수 있다. 일단 세계가 하향 쇠퇴기의 회오리에 휘말리게 되면, 아무리 인간이 개입한다 해도 원래 상태로 되돌릴 방법을 찾기란 불가능할 것이다. 예를 들어보자. 어떤 생태계에서 한두 종을 제거한다고 해도 별 영향이 없을 것이다. 나머지 종들이 금방 적응해서 그 공백을 메울 테니까. 그러나 계속해서 한두 종씩 제거된다면, 생태계가 붕괴되는 상황까지 이를 수 있다. 그런 참담한 사건들의 연쇄에 휘말리기 전에 환경을 파괴하는 짓을 멈추는 것이 더 좋은 일이다.

1992년, 당시 미국 부통령이었던 앨 고어Al Gore는 이렇게 썼다.

> …… 우리가 매일 100개의 종을 멸종시키고 있다는…… 생각이 떠올랐다. 많은 과학자들이 믿기에 우리는…….[177]

깜짝 놀랄 만한 수치이다. 앨 고어가 인용한 계산대로 따져보면 앞으로 400~800년 안에 모든 생명이 멸종할 것이다. 이걸 믿어도 되는 걸까? 과학적인 근거가 무엇일까? 이게 아니면 신께서 인류를 위해 지구상의 만물을 창조하셨기에, 인간에 의해 행해진 모든 것은 당연히 선하다고 생각하는 극단적인 성서지대의 미국인들처럼 편하게 생각해야 할까?(1920년대 초에 만들어진 용어인 '성서지대'[Bible Belt]는 보수적인 복음주의 개신교가 지배하는 지역들을 일컫는 말이다. 주로 미국 남부의 여러 주들이 이에 해당하지만, 캐나다, 유럽, 태평양 제도 등에도 성서지대가 있다. 이곳의 신자들은 성서를 글자 그대로 해석하는 극단적인 기독교 원리주의 신앙을 가지고 있다: 옮긴이)

아마 어느 쪽 입장이든 조잡한 입장일 것이며, 신중을 기하는 게 현명할 것이다. 앨 고어가 근거로 삼은 것은 1990년에 폴 얼리치Paul Ehrlich와 앤 얼리치Anne Ehrlich가 수행했던 잘 알려진 계산이었다. 그 계산에 따르면 매일 70~150종이 멸종하고 있다는 것이었다.[178] 이런 비율을 오늘날 추정된 총 생물다양성에 적용하면, 위와 같은 깜짝 놀랄 예측이 나온다. 일간 멸종 추정치가 너무 높게 보일지도 모르겠지만, 그런 계산은 늘 놀라운 결론을 이끌어낸다.

만일 인간의 활동이 정말로 그런 파국을 야기하고 있다면, 우리는 지금 틀림없이 여섯 번째 대멸종의 현장을 목격하고 있는 셈이다(지질학적으로 기록된 나머지 다섯 번의 대멸종은 바로 '5대 멸종'이다). 만일 그렇다면, 지금 일어나고 있는 일뿐 아니라 앞으로 일어날 일을 이해하기 위해서는 과거에 일어났던 사건들을 면밀히 이해할 필요가 있을 것이다. 특히 사람들이 자주 묻는 것이 있다. 과연 대멸종의 파국이 지난 뒤 생명이 복구되기까지 얼마나 오래 걸릴까? 페름기 말 사건 이후의 생명복구에 대해서는 증거가 있기 때문에, 고생물학자들은 몇 가지 확고한 답을 줄 수 있다.

그런데 앨 고어의 놀라운 주장을 어떻게 생각해야 할까? 그런 수치들이 믿을 만한 것일까?

현재의 생물다양성: 200만 종?

생물다양성, 곧 지구상 종의 수에 대한 현재의 추정치는 200만에서 1억까지 편차가 크다. 솔직히 말해서 오늘날 생명이 얼마나 다양한지 거의 감을 못 잡고 있다는 게 믿기지 않을 정도이다.

드물기는 하지만 아직도 일부 보수적인 학자들이 인용하는 200만 종이라는 최저치는 명명된 종들을 모두 일일이 세어본 가장 확고한 증거에서 나온 수치이다. 2000년까지 과학문헌에서 명명된 종의 수는 180만 개 정도인데, 공교롭게도 이 중 대다수인 100만 종 정도가 곤충이다. 정확한 총수를 내놓기는 힘들다. 크고 작은 박물관과 연구소 간행물을 포함하여 전 세계적으로 수천수만을 헤아리는 학술지에서 새로운 종의 동식물이 계속 기술되고 있기 때문이다. 비록 모든 자료들을 인터넷의 중앙전자저장시스템에 정리해서 누구나 볼 수 있게 하려는 계획이 추진되고는 있지만, 아직까지는 그런 정보들이 모이는 중심이 없다.

그렇다면 현재의 생물다양성을 180만 종이라고 고수해야만 할까? 어떤 근거에서 보면 그 수치는 지나치게 낮다고 할 수 있고, 또 다른 근거에서 보면 지나치게 높은 것으로 생각된다. 너무 높은 이유는 바로 이명異名 때문이다. 일상어에서처럼 생물학에서도 이명이란 한 가지를 다른 이름으로 부르는 것을 말한다. 최선의 노력을 기울이고는 있지만, 생물학자 역시 인간이기에 실수를 저지른다. 새로운 종을 열정적으로 찾는다는 것은 이미 누군가가 명명한 것을 또다시 명명하는 잘못을 저지를 수 있음을 의미한다. 설사 해당 분야의 기존 연구를 모조리 알고 있다 해도 이런 실수가 일어날 수 있다. 그 까닭은 기존의 이름이 애매하기 짝이 없는 학술지에 실려 있다거나, 애초에 기술된 사항들이 불완전하다거나, 도해가 빈약하다거나, 잘못되었을 수 있기 때문이다. 어쨌든 이 때문에 이미 명명된 것에 또 이름을 짓는 일은 늘 일어난다. 다행히 과학자들이란 비판하기 좋아하고, 다른 사람의 잘못을 찾아내는 일을 즐기는 부류이다. 덕분에 조만간 이명들을 샅샅이 찾아내 뿌리를 뽑을 것이다. 그러나 그것 역시 과학의 일부이다. 다시 말해, 연구가 발표되면 모두 면밀하게 검토될 가능성이 열려 있다.

여러 면에서 보았을 때, 단순히 새로운 종의 이름을 짓는 것보다 더욱 중요한 것은, 생물다양성과 진화상의 유연관계를 연구하는 계통학자들이 끊임없이 전체 생물군 목록을 수정하고 재조사하는 것이다. 그들은 난초든 물땅정벌레든 생물가계를 관리하는 일을 업으로 삼기로 마음먹은 사람들로 볼 수 있다. 그들은 전 세계를 돌아다니며 기준표본을 살펴보고(새로운 종이 명명될 때 그 종을 대표할 것으로 선택된 표본을 기준표본이라고 하며, 종명보유표본이라고 할 때도 있다. 나중의 연구를 위해 박물관에 보존된다), 형질과 진화상의 유연관계를 나타낸 포괄적인 도식을 만든다. 그리고 이명들을 식별해서 원래 지어진 이름으로 공식적으로 포섭시킨다. 세계적으로 이명률은 20퍼센트 정도를 늘 유지한다. 달리 말하면 명명자가 자랑스럽게 세계에 공표한 새로운 종 가운데 5분의 1 정도가 나중에는 불가피하게 삭제될 거라는 얘기이다. 그렇다면 명명된 180만 종의 생물종은 140만 종 정도로 떨어질 것이다.

그렇더라도 거칠게 낮춘 수치임은 거의 확실하다. 계속해서 새로운 종이 발견되고 있으며, 설사 그중 5분의 1이 사이비일 수 있다고 해도 나머지 5분의 4는 그렇지 않기 때문이다. 그렇다면 새로운 종이 얼마나 많이 남아 있을까? 신문을 읽어보면, 새로운 종의 조류나 포유류가 발견되었다는 소식이 머리기사로 실리는 것을 볼 수 있다. 새로운 포유류나 조류가 발견되는 경우는 극히 드물다. 아마 일 년에 한두 종 정도에 불과할 것이다. 게다가 세계 곳곳의 오지들을 부지런히 탐사해야 겨우 새로운 조류나 포유류 종을 찾아낼 수 있다. 이렇게 보면 우리가 사실상 오늘날 살아 있는 조류와 포유류의 종을 거의 모두 알고 있다고 할 수 있다. 조류는 7,000종, 포유류는 5,000종 정도이다. 그런데 곤충의 경우에는 얘기가 달라진다. 곤충학자들은 해마다 7,000~8,000개씩 새로운 종을 만난다. 그나마 발견률이 이렇게라도 제한된 까닭은 곤충학자의 수, 작업속도와 관련된 것으로 볼 수 있다. 내가 아는 곤충학자들은 자기들 상황이 절망적이라고 느끼고 있다. 하루에 한 시간만 더 일해도 일 년에 새로운 종을 족히 몇십 개는 더 동정할 수 있을 텐데 하고 아쉬워한다. 사람이라면 한계가 있기 마련이기에 어쩔 수 없이 걸음을 되돌리지만, 그 생각만 하면 제대로 잠을 이루지 못한다. 현재까지 그들이 명명한 종만 해도 100만 개에 이르지만, 그 노고가 끝났다는 징조는 전혀 보이지 않는다.

이런 대조적인 상황은 채취곡선을 통해 살필 수 있다. "언제 채취작업을 멈춰야 할까?"라는 물음에 답을 내릴 수 있는 잘 정립된 방법이 바로 채취곡선이다. 채취곡선은 노력 대비 발견된 새로운 종의 수를 곡선으로 그린 단순한 그래프이다. 보통의 경우, 생물학자는 외진 곳으로 가서 종의 목록을 작성한다. 그 작업이 얼마나 오래 걸릴까? 만일 하루 동안 종을 채취한다면, 찾아낸 식물이며 벌레며 모든 것이 새로운 종일 것이다. 한 주가 지나면, 흔히 보이는 종은 모두 알게 될 것이고, 새로운 형태를 찾는 경우는 드물어질 것이다. 여기에도 수확체감의 법칙이 적용된다. 그래프로 그려보면(그림 43) 발견률이 처음에는 가팔랐다가 빠르게 완만해지는 모습을 볼 수 있다. 곡선의 오른쪽은 최종 수치를 향해 상승하는 형태를 띤다. 최종 수치에는 결코 도달하지 못하겠지만(이를 전문적으로는 점근선이라고 부른다), 대략적으로 총 수가 얼마일지는 분명해진다. 새로운 종을 동정하려고 애쓰는 전 세계 계통학자들의 노고를 이 채취곡선에 빗대어본다면, 포유류학자들과 조류학자들은 충분히 접근선상에 있는 것으로 볼 수 있다. 따라서 그들은 알아야 할 것은 모두 웬만큼 알고 있다고 자신 있게 예측할 수 있을 것이다. 그러나 곤충학자들은 아직도 가파른 발견곡선 위에서 고군분투하고 있는 실정이며, 언제쯤 완만한 곡선을 타게 될지 조금도 예측할 수 없는 상황이다. 모든 유기체들에 대한 채취곡선을 토대로 대략적인 종의 수를 추정해보면, 이미 기술된 종과 앞으로 기술될 종을 합친 총 수는 500만 개에 달할 것으로 보인다.

곤충의 경우는 그래도 나은 편이다. 주변에서 쉽게 볼 수 있고, 쉽게 채취할 수 있기 때문이다. 그런데 미생물의 경우는 어떨까? 세균, 바이러스, 조류藻類, 원생생물 등 우리가 눈으로 볼 수 없는 미소한 생물체들의 경우는? 곤충학자들이 넋두리를 늘어놓으면, 미생물학자들은 가만히 웃고만 있을 것이다. 그들은 현재 미생물의 다양성이 어느 정도인지 아예 거죽도 긁어보지 못한 형편이기 때문이다. 심해생명체를 연구하는 계통학자의 경우도 마찬가지이다. 그들이 조사할 수 있는 대상이라야 저인망이나 퇴적물 굴착기로 심해에서 끌어올린 잿빛의 뒤죽박죽된 유해들이 고작이다. 그들은 지구 상공 높은 곳에서 급습하는 외계인 신세나 다를 바가 없다.

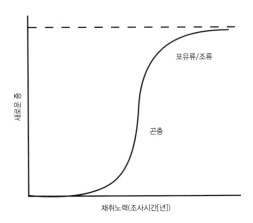

세로축: 종의 수

가로축: 채취노력(조사시간[년])

곡선 상단: 포유류/조류

곡선 중간: 곤충

그림 43 종 명명 활동을 보여주는 채취곡선. 조류와 포유류 분야의 계통학자들은 이제 존재하는 모든 종을 발견하기 직전에 있다. 그러나 곤충 분야의 계통학자들은 여전히 고군분투 중이다. 그러나 그들의 잘못은 아니다. 조류와 포유류에 비해 곤충은 수천수만 배는 더 다양하기 때문이다. 곤충학자들이 총력을 기울여 해마다 8,000개 정도의 새로운 곤충종들을 기술하고 있지만, 100년 전이나 지금이나 최종 목적지까지는 전혀 가까이 가지도 못하고 있다.

이따금씩 표본채취장비를 아래로 던져 어쩌다가 걸려든 것들만을 우주선으로 끌어올려 조사할 수밖에 없는 처지이다.

여러분은 중형동물상(meiofauna)의 경우는 또 어떠냐고 물을 것이다(지은이가 쓴 'meiofauna'라는 용어는 보통 수서성인 '중형저서생물'로 번역된다. 그러나 뒤의 내용으로 보아 토양동물상에 해당하는 것으로 판단해 '중형동물상'으로 옮겼다. 미소동물상[microfauna, 현미경이 있어야 볼 수 있는 크기의 토양생물]과 대형동물상[macrofauna, 지렁이보다 작지만 크기가 1센티미터 이상인 토양생물] 사이 중간 크기의 토양생물을 말한다: 옮긴이). 중형동물상도 마찬가지이다. 온전히 미생물이라고 할 수는 없지만 미생물에 가깝고, 투명하고 부드러운 몸을 가진 벌레 같은 생물체들이 모래입자와 토양입자 사이에서 살아가고 있는데, 이들 역시 거의 조사된 바가 없다. 1960년대 이전까지는 그것들이 존재하는지조차 아는 사람이 아무도 없었고, 아무도 신경 쓰지 않았다. 오늘날이라고 해봐야 소수의 계통학자들만 그들을 연구하고 있는 형편이다. 아마 이제까지 전 세계에서 명명된 종의 목록은 지구 생명다양성의 총 수를 보여주는 타당한 추정치가 아닐 것이다. 그러나 표본채취전략에 또 다른 접근법을 활용해볼 수 있다.

곤충 대폭발: 1억 종?

1970년대에 테리 어윈Terry Erwin이 적용한 표본채취전략이 바로 그것이다. 두 편의 유명한 논문에서 개괄한 그 방법은 다음과 같다.[179] 그는 열대우림의 딱정벌레를 조사하기로 결정하고, 좁은 지역에서 딱정벌레 다양성을 산정한 다음, 그 수치를 전체적으로 외삽할 계획을 세웠다. 중앙아메리카와 남아메리카에 서식하는 루에베아 세마니Luebea seemannii 수종의 임관林冠에서 모든 절지동물 동물상—곤충, 지네, 노래기, 거미 같은 모든 절지동물—표본을 채취했다(열대우림의 높이는 보통 35~40미터 정도에 이르는데, 높이에 따라 생물들의 생태가 달라지며, 그에 따라 여러 층으로 구분된다. 그 가운데 두께가 보통 10미터 정도에 이르는 최상층을 따로 '임관'[canopy]이라고 부른다. 가장 햇빛을 많이 받는 구간이기 때문에 광합성작용이 활발하고, 무성하게 얽혀 있는 잎과 가지 사이에 풍부하고 넉넉한 서식지가 형성되어 있어서 우림 내 전체 생물다양성의 45퍼센트 이상이 몰려 있는 곳으로 알려져 있다: 옮긴이). 조사대상으로 선택한 나무 아래에 '벌레폭탄'을 장착한 다음, 강력한 살충제를 위쪽으로 자욱하게 뿜었다. 뿌연 살충제가 가신 다음, 어윈은 죽어 땅에 떨어진 절지동물들을 모두 채취해서 종에 따라 분류했다. 공교롭게도 전혀 본 적도 없는 종들이 많았다.

어윈이 산정한 바에 따르면, 루에베아 세마니의 임관에서만 사는 딱정벌레는 163종이었다. 전 세계적으로 5만 종의 열대나무가 있기 때문에, 만일 루에베아 세마니에 사는 토종 딱정벌레의 수를 일반적인 것으로 간주할 수 있다면, 임관서식 열대 딱정벌레종의 수가 총 815만임을 암시한다. 이는 다른 나무종들에 사는 딱정벌레는 제외된 수치이다. 보통 전체 절지동물 종의 40퍼센트 정도가 딱정벌레이기 때문에, 열대의 임관서식 절지동물이 2,000만 종 정도라는 결론이 나온다. 또한 열대지역에서는 보통 지면보다는 임관에 서식하는 절지동물 수가 두 배 더 많다. 따라서 전 세계적으로 열대에 서식하는 절지동물종의 수는 3,000만이라는 수치가 나온다.

열대 절지동물이 3,000만 종이라고? 만일 이게 참이라면, 세계 전체 생명다양성은 5,000만에서 1억 종 사이임을 암시할 것이다. 일부 손이 큰 생물학자들은 1억 이상이라고 말하기도 한다! 그런데 2002년에 발표된 새로운 연구는 어윈의 몇 가지 가정에 문제를 제기했다.

좀더 신중히 생각해보면, 200만~500만이라는 보수적인 수치에 비해 어윈의 총 생물다양성 수치가 훨씬 진실에 가까울 것이다.[180] 심해생물, 미생물, 균류, 기생충의 경우에도 이와 비슷한 외삽처리를 했는데, 그 결과는 모두 지구 총 생물다양성이 2,000만~1억 종임을 암시한다. 그야말로 아연실색할 만한 수치이고, 생각해야 할 것들이 많은 결론이다. 만일 총 생물다양성이 그 정도라면, 계통학자들이 아무리 애를 써도 모든 종을 기술하고 명명하는 것은 불가능할 것이다. 그렇다면 과연 그 일을 포기해야만 할까? 아니면 좀더 제대로 조사를 수행할 수 있도록 정부에서 더욱 많은 계통학자를 고용해야만 하는 걸까? 자연보호주의자들과 정책입안자들에게 환경오염을 비롯한 인간의 활동이 생물다양성에 미치는 효과를 산정할 방도나 있는 걸까? 오늘날 얼마나 많은 종이 존재하는지, 그것들의 정체가 무엇인지, 어디에 살고 있는지 조금이라도 아는 사람이 전혀 없는 판국인데?

현재 멸종률: 매일 70종이 멸종한다?

역사기록상에 나타난 일부 군들의 경우 현재의 멸종률을 산정할 수 있다. 늘 치밀하게 연구되어왔던 조류와 포유류의 경우, 역사기록을 통해 정확한 멸종날짜를 알 수 있는 종이 많다. 그러나 부끄럽게도 역사적이라고 할 만한 경우는 많지 않다. 기록상으로 도도는 1681년 모리셔스에서 마지막으로 목격되었다. 1693년에 이르자, 지나가는 선원들에게 잡아먹혀 도도는 사라지고 말았다. 비록 도도 고기가 '질기고 기름투성이'이긴 했어도 선원들은 도도 고기를 높이 평가했다. 1844년 북대서양에서는 최후의 큰바다오리 두 마리가 포획되었다. 역설적이게도 이 한 쌍은 아이슬란드에서 멀리 떨어진 엘디 섬에서 자연사수집가들에 의해 맞아죽고 말았다. 1852년에 큰바다오리를 목격했다는 보고들이 있었지만, 확인할 수 없는 얘기들이었다.

인류의 활동이 단순히 희귀하거나 고립된 조류의 멸종만을 야기한 것은 아니었다. 1914년, 마사라는 이름의 최후의 나그네비둘기가 신시내티동물원에서 숨을 거두었다. 그로부터 불과 100년 전만 해도, 위대한 조류학자 존 제임스 오더본John James Audubon의 보고에 따르면, 나그네비둘기 떼가 켄터키 지역을 다 통과하는 데만도 사흘이 걸렸을 정도로 많았다. 오더본이 산정한 결과, 눈앞을 지나간 나그네비둘기들은 세 시간에 10억 마리 꼴이었다. 하늘 사방천지가 나그네비둘기 떼로 검게 뒤덮였다. 그런데 계획적인 사냥프로그램 때문에 자취를 감추고 말았다. 사냥이 최고조에 이르렀을 때엔, 시선이 미치는 곳 어디나 나그네비둘기 주검투성이일 정도였다.

시기를 알 수 있는 멸종을 그래프로 그려보면(그림 44), 역사시기 동안 조류, 포유류, 기타 동물군의 멸종률을 볼 수 있다.[181] 현재의 조류 멸종률은 매년 1.75종이다(1600년 이후 사라진 종은 현존하는 조류의 1퍼센트 정도이다). 이 멸종률을 2,000만~1억 종의 총 생물다양성에 외삽한다면, 현 멸종률은 매년 5,000~2만 5,000종, 매일 13.7~68.5종이 된다. 지구상에 2,000만~1억 종의 생물이 있다면, 800~2만 년 후에는 모든 생명이―아마 호모 사피엔스까지 포함하여―멸종할 것임을 의미한다. 보정된 멸종률 수치를 토

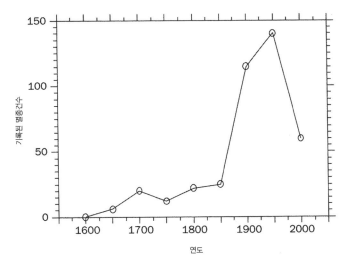

그림 44 현재 정보가 남아 있는 종 가운데 역사적으로 기록된 멸종률. 20세기에 손실률이 상승하고 있다. 1950년부터 2000년까지 손실률이 떨어지는 것처럼 보여도 무슨 개선이 있었음을 가리키는 것은 아니다. 곧, 그 수치는 1990년에 기록된 것이며, 2000년까지의 종의 손실률은 아직 산정되지 않았기 때문이다.

대로 하고 있기 때문에, 앨 고어가 인용했던 추정치보다 낮기는 하지만, 충분히 경악할 만한 수치이다. 이것은 바로 우리가 여섯 번째 대멸종의 시기를 살아가고 있다는 증거인 것이다. 과연 타당한 것일까? 아니면 조잡한 과장에 지나지 않는 것일까?

설사 모든 생명이 멸종하지 않는다 하더라도, 그리고 인류가 행사하는 횡포와 환경재앙을 모두 충분히 피해갈 만큼 억척스럽거나 운 좋은 종이 일부 있을 가능성이 있다 하더라도, 과연 우리는 다시 생명계가 회복될 것이라고 기대할 수 있을까? 대멸종 이후 생명은 어떻게 회복될까?

육지에서 생명의 회복

페름기 말 위기 동안 생명은 이전 종다양성의 5~10퍼센트 수준으로 떨어졌다. 바로 이 극소수의 생존자들로부터 생명이 회복된 것은 분명하며, 지금도 우리 주변에서 그 증거를 볼 수 있다.

생명 회복을 살피는 한 가지 방법은, 특정 생태계가 어느 정도 멸종 이전의 복잡성 수준으로 회복되기까지 걸린 시간을 알아보는 것이다. 우리는 이미 남아프리카와 러시아의 페름기 최후기 파충류가 복잡한 군집을 이루었던 모습을 살펴보았다.[182] 먼저 식물의 부위와 크기에 맞춰 식성이 제각각이었던 것으로 짐작되는 여러 등급의 초식동물이 있었다. 그다음에는 역시 먹이가 되는 초식동물 크기에 따라 소형, 중형, 대형, 초대형의 여러 등급의 육식동물이 있었다. 이 중 최고 포식자는 칼이빨을 가진 고르고놉시아였다. 이들은 파레이아사우르처럼 하마 크기의 초식동물뿐 아니라 그보다 몸집이 큰 디키노돈트도 먹이로 삼았다.

그러다가 페름기 말 위기가 있고 난 뒤에 세상을 채웠던 것은 단 하나의 파충류, 곧 디키노돈트인 리스트로사우루스였다. 일찍이 한 종의 척추동물이 모든 대륙에 걸쳐 그처럼 많이 존재했던 때는 없었다. 리스트로사우루스가 동물상의 95퍼센트를 차지했고, 나머지 몸집이 작은 다른 양서류와 파충류는 믿기지 않을 정도로 드물었다. 종말 이후의 육상생태계는 분명 기형의 자연계였다. 극단적으로 불균형했을 뿐 아니라, 세계 어디서나 거의 똑같은 모습이었던 것 같다.

트라이아스기의 파충류 진화는 팽창과 복잡성 증가의 역사이다. 리스트로사우루스 같은 생존동물이 가지를 뻗었고, 새로운 파충류 왕국을 일으켰다. 대륙마다 동물상에 조금씩 차이가 생겼다. 몸집이 더 크거나 작은 형태들이 나타나면서, 생태계는 이전보다 더 복잡해졌다.

전형적인 초식동물은 여전히 디키노돈트였다. 페름기 후기에 중심을 이루었으나 리스트로사우루스와 그보다 몸집이 작은 친척인 미오사우루스를 제외하고는 거의 절멸해버렸던 동물군의 후손들이 여전히 중심무대를 차지하고 있었던 것이다. 또 다른 단궁류군인 키노돈트는 키니쿠오돈트와 디아데모돈트 같은 초식동물로 곁가지 분화되었다. 아르코사우르의 먼 친척뻘인 이궁류군 린코사우르도 중요한 동물군이었다. 린코사우르는 몸길이가 1~2미터였고, 좌우로 넓은 삼각형 머리뼈를 가졌다. 머리뼈의 앞면은 한 쌍의 굽은 엄니형 구조와 이어져 있는데, 아마 먹이식물을 갈퀴처럼 긁어모으는 구실을 했던 것으로 보인다. 턱에는 자갈을 깐 보도처럼 늘어선 다중 치열이 있으며, 이빨에는 고랑과 이랑이 있어 위턱과 아래턱이 정확하게 맞물렸다. 분명 그들의 먹이식물은 야무진 저작이 필요한 질긴 줄기와 잎이었을 것이다.

이처럼 다양한 초식동물들은 다시 새롭게 등장한 육식동물의 먹이가 되었다. 단궁류 중에서는 키노돈트가 여러 계통으로 분화하여 주로 소형과 중형 육식동물로 진화했다. 육식동물 등급에서 최상위를 차지했던 것은 새로 출현한 동물군에 속하는 아르코사우르였다. '지배하는 파충류'를 뜻하는 아르코사우르는 페름기 후기에 나타났으나, 그 수는 드물었다. 그러다가 트라이아스기 초기에 들어서서 천천히 분화하고 생태자리 범위를 확장시켜가면서 그 거침없는 행보를 시작했다. 트라이아스기 중기에 이르자 아르코사우르는 두 방향으로 갈라졌다. 한 계통은 악어 쪽으로 진화해갔고, 다른 계통은 조류로 진화해갔다. 악어 계통에 해당하는 것으로는 라우이수키아가 있었는데, 트라이아스기 말까지 존재했던 간담 서늘한 육식동물이었다. 라우이수키아는 몸길이가 5미터까지 이르렀고, 앞뒤로 긴 머리뼈에는 무시무시한 이빨들이 나 있었다. 대단히 유능한 포식자였음을 말해준다. 페름기 후기의 고르고놉시아가 가졌던 칼이빨은 아니었지만, 당시 가장 몸집이 크고 잡기 어려운 초식동물을 처리할 수 있었다.

그렇게 해서 약 2억 3,000만 년 전, 페름기 위기 이후 2,000만 년이 지나고 트라이아스기 후기가 시작될 무렵에 생태계의 복잡성은 어느 정도 회복되었다. 소형, 중형, 대형의 초식동물과 육식동물이 있었다. 대단히 파괴적이었던 대멸종을 생각하면 2,000만 년이라는 시간이 생물학적인 회복기치고는 비교적 빠른 것처럼 보이기도 한다. 그러나 어떤 의미에서는 생태 회복이 아직 완전해지지는 않았다. 진정으로 대형이라 할 만한 초식동물도 없었고, 세계의 종다양성도 아직 페름기 최후기 수준으로 회복된 것은 아니었다. 사실 세계 어느 곳을 봐도 트라이아스기 후기의 파충류 동물상은 러시아와 남아프리카의 페름기 후기 동물상만큼 다양지는 못했다.

트라이아스기 후기에 해당하는 약 2억 2,500만 년 전인 카르니아조 말기에 육상생명은 또 한 번의 멸종사건을 맞았다. 디키노돈트, 키니쿠오돈트, 린코사우르가 절멸했다. 이 세 우점 초식동물군이 모두 사라지면서, 포식자들도 타격을 입었다. 카르니아조 말 사건의 원인은 아직 불확실하지만, 건조화와 주요 식물상 변화와 관련 있는 것으로 추측된다. 곤드와나 대륙 전체에 걸쳐서 종자고사리가 침엽수로 대체되었던 것이다.

공룡시대의 시작을 알리는 것이 바로 이것이다. 우점 초식동물군들이 사라지면서, 다른 것이 진화해 그들의 자리를 채웠다. 최초의 공룡은 카르니아조, 또는 그 직전부터 나타난다. 그러나 아직 그들은 소형 식충공룡들이었고, 포식공룡이라고 해야 라우이수키아의 번들거리는 시선을 피해 이리저리 날쌔게 도망 다니기 바빴다. 사실 최초의 카르니아조 공룡들의 수는 적었다. 린코사우르나 디키노돈트 50마리에 두세 마리 꼴밖에 되지 않았다. 그러다가 카르니아조 말기에 멸종사건이 터진 뒤, 전역에서 공룡이 출현했다. 공룡들은 주어진 기회를 놓치지 않고, 방산되어 텅 빈 생태공간을 채워나갔다.

카르니아조에 살았던 얼마 안 되는 중간 크기의 초식공룡들은 플라테오사우루스*Plateosaurus* 같은 거대한 공룡으로 진화했다. 플라테오사우루스는 두발보행도 하고 네발보행도 했던 공룡으로, 목과 꼬리가 길었고, 턱에는 가장자리가 날카로운 이빨이 나 있어서 식물을 잘라 먹었던 것으로 보인다. 또 거대한 낫 모양의 엄지발가락이 있어서 갈퀴처럼 식물을 그러모으거나 방어용으로 이용했을 것으로 추정된다. 어쨌든 일부 플라테오사우루스 화석을 보면 몸길이가 5~7미터에 이르는 대단히 몸집이 큰 공룡이었다. 트라이아스기가 끝나기 전까지 플라테오사우루스의 다른 친척들은 몸길이가 10미터 이상까지 되기도 했다. 당시 육식공룡들도 많았지만, 대부분 몸집이 사람만하거나 더 작았다. 최고 포식자는 아직 라우이수키아였지만, 그것들조차도 다 자란 플라테오사우루스를 잡아먹지는 못했을 것이다. 너무 몸집이 컸던 탓이다.

트라이아스기가 끝나고, 라우이수키아를 비롯하여 다른 초기형 아르코사우르 동물군들이 일부 멸종하면서, 공룡은 더욱 분화되었다. 대형 포식자들이 등장했다. 알로사우루스*Allosaurus*와 티라노사우루스*Tyrannosaurus*의 선조였던 이들은 플라테오사우루스와 그 친척들에게 달려들 만큼 충분히 몸집이 컸다. 페름기 말 위기가 있고 약 5,000만 년이 지난 뒤인 쥐라기 초기에 대형 초식동물과 새로운 최고 포식자들이 등장한 것을 보고, 마침내 멸종 이전 수준의 생태계 복잡성에 이르렀다고 말할 사람도 있을 것이다.

재난분류군

해양의 생명 회복도 이와 비슷하다.[183] 대멸종이 지난 뒤, 바다의 생명은 성기고 단조로웠다. 극지방에서 적도까지 기본적으로 똑같은 형태였다. 페름기 후기에 초를 둘러싸고 펼쳐졌던 다채로운 풍경, 생명으로 우글거렸던 해저의 풍경은 사라지고 없었다. 열대의 테티스 해에 살았던 종과 북해에 살았던 종 사이의 분명했던 차이는 사라져버렸다. 생존동물들은 상당히 비정상적인 동물상으로 국한되었다.

막심한 환경 위기 이후, 모든 법칙들이 뒤바뀌어버렸음이 점차 분명해지고 있다. 재난분류군들이 그 점을 잘 보여준다(그림 45). 어떤 이유이든, 다른 종이라면 움츠러들 만한 조건에서도 잘 번성할 수 있는 종을 재난분류군이라고 한다. 페름기 말의 위기가 지난 뒤, 무관절 완족동물 링굴라가 잠깐 동안 번성했다가 변두리로 밀려났다. '살아 있는 화석'으로 불리기도 하는 링굴라는 과거 5억 년의 대부분 동안 사라진 적이 없는 속이다. 오늘날에도 삼각강의 산소가 적은 진흙에서 살고 있다. 이들이 무관절 완족동물로 분류되는 까닭은 그보다 풍부한 유관절 완족동물에서 보이는 복잡한 경첩 메커니즘이 없기 때문이다. 링굴라는 무산소환경이었던 트라이아스기 초기 바다에서 반짝 흥했다가, 기나긴 역사의 대부분을 그랬듯이 다시 제자리로 숨어들어 있는 듯 없는 듯 살아갔다.

잘 알려진 이매패류 가운데에는 네 개의 재난분류군이 있다. 클라라이아 *Claraia*, 에우모르포티스, 우니오니테스*Unionites*, 프로미알리나*Promyalina*는 세계 어디에서나 무산소조건의 흑색 셰일에서 발견되는 것들이다. 이 가운데 처음 세 가지는 트라이아스기 초기에 널리 퍼져 새로운 종들로 분화했다. 당시 해저 주변에 다른 종들이 극히 적었기 때문으로 보이며, 산소가 적고 생물생산성이 낮은 조건에서 생존하는 데 필요한 적응력을 가졌음이 분명하다. 전반적으로 이매패류의 분화과정은 더뎠다. 새로운 형태가 출현하기까지 오랜 시간이 걸렸다. 멸종 이전에 준하는 정도의 다양성은 트라

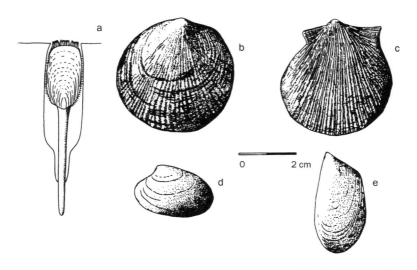

그림 45 트라이아스기 최초기의 '재난' 생물들. 완족동물인 링굴라(a), 그리고 이매패류인 클라라이아(b), 에우모르포티스(c), 우니오니테스(d), 프로미알리나(e). 이 당당한 다섯 종의 조가비형 생물들이 사실상 페름기 말 대멸종을 견디고 살아남은 전부였다. 전 세계적으로 무산소환경의 검은 해저를 우점했다.

이아스기 중기에 가서야 회복되었을 정도이다.

다른 해양생물군들은 이매패류보다는 빠르게 회복되었던 것으로 보인다. 간신히 페름기 말 위기를 견뎌낸 감긴 모양의 유영성 두족류 암모나이트는 불과 오토케라스과와 크세노디스쿠스과, 두 과만이 살아남은 형편이었다. 암모나이트는 트라이아스기 초기의 후반, 트라이아스기 중기부터 후기까지, 모두 두 차례에 걸쳐 방산되었다. 이때 암모나이트는 멸종 이전의 다양성을 능가하여 150속 이상에 이르렀다.

페름기 말 멸종에 뒤이어 나타난 '초 공백'은 대규모 환경위기가 있었음을 보여주는 가장 심대한 증거의 하나였다. 페름기 후기에 풍부했던 열대의 초들이 모두 사라져버렸고, 멸종사건이 있고 1,000만 년 동안 초를 조금이라도 닮은 것은 전혀 보이지 않았다. 이는 조사가 빈약했다거나 화석수집이 허술한 결과라고 보기는 어렵다. 산호화석, 이끼벌레나 기타 초

형성 동물화석이 단 하나도 발견되지 않았던 것이다. 지름이 수십, 수백 킬로미터에 이른 경우도 다반사였으며, 수많은 연안해역을 우점했던 거대한 구조물이 완전히 사라져버렸던 것이다. 트라이아스기 중기에 이르러 처음으로 약간씩 초들이 생겨났지만, 몇 종의 이끼벌레, 석질 조류와 해면 같은 페름기 생존자들이 잡다하게 섞인 것이었다.

지금은 다양한 종류의 초가 있다. 우리는 바다의 초를 당연한 것으로 생각한다. 1,000년 이상에 걸쳐 만들어진 것도 흔하고, 길이가 수십 킬로미터에 이르기도 하는, 산호골격으로 이루어진 거대한 벽을 당연한 모습으로 생각하는 것이다. 그러나 트라이아스기 중기의 초들은 '누더기 초'라고 부를 정도로 보잘것없었다. 말하자면 초와 비슷한 생물들이 해저에 조그맣게 무리지어서 키 작은 구조물을 만든 것에 지나지 않았다. 당시에는 오늘날 열대바다에서 풍부하게 볼 수 있는 산호의 가까운 친척인 돌산호도 있었다. 그러나 다양하기는 했지만 수는 적었다. 트라이아스기 후기에 이 산호들이 비교적 흔해지기까지, 그리고 다시 규모도 커지고 복잡해지기까지 1,000만 년의 세월이 더 걸렸다. 그러나 트라이아스기 후기의 초도 페름기 후기의 전성기에 비하면 여전히 전혀 대단치 않았다.

파충류와 식물도 초, 암모나이트, 이매패류 경우와 마찬가지 모습을 보여준다. 트라이아스기 초기 해양의 생명 회복 연구를 통해 최근에 발견된 놀라운 사실 중 하나는, 트라이아스기 중기에 이르러 실제로 회복이 시작되기까지 1,000만 년의 공백기가 있었다는 것이다. 사실상 진화는 중단된 상태였다. 아주 단순하게 보면, 위기가 가시고 곧바로 회복기가 시작되리라고 생각될 것이다. 하지만 육지와 바다에서 생물은 초토화되어버렸다. 정상적인 조건에서 식물과 동물은 서로 긴밀히 엮여서 생태적 조화를 이룬다. 곧, 경쟁이나 포식관계 같은 일상의 상호작용을 통해 균형을 유지하는 것이다. 생태계에서 종을 하나 없애버린다 해도, 다른 종들이 금방 그 자리를 대신할 것이다. 그런데 왜 그때는 생명이 즉시 확산해서 분화를 시작하지 못했을까?

이 점에 대해서 세 가지 주장이 있다. 첫째, 회복이 지연된 것처럼 보이지만, 실상은 그렇지 않았다는 것이다. 이유가 어쨌든 고생물학자들이 트라이아스기 초기 암석에서 화석을 찾아내는 데 실패했을 뿐이며, 사실상 시간지연 같은 것은 없었다는 것이다. 생명이 다시 진화하여 급격히 성장하고 만개했지만, 화석으로 보존되지 않았든가 소실되어버렸다는 얘기이다. 언제나 그렇듯 이런 주장은 반박하기가 힘들다. 구슬프든 성마르든 고생물학자들은 이렇게 말할 수밖에 없다. 빌어먹을 정도로 열심히 찾았지만, 정말 거기에는 아무것도 없었노라고 말이다. 다른 곳에서는 그럭저럭 화석을 잘 찾아내는 것 같은 유능한 고생물학자들이 엄청난 시간을 들여 트라이아스기 초기 암석을 들여다보았다. 과연 그들이 찾아낸 것이 무엇일까? 리스트로사우루스와 클라라이아 외에는 아무것도 찾아내지 못했다. 아무리 오랫동안 열심히 들여다보아도 찾아낸 것이 없다면, 결국 그 공백이 사실임을 믿어야 할 것이다.

만일 그 공백이 사실이라면, 대체 문제가 무엇이었을까? 나머지 두 주장은, 아무것도 살 수 없을 정도로 환경조건이 혹독했다고 보거나, 아니면 페름기 말 위기가 너무 막심해서 정상적인 생태와 진화과정을 죄다 유명무실하게 만들어버렸다고 보는 것이다. 어쩌면 두 인자들이 함께 작용했을 수도 있을 것이다.

종말 이후의 참상

트라이아스기 최초기의 세상이 모질었음에는 의심의 여지가 별로 없다. 세계 어디서나 바다는 고인 상태였고, 무산소화된 바닷물이 널리 펼쳐졌으며, 흑색 셰일 퇴적이 흔했던 세상이었다. 흑색 셰일에서는 황철석이 형성되었고, 다른 화학적인 이상성을 보면 정상적인 과정들이 멈춰버렸음을 알 수 있다. 심해저의 저산소조건은 정상적인 해양순환이 멈췄거나 느려졌음을 보여준다. 정상적인 조건에서는 차가운 심층수와 따뜻한 표층수가 뒤섞인다. 그 과정은 웅장한 보조로 진행되며, 완전히 뒤섞이기까지 수십 년이 걸릴 수도 있지만, 분명히 일어나고 있는 일이다.

만일 정상적인 뒤섞임 과정이 멈춘다면, 양분순환 과정도 파괴되고 말 것이다. 차가운 심층수가 용승하면서 일부 해안을 따라 유기물 양분들을 순환시킨다. 가장 유명한 예가 바로 남아메리카 서부해안을 따라 일어나는 과정이다. 엄청난 물고기 떼가 몰려들어 심해에서 올라온 풍부한 양분으로 포식하고, 낚시꾼들과 어부, 새들도 대거 몰려든다. 만일 유기물이 해저에 가만히 가라앉아만 있다면—깊은 대양저와 해분에 쌓였던, 탄소가 풍부한 흑색 셰일을 보면 당시 상황이 그랬음을 알 수 있다—, 용승작용으로 인한 양분순환은 전혀 이루어질 수 없을 것이다.

대양의 무산소화는 얕은 바다로까지 확장되었다. 그래서 보통 때는 생명이 충만한 얕은 바다도 산소부족으로 고통 받았다. 그 결과 얕은 바다의 풍부한 산소와 양분에 의존했던 모든 생물군들이 파국을 맞았을 것이며, 이 끔찍한 조건이 지속되는 동안 다시 일어설 수 없었을 것이다. 얕은 바다에서 무산소화 환경은 수십만 년 동안, 또는 100만 년까지도 지속되었을 것으로 추정된다. 움직임이 없는 대양저의 무산소화 환경은 그보다 훨씬 오래 지속되었다. 아마 1,000만 년 동안 꼬박 진화가 정지된 상태였을 것이다.

육지에서도 상황은 나을 바가 없었다. 해양의 저산소환경은 대기에도 영향을 미쳤는데, 그 증거는 당시 퇴적된 고토양에서 찾을 수 있다. 트라이아스기 초기와 이른 중기의 그 유명한 '석탄 공백'은 당시 식생이 드물었던 시기를 나타낸다.[184] 멸종의 위기가 육지에서 식물을 싹 쓸어버렸고, 그 결과 침식속도가 빨라졌다. 트라이아스기 초기의 토양은 희박했고, 식물다양성이 낮았음을 보여준다. 뜨겁고 산도가 높은 조건에서 생존할 수 있게 특화된 식물만이 살아남았던 것이다. 그러다가 1,000만 년이 지난 뒤인 트라이아스기 중기에 마침내 최초의 얇은 석탄층이 나타난다. 석탄이 있다는 것은 보통 열대성 식생이 비교적 무성했음을 가리킨다. 대멸종 이후 무려 2,000만~2,500만 년 정도가 지난 트라이아스기 후기에 와서야, 페름기 후기 때와 비슷한 두께의 석탄층이 발견된다.

생태와 진화의 정상적인 규칙들이 깨졌기 때문에 생명이 억제되었다는, 앞서 두 번째 주장은 가능성이 떨어지는 것으로 보인다. 위기 이후 처음 몇 천 년 동안은 그랬을 거라고 생각할 수 있지만, 정체기가 1,000만 년이나 지속되었다는 것은 어떤 생물군을 놓고 보아도 지나치게 오랜 기간이다. 위기 이후, 생존한 종들 중 개체군 크기가 큰 경우는 많지 않았을 것이다. 정상적인 조건에서라면 각 종의 개체군은 충분히 커서, 개체들이 널리 번식하고, 개체군들 사이를 넘나들기도 한다. 이렇게 해서 유전자를 훌륭하게 뒤섞어나가고, 진화에 필요한 유전적 가능성의 폭을 유지하는 것이다.

개체군이 작으면 문제가 생길 수 있다. 유전적 변이의 범위가 심각하게 제한되기 때문이다. 사실상 유전체 전체가 손실될 수도 있다. 트라이아스기 최초기까지 살아남은 종이 전체의 5~10퍼센트에 불과하다는 것은 전반적인 유전자 수와 변이가 훨씬 심각하게 축소되었음을 가리킨다. 따라서 종의 개체군 크기가 다시 커지기 전까지, 한동안 진화의 규칙들이 다르게 작용했음은 거의 확실하다. 그런데 비정상적으로 작은 개체군이 1,000만 년 동안이나 유지될 수 있었다고 믿기는 힘들다. 회복기간의 지연은 틀림없이 트라이아스기 초기 세계의 열악한 조건과 더 관련이 있을 것이다.

페름기 말 위기로는 충분하지 않았던지, 500만 년 정도 지난 뒤인 올레넥조 말기 즈음에 또 한 번의 멸종사건이 뒤따랐다. 이번에도 암모나이트는 큰 타격을 입어 거의 완전히 사라졌다. 트라이아스기 초기에 번성했던 재난분류군인 이매패류 클라라이아와 에우모르포티스도 사라져버렸다. 육상에서도 멸종이 있었다. 여러 양서류와 파충류—이들 중 대부분은 페름기 때부터 살았던 이른바 '잔류' 분류군이었다—도 결국 죽고 말았다. 멸종 중 일부는 아마 산소와 생물생산성이 증가하면서 좀더 정상적인 조건으로 회복되는 과정과 관련이 있을 것이다. 아니면 위기가 더 있었을 수도 있다. 비교적 최근에 와서야 겨우 알아챈 사건이기도 해서, 이 사건은 아직까지 이해된 바가 별로 없다.

회복

페름기 말 위기 이후의 생명 회복은 순수하게 수치로도 정의해볼 수 있다. 한 가지 쉬운 방법은 생물다양성이 멸종 이전 수준에 도달한 때가 언제인지 찾아내는 것이다. 과와 속의 수준에서 보았을 때, 해양생명이 페름기 후기 수준에 도달하기까지는 적어도 1억 년이 지난 백악기 초기였다. 종 수준의 회복패턴을 섣불리 단정하기는 어렵지만, 분류단계에서 낮은 수준으로 갈수록 회복시간이 길어지는 경향이 있다면, 아마 1억 5,000만 년 정도는 걸렸을 것이다.

다른 '5대' 멸종 이후의 회복국면은 더 빨랐다. 가장 많이 연구된 대멸종은 단연 KT 사건이다. 대부분의 동식물군의 경우에, 회복국면은 총 1,000만 년 동안 지속된 것으로 보인다. 사실 그때에도 회복과정이 시작될 때까지 시간지연이 있기는 했지만, KT 사건 이후 1,000만 년이 지나는 동안 공룡이 사라진 생태자리는 대부분 채워졌다. 잘 알려진 것처럼 KT 사건을 견디고 생존했던 조류와 포유류는 팔레오세와 에오세에 방산되었다. 사실 페름기 이후의 세계처럼, 그 결과가 불분명한 시기가 있긴 했다. 새로운 군들이 반짝하고 나타났다가 정상적인 경우보다 훨씬 빨리 사라진 시기가 있었던 것이다.

KT 이후의 세계에는 말[馬]을 잡아먹는 무시무시한 거대한 새들이 있었다. 만일 진화가 조금만 다르게 진행되었다면, 오늘날 세계가 바로 그런 세계가 되었을 수도 있다. 포유류는 유능하긴 했지만, 공룡들 세상에서는 몸집이 작은 식충동물, 설치동물, 나무타기 동물 등에 불과했다. 조류 중에는 물고기를 잡아먹는 새도 있었고, 육식조도 있었고, 날지 못하는 새도 있었다. 그랬기 때문에 날지 못하는 거대한 새가 작은 포유류를 사냥하는 최고 포식자가 되었다 해도 놀랄 일이 아니다. 그들의 부리는 앞뒤로 길고 육중했으며, 타조에 맞먹는 속도로 달렸고, 지면에서 먹이를 낚아채, 몸부림치는 포유류를 목을 까딱거리며 통째로 삼켜버렸다. 당시에는 말의 먼 조상인 히라코테리움*Hyracotherium*이 있었는데, 몸집은 테리어 개만했다. 그래서 일부 육식조의 먹잇감에 들어갔을 것이다.

이런 식의 단명한 진화의 실험들은 회복과정에서 흔히 볼 수 있다. 안성맞춤의 진화의 길을 훌륭히 걸어온 종들이 아마 최초로 안정적으로 자리를 잡았을 것이다. 새로운 종은 정상보다 빠르게 번성하면서 비워진 생태자리를 채워나갈 수 있다. 그렇게 해서 생태계가 재구축되는 것이다. 그러나 최초의 정착자들 중에는 자기 자리를 제대로 지키지 못한 경우도 있었을 것이다. 이를테면 후발 종들에 비해 적응력이 떨어졌을 수도 있다. 결국 무시무시했던 거대한 새들은 대부분의 자리를 개와 고양이의 조상인 포유류 포식자들에게 넘겨주게 되었다. 정리해보면, 멸종 이후 회복기 동안 빠르게 생태자리가 채워지는 국면이 있을 수 있고, 그다음에는 선별국면과 안정화국면을 거치면서 불가피하게 많은 멸종이 일어나기도 하고, 생태계가 다시 새로운 패턴에 적응하면 비교적 안정된 상태로 5,000만 년 이상 지속될 수 있다.

겁을 집어먹을 것인가, 아니면 마음 놓을 것인가?

과거에서 얻은 교훈은 두 가지로 읽을 수 있다. 생태활동가들이라면 인간의 활동이 생물다양성을 얼마나 파괴시키고 있는지, 그 결과 어떻게 해서 종이 연쇄적으로 멸종되는지를 강조할 것이다. 열대림이 벌채되고 초들이 오염되면서, 우리는 종만이 아니라 전체 서식지까지도 잃고 있다. 대멸종에 대한 고생물학적 기록과 비교해보면 소름끼치는 결과가 나올 것이다. 대멸종 이후 생명이 회복되기까지 오랜 시간이 걸렸음을 알고 있다. 지질학자들에게 1,000만 년 정도라면 짧은 시간으로 비치겠지만, 사람의 수명과 견주면 무한이나 다름없는 시간이다.

낮은 수준의 멸종이라도 얼마든지 높은 수준의 멸종으로 바뀔 수 있다. 종과 서식지를 하나씩 파괴하면 결국 과거에 일어났던 것 같은 폭주하는 위기를 부를 수 있다. 일단 세계가 하향 쇠퇴기의 회오리에 휘말리게 되면, 아무리 인간이 개입한다 해도 원래 상태로 되돌릴 방법을 찾기란 불가능할 것이다. 예를 들어보자. 어떤 생태계에서 한두 종을 제거한다고 해도 별 영향이 없을 것이다. 나머지 종들이 금방 적응해서 그 공백을 메울 테니까. 그러나 계속해서 한두 종씩 제거된다면, 생태계가 붕괴되는 상황까지 이를 수 있다. 그런 참담한 사건들의 연쇄에 휘말리기 전에 환경을 파괴하는 짓을 멈추는 것이 더 좋은 일이다. 자연세계는 복잡하다. 그래서 그 결과를 예측할 수 없는 경우가 다반사이다.

예를 들어 숲이 파괴되면 바다의 어류도 죽을 수 있다. 식물은 광합성을 통해 이산화탄소를 흡수하고 산소를 방출한다. 동물에게는 산소가 필요하지만, 노폐물로 이산화탄소를 배출한다. 여기에 균형이 있다. 그런데 숲이 지나치게 파괴되면, 균형이 깨질 수 있다. 탄소순환 역시 중요하다. 죽은 동식물이 토양화되고, 유기탄소가 호수 바닥에 쌓이거나 바다로 쓸려가면서 탄소순환이 일어나고, 이 탄소원에서 나온 양분들이 바다 속을 순환하면서 어류의 먹이가 되는 것이다.

반면 보수적인 정치인이라면 화석기록을 들먹일 것이다. 그들은 페름기 말의 멸종사건처럼 제아무리 막심한 대멸종이 일어났어도 생명은 언제나 다시 회복되었다는 사실에 주목할 것이다. 분명 각 종에게는 엄청난 진화의 가능성이 내재되어 있기 때문에, 그 모든 능력을 시험할 기회가 주어진다면, 대부분의 종은 새로운 생태자리를 개척해나가 번성할 수 있을 것으로 보인다. 사실 보수주의자들은 그 점에만 천착한 나머지, 인간의 개입으로 사라진 종은 대수롭지 않은 정도이며, 약간의 멸종은 도덕적으로도 좋은 일이라는 주장을 펼칠 수도 있다. 그들의 관점에서 보면 도도와 큰바다오리가 무에 필요가 있겠는가?

일부 정치동아리를 중심으로 이런 보수적인 관점이 지지를 얻었다. 덴마크의 통계학자이자 한때는 녹색운동가였던 비욘 롬보르Bjorn Lomborg는 세계의 자원은 고갈되어가고 있지 않으며, 전 세계적으로 숲은 증가되어온 추세이고, 경종을 울릴 정도로 생물종들이 사라져가고 있는 것은 아니라고 주장한다.[185] 당연히 수많은 사람들이 그의 말에 격분했다. 그들은 롬보르가 자기주장을 합리화하기 위해 선택한 자연현상을 협소하게 정의한다고 반발했다. 롬보르가 제시한 온대성 숲을 경작하는 것은 고대의 복잡했던 열대림과는 차원이 다른 문제라는 것이다. 어쨌든 아직도 오늘날 자연상태를 확정적이고 보편적으로 설득력 있게 진술하기가 힘든 형편이라는 게 기가 찰 노릇이다.

다시 현실로 돌아와서

안도감을 주는 저런 보수적인 주장을 받아들이고 싶은 마음이 굴뚝같겠지만, 사실 그 주장들은 너무 안이하다. 당연히 인간의 파괴행위를 견뎌낼 생명도 있을 것이다. 바퀴벌레나 쥐가 그렇겠지만, 인간이 모든 생명을 멸종시킬 수 없다고 주장한다 해서 경축할 일은 전혀 아니다.

과거에서 배울 만한 교훈들이 있다. 이제까지 인간의 활동은 단순히 여기저기에서 한두 종 정도만 몰살시킨 것에서 그치지 않았다. 뉴질랜드에 정착했던 최초의 마오리족 사람들 때문에 모아새가 모두 죽었다. 모아새는 대략 13종 정도의 몸집이 큰 인상적인 무익조류인데, 마오리족의 살육 때문에 1775년이 되기 얼마 전, 조류 가운데 모아과라는 과 전체가 사라져버렸다. 마오리족은 모아새 외에도 몇몇 소규모 토종새 과들도 없애버렸다. 1788년, 하와이에 유럽인들이 도착한 뒤에도 같은 상황이 벌어졌다. 18개의 조류종들이 사라져버렸고, 또 다른 12종도 멸종된 것으로 보인다. 980종에 이르는 하와이 토종식물 중에서 84종은 이미 사라져버렸고, 야생에서 개체군을 형성하는 133종은 개체수가 채 100개도 안 되는 형편이다.

국제자연보존연맹(IUCN)의 유명한 '붉은 자료집'(red books)은 현존하는 종에 가해지는 위협을 수준별로 각각 분류하고 있다. 수천 종이 멸종위기종으로 올라 있고, 자료집을 개정할 때마다 목록은 점점 길어지는 형편이다. 멸종위협을 받고 있는 종 가운데에는 판다곰, 호랑이, 흰긴수염고래처럼 많은 사랑을 받는 동물들도 올라 있다. 이 종들을 보존하기 위해 여러 정부와 구호단체에서 막대한 비용을 쓰고 있으며, 동물원에서 벌이는 특별번식프로그램들이 좋은 결과를 낳기도 한다. 드물기는 하지만 이렇게 엄청난 노력을 기울인 결과, 위기종 목록에서 지워진 종도 있다. 그런데 어떤 대가를 치러야 했을까? 우리가 종 하나를 없애는 것은 순간일 수 있지만, 보존하려면 비싼 비용을 치러야 한다. 판다곰, 캘리포니아콘도르를 비롯하여 케리민달팽이까지도 멸종위기에서 구해내려는 사람들이 그 비용을 지불하겠지만, 멸종이 임박한 딱정벌레, 노린재, 전갈, 개구리, 뱀, 열대식물처럼 관심대상에서 제외된 셀 수 없이 많은 다른 종들을 보호하려고 비용을 지불할 사람이 누가 있겠는가? 나아가 우리가 알지도 못하는 멸종위기종에 대해서는 또 어떨까?

앨 고어가 인용한 멸종수치들은 확고하게 사실에 근거를 두고 있다. 그 수치들을 문제 삼을 만한 유일한 실질적 근거는 종들마다 멸종저항 수준들이 제각각이라는 것이다. 우리가 이제까지 언급했던 것은 대부분 멸종되기 쉬운 종들, 이를테면 서식지가 고립된 섬으로 제한된 고유종들의 멸종에 관한 것이었다. 만일 종마다 멸종의 정도에 차이가 있다면, 우리가 위기종들을 계속해서 바삐 없애고 있다 해도, 인간이 좀더 저항력이 강한 종들—그들은 그저 인간에게 굴복당해 죽지 않으려고 안간힘을 쓰고 있을 뿐이다—과 힘겨루기를 하기 때문에 전체적인 멸종률이 내려가기는 할 것이다.

다른 한편으로 인구가 기하급수적으로 증가하는 것도 문제가 된다. 인구가 2배로 증가하는 기간은 꾸준히 짧아지고 있다. 그리스도 시대부터 1500년 사이에 세계 인구는 1억에서 2억으로 증가했다. 1700년에 이르자 인구는 4억으로 늘었고, 1800년까지는 8억, 1900년까지는 16억, 1980년까지는 32억, 그리고 현재 인구 수준은 거의 60억에 육박하고 있다. 인구가 2배 증가하는 데 걸리는 기간이 25년으로 짧아진 셈이다. 오늘날의 인구 수준을 놓고 볼 때, 전 세계 생물생산성의 40퍼센트 정도를 우리 인간—인간뿐만 아니라 기르는 동식물—이 독차지하고 있다. 이 말은 다른 모든 종들은 산소와 탄소의 60퍼센트만을 가지고 살아가야 한다는 걸 의미한다(사실은 60퍼센트가 넘을 것이다. 인간과 가축에서 나온 폐기물이 '야생'의 생태계로 유입되기 때문이다). 이 정도면 줄리어스 시저 시대에 얻을 수 있었던 정도에 해당한다.

설사 기근과 전쟁으로 인구의 기하급수적 증가가 꺾이거나 늦춰진다고 해도, 인간이 차지하는 자원비율은 꾸준히 높아진다. 상황이 이렇기 때문에, 현재의 멸종률이 하락할 가능성이 모두 상쇄되어버리는 것이다. 그래서 많은 사람들은 멸종되기 쉬운 종과 멸종에 저항성이 있는 종을 두고 논쟁을 벌이는 것이 부적절하다고 얘기한다. 부자나라들이 대기 중으로 계속해서 오염물질을 뿜어대고, 가난한 사람들이 자연서식지를 차지하면서 저질의 농경지를 일궈나가는 상황이 계속되는 한, 종들은 모두 어떻게든 사라질 것이라는 얘기이다. 이렇게 따지면 안심할 여유는 전혀 없다.

답을 내리지 못한 물음들

역설적이게도 우리는 오늘날 닥친 위기보다는 먼 과거에 있었던 멸종을 더 잘 이해하고 있다. '과거를 이해하는 열쇠는 현재'라는 진부한 경구를 뒤바꿔보면, '현재를 이해하는 열쇠는 과거'라고 말할 수 있을 것이다. 보통의 경우 지질학자들과 고생물학자들은 현재 일어나는 현상들을 연구하는 과학자들 앞에 서면 겸손하게 머리를 숙인다. 카루분지의 페름기–트라이아스기 하천이 어떻게 운행했는지 알려면, 지질학자는 현대의 하천계를 연구하는 지리학자와 지형학자를 찾아가 조언을 구한다. 고생물학자는 시조새Archaeopteryx의 생김새를 알기 위해서 조류학자에게 자문을 구한다. 그러나 멸종에 관한 한, 고생물학은 (몇 가지) 해답을 갖고 있다.

앞서 보았듯이, 생물학자들은 거듭해서 현 생물다양성을 산정하는 데 실패했다. 추정치가 500만에서 1억까지 그 편차가 대단히 크다. 그뿐 아니라 생물학자들은 현 멸종률을 산정하는 것도 실패했다. 이 장을 시작하면서 인용했던 앨 고어의 수치들을 놓고 격렬한 논쟁이 벌어지는 판국이다. 그런데 고생물학자들이라면 멸종률을 훌륭하게 추정할 수 있다. 특히 과와 속의 수준에서는 말이다. 나아가 그 수치들을 종 수준의 멸종률로 변환할 비교적 신뢰할 수 있는 방법도 알고 있다. 우리가 페름기 말 위기의 심각함과, KT 사건의 규모를 알아냈던 것도 다 그 덕분이다. 그뿐 아니라 생명계가 회복하는 데 걸린 기간도 알고 있다. 이 모두 시간척도가 길었기 때문에 가능했다.

두말할 나위 없이 구체적으로 어떤 특정 멸종이 얼마나 지속되었느냐며 초들고 따지면 고생물학자들로서는 다소 망설이게 된다. 그들의 약점은 바로 단기간에 벌어진 일에 대해서는 말하기 힘들다는 것이다. 곧, 연대 추정치의 오차범위가, 문제가 되는 시간간격을 초과해버릴 수 있다. 그래서 페름기 말 위기의 지속기간이 하루인지 수천 년인지 아무도 말할 수 없는 것이다.

최근에 보존생물학자들은 고생물학자들에게서 몇 가지 실질적인 방법을 배우고 있다. 그들은 지구상의 모든 종을 완벽하게 목록으로 작성하려고 덤비는 일이 얼마나 무익한지를 깨달았다. 1758년 이후 명명된 종이 180만 개라면, 그리고 만일 현재 3,000만 종이 있다면, 나머지를 모두 명명하고 기술하기 위해서는 4,000년을 더 고생해야 할 것이다. 만일 지구상에 1억 종이 있다면, 그 작업은 14,000년이 걸릴 것이다. 보수적인 정치인들은 우리가 계속해서 종을 멸종으로 내몬다면 이 수치는 떨어질 것이며, 정부로서는 계통학자들 임금으로 들어가는 돈을 아낄 수 있을 거라고 주장할지도 모른다. 종의 수를 정확하게 세어서 세계 생물다양성을 평가하려는 시도가 무익하다는 생각에서, 보존생물학자들은 속이나 과의 수준에서 셈한 다음, 희박화 방법을 통해 이 수치들이 종 수준에서는 어떤 의미를 가지는지 외삽하려는 시도를 하고 있다. 데이비드 라우프가 페름기 말 위기의 규모를 산정할 때 썼던 바로 그 방법이다.

우리가 이 책에서 중점을 둔 것은 사상 최대의 위기였다. 이 위기는 생명이 벼랑 끝까지 내몰렸던 여러 차례 극도의 불행한 시기 중 하나이다. 이 책에서는 생명에 별다른 영향을 끼치지 않은 것으로 보이는 위기들은 살피지 않았다. 이를테면 광범위한 범람성 현무암 분출이 수도 없이 있었지만, 용암류에 붙들린 불행한 생물들을 제외하고는, 사실상 아무런 멸종도 일어나지 않았던 때가 부지기수였다. 또 운석이나 혜성이 지구와 충돌한 적도 많이 있었지만, 멸종으로 이어지지 않은 적도 많았다. 이 중에는 사실상 칙술루브 운석구를 만들어낸 것만큼이나 대규모였던 것도 있었다. 그러나 고생물학적으로 멸종률이 상승했다는 아무런 흔적도 남기지 않은 채 그냥 지나가버렸다. 이것들은 아직까지 해결되지 못한 수수께끼들이다.

현재 고생물학자들과 지질학자들은 대멸종의 공통적인 측면들을 짚어내려는 시도를 시작하고 있다. 다른 종들에 비해 멸종에 좀더 취약한 종들을 찾아내려고 하며, 멸종 이후의 회복기에 더욱 많은 관심을 기울이고 있다. 회복의 범위와 시간대는 해당 멸종의 규모에 따라 달라지는 것으로 보인다. 그런데 뜻밖에도, 진화가 멈춰버린 것처럼 보이는 긴 침체기가 나타나는 경우가 자주 있다. 특히 페름기 이후 회복국면이 그랬다. 또한 위기 직후에도 방산될 수 있었던 재난종을 동정하는 일도 중요하다. 그들에게 어떤 비범한 특징들이 있어서, 어느 종들보다도 먼저 재방산될 수 있었던 것일까? 아니면 그저 운이 좋았을 뿐일까? 결국에 가서 재난종을 대신해 정상적인 생태계를 재구축했던 종들의 경우는 어떨까?

이 책에서 나는 역사와 과학을 엮어가면서, 세대를 이어가며 이론들이 부침을 거듭했던 모습을 보여주려고 했다. 과학자들도 인간이다. 그들 역시 편견에 사로잡힐 수 있고, 겁을 집어먹기도 하고, 압박감을 느끼기도 한다. 격변론이 훌륭한 예이다. 과거 지질시대에 격변적 멸종이 일어났다는 생각이 1820년대에 제기되었다가, 1830년대에 라이엘에 의해 야무지게 무너져버렸다. 1980년대에 와서야 그 위험천만한 화두를 다시 입에 올릴 수 있었다. 지질학자들이 정말로 과거에 대멸종이 있었으며, 운석충돌 흔적처럼 보이는 지각의 구조물이 실제로 운석구임을 용기 있게 받아들이기까지 무려 150년이 걸렸다.

이런 생각의 전환기 뒤끝을 거치며 살아온 건 신나는 일이었다. 과거의 나는 격변론 반대자들에게서 교육을 받았지만, 지금의 나는 학생들에게 소행성과 대멸종을 강의한다. 나아가 페름기 말 사건에 관한 지식도 더욱 빠른 속도로 쌓여가고 있다. 모든 상황이 바뀐 때는 1992년과 2001년 사이였다. 그때 비로소 페름기 말 사건을 바라보는 시점이 1억 년 단위에서 몇천 년 단위로 세밀해졌다. 시베리아 트랩이 주원인으로 시야에 들어왔고, 1970년대 이전에는 꿈도 못 꿨던 기체수화물이 과거 돌연한 기후변화에 대한 해답으로 갑자기 등장하면서 페름기 말 환경파괴를 폭주하는 온실효과로 설명하는 가설에서 중축을 담당하게 되었다. 종말 이후 트라이아스기 초기 어디에서나 무산소화가 오랫동안 계속되었다는 증거도 발견되었다.

그렇게 빠른 속도로 지식과 생각이 축적되어가는 상황에서는 그 나름의 위험도 감수해야 한다. 앞으로 과학자들이 지난 20세기의 마지막 몇 년 동안에 발표된 거친 이론들을 반박해나가다 보면, 어쩌면 이 책은 책꽂이에 그리 오래 꽂혀 있지 않을지도 모른다. 그 과학자들 눈에는 그 이론들이 세기말적인 과잉반응으로 보일지도 모른다. 아닐지도 모르지만.

사람은 자라면서 자신이 얼마나 아는 것이 적은지 깨달아가는 법이다. "더 많이 배울수록, 모르는 것은 더 많아진다." 과학자가 되는 기쁨이 바로 이를 발견하는 것이다. 나는 학자로서의 인생을 시작할 무렵, 과학연구라는 것이 점점 더 복잡성 속으로 빠져들어 왔다는 느낌을 받았다. 지구 역사에 대한 지식이 축적되어가면서 간단한 물음들은 모두 답할 수 있겠지만, 결국 그 물음들이 더욱 복잡하게 얽히고설켜서 풀어내기가 더욱 어려워질 수밖에 없을 것이다.

그런데 답을 내리지 못한 물음들이란 게 사실은 여러분이 바라는 것만큼이나 크고 단순한 것들이다(비록 그 답들은 도달하기 어려울 정도로 극히 복잡하지만). 생명은 얼마나 다양할까? 세계는 인간의 개입에 어떤 식으로 대응할까? 다음 100년 뒤에는 무슨 일이 일어날까? 생명은 어디에서 왔을까? 생명은 위기에 어느 정도나 탄력적으로 대응할까?

지질학이 막 태동할 무렵이던 1812년, 조르주 퀴비에는 『지구의 변혁들 *Revolution de la globe*』에서 이렇게 썼다.

이 모든 연구가 향해 있는 궁극의 목적인 고대 지구의 역사는 그 자체로 계몽된 사람의 관심을 붙들어둘 수 있을 가장 매력 있는 주제의 하나이다. 만일 그 사람들이 다음의 것들에 관심을 가진다면, 다시 말해 우리 인간종의 유아기, 수없이 스러졌던 나라들의 거의 지워진 흔적들에 관심을 가진다면, 틀림없이 그들은 수집을 통해서, 지구 유아기의 어둠 속에서, 그 모든 나라가 존재하기 이전에 일어났던 변혁의 흔적들을 발견할 것이다.[186]

1

어느 정도나 어려야 그냥 어렸을 때라고 말해도 되는지 모르겠지만, 어쨌든 어렸을 때의 내게 가장 긴 시간을 대표하는 건 100년이었다. 사람의 수명을 최대한으로 늘려 생각한 것일 수도 있겠으나, 100년이면 충분히 원시와 현대를 넘나들 만한 크기라고 생각했다. 100년 전과 100년 후, 어린 나에게 그것은 상상이 되지 않는 거의 무한이나 다름없는 시간이었다. 그러다가 역사시대와 선사시대를 알게 되면서 1,000년, 1만 년, 10만 년 단위의 시간이 인식되었을 것이고, 인류의 역사, 생명의 역사, 지구의 역사, 우주의 역사를 접하면서 시간단위는 100만 년, 1억 년, 10억 년, 100억 년 단위로 걷잡을 수없이 커져갔을 것이다.

그러나 어렸을 적의 100년이든 지금의 1억 년이든, 내 상상이 미칠 수 있는 그 모든 한계를 뛰어넘어 있다는 의미에서, 내게는 여전히 '무한'을 달리 표시하는 단위나 다를 바가 없다. 게다가 그 무한의 시간은 반대 방향으로도 뻗어 있다. 1초라는 아주 단순하고 짧은 단위를 10의 몇 제곱, 몇 십 제곱으로 쪼갠 시간도 이 세상에 있는 어떤 것들에게는 충분히 긴 한평

생일 수 있다. 그러나 그마저도 내가 상상할 수 있는 범위를 까마득히 벗어나 있는 것은 마찬가지이다. 이렇게 큰 쪽과 작은 쪽으로 무한이나 다름없게 뻗어 있는 시간 속에서 우리가 점하고 있는 시간은 어떤 의미가 있으며, 우리가 가진 지식과 앞으로 익히게 될 지식으로 과연 어디까지 나아갈 수 있을까?

이런 물음과 마주칠 때마다 떠오르는 말이 하나 있다. 만년에 아이작 뉴턴은 이런 말을 했다고 한다. "내가 세상에 어떤 모습으로 비칠지 모르겠지만, 내가 보기에 이제까지의 나는 해변에서 뛰노는 소년 같은 모습이었다. 어쩌다가 평소 보던 것보다 더 반들반들한 조약돌이나 더 예쁜 조가비를 찾아내면 기뻐서 어쩔 줄 몰라 했다. 그러나 정작 내 눈앞에는 아직 아무것도 밝혀지지 않은 진리의 대양이 널리 펼쳐져 있었다." 가장 위대한 과학자의 한 명으로 꼽히는 사람의 말치곤 대단히 겸손하게 들릴 수도 있겠지만, 저 말에는 아마 의례적인 겸손보다는 절절한 진심이 더 많이 담겨 있을 것 같다. 앞으로 나아갈수록, 나아간 것보다 더욱 넓게 멀리 펼쳐지는 진리의 여정에서 뉴턴은 앎의 자만보다는 무지의 겸손을 더욱 뼈저리게 느꼈는지도 모른다.

지은이 마이클 벤턴은 이 책에서 이런 말을 한다. "역사 속의 패턴을 찾는 이유는 그런 패턴이 있길 바라는 마음 때문일 수 있다. 인간은 정연한 동물이어서, 정보들을 의미 있는 정보체로 정리하는 것을 좋아한다."(271쪽) '역사 속에 패턴이 있길 바라는 마음'과 '정연함을 추구하는 마음'의 바탕에는 어쩌면 뉴턴이 그려내었던 '아직 아무것도 밝혀지지 않은 진리의 대양 앞에 선 아뜩함'이 깔려 있는지도 모른다. 찰나의 시간만을 살아갈 뿐인 인간이, 끝도 없이 펼쳐져 있는 시간의 바다를 눈앞에 두고 과연 무슨 생각을 할 수 있을까? 그리고 이를 가장 가까이에서 피부로 느끼는 사람들은 누구일까?

40억 년 가까이 이어져온 생명의 역사에서 보면, 이 책에서 다루는 2억 5,100만 년 전이라는 시기도 거의 최근이나 다름없게 들린다. 그러나 화석을 통해 사람 눈으로 추적할 수 있는, 벤드기(에디아카라기) 이래 6억 년 정도의 생명의 역사에서 보면 대략 중간 정도에 해당하는 시기이다. 그 6억 년 동안 생명계가 가장 크게 요동쳤던 때가 두 차례 있었다고 한다. 5억 4,300만 년 전 캄브리아기의 생명 대폭발은 생명의 역사상 가장 결정적인 대방산기를 나타내고, 2억 5,100만 년 전, 페름기에서 트라이아스기로 넘어가는 시점, 고생대와 중생대를 가르는 시점에 있었던 대멸종은 생명의 역사상 가장 결정적인 대위축기를 나타낸다고 할 수 있다.

페름기에는 현대의 생태계와 비견될 만큼 장엄한 생태계가 진화되어 있었다. 육지에는 글로솝테리스를 중심으로 한 울창한 숲이 번성했고, 파레이아사우르, 디키노돈트 같은 여러 등급의 초식동물과 테로케팔리아를 비롯한 여러 육식동물이 있었다. 그중에서 최고 포식자는 (플라이스토세의 '칼이빨 호랑이'를 연상시키는) 칼이빨을 가진 고르고놉시아였다. 바다에는 산호, 바다나리, 이끼벌레 따위가 이룬 거대한 초가 복잡한 해양생태계의 중심을 이루고 있었다. 그런데 이 풍성했던 생태계가 순식간에 절단이 나버린 듯한 시기가 있었다. 육지와 바다를 막론하고 전체 종 가운데 90퍼센트 이상이 감쪽같이 사라져버린 것처럼 보이는 시기가 있었던 것이다. 대체 그때 무슨 일이 있었던 걸까?

해변에서 주운 이상하게 생긴 돌과 조가비 몇 점이, 저 너른 시간의 바다 어딘가에서 상상도 하지 못할 큰일이 일어났음을 암시하고 있었다(아무 일도 일어나지 않았을 수도 있지만). 그 단서들을 두고 별의별 추측들이 난무했고, 진지한 목소리와 냉소적인 목소리가 서로 교차했다. 그러나 저 광활한 바다에서 무언가의 참모습을 보기 위해선 섣부른 추측과 단정은 금물이었다. 지질학자들과 고생물학자들은 자기들 손에 들린 단서들이 얼마나 빈약한지 잘 알고 있었기 때문에 끈기를 가지고 치밀하게 조각그림들을 찾아나섰다. 그 사건이 있었다고 추정된 정확한 시기는 언제인가? 암석층서상에서 그 시기를 가리키는 지점은 어디인가? 그 경계시점을 전후해서 동물상과 식물상에는 어떤 변화가 있는가? 과연 그 변화가 격변에 의한 대규모 멸종을 가리키는가? 아니면 점진적인 멸종을 가리키는가? 그 사건은 자연의 정상적인 과정에 해당했을까? 누구의 말처럼 생명의 한 주기가 자연스럽게 이울면서 나타난 결과였을까? 아니면 전혀 생각지도 못한 어떤 재난 때문이었을까? 만일 격변이 있었다면, 그 정체와 원인은 무엇이었으며, 규모는 어느 정도였을까? 혹 외계에서 날아온 커다란 운석과 충돌한 때문이었을까? 아니면 지구에서 벌어진 어떤 특별한 사건들 때문이었을까? 대멸종, 대멸종 말하는데, 대체 어떤 것을 대멸종이라고 하는가? 그냥 멸종과 대멸종을 구분하는 기준은 무엇인가? 페름기 말에 정말 대멸종이 일어났다면, 그 정확한 그림을 어떻게 그려볼 수 있을까? 혹 우리가 따져볼 다른 요인들은 없는가……?

　그 원인이 무엇이었든 간에, 화석기록과 여러 자료상에 나타난 페름기 말의 참상은 끔찍했다. 생명이 처음 발생한 이래 과연 생명의 100퍼센트가 멸종한 적이 있었는지는 알 수 없지만, 그 최악의 상황에 가장 가까웠던 상황이 과학자들의 눈앞에 서서히 드러났다. 전체 생물상에서 종 생존율이 겨우 10퍼센트 이하에 불과했던 그때, 생명의 나무는 그 위기를 버텨내지 못하고 죽을 수도 있었다. 그러나 그렇게 되지는 않았다. 한번 걸음을 뗀 생명의 여정은 쉽게 끊어지지 않았다. 1억 년에 걸친 장구한 회복기가 필요하기는 했지만, 결국 생명다양성은 회복되었고, 그 덕분에 우리 인간도 진화해 나올 수 있었다. 비록 맥락은 약간 다르지만, 『쥐라기공원』에서 아이언 말콤이 거듭해서 사람들에게 역설하던 말이 여기에도 딱 들어맞지 않을까? "진화의 역사는 생명이 모든 장벽을 뚫고 탈출해나가는 역사입니다.

생명은 장벽을 부수고 자유를 찾아나갑니다. 생명은 새로운 영토로 확대되어나갑니다. 고통스럽게, 또 심지어는 위험을 무릅쓰고. 하지만 생명은 반드시 길을 찾아냅니다."(『쥬라기공원 1』, 마이클 크라이튼 지음, 정영목 옮김, 김영사, 1991, 272쪽)

이런 견해를 자칫 엉뚱하게 오인해서, 인간이 제아무리 생명계에 별별 못된 짓을 저지른다 해도, 결국 생명은 언제나 제 갈 길을 찾아낼 것이라는 순진한 낙관에 빠진 나머지, 생명계에 어둔 그림자가 드리워지고 있는 작금의 상황에 눈을 감아버리면 곤란할 것이다. 지은이는 단순히 과거 생명사의 한 꼭지를 이해하는 데서 그치지 않고, 인류의 활동이 원인이 될지도 모르는 여섯 번째 대멸종의 가능성과 위험까지도 경고하고 있다. 과연 페름기 말 대멸종이 지금 상황을 이해하는 데 본보기가 되어줄 수 있을까? 마지막 장에서 들려주는 지은이의 이야기는 귀담아들을 필요가 있다.

3

이 책이 던져주는 묘미가 또 하나 있다. 처음에 과학사학자 토머스 쿤이 도입한 개념이었지만, 그 풍부한 개념적 적용 가능성 때문에 금방 여러 분야에서 널리 쓰이게 된 개념이 있는데, '패러다임'과 '패러다임의 전환'이 그것이다. 과학적 패러다임을 간단히 정의해보면, 과학 공동체 내의 다수에 의해 그 타당성이 인정된 것으로, 관찰·추론·설명의 기준으로 삼는 사고체계라고 할 수 있다. 새롭게 등장한 사고체계가 충분한 증거와 지지자들을 통해 타당성을 인정받아 기존의 패러다임을 대신하게 되면, 패러다임의 전환이 일어난다. 그렇다면 과연 과학사에서 패러다임의 전환사례는 어떤 것들이 있을까? 프톨레마이오스의 지구중심적 세계관이 코페르니쿠스의 태양중심적 세계관으로 바뀐 것, 뉴턴 역학이 아인슈타인의 상대성이론으로 대체된 것, 성서에 입각한 창조론이 다윈과 월리스가 내놓은 자연선택에 의한 진화론으로 극복된 것 등을 꼽아볼 수 있겠다.

그렇다면 지질학의 경우는 어떨까? 이 책에서 저자가 말하는 바에 따르면, 오랫동안 지질학에서는 퀴비에의 격변론이 라이엘의 동일과정론에 의해 극복된 것으로 여겨왔다. 과연 이것이 패러다임의 전환을 나타낸 것인지 단언할 수는 없지만, 대체적으로 그에 해당하는 사례로 본다고 해도 무방할 것 같다. 그런데 이 책을 읽어가다 보면, 그렇게 간단하게 상황이 종료된 것이 아님을 알게 된다. 동일과정론이나 점진주의(라이엘의 '동일과정'이 담고 있는 의미의 하나이다)가 대세를 이루는 와중에도 격변론은 되풀이해서 제기되었고, 그것을 뒷받침하는 과학적 증거들도 제시되었다. 이 책은 바로 그 격변론의 강력한 부활을 선언하고 있는 것으로 보인다. 그렇다면 만일 과거 지질학에서 패러다임의 전환이 이미 일어났다고 한다면, 앞으로 패러다임의 역－전환이 일어날 가능성도 점쳐볼 수 있겠고, 아직까지 결정적인 전환이 일어나지 않았다고 한다면, 최소한 두 가지 주요 패러다임들이 현재에도 여전히 팽팽하게 힘겨루기를 하고 있다고 짐작해볼 수 있을 것이다. 그리고 어느 쪽이 되었든, 우리들은 그 흥미진진한 역사적 현장을 목도하고 있는 셈이겠고.

마이클 벤턴의 말대로 늘 반박의 여지는 남겨져 있다. 어느 때 어떤 새로운 증거가 제시되면, 이 책에서 내린 결론이 뒤집혀, 페름기 말 대멸종이 점진적인 쇠퇴였다는 결과가 나올 수도 있고, 다시 그 견해가 뒤집혀, 격변에 의한 대멸종이었다는 견해가 재부각될 수도 있다. 또 그 격변모델이 벤턴이 선택한 시베리아 트랩모델로 판가름 날 수도 있고, 새로운 증거를 앞세운 운석충돌모델이 맞수로 등장할 수도 있다. 이 책은 이렇듯 아직 잠정적인 완결점에 도달하지 않은 문제에 대해서, 각 패러다임들이 어떻게 힘겨루기를 해나가고 있는지, 어느 쪽이 승기를 잡게 될지, 또는 제3의 패러다임이 나타나 그것들을 모두 대체하게 되지는 않을지, 그 가능성들을 헤아려보는 지적 재미도 선사할 것이다.

4

고생물학자의 치밀하고 열정적인 연구의 여정을 따라가는 일은 대단히 흥미로웠지만, 내게는 다소 생소한 분야였던 탓에 번역은 결코 만만치 않았다. 일정을 넘겨가며 번역을 마친 뒤에도 혹시 있을지 모를 오역의 가능성으로 고민하던 차에, 마침 블로그에서 화석과 별 이야기를 들려주시는 꼬깔님 유창훈 선생님께 원고검토를 부탁드릴 수 있었다. 선생님의 꼼꼼한 검토 덕분에 한결 마음이 가벼워졌다. 유창훈 선생님께 이 자리를 빌려 깊은 고마움을 전한다. 또 기꺼이 추천사를 써주신 이용재 교수님께도 감사드린다. 거듭 마감일정이 미뤄지는데도 이해해주시고 독려해주신 정종주 사장님과 소은주 편집장님을 비롯한 뿌리와이파리 식구들에게도 고마움과 미안한 마음을 함께 전한다. 지질학과 생물학 용어에 대해 물을 때마다 기쁘게 답변해주신 김명주 선생님께도 고마운 마음을 전한다.

2007년 6월 류운

가리비 이매패류에 속하는 연체동물로, 삼각형 조가비를 갖고 있고 보통 독특한 방사형 이랑이 있다.

겉씨식물 침엽수를 비롯하여 소철과 은행나무 같은 소규모 식물군이 여기에 해당한다.

계통발생도 진화나무.

고니아타이트 두족류에 속하는 군. 데본기부터 페름기까지 바다를 우점했다. 보통 감긴 모양의 껍데기를 갖고 있다.

고유성 생물이 국지적인 분포를 보이는 것을 가리킨다.

극피동물 '가죽질 피부'라는 뜻. 극피동물문에 속하는 군으로, 불가사리·성게·해삼 같은 방해석 성분의 판과 5방 대칭성을 갖춘 모든 무척추동물이 해당된다.

네발동물 '네 발을 가진 동물'. 양서류·파충류·조류·포유류 같은 육지의 모든 척추동물을 집합적으로 이르는 말이다.

다양성 생명의 많고 적음. 한정된 지역이든 세계적이든 보통 종·속·과의 수로 평가된다. 넓은 의미에서는 생태범위나 유전적 범위까지 포함한다.

단궁류 낮은 측두공이 하나만 있는 파충류. 포유류형 파충류와 포유류가 해당된다.

대비 지역적이든 세계적이든 각 암석연대의 짝을 맞추는 것.

동물상 한정된 장소와 시간에 보이는 동물 전체.

두족류 연체동물문 두족강에 속하는 군으로, 문어·오징어·꼴뚜기·앵무조개를 비롯하여, 지금은 멸종된 암모나이트와 벨렘나이트가 해당한다.

디노케팔리아 초기 포유류형 파충류에 해당된다. 초식동물과 육식동물이 있었고, 페름기 후기 초에 우점했던 군이다.

디키노돈트 '두 개의 개 이빨'이란 뜻. 포유류형 파충류에 해당하며, 페름기 후기에 우점했던 초식동물이었다. 디키노돈트인 리스트로사우루스는 페름기 말 대멸종에도 살아남아 트라이아스기에 다시 번성했다.

무궁류 머리뼈에 측두공이 없는 파충류. 멸종된 여러 동물군과 거북이 이에 해당한다.

무산소화 산소결핍. 보통 사실상 산소가 완전히 없는 해저환경을 가리키는 말로 쓰인다.

반룡류 초기형 포유류형 파충류로, 석탄기 후기와 페름기 초기에 살았다. 등에 지느러미가 달린 유명한 디메트로돈이 여기에 속한다.

방사성 연대측정 불안정한 방사성 원소를 조사해서 정확한 연대를 측정하는 방법. 반감기가 알려진 모#원소와 딸원소의 비율을 비교한다.

방산 생명이 확산되거나 다양화되는 것. 새로운 기회가 생겼거나(예를 들면 대량멸종이 일어난 뒤) 새로운 적응(예를 들면 과거 1,500만 년 동안 생쥐와 친척들이 폭발적으로 증가한 경우)의 결과, 한 군이 특화하여 빠르게 갈라져나간 시기를 이르기도 한다.

방산충 실리카 성분의 껍데기를 가진 미소 플랑크톤성 동물. 방추충이 해당된다.

방추충 방산충에 해당되는 군. 실리카로 구성된 섬세한 골격을 갖고 있으며, 주로 미소 부유성 플랑크톤이다.

벨렘나이트 멸종된 두족류로, 내부에는 가드guard라고 불리는 총알 모양의 곧은 골격이 있다.

변성암 지각 깊숙이 묻혔을 때 열이나 압력에 의해 성질이 변한 퇴적암이나 화성암.

복족류 달팽이·소라·삿갓조개. 연체동물에 해당되는 군으로, 하나의 판('껍데기')을 갖추고 있는데, 껍데기는 보통 감긴 모양이거나 삿갓 모양이다.

분류학 생물을 분류하는 학문. 생명의 다양성은 종을 기점으로 각 단위별로 구분된다.

분지계통학 독특하게 공유하는 형질들을 기초로 분지군을 동정해서 계통발생도를 정립하는 방법론.

분지군 같은 조상에서 나온 모든 후손들을 포함하는 분류군. 종뿐 아니라 속·과·목·문 등 어떤 분류단위나 분지군이 될 수 있다.

삼엽충 멸종된 해양절지동물로, 몸체는 세 엽으로 이루어졌고 여러 쌍의 다리가 있다. 육식동물과 잔사섭식동물로서, 고생대 초기에 우점했던 동물상이다.

생물다양성 생명의 다양성.

생물층서학 화석을 이용해서 상대적인 암석층서를 설정하고, 세계 각지 암석들을 연대에 따라 짝을 맞추는 학문.

생태계 생명 환경을 이루는 물리적·생물적 성분들, 그 속에 사는 모든 유기체들을 가리킨다.

생태자리 생태계 내에서 종이 담당하는 몫과 생태적 속성들. 종의 식성, 다른 종들과의 상호작용, 환경조건의 범위 따위가 포함된다.

속씨식물 꽃을 피우는 식물.

수궁류 반룡류에 이어 파생된 포유류형 파충류. 페름기 후기와 트라이아스기의 모든 단궁류가 이에 속한다.

식물상 한정된 장소와 시간에 보이는 식물 전체.

암모나이트 감긴 모양의 껍데기를 가진 두족류로, 멸종한 동물이다. 쥐라기와 백악기 바다를 누비고 다닌 자유유영성 육식동물이었다.

완족동물 '램프 조개'. 완족동물문에 속하는 군으로, 두 장의 조가비가 있어 여과섭식하고, 일반적으로 해저에 고착해서 살아간다. 예전에는 우점군이었으나, 지금은 드물다.

유공충 단세포 미소동물로, 석회질 껍데기를 갖고 있고 해저에서 생활한다. 플랑크톤에 해당되며, 암석연대를 추정할 때 쓸모가 많다.

이궁류 머리뼈에 두 개의 측두공이 있는 파충류. 도마뱀·뱀·악어·조류를 비롯해 멸종된 여러 군들이 이에 해당한다.

자기층서학 암석에 보존된 지구 자기를 측정해서 지질시대를 구분하는 방법. 지자기의 '정상'(현재 상태)국면과 '역전'(극이 뒤바뀐 상태)국면들이 수없이 나타날 수 있다. 암석대비에 이용된다.

층서학 암석의 배열순서와 연대를 연구하는 학문.

코노돈트 이빨 모양의 인산염 화석. 멸종된 척추동물군의 턱 일부로 추정된다.

테로케팔리아 특히 페름기 후기와 트라이아스기 초기의 몸집이 작은 식충성·초식성 포유류형 파충류군이다.

퇴적암 진흙, 모래, 석회질 진흙 같은 퇴적물로 이루어진 암석으로, 사암·이암·석회암 따위를 형성한다.

패충류 작은 절지동물로, 게와 새우의 친척이다. 두 개의 판으로 이루어진 껍데기 안에서 살며, 뒤집어진 모습으로 유영하고, 다리를 써서 여과섭식한다.

화석학 유기체가 죽고 나서 화석으로 발견될 때까지 화석형성에 미치는 과정을 연구하는 학문. 화석학적 과정에는 주검에 손상을 입히는 포식과 청소 과정, 부패과정, 매장 동안의 압축과 변형 과정, 매장 동안과 이후에 일어나는 물리적·화학적 변형과정이 있다.

화성암 용융된 마그마에서 형성된 암석. 지각 깊은 곳에서 형성되거나 지표면에서 형성된다. 지표면의 화성암은 보통 화산용암에서 만들어진다.

미주

* 원서에서는 각 장별로 미주번호를 달았으나, 번역본에서는 편의상 장 구분 없이 순차적으로 처리했으며, 원서상의 11장 미주 12번은 158~164번으로 나누었음을 밝혀둔다(옮긴이).

프롤로그

1) http://www.space.com/scienceastronomy/planetearth/impact_extinction_010222-1.html

1장

2) Owen(1845b), p.638

3) R. L. Carroll(1988), Benton(1997)을 비롯하여, 양서류와 파충류의 진화를 설명하는 책은 많이 있다.

4) 요크셔악어를 기술한 보고서 원문은 Chapman(1758), Wooler(1758)이다. 이 이야기는 Osborne(1998)에 새롭게 실려 있다.

5) 대서양 양안에서 벌어진 아메리카 마스토돈 논쟁에 관한 기록은 풍부하게 남아 있다. Greene(1961, 4장)에서는 아주 자세한 이야기를 들을 수 있다. 좀더 간결한 형태의 이야기는 Rudwick(1976), Durant and Rolfe(1984), Buffetaut(1987)을 참고하라.

6) 퀴비에에 대한 평전은 많이 있다. 가장 훌륭한 평전의 하나는 Outram(1984)이다.

7) 러시아의 페름기와 트라이아스기 양서류와 파충류 화석 발견의 초기 역사에 대해서는 Ochev and Surkov(2000)을 참고하라.

8) 영국의 공룡 초기발굴에 관한 탁월한 보고서들은 Colbert(1968)와 Cadbury(2000)에서 찾아볼 수 있다.

9) 리처드 오언의 자세한 생애와 공룡연구는 Rupke(1994)와 Cadbury(2000)에서 찾아볼 수 있다.

10) Owen(1842). 이 책 103쪽에서 오언은 공룡(Dinosauria)이라는 이름을 확정했다.

11) 러시아의 페름기-트라이아스기 양서류와 파충류 연구의 역사는 Ochev and Surkov(2000)에 간추려져 있다. 두 사람들은 쿠토르가, 폰 크발렌, 폰 발트하임, 폰 아이히발트의 연구를 폭넓게 참고하고 있다.

2장

12) 로더릭 임페이 머치슨만을 포괄적으로 다룬 평전은 없다. Geikie(1875)가 쓴 『일생*Life*』과 좀더 최근에 Stafford(1989)가 쓴 평전에서 머치슨의 일대기를 대부분 다루고 있기는 하지만, 첫 번째 책은 주제인물에 대해 지나치게 관대하고, 두 번째 책은 지나치게 박하다는 감이 있다. 머치슨이 관여했던 몇 가지 특별한 논쟁들을 다룬 책들에 오히려 그의 연구와 인물 됨됨이가 전체적으로 실려 있다. 데본기 대논쟁을 다룬 Rudwick(1985), 캄브리아기-실루리아기 논쟁을 다룬 Secord(1986), 스코틀랜드 고지 논쟁을 다룬 Oldroyd(1990), 머치슨의 스코틀랜드 북동부 연구를 다룬 Collie and Diemer(1995)를 참고하면 된다.

13) 머치슨은 1841년에 발표한 논문에서 페름계를 명명했고, 1842년 2월에 있었던 런던지질학회 기조강연에서 이 문제를 심도 있게 논의했다(Murchison 1841a, b, 1842a, b).

14) 『실루리아계*The Silurian System*』(Murchison 1839)

15) Sedgwick and Murchison(1839)

16) Murchison(1842b), pp.665-666

17) 런던지질학회의 목적과 조직 등의 세세한 소개는 다음의 글을 참고하라. Morrell and Thackray(1981), Rudwick(1985)

18) Murchison(1842b), pp.648-649

19) 윌리엄 스미스의 공적을 비롯하여 지질연대범위 구분의 역사에 대해서는 여러 곳에서 소개하고 있다. 다음의 문헌을 참고하라. Zittel(1901), Hallam(1983), Rudwick(1976, 1985). 윌리엄 스미스 이야기는 Winchester(2001)에서 유쾌하게 그려지고 있다.

20) 존 필립스의 연구는 Zittel(1901), Rudwick(1985), D. H. Erwin(1993)에 소개되어 있다. 필립스는 여러 곳에서 층서학에 대한 견해를 발표했다(Phillips 1838, 1840a, b, 1841). Phillips(1860)에는 생물다양성의 변화를 그린 유명한 도표가 실려 있다.

21) Sedgwick and Murchison(1840)

22) Murchison and Verneuil(1841a, b)

23) Strangways(1822)

24) Murchison(1841a, b, 1842a, b), Murchison and Verneuil(1842)에서 2차 러시아 답사를 기술했고, Murchison et al.(1842)에서는 우랄 산맥 답사를 기술했다.

25) Murchison(1841a), p.419

26) 대영(자연사)박물관, 리처드 오언 서한집. 1841년 11월 20일.

27) 『러시아 지질』(Murchison et al., 1845) 출간과 관련된 세세한 뒷이야기, 지질학적 문제들, 인쇄비용, 러시아정부와의 협상에 대한 이야기는 Thackray(1978)에 실려 있다.

3장

28) Lyell(1830-1833). 아래의 인용: 1권 p.123

29) Hallam(1983, 2장)은 현대적 관점에서 격변론과 동일과정론 논쟁을 조망했다.

30) Rudwick(1997, pp.115-126)에 새롭게 번역된 퀴비에의 1810년 보고서 전문이 실려 있다. 본문의 두 인용은 각각 124쪽과 126쪽에서 발췌했다.

31) 『화석 척추류의 골격에 대한 연구』는 1812년에 처음 간행된 다음, 1821~1824년에 대폭 수정한 개정판이 나오고, 1825년에는 내용을 소폭 수정한 세 번째 개정판이 나왔다. 본문의 인용들은 Rudwick(1997) 15장 188-189쪽, 206-207쪽에서 발췌했다(1812년판 퀴비에의 책에서는 각각 5부와 27부에 해당한다). 『기본강연』 영어판은 1817년부터 1827년까지 네 차례에 걸쳐 단행본으로 간행되었고, 1826년에는 독일어판과 프랑스어판(3판)이 단행본으로 간행되었다.

32) 1842년까지 머치슨은 퀴비에 편으로 분류되는 것을 싫어했다. 그러나 분명 그는 퀴비에 편이었다. 기조강연에서 존 필립스와 논쟁하면서 머치슨은 층서학적으로 척추동물화석이 무척추동물화석에 우선한다고 주장했다. 일반적으로 그와는 정반대의 견해를 견지하고 있을 오늘날의 지질학자 눈에는 굉장히 이상하게 보일 수 있다. 그러나 그 자신 척추고생물학자였던 퀴비에는 화석척추동물의 중요성에 입각해서 장황한 논의를 펼치며, 화석척추동물이 해양무척추동물보다 격변의 영향을 더 많이 받았을 방식을 논했다. 1820년대 중반 당시 젊은이였던 머치슨은 지질학에 관한 것이라면 뭐든지 받아들이려 했기에, 처음에는 퀴비에에게 눈을 돌려 영감을 얻으려 했음이 확실하다. 당시 퀴비에의 『화석 척추류의 골격에 대한 연구』 2판(1821~1824)과 3판(1825)이 갓 간행되었던 터라, 머치슨은 프랑스어 원본으로 그 책을 읽었거나, 당시 함께 나왔던 영역본 중 한 권을 읽었을 것이다. 이때는 라이엘의 『지질학 원리』가 나오기 전이었다. 1830년에 나오게 될 라이엘의 책은 본질적으로 퀴비에와 정면으로 맞선 책이었다. 나중에 머치슨은 애써 부인하려고 하겠지만, 초기에 퀴비에를 통해 훈련한 것이 그의 마음 깊숙이 박혀 있었다. 비록 그 모든 것을 지우려고 온 힘을 다했지만 말이다. 사실 말이지 지울 까닭이 무에 있겠는가?

33) Cuvier(1825), Vol. I, pp.8-9. 영역본 Gillispie(1951)를 따름.

34) Sedgwick(1831). 라이엘의 『지질학 원리』가 구사한 전략은 다음의 책에서 상세히 다뤄지고 있다. Rudwick(1969), Gould(1987) 4장, Hallam(1983) 2장

35) Fitton(1839)

36) 라이엘이 '동일함'을 네 가지 의미로 뒤섞어 쓰고 있음은 여러 과학사학자들이 자세히 밝혔다. 다음의 책들을 참고하라. Rudwick(1969, 1976) 4장, Hallam(1983) 2장, Gould(1987) 4장. 놀랍게도 그 당시까지 대부분의 역사학자들은 라이엘의 혼동을 그대로 따랐다. 그 때문에 라이엘이 지질학의 역사를 보는 관점, 곧 모든 면에서 길을 잘못 든 격변론자들과 완전히 합당하며 올바른 동일과정론자들 사이의 긴장이라는 관점이 공고해졌다.

37) Rudwick(1997)에는 퀴비에의 지질학적 관점에 대한 전문번역과 주석이 실려 있다.

38) 라이엘의 비진보주의는 Bowler(1976)에서 논의되고 있다. Benton(1982)은 얼마나 오랫동안 라이엘이 자기주장을 밀고 나갔는지를 보여준다. 1850년대, 라이엘은 자기 관점을 뒷받침해줄 현장증거를 열심히 찾고 있었다. 그 결과 스코틀랜드에서 찾은 데본기의 도마뱀으로 추정된 화석과, 북아메리카에서 찾은 실루리아기의 네발동물로 추정된 동물의 흔적화석을 『지질학의 요소들Elements of Geology』(1838)에 기록해 실었다.

39) Rudwick(1975)에서는 어룡 교수를 라이엘에 대한 공격이라고 재해석하고 있으며, 이 얘기는 Gould(1987) 4장에서 더 깊이 있게 논의된다.

40) Rudwick(1985) p.74. 포브스의 미발표 공책이 실려 있다.

41) Geikie(1875) v.2, pp.119-121에 편지들이 인용되어 있다. '라이엘의 안정상태' 운운하는 편지는 마틴 씨Mr J. P. Martin에게 보낸 편지이다. 라이엘이 증거로 제시한 북아메리카에서 실루리아기 척추동물 흔적화석과, 엘긴의 구적색사암으로 추정된 암석에서 발견한 흔적화석과 도마뱀 골격에 대해, 머치슨은 편지를 통해 강한 반론을 펼쳤다. 라이엘에게 보낸 편지에서 머치슨은 이렇게 단언했다. "지금까지 우리는 실루리아기 세계의 육상동물들에 대해 아는 바가 조금도 없습니다." 엘긴에서 발굴한 데본기의 도마뱀으로 추정된 화석에 대해서, 머치슨은 1851년에 세지윅에게 보낸 편지에서 이렇게 적었다. "다음 회의 때 그는 호들갑을 떨 것입니다. 한껏 기쁨에 도취되어 한없이 기뻐할 것입니다……. 저는…… 라이엘이 그처럼 이른 시기에 육상과 민물에 그런 서식동물이 있었다는 증거를 내놓는다 해도, 해성충서를 토대로 한 우리의 일반적인 논의를 바꾸는 데는 아무 구실도 할 수 없을 거라고 생각합니다."

4장

42) R. L. Carroll(1988), p.589. 여기서 캐럴은 페름기 대멸종이 척추동물에게는 해당되지 않는 것 같다는 견해를 표명한다.

43) 나중에 캐럴은 척추동물에서도 페름기 말 대멸종이 실제 일어났음을 인정했다. R. L. Carroll(1997), p.383

44) Owen(1842), p.203. 여기서 오언은 중생대의 환경과 공룡의 멸종을 결부시켜 생각하고 있다.

45) 『종의 기원』 3판, Darwin(1861), p.348

46) Huxley(1870)

47) Marsh(1882), (1895)

48) 버클런드의 『대홍수의 유물』에는 커크데일 동굴에서 발굴한 것들의 전모가 모두 소개되어 있고, 플라이스토세의 포유류 멸종이 성서에 나오는 대홍수 때문이라는 견해가 실려 있다. 빅토리

아 시대의 플라이스토세 멸종에 대한 관점은 다음의 책에서 자세히 논의된다. Grayson(1984)

49) 빙하시대에 관한 아가시의 가장 유명한 저작에서 인용한 것이다. Agassiz(1840), p.314(번역은 지은이가 했다).

50) 부셰 드 페르트는 프랑스의 대형 플라이스토세 포유류와 공반된 인간의 유물에 대한 논문을 수 없이 많이 발표했다. Boucher de Perthes(1847, 1857, 1864). 자세한 내용은 다음의 글에서 볼 수 있다. Grayson(1984)

51) 진화가 미리 정해진 경로를 따라 진행한다는 관점이 정향진화론('직선적인 발생')과 목적론이다. 이에 따르면 대부분의 진화는 지고의 목적인 인간의 발생을 향해 진행된 것으로 말할 수 있었다. 후기 빅토리아 시대와 20세기 초의 이런 사조는 다음의 책에 자세히 나온다. Bowler(1983)

52) Woodward(1898), p.213, 418

53) Woodward(1910)

54) Loomis(1905), p.842

55) 이 문단의 인용들 출처는 다음과 같다. Nopcsa(1911), p.148, Nopcsa(1917), p.345

56) Matthew(1921)

57) 1920년대 이후 제기된 공룡멸종에 관한 다른 주장들에 대해서는 다음의 책을 참고하라. 기후 냉각에 대해서는 Jakovlev(1922), 높은 질병수위에 대해서는 Moodie(1923), 포유류가 공룡알을 먹었다는 주장에 대해서는 Wieland(1925), 화산활동에 관해서는 Müller(1928).

58) Audova(1929). 공룡멸종을 다룬 최초의 주요 평문이다.

59) Jepson(1964), Benton(1990)

60) 미국의 유명한 재담가인 윌 커피가 다음의 책에서 종족노쇠에 관한 견해를 남겼다. *How to Become Extinct*, 1964

61) 1950년에 출간된 신데볼프의 고전 *Grundfragen der Paläontologie*의 영역본 35쪽에서 인용했다. 영역본인 *Basic Questions in Paleontology*는 신데볼프가 죽은 지 한참 뒤인 1993년에 출간되었는데, 진지한 연구서라기보다는 역사적인 호기심에 더 가까운 책으로 보고 있다. 신데볼프가 독일과 독일 학술지에만 글을 발표했기 때문에, 초기에는 영역된 책이 없었다. 20세기의 상당 기간 동안 영어권과 독일어권의 고생물학자들이 얼마나 단절되어 있었는지를 여실히 보여준다. 그러나 지금은 상황이 바뀌었다. 독일 고생물학자들은 독일어뿐만 아니라 영어로도 정기적으로 글을 쓰고 있으며, 국제학술지에서도 그들의 논문을 볼 수 있다.

62) Camp(1952)와 Watson(1957)은 페름기 말기에 양서류와 파충류에게 멸종사건이 일어났음을 의심했다. Schindewolf(1958)는 그들의 관점을 강력하게 비판했고, 1963년 「신격변론?」 논문에서 좀더 전면적인 반론을 펼쳤다.

5장

63) 신기원을 이룬 그 논문은 운석충돌에 의한 공룡멸종을 총체적으로 다룬 가설을 처음으로 제시했다. L. W. Alvarez et al.(1980)

64) 1980년 이후 KT 논쟁을 다룬 보고서들이 많이 발표되었다. W. Alvarez(1997)은 루이스 앨버레즈 연구팀의 작업을 내부관계자의 눈으로 살펴본 가장 훌륭한 책이다. KT 운석충돌과 관련논쟁들을 다룬 다른 책들의 예를 들어보자. Raup(1986)은 운석충돌을 지지하는 강력한 고생물학적 사례를 제시했고, Archibald(1996)은 그 반대의 사례를 제시하면서, 단일하고 순간적인 운석충돌모델을 수용하는 데 신중한 태도를 보인다. Glen(1994)은 관련 과학논쟁에 관해 여러 저자들이 몇 장을 할애해 논의한다.

65) Ken Hsu(1994). 여기서 켄 쉬는 20세기 동안 독단적인 반격변론이 어떻게 점차 대규모 운석충돌 가능성을 받아들이게 되었는지, 미국 내 학계의 추이를 개인적으로 회상하고 있다.

66) 슈메이커의 연구를 비롯한 리스 운석구 이야기는 여러 곳에 실려 있다. 그 예로 다음의 안내서를 참고하라. Kavasch(1986), Chao et al.(1978). Stöffler and Ostertag(1983)은 운석구와 운석충돌의 증거를 좀더 전문적으로 설명한다. 리스 구조가 운석구덩이임을 비판적으로 입증한 논문은 최초의 Shoemaker and Chao(1961)이다.

67) KT 경계에서 공룡을 비롯한 다른 동식물의 멸종을 설명하는 점진적 생태천이모델은 다음의 글에 요약되어 있다. Van Valen(1984), Sloan et al.(1986), Officer et al.(1987), Hallam(1987)

68) 운석충돌모델을 지지하는 '강경한 과학'과 점진주의모델을 지지하는 '온건한 과학'의 구분은 다음의 글에서 언급되어 있다. Raup(1986), p.212

69) L. W. Alvarez(1983), p.632

70) Jastrow(1983), p.152

71) Van Valen(1984), p.122

72) L. W. Alvarez(1983), p.67

73) L. W. Alvarez(1983), pp. 638, 640, 629

74) KT 운석충돌논쟁에서 꼴사나운 측면들을 보여주는 신문기사들은 다음의 글을 참고하라. Browne(1985, 1988)

75) 로버트 베커의 말은 다음의 글에서 인용했다. Raup(1986), pp.104-105

76) KT 논쟁의 논증 스타일과 각 과학 분야 사이의 충돌을 다룬 사회학적 논평은 Clemens(1986, 1994)를 참고하고, KT 논쟁의 진행상황은 Glen(1994)을 참고하라.

77) 초신성 폭발에 의한 공룡멸종이론을 옹호했던 사람 중에는 특히 당시 캐나다 토론토의 로열온타리오박물관에 있었던 데일 러셀Dale Russell과 그 동료들이 있었다. 다음의 글을 참고하라. Terry and Tucker(1968), Russell and Tucker(1971), Béland et al.(1977)

78) W. Alvarez et al.(1984a), p.1135. 뒤에 나온 논문들은 운석충돌의 결과를 더 자세히 설명한다. W. Alvarez et al.(1984a, b)

79) Smit and Hertogen(1980), Hsu(1980), Ganapathy(1980)

80) 그 당시 널리 KT 논쟁의 뉴스보도를 다룬 글은 다음과 같다. Lewin(1983, 1985a, b), Maddox(1985), Hoffman(1985), Browne(1985, 1988)

81) Hildebrand et al.(1991)

6장

82) Cuvier(1812). 다음의 영역본에서 인용했다. Rudwick(1997), p.190

83) D. H. Erwin(1993)에서 페름기 말 멸종사건을 상세히 다루고 있다.

84) 지구의 생물다양성에 닥친 위협을 다룬 보고서 Wilson and Peter(1988)에서 '생물다양성'이란 말이 도입되었다.

85) Linnaeus(1753, 1758)

86) Darwin(1859). 유명한 『종의 기원』은 생물학과 고생물학의 수많은 분야의 시발점이 된 책이다. 생명의 기본특징들은 일반생물학 책들에서 모두 다룬다. 생명의 기원, 생명의 복잡성을 재검토한 최근 자료는 다음과 같다. Maynard Smith and Szathmáry(1995), Knoll and Bambach(2000), S. B. Carroll(2001)

87) 1960년대와 1970년대에 바다생명의 다양화를 그린 도표들이 처음 등장하기 시작했다. 가장 유명한 예가 잭 셉코스키 2세의 도표이다(Sepkoski, 1984). 나는 100명의 전문가들이 내놓았던 포괄적인 자료들을 편찬한 것을 기초로 해서(Benton, 1993) 바다와 육지에서 생명의 다양화를 나타내는 도표들을 만들었다(Benton, 1995).

88) 이 책에서는 다른 대멸종에 대해서는 자세히 다루지 않았다. 대멸종을 다룬 최근 책으로 가장 훌륭한 책은 Hallam and Wignall(1997)이다. 각 대멸종의 진행과 원인을 자세히 설명하고 있으며, 각 대멸종에 대한 가설들을 선택해서 보여준다.

89) Raup and Sepkoski(1982)

90) 라우프와 셉코스키의 방법에 대한 통계학적 비판에 따르면, 해당 데이터가 개별 점들로 이루어진 정상적인 모집단으로 가정된 경우에만 회귀선이 그어질 수 있다는 것이다. 회귀분석기법은 식물이나 동물, 또는 인간 모집단에서 원인과 결과를 식별하기 위해 생물학자들과 심리학자들이 개발했던 방법이다. 시간의 흐름에 따른 고정된 측도들에 이용되는 회귀분석의 타당성은 확대 해석되어왔다. 첫째, 멸종비율측도들은 서로 독립적인 것이 아니다. 다시 말해 그 측도들은 차례차례로 나타나며, 단일한 전개체계의 형태를 띠기 때문에, 인접한 비율측도들 사이에는 강한 시

간 연관성이 있다. 둘째, 식물, 동물, 인간 모집단에서와는 달리 완전분포를 이루는 것이 불가능하다. 멸종비율값들의 분포 중 마이너스 멸종비율을 나타내는 경우는 표본추출을 할 수 없다.

91) 미국 몬태나 주의 헬크리크층에서 벌인 공룡멸종 표본추출조사는 다음의 글에 기술되어 있다. Archibald and Bryant(1990), Sheehan at al.(1996). Archibald(1996)은 KT 대멸종에 관한 화석기록을 가장 훌륭하게 기술한 책이다.

92) Maxwell and Benton(1990). 지난 10년 동안 해양화석기록 지식의 변화를 비교한 것은 다음의 책을 참고하라. Sepkoski(1993)

93) Ward(1990)

94) 분지계통학이 처음으로 영어권에 선보인 때는 1966년이었다(Hennig, 1966). 지금은 분지계통학 방법에 대한 글이 많이 나와 있다. Forey et al.(1998)은 초보자들에게 훌륭한 입문서이다.

95) 핵산에는 디옥시리보핵산(DNA)과 리보핵산(RNA)이 있다. DNA는 세포핵 속 염색체 안에 들어 있는 것으로 유전정보를 이루는 핵심물질이다. 그리고 다양한 형태를 띠는 RNA는 세포분열과 단백질 합성 시 정보를 전달하는 구실을 한다. 최근에 나온 기초생물학 책들에는 모두 이 두 물질을 자세히 설명하고 있다. 다음의 책들은 분자계통분류학의 재구성방법들을 소개하고 있다. Forey et al.(1998), Hilles et al.(1996)

96) Norell and Novacek(1992). 두 사람은 25개의 포유류 계통발생도를 살피고, 그 가운데 4분의 3이 훌륭하게 일치함을 보여주었다.

97) Benton et al.(2000a). 여기서는 분지계통학과 분자계통발생학에서 조류藻類에서 포유류에 이르기까지 광범위한 유기체들을 다룬 1,000개의 계통발생도를 살피고 있는데, 이 연구에서 우리는 훌륭한 일치를 발견했다. 나아가 과거 지질시대의 분기시점별로 계통발생도를 분류하자, 일정 수준의 일치가 나타났다.

98) Jablonski and Raup(1995). 여기서 두 사람은 KT 경계에 걸친 해서성 이매패류와 복족류에 관한 방대한 데이터베이스를 표본추출하여 희생동물과 생존동물을 서로 비교해보았다. 서식지, 몸집의 크기, 식성, 또는 번식습성을 기준으로 보았을 때 아무런 선택성도 드러나지 않았다. 그러나 지리적으로 널리 분포하는 속들은 지리적으로 제한된 범위에 분포하는 속들보다 생존 가능성이 더 크게 나타났다.

99) Raup and Jablonski(1993). 여기서 두 사람은 KT 사건 동안 지리적인 분포가 생존에 미치는 영향을 연구했다. 온대와 열대에 분포하는 이매패류를 서로 비교한 결과 열대 쪽 이매패류가 멸종 가능성이 더 크다는 점을 확증해내지 못했다. 이는 예상된 결과였다.

7장

100) Teichert(1990), p.231

101) D. H. Erwin(1993), p.226

102) Bowring et al.(1998)

103) Jin et al.(2000)

104) Murchison et al.(1845). 러시아 답사를 기술하는 이 책에서 페름계의 '축소된' 층서가 논의
되고 있다. 이런 해석을 뒷받침하는 상세한 증거는 다음의 책들에서 논의된다. Dunbar(1940),
Harland et al.(1982) p.23

105) 1874년에 아르틴스크조를 명명했던 카르핀스키는 1889년에 좀더 상세한 논문을 발표했다.
아르틴스크조에서 발견된 화석들을 상세히 기술하면서, 그 조가 석탄계가 아니라 페름계와 연관
성이 있다는 증거를 내놓았다. 아르틴스크조의 이름은 우랄 산맥 서쪽에 있는 아르티(어떤 때는
아르틴스크라고 쓸 때도 있다)라는 마을의 이름을 딴 것이다.

106) Ruzhentsev(1950). 여기서 루젠체프는 사크마르조를 두 개의 하위조로 나누어 아랫부분은 아
셀조, 윗부분은 사크마르조라고 불렀는데, 나중에 이 둘은 완전한 조의 자격을 획득하게 되었다.
사크마르조라는 이름은 우랄 산맥 남부를 흐르는 우랄 강의 지류 사크마라 강을 딴 것이고, 아
셀조라는 이름은 아셀 강을 딴 것이다. 페름계를 이루는 다른 조의 이름들도 러시아의 지명을 딴
것들이다. 곧, 쿵구르조는 페름의 인근 마을인 쿵구르, 우핌조는 우랄 산맥에 위치한 우파라는
도시 이름, 카잔조는 볼가 강 기슭의 도시 카잔, 타타르조는 아시아권 러시아에 있는 타타르스
탄 지역의 타타르스를 딴 것이다.

107) Williams(1938)는 1937년 회의를 기술하고 있으며, Dunbar(1940)는 1937년의 현장답사를 상
세히 개괄하고, 러시아 페름계 층서에 대한 새로운 견해도 제시한다.

108) Dunbar(1940), p.280. 정식적인 층서원리들은 Salvador(1994)에서 자세히 다루고 있다. 층서
에 관한 훌륭한 보고서들은 다음의 교재들에서도 찾아볼 수 있다. Stanley(1986), Prothero(1990)

109) 이탈리아 북부의 페름기–트라이아스기 단면들에 대해서는 다음의 글들을 참고하라. Wignall
and Hallam(1992), D. H. Erwin(1993, pp.52-57), Hallam and Wignall(1997, pp.118-119)

110) Kummel and Teichert(1966, 1973)

111) 솔트 산맥의 코노돈트 화석을 재조사한 내용은 다음의 보고서에 실려 있다. Wignall et
al.(1996). 그 이전에는 카트와이층의 코노돈트가 트라이아스기 초기를 표시하는 것으로 말했지
만, 그 보고서에서는 페름기 최후기로 재조정되었다.

112) D. H. Erwin(1993), p.63

113) 2000년에 국제지질학술연합은 트라이아스계의 저부가 확정되었음을 선포했다. 자세한 내용
은 다음을 참고하라. Yang et al.(1995)

114) 메이샨 페름기−트라이아스기 단면의 퇴적학적 내용은 Wignall and Hallam(1993)에 기술되어 있으며, Hallam and Wignall(1997, pp.120-122)에는 그 내용이 요약되어 있다. 더 자세한 내용은 다음을 참고하라. Yang et al.(1995), Jin et al.(2000), Lai et al.(2001)

115) Claoue-Long et al.(1991)에서, 메이샨 경계의 점토를 처음으로 ^{206}Pb/^{235}U 동위원소 계열 붕괴를 이용해서 방사성 연대측정을 했다.

116) Renne et al.(1995)

117) Bowring et al.(1998). 나중에 Mundil et al.(2001)에서 연대측정값들이 수정되었다.

118) 메이샨 단면의 페름기−트라이아스기 경계에 걸친 화석의 분포상에 대해서는 다음의 글에 자세하게 실려 있다. Jin et al.(2000)

119) Signor and Lipps(1982). 여기서 두 사람은 화석기록의 불완전함은 피할 수 없다고 논했는데, 이 두 사람의 이름을 따서 이를 사이너−립스 효과라고 부른다.

120) Wignall and Hallam(1993, p.231)에서 이 두 사람은 후샨 단면과 메이샨 단면의 유사성을 언급했다.

121) Teichert and Kummel(1976)은 그린란드의 페름기−트라이아스기 암석층서를 기술하면서, '갑옷 진흙 공' 가설을 제시했다. Hallam and Wignall(1997, p.117)에서는 '갑옷 진흙 공' 가설을 비판했다. Wignall et al.(1996)에서는 연대측정의 증거가 제시되어 있다.

122) Twitchett et al.(2001), Looy et al.(2001)

8장

123) D. H. Erwin(1993)에 '모든 대멸종의 어머니'라는 제목의 장이 나온다. 인용 출처는 다음과 같다. D. H. Erwin(1994), p.231

124) Rampino and Adler(1998)

125) 다윈의 '대大 종의 서書'(big species book)에서 인용했다. 이는 원래 『종의 기원』의 미발표 확장판이다. Stauffer(1975), p.208

126) 완족동물과 이매패류의 운명에 대한 재분석은 다음의 글을 보라. Gould and Calloway(1980). 페름기 말 위기 동안 패류의 다른 군들의 운명에 대한 기타 정보는 다음의 글을 참고하라. D. H. Erwin(1993), Hallam and Wignall(1997)

127) Fortey(2000)에서 삼엽충을 훌륭하게 설명하고 있다. 화석 절지동물의 멸종은 다음의 글에서 논의되고 있다. Briggs et al.(1988)

128) Hallam and Wignall(1997), pp.98-110

129) Raup(1979)에서 처음으로 단순 희박화 분석을 써서, 과의 50퍼센트 손실이 종의 90퍼센트 손

실에 해당한다고 제시했다. Hoffman(1986), McKinney(1995)에서 제기된 비판에 따르면 라우프가 내놓은 수치는 과도하게 어림한 값이며, 실제 종 수준의 멸종비율은 훨씬 낮다고 한다.

9장

130) 앤드루 베인의 화석수집 이야기는 사후에 출간된 그의 개인비망록에 실려 있다(Bain 1896). 다음의 글도 참고하라. Desmond(1982), pp.195-198. Buffetaut(1987), pp.176-179

131) 카루분지의 페름기-트라이아스기 파충류가 처음 발표된 보고서로는, 지질에 관해서는 Bain(1845), 파충류에 관해서는 Owen(1845a)이다.

132) Watson(1952)에 로버트 브룸 이야기가 실려 있다. 더 간단한 이야기는 다음의 글을 참고하라. Buffetaut(1987), p.179

133) 러시아 구리사암에서 발견된 파충류에 관한 서구세계의 논문들은 다음의 글을 참고하라. Meyer(1866), Owen(1876)

134) 빅토리아 시대 영국 고생물학자들이 러시아 화석산지들을 방문한 뒤 발표했던 보고서 중 다음의 두 글을 참고하라. Twelvetrees(1880, 1882), Seeley(1894)가 있다.

135) 이반 에프레모프가 러시아의 고생물학에 이바지한 바는 Ochev and Surkov(2000)에서 평가되고 있다. 두 사람은 1950년대 이후 에프레모프의 제자들의 연구도 대단히 자세하게 추적하고 있다. 페름기-트라이아스기 층서를 결정적으로 제시한 곳은 Efremov(1937, 1941, 1952)이다. 그가 쓴 공상과학소설은 지금도 널리 판매된다. 나는 1995년에 남부 우랄 산맥의 한 마을의 작은 상점에서 『타이스 아핀스카야Tais Afinskaya』(신화 속 아테네 여신 중 하나이다) 재발행본을 구입할 수 있었다. 그 책 외에는 판매대에서 별다른 것을 볼 수 없었다(잔가지가 달린 건포도, 물고기를 기름에 절인 통조림, 헝가리에서 수입해 온 서구 스타일의 예쁜 과일통조림이 몇 개 있었을 뿐이다. 그러나 가격은 누구도 감히 구입하지 못할 정도로 비쌌다).

136) 현재 통용되는 카루의 페름기-트라이아스기 층서표는 다음의 글에 요약되어 있다. Rubidge(1995). 제임스 키칭이 카루의 척추동물 표본의 위치를 연구한 것은 Kitching(1977)에 요약되어 있다. 이 연구들은 디키노돈대의 동물상을 요약하고 있으며, Anderson(1999)이 보충하고 있다.

137) 육상척추동물의 과 수준에서의 손실 추정치들은 다음의 글에서 가져왔다. Maxwell(1992), Benton(1993, 1997)

138) 지표면 식물이 손실된 결과 페름기 말에 침식률이 증가했다는 생각은 다음의 글에 제시되어 있다. MacLeod et al.(2000), Ward et al.(2000). 카루의 페름기-트라이아스기 경계에 걸친 파충류의 분포에 대해서는 다음의 글에서 다루고 있다. Smith and Ward(2001)

139) Retallack(1999)

140) Eshet et al.(1995)은 페름기-트라이아스기 경계시점에서 급격한 균류 스파이크가 있었다는 증거를 기술하고 있다. 균류(사상균과 버섯)는 균사―관 모양의 구조로 새로운 개체를 만들어낼 수 있다―를 퍼뜨려서 번식하며, 거대하고 복잡한 지하구조를 형성한다. 균류는 또한 포자를 생산하기도 하는데, 포자는 공기나 물을 통해 널리 퍼질 수 있다.

141) Looy et al.(2001), Twitchett et al.(2001)

142) Broom(1903)에서 리스트로사우루스를 명명·기술하고, 준수생 생활습성을 지녔다고 주장했다. King(1991b)과 King and Cluver(1991)는 브룸의 관점에 강하게 문제제기를 했다. 그러나 적어도 러시아에서 발견된 종의 경우만큼은 킹과 클러버의 관점이 반박되었다. Surkov(2002)

10장

143) 러시아의 페름기-트라이아스기 단면들에서 나타난 퇴적상태에 대한 설명은 Newell et al.(1999)에 실려 있다. 그리고 진흙습지 공반층에 나타난 발자국화석은 Tverdokhlebov et al.(1997)에 기술되어 있다.

144) 발렌틴 트베르도흘레보프는 우랄 산맥의 페름기-트라이아스기 퇴적물에 관한 짧은 논문들을 많이 발표했다. 대선상지와 퇴적물 근원지에 대한 설명은 다음의 글에 실려 있다. Tverdokhlebov(1971)

145) 러시아 페름기-트라이아스기 양서류와 파충류에 대한 초창기 논문들은 독일어로 씌어진 Efremov(1940), 영어로 씌어진 Olson(1955, 1957)이 있다. Olson(1990)에서는 1950년대에 모스크바를 방문했던 이야기, 이반 에프레모프를 만났던 얘기가 대단히 자세하게 실려 있다. Sennikov(1996)는 브리스틀과 모스크바의 공동연구프로그램의 일환으로, 러시아의 페름기-트라이아스기 생태계의 진화를 간략하게 설명하고 있다.

146) 이제까지 이루어진 브리스틀과 모스크바 공동연구의 주요 결과물이 바로 Benton et al.(2000)이다. 이 책에서는 암석층서, 페름기-트라이아스기 양서류와 파충류의 주요 군뿐 아니라, 초창기 공룡이 함유된 몽골과 옛 소련의 단위층도 다루고 있다. 그리고 우리는 발렌틴 트베르도흘레보프의 페름기-트라이아스기 유적목록 번역을 시작했고, 첫 번째 결과를 Tverdokhlebov et al.(2002)에 발표했다.

11장

147) 허버트 버터필드의 책 『휘그식 역사 해석*The Whig Interpretation of History*』은 1931년에 처음 출간되었고, 그 이후 여러 차례 재판을 거듭했다. 역사학의 방법을 논의하는 데 기준이 되는 저서이다. 20세기 후반에 들어서 이 책은 심하게 공격당하기도 했고 옹호되기도 했다.

148) Rhodes(1967)

149) D. H. Erwin(1993), p.256

150) N. D. Newell(1952)은 최초로 페름기 후기 바다의 후퇴를 언급했고, Newell(1967) 같은 후기의 논문들에서 그 생각을 변호했다.

151) Valentin and Moores(1973). 여기서 두 사람은 해수면 하강과 대멸종을 설명하는 판구조론적 가설을 전개했다.

152) 페름기 후기의 바다 후퇴설에 대한 찬반논쟁은 다음의 글에 제시되어 있다. D. H. Erwin(1993), pp.145-155. Hallam and Wignall(1997, pp.132-133)은 특히 심각한 의혹을 던지고 있다.

153) 페름기-트라이아스기 경계에 걸쳐 있는 세 번의 멸종고조기는 내가 작성한 대륙네발동물의 다양성 도표에 나와 있다(Benton, 1985). 네발동물과 암모나이트에서 나타난 올레넥조 말기의 멸종은 Benton(1986)에 나와 있다. 이는 과 수준과 속 수준에서 동물의 수를 헤아린 것에 기초하고 있다. 페름기 후기에 네발동물에서 일어난 두 차례의 멸종은 다음의 글에서 확인하면 된다. King(1991a), Rubidge(1995). 이는 카루분지에서 종 수준에서 헤아린 것에 기초하고 있다. Stanley and Yang(1994)은 특히 중국의 단면들을 기초로 해서 카피탄조 말기에도 해양종들 사이에 멸종이 있었음을 지적한다. Wang and Sugiyama(2000)는 중국 페름기 후기 전체에 걸친 산호의 멸종을 상세히 다룬다. Sepkoski(1996)는 스키타이조 말기 사건이라고도 부르는 올레넥조 사건을 다른 시간단위명을 이용해서 기술한다.

154) Schindewolf(1958)

155) 페름기-트라이아스기 경계의 이리듐 증가현상이 메이샨 단면에서 발견되었다는 얘기는 Sun et al.(1984)에, 다른 중국의 단면에서 발견된 것은 Xu et al.(1985)에 나와 있다. 그 결과를 재분석하고 이리듐 이상을 발견할 수 없었다고 하는 내용은 다음의 글에 나와 있다. Clark et al.(1986), Zhou and Kyte(1988)

156) 철을 함유한 소구체를 보고한 논문은 Yin et al.(1992)이다.

157) Kerr(1995)는 호주와 남극에서 발견된 충격받은 석영 입자들을 처음으로 보고했다. 전체 내용은 Retallack et al.(1998)에서 볼 수 있다.

158) Becker et al.(2001)

159) Hawkes(2001)

160) Hanlon(2001)

161) Simpson(2001)

162) Farley and Mukhopadhay(2001)

163) Isozaki(2001)

164) Becker and Poreda(2001). 운석충돌을 뒷받침하는 지구화학적 증거를 추가한 논문은 Kaiho et al.(2001)이다. 대중적인 설명이 실린 글은 Becker(2002)이다.

165) Courtillot(1990)는 데칸 트랩의 화산분출이 단기간에 이루어졌다고 주장했다. 곧, 정확히 KT 경계시기에 일어났다는 것이다. 반면 Baksi and Farrar(1991)는 쿠르티요의 연대가 터무니없다고 주장했다. 나중의 연구들은 쿠르티요의 연대에 손을 들어주는 쪽으로 흘러갔다.

166) Baksi and Farrar(1991)는 방사성 연대측정에 따르면 시베리아 트랩이 트라이아스기 중기에 분출되었다고 주장했다. 그러다가 Renne and Basu(1991)는 아르곤-아르곤 측정법을 이용해서, Campbell et al.(1992)은 우라늄-납 측정법을 써서 그 연대를 페름기-트라이아스기 경계로 수정했다. 그 이후 광범위한 표본을 추출해서 연대를 재측정한 결과 시베리아 현무암과 페름기-트라이아스기 경계가 일치하며, 분출기간이 100만 년 이하임이 확인되었다(Basu et al.[1995]), Renne et al.[1995]). 시베리아 트랩의 추정부피를 수정한 논문은 Reichow et al.(2002)이다.

167) D. H. Erwin(1993), pp.255-256

168) 화산겨울가설(volcanic winter hypothesis)은 Campbell et al.(1992)에 제시되어 있다. 이를 비판한 논문은 Hallam and Wignall(1997)이다(pp.135-137).

169) Stanley(1984, 1988)는 페름기 말 대멸종을 비롯하여 다른 대멸종들도 지구냉각화로 초래되었다고 주장했다. Hallam and Wignall(1997, pp.133-134)은 이 주장을 논박하기는 했지만, 카피탄조 말기의 사건이 지구냉각화의 결과로 일어났을 가능성을 뒷받침하는 증거를 제시했다.

170) Hallam and Wignall(1997), pp.137-138

171) 가르트너코펠 단면 동위원소의 지구화학적 조사는 Holser et al.(1989), 스피츠베르겐 단면의 동위원소 조사는 Gruszczynski et al.(1989)에 제시되어 있다.

172) Retallack(1999). 여기서 그는 식물상의 변화도 논의하고 있다.

173) 스피츠베르겐 단면은 Wignall and Twitchett(1996)에 기술되어 있다. 무산소 흑색이암의 경우, 이탈리아와 미국의 사례는 Wignall and Hallam(1992)에, 파키스탄과 중국의 사례는 Wignall and Hallam(1993)에, 그린란드의 사례는 Twitchett et al.(2001)에 보고되어 있다.

174) Hallam and Wignall(1997, 제5장)은 페름기 말 위기에 대한 자세한 설명과 석탄의 산화를 기초로 한 가설을 제시했다. Wignall(2001)에서는 시베리아 트랩을 비롯해 다른 이산화탄소원들을 끌어들였다. Wignall and Twitchett(2002)는 초무산소화가설을 전체적으로 평가하고 있다.

175) Dickens et al.(1997)은 5,500만 년 전 지구온난기의 메탄트림가설을 제기했으며, Bains et al.(1999, 2000a, b)은 그 가설을 확대했다.

176) Berner(2002)

12장

177) Gore(1992), p.28

178) Ehrlich and Ehrlich(1990)

179) T. Erwin(1982, 1983). 여기서 그는 열대 절지동물 다양성 추정치를 제시했다.

180) Wilson(1992), May(1990, 1992) 같은 여러 저자들이 지구 총 생물다양성을 재평가했고, 윌슨의 가장 최근의 책 Wilson(2002)에서 더욱 심도 있게 논의되고 있다. Novotny et al.(2002)의 새로운 연구는, 어윈이 딱정벌레 고유성 수준을 과대평가했음을 보여준다. 실제로는 어원의 생각보다 열대의 수목들 사이에 고유성이 공유되는 정도가 더 높았던 것이다. 만일 이 연구결과가 옳다면, 어원이 산정한 절지동물종의 수는 400만~600만으로 내려갈 수 있을 것이다.

181) 현재 멸종률을 산정한 글로는 Smith et al.(1993), Pimm et al.(1995)이 있다. 더 자세한 내용은 Wilson(2002)을 보라.

182) 트라이아스기 동안 육지 네발동물의 역사, 공룡의 기원에 관해서는 여러 번 재검토된 바 있다. Benton(1997)이 그 한 예이다.

183) 트라이아스기 초기의 해양생명 회복국면을 요약한 글로는 D. H. Erwin(1993), Hallam and Wignall(1997)이 있다. 좀더 자세한 내용으로 들어가 이매패류를 다룬 글로는 McRoberts(2001), 복족류에 대해서는 Erwin and Pan(1996), 환경변화에 대해서는 Twitchett(1999), 링굴라에 대해서는 Rodland and Bottjer(2001), 그린란드 단면에 나타난 해양생태계 회복에 대해서는 Twitchett et al.(2001)을 참고하라. 이와는 다른 견해로, Chen et al.(2002)은 일부 초기 회복의 경우는 대멸종 이후 100만 년 이내에 일어났다고 주장한다. 그들은 메이샨 단면 36번 층 시기— 연대는 2억 5,010만 년 전—까지 진화해온 새로운 완족동물 메이샤노린키아*Meishanorhynchia*를 발견했다.

184) 멸종 이후의 '석탄 공백'에 대해서는 Retallack et al.(1996)에서 논의되고 있다. Looy et al.(2001)은 그린란드 단면을 토대로, 페름기 말 대멸종에 곧바로 뒤이은 식물의 회복을 기술하고 있다.

185) Lomborg(2001). 이런 관점들은 수많은 글을 통해 비판되고 있다. 『가디언*Guardian*』에 실린 세 편의 기사를 참고하라(http://www.guardian.co.uk/globalwarming/story/0,7369,539558,00.html).

186) Cuvier(1812), trans. by Rudwick(1997), p.185

참고문헌

Agassiz, L. 1840. *Études sur les glaciers.* Neuchâtel: Jent and Gassman.

Alvarez, L. W. 1983. Experimental evidence that an asteroid impact led to the extinction of many species 65 million years ago. *Proceedings of the National Academy of Sciences, USA* 80, pp.627-642.

_____, Alvarez, W., Asaro, F. and Michel, H. V. 1980. Extraterrestrial cause for the Cretaceous-Tertiary extinction — Experimental results and theoretical implications. *Science* 208, pp.1095-1108.

Alvarez, W. 1997. *T. Rex and the Crater of Doom.* Princeton, New Jersey: Princeton University Press ; London: Penguin.

_____, Kauffman, E. G., Surlyk, F., Alvarez, L. W., Asaro, F. and Michel, H. V. 1984a. Impact theory of mass extinctions and the invertebrate fossils record. *Science* 223, pp.1135-1141.

_____, Alvarez, L. W., Asaro, F. and Michel, H. V. 1984b. The end of the Cretaceous: Sharp boundary or gradual transition? *Science* 223, pp.1183-1186.

Anderson, J. M. (ed.) 1999. *Towards Gondwana Alive.* Pretoria: Gondwana Alive Society.

Archibald, J. D. 1996. *Dinosaur Extinction and the End of an Era: What the Fossils Say.* New York: Columbia University Press.

_____ and Bryant, L. J. 1990. Differential Cretaceous/Tertiary extinctions of nonmarine vertebrates: evidence from northeastern Montana. *Special Paper of the Geological Society of America,* 247, pp.549-562.

Audova, A. 1929. Aussterben der Mesozoischen Reptilien, *Palaeobiologica* 2, pp.222-245, pp.365-401.

Bain, A. G. 1845. On the discovery of the fossil remains of bidental and other reptiles in South Africa. *Quarterly Journals of the Geological Society of London* 1, pp.317-318, and *Transactions of the Geological Society of London, Series* 27, pp.53-58.

_____ 1896. Reminiscences and anecdotes concerned with the history of geology in South Africa, or the pursuit of knowledge under difficulties. *Transactions of the Geological Society of South Africa* 2, pp.59-75.

Bains, S., Corfield, R. and Norris, R. 1999. Mechanisms of climate warming at the end of the Paleocene. *Science* 285, pp.724-727.

_____, _____ and _____ 2000a. Structure of the late Palaeocene carbon isotope excursion. *GFF* 122, pp.19-20.

_____, Norris, R. D., Corfield, R. and Faul, K. L. 2000. Termination of global warmth at the Palaeocene/Eocene boundary through productivity feedback. *Nature* 407, pp.171-174.

Baksi, A. K. and Farrar, E. 1991. ^{40}Ar/^{39}Ar dating of the Siberian Traps, USSR— evaluation of the ages of the 2 major extinction events relative to episodes of flood-basalt volcanism in the USSR and the Deccan Traps, India. *Geology* 19, pp.461-464.

Basu, A. R., Poreda, R. J., Renne, P. R., Teichmann, F., Vasiliev, Y. R., Sobolev, N. V. and Turrin, B. D. 1995. High-He3 plume origin and temporal-spatial evolution of the Siberian flood basalts. *Science* 269, pp.822-825.

Becker, L. 2002. Repeated blows. *Scientific American* 286(3), pp.62-69.

_____ and Poreda, R. J. 2001. An extraterrestrial impact at the Permian-Triassic boundary? *Science* 293, 2343a (U2-U3).

_____, _____, Hunt, A. G., Bunch, T. E. and Rampino, M. 2001. Impact event at the Permian-Triassic boundary: evidence from extraterrestrial noble gases in fullerenes. *Science* 291, pp.1530-1533.

Béland, P., Feldman, P., Foster, J., Jarzen, D., Norris, G., Pirozynski, K., Reid, G., Roy, J. R., Russell, D. and Tucker, W. 1977. Cretaceous-Tertiary extinctions and possible terrestrial and extraterrestrial causes. *Syllogeus* 1977(12), pp.1-162.

Benton, M. J. 1982. Progressionism in the 1850s: Lyell, Owen, Mantell, and the Elgin fossil reptile *Leptopleuron(Telerpeton)*. *Archives of Natural History*, 11, pp.123-136.

_____ 1985. Mass Extinction among non-marine tetrapods. *Nature* 316, pp.811-814.

_____ 1986. More than one event in the late Triassic mass extinction. *Nature* 321, pp.857-861.

_____ 1990. Scientific methodologies in collision ; the history of the study of the extinction of the dinosaurs. *Evolutionary Biology* 24, pp.371-400. Also available at http://palaeo.gly.bris.ac.uk/essays/dino90.html

_____ (ed.) 1993. *The Fossil Record 2*. London: Chapman & Hall.

_____ 1995. Diversification and extinxtion in the history of life. *Science* 268, pp.52-58.

_____ 1997. *Vertebrate Palaeontology,* 2nd edition. London and New York: Chapman & Hall (reissued, Oxford: Blackwells, 2000).

_____ and Harper, D. A. T. 1997. *Basic Palaeontology*. London: Longman Addison-Wesley.

_____ Wills, M. A. and Hitchin, R. 2000a. Quality of the fossil record through time. *Nature* 403, pp.534-538.

_____, Shishkin, M. A., Unwin, D. M. and Kurochkin, E. N. (eds) 2000b. *The Age of Dinosaurs in Russia and Mongolia*. Cambridge: Cambridge University Press.

Berner, R. A. 2002. Examination of hypotheses for the Permo-Triassic boundary extinction by carbon cycle modeling. *Proceedings of the National Academy of Sciences,* 99, pp.4172-7177.

Boucher de Perthes, J. 1847. *Antiquités celtiques et antédiluviennes. Mémoire sur l'industrie primitive et les arts à leur origine* (Vol. 1). Paris: Treuttel and Wertz.

_____ 1857. *Antiquités celtiques et antédiluviennes. Mémoire sur l'industrie primitive et les arts à leur origine* (Vol. 2). Paris: Treuttel and Wertz.

_____ 1864. *Antiquités celtiques et antédiluviennes. Mémoire sur l'industrie primitive et les arts à leur origine* (Vol. 3). Paris: Treuttel and Wertz.

Bowler, P. J. 1976. *Fossils and Progress. Palaeontology and the Idea of Progressive Evolution in the Nineteenth Century*. New York: Science History Publications.

_____ 1983. *The Eclipse of Darwinism: Anti-Darwinian Evolution Theories in the Decades Around 1900*. Baltimore, Md.: Johns Hopkins University Press.

Bowring, S. A., Erwin, D. H., Jin, Y. G., Martin, M. W., Davidek, K. and Wang, W. 1998. U/Pb zircon geochronology of the end-Permian mass extinction. *Science* 280, pp.1039-1045.

Briggs, D. E. G., Fortey, R. A. and Clarkson, E. N. K. 1988. Extinction and the fossil record of arthropods. In Larwood, G. P. (ed.) *Extinction and Survival in the Fossil Record,* pp.171-209. Systematics Association Special Volume No. 44.

Broom, R. 1903. On the remains of Lystrosaurus in the Albany Museum. *Records of the Albany Museum* 1, pp.3-8.

Browne, M. W. 1985. Dinosaur experts resist meteor extinction idea. Palaeontologists say dissenters risk harm to their careers. *New York Times* 1985 (29 October), pp.21-22.

———— 1988. Debate over dinosaur extinction takes an unusually rancorous turn. *New York Times* 1988 (19 January), pp.19, 23.

Buckland, W. 1822. *Reliquiae diluvianae ; or, observations on the organic remains contained in caves, fissures, and diluvian gravel, and on other geological phenomena, attesting the action of an universal deluge.* London: John Murray.

Buffetaut, E. 1987. *A Short History of Vertebrate Palaeontology.* London: Croom Helm.

Butterfield, H. 1931. *The Whig Interpretation of History.* London: Bell. (Reprinted 1965, New York: Norton).

Bystrov, A. P. 1957. 'The pareiasaur skull.' Trudy Paleontologicheskogo Instituta AN SSSR 68, pp.3-18.

Cadbury, D. H. 2000. *The Dinosaur Hunters.* London: Fourth Estate ; New York: Holt.

Camp, C. L. 1952. Geological boundaries in relation to faunal changes and diastrophism. *Journal of Paleontology* 26, pp.353-358.

Campbell, I. H., Czamanske, G. K., Fedorenko, V. A., Hill, R. I. and Stepanov, V. 1992. Synchronism of the Siberian Traps and the Permian-Triassic boundary. *Science* 258, pp.1760-1763.

Carroll, R. L. 1988. *Vertebrate Palaeontology and Evolution.* New York: W. H. Freeman.

———— 1997. *Patterns and Processes of Vertebrate Evolution.* Cambridge: Cambridge University Press.

Carroll, S. B. 2001. Chance and necessity: the evolution of morphological complexity and diversity. *Nature* 409, pp.1102-1109.

Chao, E. C. Y., Huttner, R. and Schmidt-Kaler, H. 1978. *Principal Exposures of the Ries Meteorite Crater in Southern Germany* Munchen: Bayerisches Geologisches Landesamt.

Chapman, W. 1758. An account of the fossil bones of an allegator, found on the sea-shore, near Whitby in Yorkshire. *Philosophical Transactions of the Royal Society of London* 50, pp.688-691.

Chen, Z. Q., Shi, G. R. and Kaiho, K. 2002. A new genus of rhynchonellid brachiopod from the Lower Triassic of South China and implications for timing the recovery of Brachiopoda after the end-Permian mass extinction. Palaeontology 45, pp.149-164.

Claoue-Long, J. C., Zhang, Z. C., Ma, G. G. and Du, S. H. 1991. The age of the Permian-Triassic boundary. *Earth and Planetary Science Letters* 105, pp.182-190.

Clark, D. L., Cheng-Yuan, W., Orth, C. S. and Gilmore, J. S. 1986. Conodont survival and low iridium abundances across the Permian-Triassic boundary. *Science* 233, pp.984-986.

Clemens, E. S. 1986. Of asteroids and dinosaurs: The role of the press in the shaping of scientific debate. *Social Studies of Science* 16, pp.421-456.

_____ 1994. The impact hypotheses and popular science: conditions and consequences of interdisciplinary debate. In Glen, W. (ed.), *Mass Extinction Debates: How Science Works in a Crisis*, pp.92-120. Stanford, Ca.: Stanford University Press.

Colbert, E. H. 1968. *Men and Dinosaurs*. New York: Dutton.

Collie, M. and Diemer, J. 1995. Murchison in Moray: a geologist on home ground, with the correspondence of Roderick Impey Murshison and the Rev. Dr. George Gordon of Birnie. *Transactions of the American Philosophical Society* 85(3), pp.1-263.

Courtillot, V. E. 1990. What caused the mass extinction? A volcanic eruption. *Scientific American* 263(10), pp.85-92.

Cuppy, W. 1964. *How to Become Extinct*. New York: Dover.

Cuvier, G. 1812. *Recherches sur les ossemens fossiles de quadrupèdes, où l'on rétablit les caractères de plusieurs espèces d'animaux que les révolutions du globe paroissent avoir détruites.* 4 vols. Paris: G. Dufour et d'Ocagne. 2nd edition: 1821-24 ; slightly revised 3rd edition, 1825: 4th edition, 1834-36.

_____ 1825. *Recherches sur les ossemens fossiles de quadrupèdes, où l'on rétablit les caractères de plusieurs animaux dont les révolutions du globe ont détruit les espèces.* 3rd edition. 7 vols. Paris: G. Dufour et d'Ocagne.

Darwin, C. 1859. *On the origin of species by means of natural selection, or the preservation of favoured races in the struggle for life.* London: John Murray.

_____ 1861. *On the origin of species by means of natural selection, or the preservation of favoured races in the struggle for life*, 3rd edition. London: John

Murray.

Desmond, A. J. 1982. *Archetypes and Ancestors: Palaeontology in Victorian London, 1850-1875.* Chicago: University of Chicago Press.

Dickens, G. R., Paull, C. K. and Wallace, P. 1997. Direct measurement of in situ methane quantities in a large gas-hydrate reservoir. *Nature* 385, pp.426-428.

Dunbar, C. O. 1940. The type Permian: its classification and correlation. *Bulletin of the American Association of Petroleum Geologists* 24, pp.237-281.

Durant, G. P. and Rolfe, W. D. I. 1984. William Hunter(1718-1783) as natural historian: his 'geological' interests. *Earth Sciences History* 3, pp.9-24.

Efremov, I. A. 1937. [On the stratigraphic divisions of the continental Permian and Triassic of the USSR, based on tetrapod faunas.] *Doklady Akademii Nauk SSSR* 16, pp.125-132.

_____ 1940. Kürze Übersicht über die Formen der Perm- und Trias Tetrapoden-Fauna der UdSSR. *Centralblatt für Mineralogie, Geologie und Paläontologie, Abtheilung B*, pp. 372-383.

_____ 1941. [Short survey of faunas of Permian and Triassic Tertapoda of the USSR.] *Sovetskaya Geologiya* 5, pp.96-103.

_____ 1952. [On the stratigraphy of the Permian red beds of the USSR based on terrestrial vertebrates.] *Izvestiya AN SSSR, Seriya Geologicherskaya* 6, pp.49-75.

Ehrlich, P. R. and Ehrlich, A. H. 1990. *The Population Explosion.* New York: Simon & Schuster.

Erwin, D. H. 1993. *The Great Paleozoic Crisis: Life and Death in the Permian.* New York: Columbia University Press.

_____ 1994. The Permo-Triassic extinction. *Nature* 367, pp.231-236.

_____ and Pan, H. -Z. 1996. Recoveries and radiations: gastropods after the Permo-Triassic mass extinction. In Hart, M. B. (ed.) *Biotic Recovery from Mass Extinction Events*, pp.223-229. Geological Society Special Publication No. 102.

Erwin, T. 1982. Tropical forests: their richness in Coleoptera and other arthropod species. *Coleopterists' Bulletin* 36, pp.74-75.

_____ 1983. Beetles and other insects of tropical forest canopies at Manaus, Brazil, sampled by insecticidal fogging. In Sutton, S. L., Whitmore, T. C. and Chadwick, A. C. (eds), *Tropical Rain Forest: Ecology and Management*, pp.59-75. London: Blackwell.

Eshet, Y., Rampino, M. R. and Visscher, H. 1995. Fungal event and palynological record of ecological crisis and recovery across the Permian-Triassic boundary. *Geology* 23, pp.967-970.

Farley, K. A. and Mukhopadhyay, S. 2001. An extraterrestrial impact at the Permian-Triassic boundary? *Science* 293, 2343a (U1-2).

Fitton, W. H. 1839. Elements of geology, by Charles Lyell, Esq., F.R.S. *Edinburgh Review* 69, pp.436-466.

Forey, P. L., Humphries, C. J., Kitching, I. J., Scotland, R. W., Siebert, D. J. and Williams, D. M. 1998. *Cladistics: A Practical Course in Systematics.* 2nd edition, Oxford: Clarendon Press.

Fortey, R. 2000. *Trilobite! Eyewitness to Evolution.* London: Harper Collins ; New York: Knopf.

Ganapathy, R. 1980. A major meteorite impact on the earth 65 million years ago: evidence from the Cretaceous-Tertiary boundary clay. *Science* 209, pp.921-923.

Geikie, A. 1875. *Life of Sir Roderick Murchison...based on his journals and letters with notices of his scientific contemporaries and a sketch of the rise and growth of Palaeozoic geology in Britain.* 2 vols. London: John Murray.

Gillispie, C. C. 1951. *Genesis and Geology.* Cambridge, Mass.: Harvard University Press.

Glen, W. (ed.) 1994. *Mass Extinction Debates: How Science Works in a Crisis.* Stanford, Calif.: Stanford University Press.

Gore, A. 1992. *Earth in the Balance.* New ed. 2000. London: Earthscan.

Gould, S. J. 1987. *Time's Arrow, Time's Cycle.* Cambridge, Mass.: Harvard University Press.

_____ and Calloway, C. B. 1980. Clams and brachiopods?ships that pass in the night. *Paleobiology* 6, pp.383-396.

Grayson, D. K. 1984. Nineteenth-century explanations of Pleistocene extinctions: a review and analysis. In Martin, P. S. and Klein, R. G. (eds), *Quarternary Extinctions, A Prehistoric Revolution,* pp.5-39. Tucson: University of Arizona Press.

Greene, J. C. 1961. *The Death of Adam. Evolution and its Impact on Western Thought.* New York: Mentor.

Gruszczynski, M., Halas, S., Hoffman, A. and Malkowksi, K. 1989. A brachiopod calcite record of the oceanic carbon and oxygen isotope shifts at the Permian/Triassic transition. *Nature* 337, pp.64-68.

Hallam, A. 1983. *Great Geological Controversies*. Oxford: Oxford University Press.

———— 1987. End-Cretaceous extinction event: argument for terrestrial causation. *Science* 238, pp.1237-1242.

———— and Wignall, P. 1997. *Mass Extinctions and their Aftermath*. Oxford: Oxford University Press.

Hanlon, M. 2001. The great dying. *Daily Mail* (23 February), p.13.

Harland, W. B., Cox, A. V., Llewellyn, P. G., Pickton, C. A. G., Smith, A. G. and Walters, R. 1982. *A Geologic Time Scale*. Cambridge: Cambridge University Press.

Hawkes, N. 2001. Crash 250 million years ago nearly wiped out life. *The Times* (23 February), p.13.

Hennig, W. 1966. *Phylogenetic Systematics*. Bloomington: University of Indiana Press.

Hildebrand, A. R., Penfield, G. T., Kring, D. A., Pilkington, M., Camargo, Z. A., Jacobsen, S. B. and Boynton, W. V. 1991. Chicxulub crater: a possible Cretaceous/Tertiary boundary impact crater on the Yucatan Peninsula, Mexico. *Geology* 19, pp.867-871.

Hillis, D. M., Moritz, C. and Mable, B. K. 1996. *Molecular Systematics*. 2nd edition. Sunderland, Mass.: Sinauer.

Hoffman, A. 1985. Patterns of family extinction depend on definitions and geological timescale. *Nature* 315, pp.659-662.

———— 1986. Neutral model of Phanerozoic diversification: implications for macroevolution. *Neues Jahrbuch für Geologie und Paläontologie, Abhandlungen* 172, pp.219-244.

Holser, W. T., Schönlaub, H. -P., Attrep, M. Jr., Boeckelmann, K., Klein, P., Magaritz, M., Pak, E., Schramm, J. -M., Stattgegger, K. and Schmöller, R. 1989. A unique geochemical record at the Permian/Triassic boundary. *Nature* 337, pp.39-44.

Hsu, K. T. 1980. Terrestrial catastrophe caused by a cometary impact at the end of the Cretaceous. *Nature* 285, pp.201-203.

———— 1994. Uniformitarianism vs. catastrophism in the extinction debate. In Glen, W. (ed.) *Mass Extinction Debates: How Science Works in a Crisis*, pp.217-229. Stanford, Calif.: Stanford University Press.

Huxley, T. H. 1870. On the classification of the Dinosauria, with observations on the dinosaurs of the Trias. *Quarterly Journal of the Geological Society of London* 26, pp.32-51.

Isozaki, Y. 2001. An extraterrestrial impact at the Permian-Triassic boundary? *Science* 293, 2343a (U2).

Jablonski, D. and Raup, D. M. 1995. Selectivity of end-Cretaceous marine bivalve extinctions. Science 268, pp.389-391.

Jakovlev, N. N. 1922. [Extinction and its causes as a principal question in biology.] *Mysl* 2, pp.1-36.

Jastrow, R. 1983. The dinosaur massacre: a double-barrelled mystery. *Science Digest* 1983 (September), pp.151-153.

Jefferson, T. 1799. A memoir on the discovery of certain bones of a quadruped of the clawed kind in the western parts of Virginia. *Transactions of the American Philosophical Society* 4, pp.246-259.

Jepson, G. L. 1964. Riddles of the terrible lizards. *American Scientist* 52, pp.227-246.

Jin, Y. G., Wang, Y., Wang, W., Shang, Q. H., Cao, C. Q. and Erwin, D. H. 2000. Pattern of marine mass extinction near the Permian-Triassic boundary in south China. *Science* 289, pp.432-436.

Kaiho, K., Kajiwara, Y., Nakano, T., Miura, Y., Kawahata, H., Tazaki, K., Ueshima, M., Chen, Z. and Shi, G. R. 2001. End-Permian catastrophe by a bolide impact: evidence of a gigantic release of sulfur from the mantle. *Geology* 29, pp.815-818.

Karpinskiy, A. P. 1874. Geologische Untersuchungen im Gouvernment Orenburg. *Verhandlungen der Kaiserlichen Gesellschaft fur die Gesammte Mineralogie* 9, pp.210-212.

_____ 1889. Ueber die Ammoneen der Artinsk-Stufe. *Mémoires de l'Académie Impériale des Sciences de St Pétersbourg*, 7ème. Série, 37(2), pp.1-104.

Kavasch, J. 1986. *The Ries Meteorite Crater. A Geological Guide.* Donauworth: Auer.

Keller, G. and Barrera, E. 1990. The Cretaceous/Tertiary boundary impact hypothesis and the paleontological record. *Geological Society of American Special Paper* 247, pp.563-575.

Kerr, R. A. 1995. A volcanic crisis for ancient life. *Science* 270, pp.27-28.

King, G. M. 1991a. The aquatic Lystrosaurus: a palaeontological myth. *Historical*

Biology 4, pp.285-321.

_____ 1991b. Terrestrial tetrapods and the end Permian mass extinction event. *Historical Biology* 5, pp.239-255.

_____ and Cluver, M. A. 1991. The aquatic *Lystrosaurus:* an alternative lifestyle. *Historical Biology* 4, pp.323-341.

Kitching, J. W. 1977. The distribution of the Karoo vertebrate fauna ; with special reference to certain genera and the bearing of this distribution on the zoning of the Beaufort Beds. *Bernard Price Institute for Palaeontological Research, Memoir 1,* pp.1-131.

Knoll, A. H. and Bambach, R. K. 2000. Directionality in the history of life: diffusion from the left wall or repeated scaling of the right? *Paleobiology* 26 (Suppl.), pp.1-14.

Kummel, B. and Teichert, C. 1966. Relations between the Permian and Triassic formations in the Salt and Trans-Indus ranges, West Pakistan. *Neues Jahrbuch für Geologie und Paläontologie, Abhandlungen* 125, pp.297-333.

_____ and _____ 1973. The Permian-Triassic boundary in Central Tethys. In Logan, A. and Hills, L. V. (eds), *The Permian and Triassic Systems and their Mutual Boundary.* Memoir 2, Canadian Society of Petroleum Geologists, Calgary, pp.17-34.

Lai, X. L., Wignall, P. B. and Zhang, K. X. 2001. Palaeoecology of the conodonts Hindeodus and Clarkina during the Permian-Triassic transitional period. *Palaeogeography, Palaeoclimatology, Palaeoecology* 171, pp.63-72.

Lewin, R. 1983. Extinctions and the history of life. *Science* 221, pp.935-937.

_____ 1985a. Catastrophism not yet dead. *Science* 229, p.640.

_____ 1985b. Catastrophism not yet dead. *Science* 230, p.8.

Linnaeus, C. 1753. *Species plantarum,* 2 volumes. Stockholm: L. Slavii.

_____ 1758. *Systema Naturae per Regna Tria Naturae, Secundum Classes, Ordines, Genera, Species, cum Characteribus, Differentiis, Synonymis, Locis.* 10th edition. Stockholm: L. Salvii.

Lomborg, B. 2001. *The Skeptical Environmentalist.* Cambridge: Cambridge University Press.

Loomis, F. B. 1905. Momentum in variation. *American Naturalist* 39, pp.839-843.

Looy, C. V., Twitchert, R. J., Dilcher, D. L., Van Konijnenburg-Van Cittert, H. A.

and Visscher, H. 2001. Life in the end-Permian dead zone. *Proceedings of the National Academy of Science* 98, pp.7879-7883.

Lyell, C. 1830-1833. *Principles of geology, being an attempt to explain the former changes of the Earth's surface, by reference to causes now in operation*, 3 vols. London: John Murray.

_____ 1838. *Elements of Geology*. London: John Murray.

McKinney, M. L. 1995. Extinction selectivity among lower taxa?gradational patterns and rarefaction error in extinction estimates. *Paleobiology* 21, pp.300-313.

MacLeod, K. G., Smith, R. M. H., Koch, P. L. and Ward, P. D. 2000. Timing of mammal-like reptile extinctions across the Permian-Triassic boundary in South Africa. *Geology* 28, pp.227-230.

McRoberts, C. A. 2001. Triassic bivalves and the initial marine Mesozoic revolution: a role for predators? *Geology* 29, pp.359-362.

Maddox, J. 1985. Periodic extinctions undermined. *Nature* 315, p.627.

Marsh, O. C. 1882. Classification of the Dinosauria. *American Journal of Science, Series 3* 23, pp.81-86.

_____ 1895. On the affinities and classification of the dinosaurian reptiles. *American Journal of Science, Series 3* 50, pp.483-498.

Matthew, W. D. 1921. Fossil vertebrates and the Cretaceous-Tertiary problem. *American Journal of Science, Series 5* 2, pp.209-227.

Maxwell, W. D. 1992. Permian and Early Triassic extinction of nonmarine tetrapods. *Palaeontology* 35, pp.571-583.

_____ and Benton, M. J. 1990. Historical tests of the absolute completeness of the fossil record of tetrapods. *Paleobiology* 16, pp.322-335.

May, R. M. 1990. How many species? *Philosophical Transactions of the Royal Society, Series B* 330, pp.293-304.

_____ 1992. How many species inhabit the Earth? *Scientific American* 267(4), pp.18-24.

Maynard Smith, J. and Szathmary, E. 1995. *The Major Transitions in Evolution*. Oxford: W. H. Freeman Spektrum.

Meyer, H. von 1866. Reptilien aus dem Kupfer-Sandstein des West-Uralischen Gouvernements Orenburg. *Palaeontographica* 15, pp.97-130.

Moodie, R. L. 1923. *Paleopathology*. Urbana, Illinois: University of Illinois Press.

Morrell, J. B. and Thackray, A. 1981. *Gentlemen of Science. Early Years of the British Association for the Advancement of Science.* Oxford: Clarendon Press.

Müller, L. 1928. Sind die Dinosaurier durch Vulkanausbruche ausgeratet worden? *Unsere Welt* 20, pp.144-146.

Mundil, R., Metcalfe, I., Ludwig, K. R., Renne, P. R., Oberli, F. and Nicoll, R. S. 2001. Timing of the Permian-Triassic biotic crisis: implications from new zircon U/Pb data (and their limitations). *Earth and Planetary Science Letters* 187, pp.131-145.

Murchison, R. I. 1839. *The Silurian System, founded on geological researches in the counties of Salop, Hereford, Radnor, Montgomery, Caermarthen, Brecon, Pembroke, Monmouth, Gloucester, Worcester and Stafford ; with descriptions of the coal-fields and overlying formations.* 2 vols. London: John Murray.

_____ 1841a. First sketch of some of the principal results of a second geological survey of Russia, in a letter to M. Fischer. *Philosophical Magazine and Journal of Science,* Series 3, 19, pp.417-422.

_____ 1841b. Geologicheskaya naogyudeniya v Rossii ; pis' mo G. Murchisona k' G. Fishera fon Vald' heimu. *Gorny Zhurnal,* Moskva, 1, pp.160-169.

_____ 1842a. Letter to M. Fischer de Waldheim... containing some of the results of his second geological survey of Russia. *Edinburgh New Philosophical Journal* 32, pp.99-103.

_____ 1842b. Anniversary address of the President. *Proceedings of the Geological Society of London* 3, pp.637-687.

_____ and Verneuil, E. de. 1841a. On the stratified deposits which occupy the northern and central regions of Russia. *Report of the British Association for the Advancement of Science,* 1840, pp.105-110.

_____ and _____ 1841b. On the geological structure of the northern and central regions of Russia. *Proceedings of the Geological Society of London* 3, pp.398-408.

_____ and _____ 1842. A second geological survey of Russia in Europe. *Proceedings of the Geological Society of London* 3, pp.717-730.

_____, _____ and Keyserling, A. von 1842. On the geological structure of the Ural Mountains. *Proceedings of the Geological Society of London* 3, pp.742-753.

_____, _____ and _____ 1845. *The geology of Russia in Europe and the Ural Mountains.* 2 vols. Volume 1, London: John Murray. Volume 2, Paris: Bertrand.

Newell, A. J., Tverdokhlebov, V. P. and Benton, M. J. 1999. Interplay of tectonics and climate on a transverse fluvial system, Upper Permian, southern Uralian foreland basin, Russia. *Sedimentary Geology* 127, pp.11-29.

Newell, N. D. 1952. Periodicity in invertebrate evolution. *Journal of Paleontology* 26, pp.371-385.

———— 1967. Revolutions in the history of life. *Scientific American* 208, pp.76-92.

Nopcsa, F. 1911. Notes on British dinosaurs. Part IV: *Stegosaurus priscus,* sp. nov., *Geological Magazine* (5) 8, pp.143-153.

———— 1917. Über Dinosaurier. *Centralblatt für Mineralogie, Geologie, und Paläontologie* 1917, pp.332-351.

Norell, M. A. and Novacek, M. J. 1992. The fossil record and evolution: comparing cladistic and paleontologic evidence for vertebrate history. *Science* 255, pp.1691-1693.

Novotny, V., Basset, Y., Miles, S. E., Weiblen, G. D., Bremer, B., Cizek, L. and Drozd, P. 2002. Low host specificity of herbivorous insects in a tropical forest. *Nature* 416, pp.841-844.

Ochev, V. G. and Surkov, M. A. 2000. The history of excavation of Permo-Triassic vertebrates from eastern Europe. In Benton, M. J., Unwin, D. M., Shishkin, M. A. and Kurochkin, E. N. (eds), *The Age of Dinosaurs in Russia and Mongolia.* Cambridge: Cambridge University Press.

Officer, C. B., Hallam, A., Drake, C. L. and Devine, J. D. 1987. Late Cretaceous and paroxysmal Cretaceous-Tertiary extinctions. *Nature* 326, pp.143-149.

Oldroyd, D. R. 1990. *The Highlands Controversy. Constructing Geological Knowledge through Field-work in Nineteenth-Century Britain.* Chicago: University of Chicago Press.

Olson, E. C. 1955. Parallelism in the evolution of the Permian reptilian faunas of the Old and New Worlds. *Fieldiana, Zoology* 37, pp.385-401.

———— 1957. Catalogue of localities of Permian and Triassic vertebrates of the territories of the U.S.S.R. *Journal of Geology* 65, pp.196-226.

———— 1990. *The Other Side of the Medal: A Paleobiologist Reflects on the Art and Serendipity of Science.* Blacksburg, Va.: McDonald & Woodward.

Osborne, R. 1998. *The Floating Egg. Episodes in the Making of Geology.* London: Jonathan Cape.

Outram, D. 1984. *Georges Cuvier: Vocation, Science and Authority in Post-Revolutionary France.* Manchester: Manchester University Press.

Owen, R. 1842. Report on British fossil reptiles. *Report of the British Association for the Advancement of Science 1841,* pp.60-204.

_____ 1845a. Description of certain fossil crania, discovered by A. G. Bain, Esq., in sandstone rocks at the south-eastern extremity of Africa, referable to different species of an extinct genus of Reptilia (Dicynodon), and indicative of a new tribe or sub-order of Sauria. *Quarterly Journal of the Geological Society of London* 1, pp.318-322, and *Transactions of the Geological Society of London, Series* 27, pp.59-84.

_____ 1845b. Professor Owen upon certain saurians of the Permian rocks. Page 637 in Murchison et al. (1845).

_____ 1876. Evidences of theriodonts elsewhere than in South Africa. *Quarterly Journal of the Geological Society of London* 32, pp.352-363.

Phillips, J. 1838. Geology. *Penny Cyclopedia* 11, pp.127-151.

_____ 1840a. Organic remains. *Penny Cyclopedia* 16, pp.487-491.

_____ 1840b. Palaeozoic series. *Penny Cyclopedia* 17, pp.153-154.

_____ 1841. *Figures and descriptions of the Palaeozoic fossils of Cornwall, Devon and west Somerset ; observed in the course of the Ordnance Geological Survey of that district.* London: Longman.

_____ 1860. *Life on Earth. Its Origin and Succession.* Cambridge: Macmillan.

Pimm, S. L., Russell, G. J., Gittelman, J. L. and Brooks, T. M. 1995. The future of biodiversity. *Science* 269, pp.347-350.

Pope, A. 1993. *Alexander Pope* [selections]. Edited by P. Rogers. Oxford: Oxford University Press.

Prothero, D. R. 1990. *Interpreting the Stratigraphic Record.* New York: W. H. Freeman.

Rampino, M. R. and Adler, A. C. 1998. Evidence for abrupt latest Permian mass extinction of foraminifera: results of tests for the Signor-Lipps effect. *Geology* 26, pp.415-418.

Raup, D. M. 1979. Size of the Permo-Triassic bottleneck and its evolutionary implications. *Science* 206, pp.217-218.

_____ 1986. *The Nemesis Affair.* New York: Norton.

_____ and Jablonski, D. 1993. Geography of end-Cretaceous bivalve extinctions.

Science 260, pp.971-973.

_____ and Sepkoski, J. J., Jr. 1982. Mass extinctions in the marine fossil record. *Science* 215, pp.1501-1503.

_____ and _____ 1984. Periodicities of extinctions in the geologic past. *Proceedings of the National Academy of Sciences, U.S.A.* 81, pp.801-805.

Reichow, M. K., Saunders, A. D., White, R. V., Pringle, M. S., Al' Mukhamedov, A. I., Medvedev, A. I. and Kirda, N. P. 2002. ^{40}Ar/^{39}Ar dates from the West Siberian basin: Siberian flood basalt province doubled. *Science* 296, pp.1846-1849.

Renne, P. R. and Basu, A. R. 1991. Rapid eruption of the Siberian Traps flood basalts at the Permo-Triassic boundary. *Science* 253, pp.176-179.

_____ Zhang, Z., Richardson, M. A. Black, M. T. and Basu, A. R. 1995. Synchrony and causal relations between Permo-Triassic boundary crises and Siberian flood volcanism. *Science* 269, pp.1413-1416.

Retallack, G. J. 1999. Postapocalyptic greenhouse paleoclimate revealed by earliest Triassic paleosols in the Sydney Basin, Australia. *Bulletin of the Geological Society of America* III, pp.52-70.

_____, Seyedolali, A., Krull, E. S., Holser, W. T., Ambers, C. P. and Kyte, F. T. 1998. Search for evidence of impact at the Permian-Triassic boundary in Antarctica and Australia. *Geology* 26, pp.979-982.

_____, Veevers, J. J. and Morante, R. 1996. Global coal gap between Permian-Triassic extinction and Middle Triassic recovery of peat-forming plants. *Bulletin of the Geological Society of America* 108, pp.195-207.

Rhodes, F. H. T. 1967. Permo-Triassic extinction. In Harland, W. B. *The Fossil Record* (ed.), pp.57-76. Geological Society of London.

Rodland, D. L. and Bottjer, D. J. 2001. Biotic recovery from the end-Permian mass extinction: behavior of the inarticulate brachiopod *Lingula* as a disaster taxon. *Palaios* 16, pp.95-101.

Rubidge, B. S. (ed.) 1995. *Biostratigraphy of the Beaufort Group (Karoo Supergroup), South Africa.* Pretoria: Council of Geoscience.

Rudwick, M. J. S. 1969. The strategy of Lyell' s *Principles of geology. Isis* 61, pp.5-33.

_____ 1975. Caricature as a source for the history of science: De la Beche' s anti-Lyellian sketches of 1831. *Isis* 66, pp.534-560.

_____ 1976. *The Meaning of Fossils. Episodes in the History of Palaeontology.* 2nd edition. New York: Science History Publications.

———— 1985. *The Great Devonian Controversy: The Shaping of Scientific Knowledge Among Gentlemanly Specialists.* Chicago: Chicago University Press.

———— 1997. *Georges Cuvier, Fossil Bones, and Geological Catastrophes.* Chicago: Chicago University Press.

Rupke, N. A. 1994. *Richard Owen, Victorian Naturalist.* New Haven: Yale University Press.

Russell, D. A. and Tucker, W. 1971. Supernovae and the extinction of the dinosaurs. *Nature* 229, pp.553-554.

Ruzhentsev, V. E. 1950. [Upper Carboniferous ammonoids from the Urals.] *Trudy Paleontologischeskogo Instituta AN SSSR* 29, pp.1-223.

Salvador, A. (ed.) 1994. *International Stratigraphic Guide. A Guide to Stratigraphic Classification, Terminology, and Procedure.* 2nd edition. International Union of Geological Sciences.

Schindewolf, O. H. 1950. *Grundfragen der Paläontologie. Geologische Zeitmessung— Organische Stammesentwicklung—Biologische Systematik.* Stuttgart: Schweizerbart.

———— 1958. Zur Aussprache über die grossen erdgeschichtlichen Faunenschnitte und ihre Verursachung. *Neues Jahrbuch für Geologie und Paläontologie, Monatshefte* 1958, pp.270-279.

———— 1963. Neokatastrophismus? *Zeitschrift der Deutschen Geologischen Gesellschaft* 114, pp.430-445.

———— 1993. *Basic Questions in Paleontology. Geologic Time, Organic Evolution, and Biological Systematics.* (Judith Shaefer trans.). Chicago: University of Chicago Press.

Secord, J. A. 1986. *Controversy in Victorian Geology: The Cambrian-Silurian Dispute.* Princeton: Princeton University Press.

Sedgwick, A. 1831. Address to the Geological Society, delivered on the evening of the anniversary, Feb. 18, 1831. *Proceedings of the Geological Society of London* 1, pp.281-316.

———— and Murchison, R. I. 1839. Classification of the older stratified rocks of Devonshire and Cornwall. *Philosophical Magazine and Journal of Science, Series 3,* 14, pp.241-260.

———— and ———— 1840. On the classification and distribution of the older or

Palaeozoic rocks of the north of Germany and of Belgium, as compared with formations of the same age in the British Isles. *Proceedings of the Geological Society of London* 3, pp.300-311.

Seeley, H. G. 1894. Researches on the structure, organization, and classification of the fossil Reptilia. Part VIII. Further evidences of Deuterosaurus and Rhopalodon& from the Permian rocks of Russia. *Philosophical Transactions of the Royal Society, Series B* 185, pp.663-717.

Sennikov, A. G. 1996. Evolution of the Permian and Triassic tetrapod communities of Eastern Europe. *Palaeogeography, Palaeoclimatology, Palaeoecology* 120, pp.331-351.

Sepkoski, J. J., Jr. 1984. A kinetic model of Phanerozoic taxonomic diversity. III. Post-Palaeozoic families and mass extinctions. *Paleobiology* 10, pp.246-267.

_____ 1993. Ten years in the library: how changes in taxonomic data bases affect perception of macroevolutionary pattern. *Paleobiology* 19, pp.43-51.

_____ 1996. Patterns of Phanerozoic extinction: a perspective from global data bases. In Walliser, O. H. (ed.) *Global Events and Event Stratigraphy*, pp.35-52. Berlin: Springer-Verlag.

Sheehan, P. M., Fastovsky, D. E., Hoffman, R. G., Berghaus, C. B. and Gabriel, D. L. 1991. Sudden extinction of the dinosaurs: latest Cretaceous upper Great Plains, U.S.A. *Science* 254, pp.835-839.

Shoemaker, E. M. and Chao, E. C. T. 1961. New evidence for the impact origin of the Ries Basin, Bavaria, Germany. *Journal of Geophysical Research* 66, pp.3371-3378.

Signor, P. W. and Lipps, J. H. 1982. Sampling bias, gradual extinction patterns and catastrophes in the fossil record. *Special Paper of the Geological Society of America* 190, pp.291-296.

Simpson, S. 2001. Deeper impact. *Scientific American* 276 (5), pp.13-14.

Sloan, R. E., Rigby, I. K., Jr., Van Valen, L. M. and Gabriel, D. 1986. Gradual dinosaur extinction and simultaneous ungulate radiation in the Hell Creek Formation. *Science* 232, pp.629-632.

Smit, J. and Hertogen, J. 1980. An extraterrestrial event at the Cretaceous-Tertiary boundary. *Nature* 285, pp.198-200.

Smith, F. D. M., May, R. M., Pellew, R., Johnson, T. H. and Walter, K. R. 1993.

How much do we know about the current extinction rate? *Trends in Ecology and Evolution* 8, pp.375-378.

Smith, R. M. H. and Ward, P. D. 2001. Pattern of vertebrate extinctions across an event bed at the Permian-Triassic boundary in the Karoo Basin of South Africa. *Geology* 29, pp.1147-1150.

Stafford, R. A. 1989. *Scientist of Empire: Sir Roderick Murchison, Scientific Exploration and Victorian Imperialism.* Cambridge: Cambridge University Press.

Stanley, S. M. 1984. Temperature and biotic crises in the marine realm. *Geology* 12, pp.205-208.

_____ 1986. *Earth and Life Through Time.* New York: W. H. Freeman.

_____ 1988. Paleozoic mass extinctions: shared patterns suggest global cooling as a common cause. *American Journal of Science* 288, pp.334-352.

_____ and Yang, X. 1994. A double mass extinction at the end of the Paleozoic era. *Science* 266, pp.1340-1344.

Stauffer, R. C. (ed.) 1975. *Charles Darwin's Natural Selection: Being the Second Part of his Big Species Book Written from 1856 to 1858.* Cambridge: Cambridge University Press.

Stöffler, D. and Ostertag, R. 1983. The Ries impact crater. *Fortschritte der Mineralogie* 61 (2), pp.71-116.

Strangways, W. H. T. F. 1822. An outline of the geology of Russia. *Transactions of the Geological Society of London, Series 2* 1, pp.1-39.

Sun, Y., Xu, D., Zhang, Q., Yang, Z., Sheng, J., Chen, C., Rui, L., Liang, X., Zhao, J. and He, J. 1984. The discovery of an iridium anomaly in the Permian-Triassic boundary clay in Changxing, Zhejiang, China and its significance. In *Developments in Geoscience, Contributions,* pp.235-245. 27th International Geological Congress. Beijing: Science Press.

Surkov, M. V. 2002. Lystrosaurus georgi and the habits of the lystrosaurus. *Palaeontology,* in review.

Teichert, C. 1990. The Permian-Triassic boundary revisited. In Kauffman, E. G. and Walliser, O. H. (eds) *Extinction Events in Earth History,* pp.199-238. Berlin: Springer Verlag.

_____ and Kummel, B. 1976. Permian-Triassic boundary in the Kap Stosch area, East Greenland. *Meddeleser om Grønland* 597, pp.1-54.

Terry, K. D. and Tucker, W. H. 1968. Biological effects of supernova. Science 159, pp.421-423.

Thackray, J. C. 1978. R. I. Murchison's *Geology of Russia*(1845). *Journal of the Society for the Bibliography of Natural History* 8, pp.421-433.

Tverdokhlebov, V. P. 1971. [On Early Triassic proluvial deposits of the Pre-Urals, and times of folding and mountain-building processes in the southern Urals.] *Izvestiya AN SSSR, Seriya Geologicheskaya* 1971(4), pp.42-50.

_____ Tverdokhlebova, G. I., Benton, M. J. and Storrs, G. W. 1997. First record of footprints of terrestrial vertebrates from the Upper Permian of the Cis-Urals, Russia. *Palaeontology* 40, pp.157-166.

_____, _____, Surkov, M. V. and Benton, M. J. 2002. Tetrapod localities from the Triassic of the SE of European Russia. *Earth Science Reviews* 59, in press.

Twelvetrees, W. H. 1880. On a new theriodont reptile (*Cliorhizodon orenburgensis*, Twelvetr.) from the Upper Permian cupriferous sandstones of Kargala, near Orenburg in south-eastern Russia. *Quarterly Journal of the Geological Society of London* 36, pp.540-543..

_____ 1882. On the organic remains from the Upper Permian strata of Kargala, in eastern Russia. *Quarterly Journal of the Geological Society of London* 38, pp.490-501.

Twitchett, R. J. 1999. Palaeoenvironments and faunal recovery after the end-Permian mass extinction. *Palaeogeography, Palaeoclimatology, Palaeoecology* 154, pp.27-37.

_____, Looy, C. V., Morante, R., Visscher, H. and Wignall, P. B. 2001. Rapid and synchronous collapse of marine and terrestrial ecosystems during the end-Permian biotic crisis. *Geology* 29, pp.351-354.

Valentine, J. W. and Moores, E. M. 1973. Provinciality and diversity across the Permian-Triassic boundary. In Logan, A. and Hills, L. V. (eds) *The Permian and Triassic Systems and their Mutual Boundary*, pp.759-766. Canadian Society of Petroleum Geology, Memoir No. 2.

Van Valen, L. M. 1984. Catastrophes, expectations, and the evidence. *Paleobiology* 10, pp.121-137.

Wang, X. -D. and Sugiyama, T. 2000. Diversity and extinction patterns of Permian coral faunas of China. *Lethaia* 33, pp.285-294.

Ward, P. D. 1990. The Cretaceous/Tertiary extinctions in the marine realm: a 1990 perspective. *Geological Society of America Special Paper* 247, pp.425-432.

_____, Montgomery, D. R. and Smith, R. 2000. Altered river morphology in South Africa related to the Permian-Triassic extinction. *Science* 289, pp.1740-1743.

Watson, D. M. S. 1952. Dr Robert Broom, F.R.S. *Obituaries of Fellows of the Royal Society* 8, pp.37-70.

_____ 1957. The two great breaks in the history of life. *Quarterly Journal of the Geological Society London* 112, pp.435-444.

Wieland, G. R. 1925. Dinosaur extinction. *American Naturalist* 59, pp.557-565.

Wignall, P. B. 2001. Large igneous provinces and mass extinctions. *Earth-Science Reviews* 53, pp.1-33.

_____ and Hallam, A. 1992. Anoxia as a cause of the Permian/Triassic extinction: facies as evidence from northern Italy and the western United States. *Palaeogeography, Palaeoclimatology, Palaeoecology* 93, pp.21-46.

_____ and _____ 1993. Griesbachian (earliest Triassic) palaeoenvironmental changes in the Salt Range, Pakistan and southwest China and their bearing on the Permo-Triassic mass extinction. *Palaeogeography, Palaeoclimatology, Palaeoecology* 102, pp.215-237.

_____, Kozur, H. and Hallam, A. 1996. The timing of palaeoenvironmental changes at the Permo-Triassic (P/Tr) boundary using conodont biostratigraphy. *Historical Biology* 12, pp.39-62.

_____ and Twitchett, R. J. 1996. Oceanic anoxia and the end Permian mass extinction. *Science* 272, pp.1155-1158.

_____, _____ 2002 Extent, duration and nature of the Permian-Triassic superanoxic event. *Geological Society of America Special Paper* 356, pp.395-413.

Williams, J. S. 1938. Pre-congress Permian conference in the U.S.S.R. *Bulletin of the American Association of Petroleum Geologists* 22, pp.771-776.

Wilson, E. O. 1992. *The Diversity of Life*. Cambridge, Mass.: Harvard University Press ; London: Penguin.

_____ 2002. *The Future of Life*. New York, Alfred A. Knopf ; London: Little Brown.

_____ and Peter, F. M. (eds) 1988. *Biodiversity*. Washington, DC.: National Academy Press.

Winchester, S. 2001. *The Map that Changed the World. The Tale of William Smith and the Birth of a Science.* London: Penguin Viking ; New York: HarperCollins.

Woodward, A. S. 1898. *Outlines of Vertebrate Paleontology for Students of Geology.* Cambridge: Cambridge University Press.

_____ 1910. Presidential Address to Section C. *Report of the British Association for the Advancement of Science* 1909, pp.462-471.

Wooler, -. 1758. A description of the fossil skeleton of an animal found in the alum rock near Whitby. *Philosophical Transactions of the Royal Society of London* 50, pp.786-791.

Xu, D., Na, L., Chi, Z., Mao, X., Su, Y., Zhang, Q. and Yong, Z. 1985. Abundance of iridium and trace metals at the Permian/Triassic boundary at Shangsi in China. *Nature* 314, pp.154-156.

Yang, Z., Sheng, J. and Yin, H. 1995. The Permian-Triassic boundary: the global stratotype section and point. *Episodes* 18, pp.49-53.

Yin, H., Huang, S., Zhang, K., Hansen, H. J., Yang, F., Ding, M. and Bie, X. 1992. The effects of volcanism on the Permo-Triassic mass extinction in South China. In Sweet, W. C., Yang, Z., Dickins, J. M. and Yin, H. (eds) *Permo-Triassic Events in Eastern Tethys,* pp.146-457. Cambridge: Cambridge University Press.

Zhou, L. and Kyte, F. 1988. The Permian-Triassic boundary event: a geochemical study of three Chinese sections. *Earth and Planetary Science Letters* 90, pp.411-421.

Zittel, K. A. von 1901. *History of Geology and Palaeontology to the End of the Nineteenth Century.* London: Walter Scott.

그림출처

각 장의 표제그림들은 존 시빅John Sibbick의 책에 나온 그림들을 빌렸다.

그림 1   존 시빅 그림

그림 2   존 시빅 그림

그림 3   존 시빅 그림

그림 4   머치슨, 1841a에서

그림 5   존 시빅 그림. 여러 곳에 실려 있다.

그림 6   필립스, 1860에서

그림 7   존 시빅 그림

그림 8   '어룡 교수' 헨리 드 라 베슈, 1830

그림 9   존 시빅 그림

그림 10   존 시빅 그림

그림 11   앨버레즈 외, 1980 등의 자료를 토대로 함.

그림 12   존 시빅 그림

그림 13   여러 자료를 토대로 했다.

그림 14   여러 자료를 토대로 했다.

그림 15   여러 자료를 토대로 했다.

그림 16   벤턴, 1995의 그림을 크게 수정했다.

그림 17   벤턴, 1995의 자료를 토대로 해서, 존 시빅이 다시 윤색해서 그렸다.

그림 18   라우프와 셉코스키, 1982의 그림을 수정했다.

그림 19   라우프와 셉코스키, 1984의 그림을 수정했다.

그림 20   켈러와 바레라, 1990의 자료를 토대로 했다.

그림 21   맥스웰과 벤턴, 1990의 자료를 토대로 했다.

그림 22   벤턴 외, 2000의 그림을 수정했다.

그림 23   여러 자료를 토대로 했다.

그림 24   존 스코티스를 비롯한 학자들의 연구를 토대로 했다.

그림 25   위그널과 핼럼, 1993을 토대로 했다.

그림 26   토니 핼럼의 허락을 받아 실은 사진

그림 27   진 외, 2000을 토대로 했다.

그림 28   존 시빅 그림

찾아보기

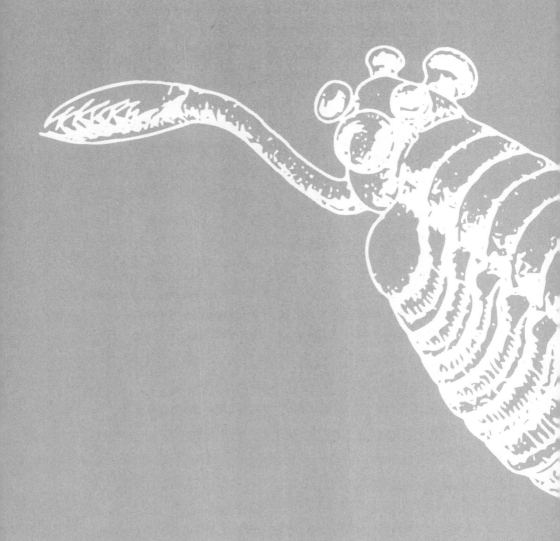

〈뿌리와이파리 오파비니아〉를 내며

지금부터 5억 년 전, 생물의 온갖 가능성이 활짝 열린 시대가 있었다. 우리는 그것을 캄브리아기 대폭발이라 부른다. 우리가 아는 대부분의 생물은 그때 열린 문들을 통해 진화의 길을 걸어 오늘에 이르렀다.

그러나 그보다 많은 문들이 곧 닫혀버렸고, 많은 생물들이 그렇게 진화의 뒤안길로 사라졌다. 흙을 잔뜩 묻힌 화석으로 발견된 그 생물들은 우리의 세상을 기고 걷고 날고 헤엄치는 생물들과 겹치지 않는 전혀 다른 무리였다. 학자들은 자신의 '구둣주걱'으로 그 생물들을 기존의 '신발'에 밀어넣으려고 안간힘을 썼지만, 그 구둣주걱은 부러지고 말았다.

오파비니아. 눈 다섯에 머리 앞쪽으로 소화기처럼 기다란 노즐이 달린, 마치 공상과학영화의 외계생명체처럼 보이는 이 생물이 구둣주걱을 부러뜨린 주역이었다.

뿌리와이파리는 '우주와 지구와 인간의 진화사'에서 굵직굵직한 계기들을 짚어보면서 그것이 현재를 살아가는 우리에게 어떤 뜻을 지니고 어떻게 영향을 미치고 있는지를 살피는 시리즈를 연다. 하지만 우리는 익숙한 세계와 안이한 사고의 틀에 갇혀 그런 계기들에 섣불리 구둣주걱을 들이밀려고 하지는 않을 것이다. 기나긴 진화사의 한 장을 차지했던, 그러나 지금은 멸종한 생물인 오파비니아를 불러내는 까닭이 여기에 있다.

진화의 역사에서 중요한 매듭이 지어진 그 '활짝 열린 가능성의 시대'란 곧 익숙한 세계와 낯선 세계가 갈라지기 전에 존재했던, 상상력과 역동성이 폭발하는 순간이 아니었을까? 〈뿌리와이파리 오파비니아〉는 두 개의 눈과 단정한 입술이 아니라 오파비니아의 다섯 개의 눈과 기상천외한 입을 빌려 우리의 오늘에 대한 균형 잡힌 이해에 더해 열린 사고와 상상력까지를 담아내고자 한다.

생명 최초의 30억 년 − 지구에 새겨진 진화의 발자취

오스트랄로피테쿠스, 공룡, 삼엽충……. 이러한 화석들은 사라진 생물로 가득한 잃어버린 세계의 이미지를 불러내는 존재들이다. 하지만 생명의 전체 역사를 이야기할 때, 사라져버린 옛 동물들은, 삼엽충까지 포함한다 하더라도 장장 40억 년에 걸친 생명사의 고작 5억 년에 불과하다. CNN과 「타임」 지가 선정한 '미국 최고의 고생물학자' 앤드루 놀은 갓 태어난 지구에서 탄생한 생명의 씨앗에서부터 캄브리아기 대폭발에 이르기까지 생명의 기나긴 역사를 탐구하면서, 다양한 생명의 출현에 대한 새롭고도 흥미진진한 설명을 제공한다. **과학기술부 인증 우수과학도서!**

앤드루 H. 놀 지음 | 김명주 옮김

눈의 탄생 − 캄브리아기 폭발의 수수께끼를 풀다

동물 진화의 빅뱅으로 불리는 캄브리아기 대폭발! 이 엄청난 사건의 '실체'와 '시기'에 관해서는 그동안 잘 알려져 있었으나 그 '원인'에 관해서는 지금까지 수많은 가설과 억측이 난무했다. 왜 그때에 진화의 '빅뱅'이 일어났던 걸까? 무엇이 그 사건을 촉발시켰을까? 앤드루 파커가 제시하는 놀라운 설명에 따르면, 바로 이 시기에 눈이 진화해서 적극적인 포식이 시작되었다는 것. 이 책은 영향력을 넓히면서 더욱 인정받아가는 그 이론을 본격적으로 탐사하며 소개한다. 생물학, 역사학, 지질학, 미술 등 다양한 분야를 포괄한 과학적 탐정소설 형식의 『눈의 탄생』은 대중과학서의 고전으로 자리잡기에 손색없다.

앤드루 파커 지음 | 오숙은 옮김